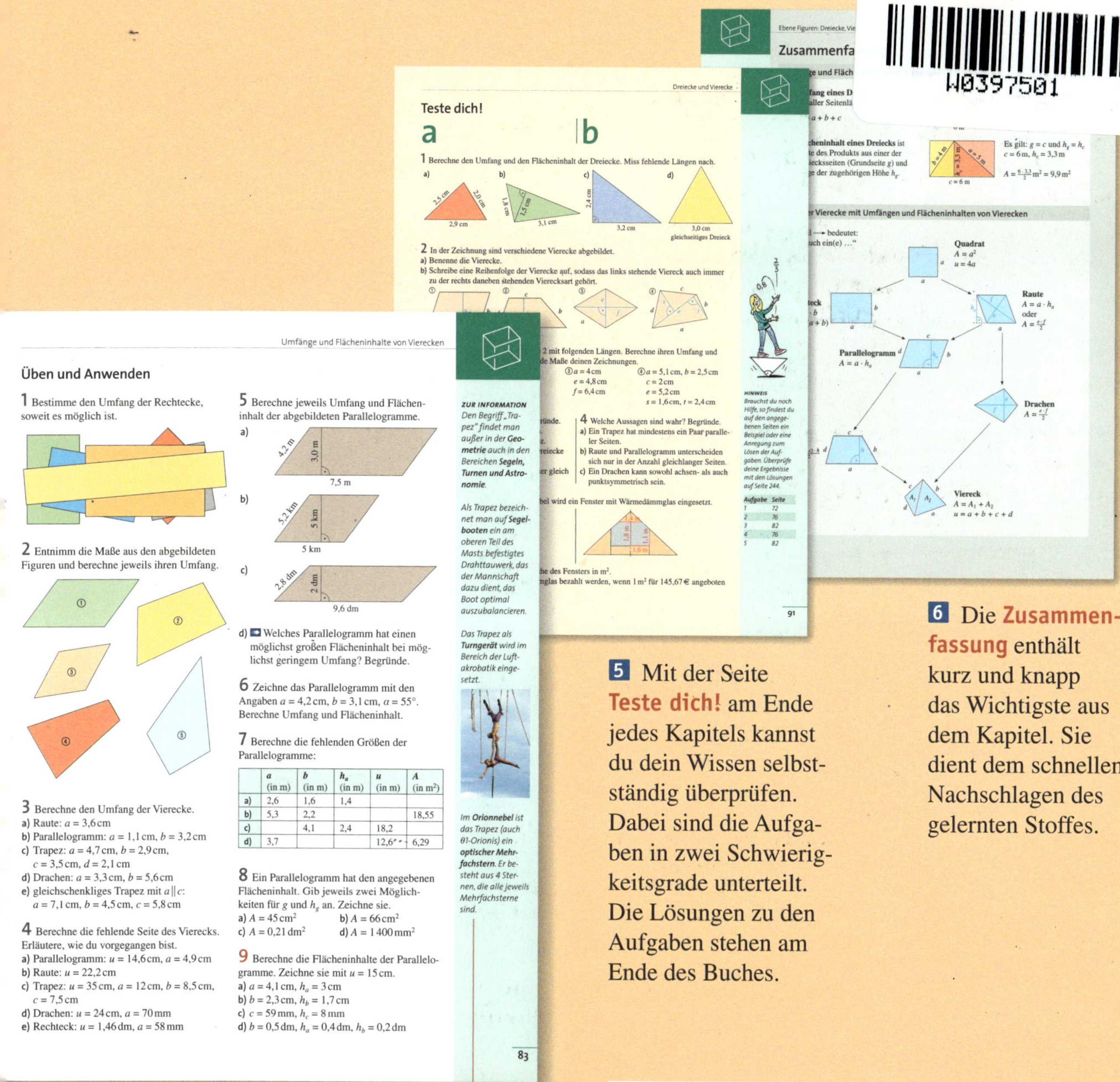
Umfänge und Flächeninhalte von Vierecken

Üben und Anwenden

1 Bestimme den Umfang der Rechtecke, soweit es möglich ist.

2 Entnimm die Maße aus den abgebildeten Figuren und berechne jeweils ihren Umfang.

3 Berechne den Umfang der Vierecke.
a) Raute: $a = 3{,}6\,\text{cm}$
b) Parallelogramm: $a = 1{,}1\,\text{cm}$, $b = 3{,}2\,\text{cm}$
c) Trapez: $a = 4{,}7\,\text{cm}$, $b = 2{,}9\,\text{cm}$, $c = 3{,}5\,\text{cm}$, $d = 2{,}1\,\text{cm}$
d) Drachen: $a = 3{,}3\,\text{cm}$, $b = 5{,}6\,\text{cm}$
e) gleichschenkliges Trapez mit $a \parallel c$: $a = 7{,}1\,\text{cm}$, $b = 4{,}5\,\text{cm}$, $c = 5{,}8\,\text{cm}$

4 Berechne die fehlende Seite des Vierecks. Erläutere, wie du vorgegangen bist.
a) Parallelogramm: $u = 14{,}6\,\text{cm}$, $a = 4{,}9\,\text{cm}$
b) Raute: $u = 22{,}2\,\text{cm}$
c) Trapez: $u = 35\,\text{cm}$, $a = 12\,\text{cm}$, $b = 8{,}5\,\text{cm}$, $c = 7{,}5\,\text{cm}$
d) Drachen: $u = 24\,\text{cm}$, $a = 70\,\text{mm}$
e) Rechteck: $u = 1{,}46\,\text{dm}$, $a = 58\,\text{mm}$

5 Berechne jeweils Umfang und Flächeninhalt der abgebildeten Parallelogramme.

d) Welches Parallelogramm hat einen möglichst großen Flächeninhalt bei möglichst geringem Umfang? Begründe.

6 Zeichne das Parallelogramm mit den Angaben $a = 4{,}2\,\text{cm}$, $b = 3{,}1\,\text{cm}$, $\alpha = 55°$. Berechne Umfang und Flächeninhalt.

7 Berechne die fehlenden Größen der Parallelogramme:

	a (in m)	b (in m)	h_a (in m)	u (in m)	A (in m²)
a)	2,6	1,6	1,4		
b)	5,3	2,2			18,55
c)		4,1	2,4	18,2	
d)	3,7			12,6	6,29

8 Ein Parallelogramm hat den angegebenen Flächeninhalt. Gib jeweils zwei Möglichkeiten für g und h_g an. Zeichne sie.
a) $A = 45\,\text{cm}^2$ b) $A = 66\,\text{cm}^2$
c) $A = 0{,}21\,\text{dm}^2$ d) $A = 1\,400\,\text{mm}^2$

9 Berechne die Flächeninhalte der Parallelogramme. Zeichne sie mit $u = 15\,\text{cm}$.
a) $a = 4{,}1\,\text{cm}$, $h_a = 3\,\text{cm}$
b) $b = 2{,}3\,\text{cm}$, $h_b = 1{,}7\,\text{cm}$
c) $c = 59\,\text{mm}$, $h_c = 8\,\text{mm}$
d) $b = 0{,}5\,\text{dm}$, $h_a = 0{,}4\,\text{dm}$, $h_b = 0{,}2\,\text{dm}$

ZUR INFORMATION
Den Begriff „Trapez" findet man außer in der Geometrie auch in den Bereichen Segeln, Turnen und Astronomie.
Als Trapez bezeichnet man auf Segelbooten ein am oberen Teil des Masts befestigtes Drahttauwerk, das der Mannschaft dazu dient, das Boot optimal auszubalancieren.
Das Trapez als Turngerät wird im Bereich der Luftakrobatik eingesetzt.
Im Orionnebel ist das Trapez (auch θ1-Orionis) ein optischer Mehrfachstern. Er besteht aus 4 Sternen, die alle jeweils Mehrfachsterne sind.

83

5 Mit der Seite **Teste dich!** am Ende jedes Kapitels kannst du dein Wissen selbstständig überprüfen. Dabei sind die Aufgaben in zwei Schwierigkeitsgrade unterteilt. Die Lösungen zu den Aufgaben stehen am Ende des Buches.

6 Die **Zusammenfassung** enthält kurz und knapp das Wichtigste aus dem Kapitel. Sie dient dem schnellen Nachschlagen des gelernten Stoffes.

082-1
Multimediales Zusatzangebot
über Webcode im Internet:
1. Webseite **www.cornelsen.de/zahlen-und-groessen** aufrufen
2. Buchkennung eingeben: **MZG001144**
3. Mediencode eingeben: z. B. 082-1

Auf der Randspalte stehen beispielsweise interessante zusätzliche Informationen, Hinweise, Beispiele und Knobelaufgaben.

Was bietet das Buch noch?

Die **Themenseiten** enthalten Interessantes und Wissenswertes aus verschiedenen Lebensbereichen.

Auf den **Methodenseiten** lernst du z. B. den Umgang mit Werkzeugen oder Formen der Gruppenarbeit. Vielfach musst du Probleme lösen, Rechenwege erkunden und erklären, im Internet recherchieren oder eigene Arbeiten präsentieren.

In jedem Kapitel findest du unter den **Vermischten Übungen** weitere Aufgaben zu den Lerneinheiten des gesamten Kapitels.

Zahlen und Größen 7

Brandenburg

Herausgegeben von Reinhold Koullen
Udo Wennekers

unter Mitarbeit
der Verlagsredaktion

Beraterin Gabriele Nennmann, Oranienburg

Cornelsen
VOLK UND WISSEN

Herausgeber: Reinhold Koullen
Udo Wennekers

Erarbeitet von Ilona Gabriel
Ines Knospe
Martina Verhoeven
Udo Wennekers

Unter Verwendung der Materialien von:
Helga Berkemeier
Henning Heske
Reinhold Koullen
Doris Ostrow
Hans-Helmut Paffen
Jutta Schäfer
Willi Schmitz
Herbert Strohmayer

Redaktion: Christina Schwalm
Herstellung: Regine Schmidt
Illustration: Roland Beier
Technische Zeichnungen: Ulrich Sengebusch
Bildredaktion: Peter Hartmann
Gestaltung und technische Umsetzung: Druckhaus Thomas Müntzer, Bad Langensalza
Umschlag- und Vorsatzgestaltung: Wolfgang Lorenz, Hans Herschelmann

www.cornelsen.de

Unter der folgenden Adresse befinden sich multimediale Zusatzangebote für die Arbeit mit dem Schülerbuch:
www.cornelsen.de/zahlen-und-groessen
Die Buchkennung ist **MZG001144** .

1. Auflage, 2. Druck 2010

Alle Drucke dieser Auflage sind inhaltlich unverändert und können im Unterricht nebeneinander verwendet werden.

Druck: CS-Druck CornelsenStürtz, Berlin

ISBN 978-3-06-001144-5

Inhalt gedruckt auf säurefreiem Papier aus nachhaltiger Forstwirtschaft.

Inhalt

121 Prozentrechnung

149 Ebene Figuren: Kreise

175 Terme und Gleichungen

195 Prismen und Zylinder

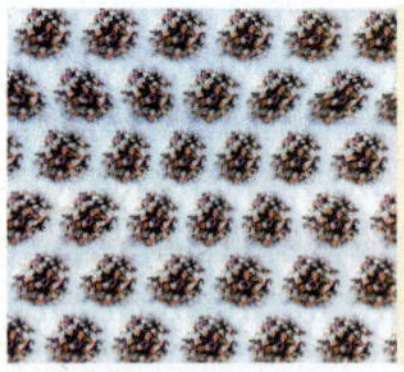

223 Anwendungen

233 Anhang

Daten

Daten haben schon immer eine wichtige Rolle gespielt. Heutzutage werden Daten überwiegend mit dem Computer erfasst und ausgewertet. Eine Tabellenkalkulation kann dir dabei helfen Daten anschaulich darzustellen.

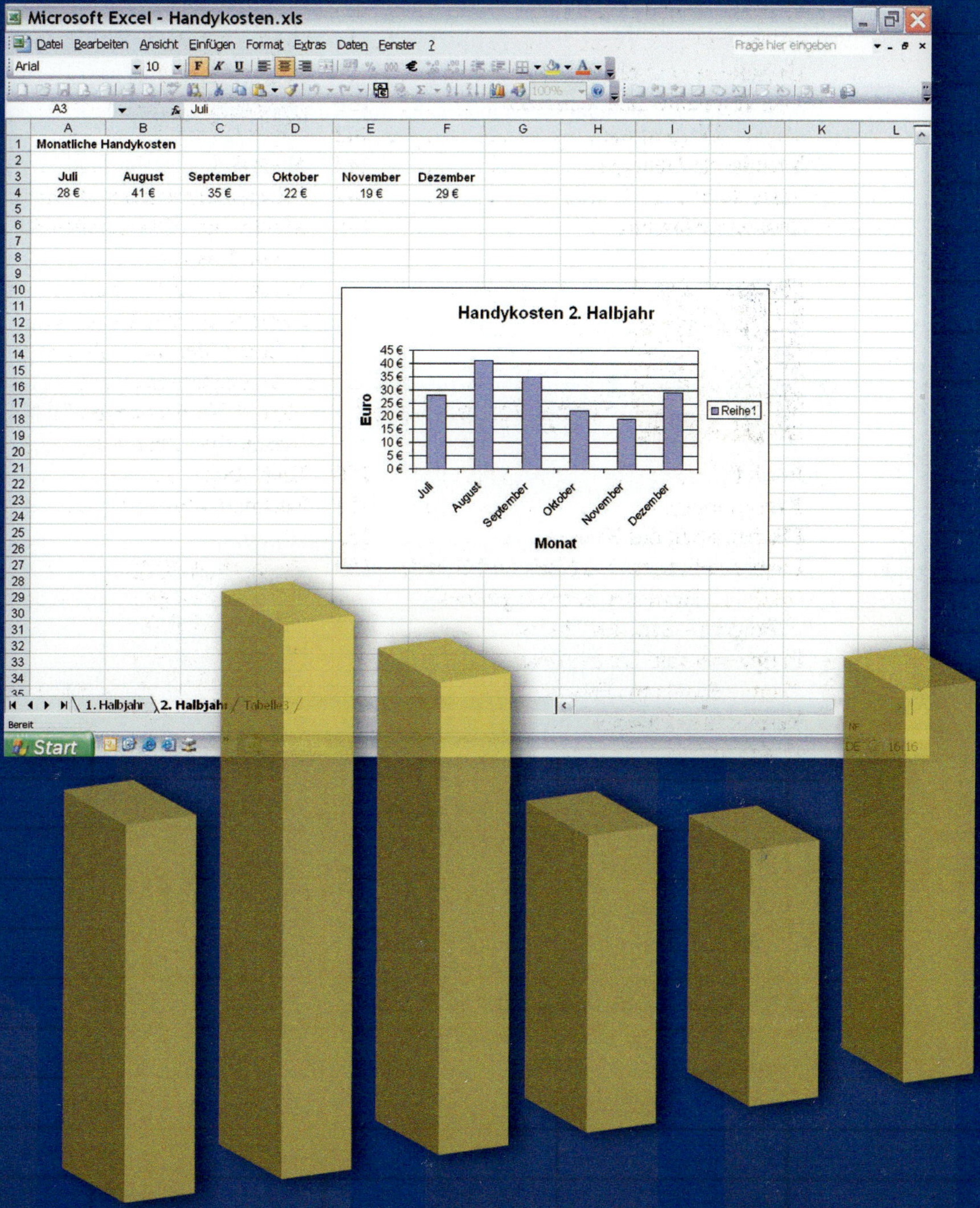

Noch fit?

1 Bei welcher Aufgabe bleibt ein Rest? Wie groß ist der Rest?

a) 68 : 8 **b)** 72 : 6 **c)** 49 : 7 **d)** 64 : 9
e) 123 : 10 **f)** 89 520 : 10 **g)** 3 285 : 5 **h)** 8 999 : 9
i) 7 778 : 7 **j)** 1 805 : 9 **k)** 12 121 : 12 **l)** 74 070 : 6

2 Wandle die Brüche in Dezimalbrüche um.

a) $\frac{3}{10}$ **b)** $\frac{7}{10}$ **c)** $\frac{37}{100}$ **d)** $\frac{9}{100}$ **e)** $\frac{831}{1000}$ **f)** $\frac{1}{2}$
g) $\frac{1}{4}$ **h)** $\frac{3}{4}$ **i)** $\frac{17}{50}$ **j)** $\frac{1}{20}$ **k)** $\frac{2}{5}$ **l)** $\frac{4}{25}$

ERINNERE DICH
Merkspruch zum Aufbau eines Bruchs: Der Zähler, der darf oben thronen, der Nenner muss im Keller wohnen.

3 Wandle die Dezimalbrüche in Brüche um. Kürze so weit wie möglich.

a) 0,1 **b)** 0,3 **c)** 0,25 **d)** 0,14 **e)** 0,88 **f)** 1,1
g) 0,5 **h)** 0,25 **i)** 0,69 **j)** 0,6 **k)** 0,87 **l)** 0,70

4 Berechne.

a) $30 \cdot 5$ **b)** $3 \cdot 5$ **c)** $0{,}3 \cdot 5$ **d)** $0{,}3 \cdot 0{,}5$ **e)** 150 : 30 **f)** 15 : 3

5 Welcher Bruchteil ist rot eingefärbt? Gib in Bruch- und Prozentschreibweise an.

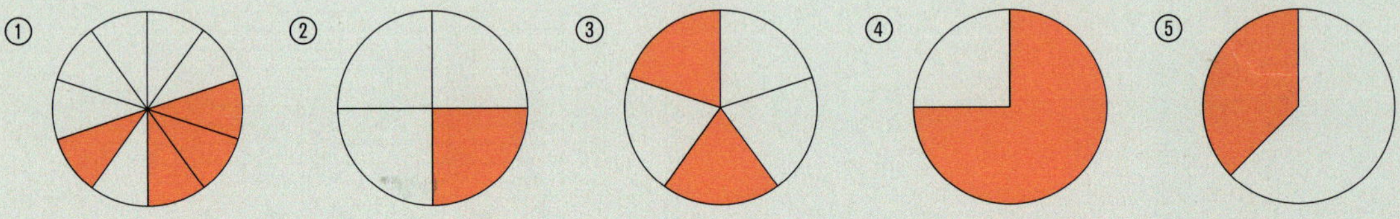

6 Fasse die Diagramme zur Bundestagswahl 2005 in Worte.

Sitzverteilung im Deutschen Bundestag

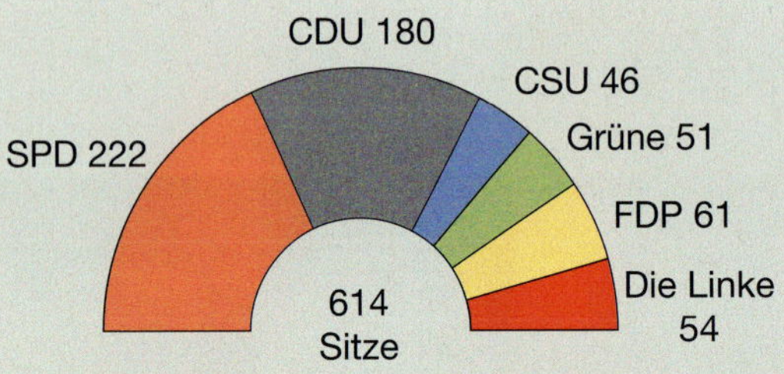

Gewinne und Verluste der Stimmenanteile

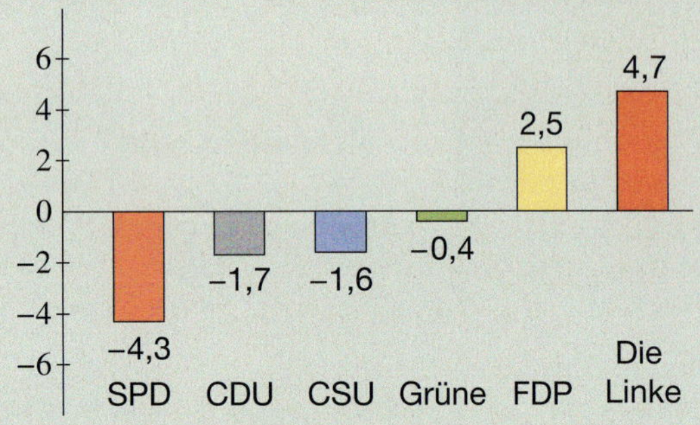

NACHGEDACHT
Nach der Bundestagswahl 2005 hat sich eine Regierungskoalition aus den Parteien SPD und CDU/CSU gebildet. Sie verfügen zusammen über mehr als 50 % der Sitze im Parlament. Welche anderen Koalitionen wären rein rechnerisch möglich gewesen? Es können auch Koalitionen aus mehr als zwei Parteien gebildet werden. Warum sollte eine Regierungskoalition über mindestens 50 % der Sitze im Parlament verfügen?

Kurz und knapp

1. Gib an, was du über einen Kreis weißt.
2. Erkläre, wie du einen Bruch in einen Dezimalbruch umwandelst.
3. Ergänze: Wenn eine natürliche Zahl mit 1 multipliziert wird, …
4. Ergänze: Wenn eine natürliche Zahl mit 0 multipliziert wird, …
5. Ergänze: Wenn eine natürliche Zahl durch 1 geteilt wird, …
6. Ergänze: Multipliziert man zwei natürliche Zahlen, so ist das Ergebnis immer …

Daten erheben und auswerten

Erforschen und Entdecken

1 Die Klasse 7 d hat einen Fragebogen entwickelt, um sich besser kennen zu lernen. Er ist rechts abgebildet.

a) Entwickelt gemeinsam einen eigenen Fragebogen mit Inhalten, die ihr gerne voneinander wissen möchtet. Verständigt euch darüber, wie ihr mit Fragen umgehen wollt, die nicht jeder von euch beantworten kann. Um weitere Aufgaben bearbeiten zu können, sollte euer Fragebogen unter anderem
– die Körper- und die Schuhgröße,
– die Zeit für den Schulweg und
– eure Lieblingsfarbe abfragen.

b) Führt die Befragung in eurer Klasse durch.

c) Stellt die Ergebnisse in einem Auswertungsbogen zusammen. Einen Ausschnitt davon seht ihr unten.

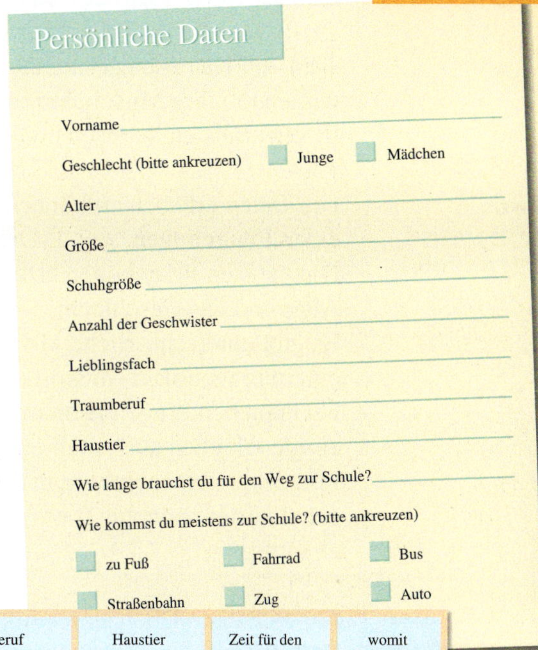
Persönliche Daten

Vorname ____________________

Geschlecht (bitte ankreuzen) ☐ Junge ☐ Mädchen

Alter ____________________

Größe ____________________

Schuhgröße ____________________

Anzahl der Geschwister ____________________

Lieblingsfach ____________________

Traumberuf ____________________

Haustier ____________________

Wie lange brauchst du für den Weg zur Schule? ____________________

Wie kommst du meistens zur Schule? (bitte ankreuzen)

☐ zu Fuß ☐ Fahrrad ☐ Bus

☐ Straßenbahn ☐ Zug ☐ Auto

Vorname	Geschlecht	Alter	Größe (cm)	Schuhgröße	Anzahl der Geschwister	Lieblingsfach	Traumberuf	Haustier	Zeit für den Weg zur Schule (min)	womit die Schule erreicht wird
Ahmet	J	12	151	36	1	Sport	Fußballprofi		6	zu Fuß
Beate	M	12	156	37	0	Mathe	Polizistin		12	Auto

2 Die rechte Abbildung zeigt die Altersverteilung in der Klasse 7 d.

a) Welche Informationen kannst du aus der Abbildung ablesen?

b) Wie viele Kinder sind zwölf Jahre alt?

c) Wie viele Schülerinnen und Schüler hat die Klasse 7 d?

d) Welchen Sinn hat das Anlegen einer Strichliste? Wieso werden die absoluten Häufigkeiten wieder addiert, nachdem man sie doch vorher getrennt voneinander betrachtet hat?

e) Legt eine eigene Strichliste und Häufigkeitstabelle für das Alter in eurer Klasse an.

Alter	Strichliste	Häufigkeit
11	|||| |||	8
12	|||| |||| ||	12
13	|||| |	6
14	|	1
		27

3 Überprüfe die folgenden Aussagen anhand der Strichliste aus Aufgabe 2. Welche Aussagen treffen zu und welche nicht oder sind nicht entscheidbar?

a) Das älteste Kind in der Klasse ist vierzehn Jahre alt.

b) Zwölf Kinder sind noch keine dreizehn Jahre alt.

c) Der Altersunterschied zwischen dem ältesten und dem jüngsten Kind beträgt drei Jahre.

d) Das jüngste Kind ist ein Mädchen.

4 Lea möchte wissen, ob sie im Vergleich zu ihren Mitschülerinnen und Mitschülern einen kurzen oder langen Schulweg hat. Die Zeiten, die die Schülerinnen und Schüler angegeben haben, findest du rechts in der Randspalte.

a) Vergleiche die Zeiten miteinander.

b) Was würdest du Lea antworten? Begründe.

BEACHTE

Zeit für den Schulweg in Minuten:
Lea: 30
Steffen: 10
Niklas: 20
Peter: 15
Nadine: 60
Henning: 15
Jamie: 15
Gina: 30
Chantal: 30
Frauke: 10
Michelle: 45

Lesen und Verstehen

Tina und Kai lesen gerne. Sie möchten wissen, ob ihre Mitschülerinnen und Mitschüler ebenfalls gerne lesen und was sie lesen.

Um Daten erheben zu können, benötigt man einen **Fragebogen**.
Die meisten Fragebögen erfassen auch das Alter und das Geschlecht.
Es gibt unterschiedliche Möglichkeiten, in einem Fragebogen Antworten einzutragen: bei manchen Fragen kann man nur ankreuzen, einige erlauben auch mehrere Kreuze pro Frage, bei manchen wird in Stichpunkten geantwortet, manchmal werden ganze Sätze erwartet.

HINWEIS
Fragebögen sind häufig anonym, d.h., der Name wird nicht eingetragen.

Fragebogen

Alter: ___ Jahre; Geschlecht: m ❑ w ❑

Liest du gerne? Ja ❑ Nein ❑

Was liest du? (Mehrfachnennungen möglich)
Bücher ❑ Comics ❑ Zeitschriften ❑
Zeitung ❑ Texte im Internet ❑ sonstiges ❑

Dein Lieblingsbuch: ____________________

Ungefähre Anzahl der gelesenen Bücher: ______

Was ist der Grund dafür, dass du gerne / nicht gerne liest?

____

____

Für eine erste Übersicht werden die Daten in einem **Auswertungsbogen**, in einer so genannten **Urliste**, zusammengestellt.

Alter	m/w	Liest du gerne?	Was liest du?	Lieblingsbuch	Anzahl gelesener Bücher	Grund
13	m	ja	Bücher, Comics	Harry Potter	30	Spannung
12	w	nein	…			
12	w	…				

Zur Auswertung der abzählbaren Angaben wird eine **Strichliste** mit **Häufigkeitstabelle** angelegt.

Liest du gerne?	Strichliste	abs. Häufigkeit
ja	𝍸 𝍸 III	13
nein	𝍸 IIII	9

HINWEIS
Wenn es eine gerade Anzahl von Werten gibt, liegen zwei Werte in der Mitte. Der Zentralwert ist dann das arithmetische Mittel aus diesen beiden Werten.

BEISPIEL
geordnete Urliste:
3; 5; 9; ***9; 11****; 15; 21; 25*
Zentralwert:
$\frac{9+11}{2} = 10$

Der größte Wert einer Datenreihe ist das **Maximum**. Der kleinste Wert heißt **Minimum**.
Die **Spannweite** bezeichnet den Unterschied zwischen Maximum und Minimum.

Der **Durchschnitt** wird auch **arithmetisches Mittel** oder **Mittelwert** (kurz ∅ oder $\bar{x}$) genannt. Es wird berechnet, indem man alle einzelnen Daten addiert und dann durch die Anzahl der Daten teilt.

Als **Zentralwert** (Median, kurz z oder $\tilde{x}$) wird der Wert in der Reihe bestimmt, der in der Mitte aller der Größe nach geordneten Werte liegt.

BEISPIEL

Der älteste befragte Schüler ist 15 Jahre alt (Maximum), der jüngste ist 7 (Minimum).

Die Spannweite beträgt beim Alter 8 Jahre.

Wie viele Bücher hast du in den letzten 12 Monaten etwa gelesen?

Urliste: 12; 3; 25; 8; 2; 10; 38; 4; 0; 2; 5

arithmetisches Mittel:

$$\frac{12+3+25+8+2+10+38+4+0+2+5}{11} \approx 8{,}55$$

geordnete Urliste:
0; 2; 2; 3; 4; **5**; 8; 10; 12; 25; 38
Zentralwert: 5

Üben und Anwenden

1 Fertige nach den Ergebnissen eurer Umfrage eine Strichliste an mit Häufigkeitstabelle für
a) die Schuhgröße,
b) die Lieblingsfarbe.

2 Sind die Füße der Mädchen eurer Klasse genauso groß wie die der Jungen? Begründe, wie du vorgegangen bist.

3 Das Maximum und das Minimum der Temperatur sind bei der Wettervorhersage wichtige Daten.

a) Bestimme das Maximum und das Minimum der vorhergesagten Temperaturen.
b) Wie groß ist die Spannweite?

4 Berechne jeweils das arithmetische Mittel.
a) Mathematikarbeit der Klasse 7 a:

Note	1	2	3	4	5	6
Anzahl	2	7	9	9	3	0

b) Der Englischlehrer präsentiert den Eltern die Ergebnisse zweier Klassenarbeiten.

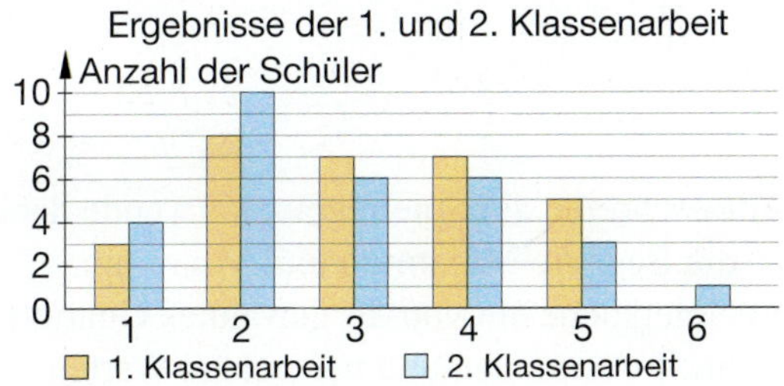

5 Dies ist die Tabelle der Fußball Bundesliga vom 26. Spieltag der Saison 2007/2008.

	Spiele	Punkte	Tore
Bayern München	26	54	44:15
Hamburger SV	26	47	37:19
FC Schalke 04	26	45	40:26
Bayer Leverkusen	26	44	46:28
Werder Bremen	26	44	53:38
VfB Stuttgart	26	42	44:40
Eintracht Frankfurt	26	42	32:31
VfL Wolfsburg	26	40	42:36
Karlsruher SC	26	38	30:33
Hannover 96	26	35	36:42
VfL Bochum	26	33	40:41
Hertha BSC	26	32	28:33
Borussia Dortmund	26	31	39:44
Hansa Rostock	26	24	22:37
Energie Cottbus	26	23	28:43
MSV Duisburg	26	22	27:41
Arminia Bielefeld	26	22	25:51
1. FC Nürnberg	26	20	27:42

a) Bestimme das Maximum und das Minimum der Punktzahl, der geschossenen Tore und der Gegentore.
b) Bestimme die Spannweite der Punktzahl, der Tore sowie der Gegentore.
c) Bestimme den Zentralwert der erreichten Punktzahl.

6 Bei einer Klassenarbeit erhielten die Schülerinnen und Schüler folgende Noten:
3, 2, 1, 4, 5, 4, 3, 4, 4, 1, 4, 3, 2, 5, 3, 3, 5, 4, 4, 2, 2, 3, 4, 3, 3, 1.
a) Fertige eine Häufigkeitstabelle sowie ein Säulendiagramm an.
b) Bestimme Mittelwert und Median.

7 Mario hat im 7. Schuljahr folgende Noten in seinen Klassenarbeiten erhalten.

Klassenarbeit	1.	2.	3.	4.	5.	6.
Note	2	4	3	2	1	3

Welche Aussagen kannst du über Marios schriftlichen Leistungen treffen?

8 Anna hat in den ersten beiden Mathematikarbeiten dieses Schuljahres eine 2 und eine 4 geschrieben. Bis zum Halbjahreszeugnis wird noch eine Arbeit geschrieben. Kann Anna für ihre schriftlichen Leistungen im Durchschnitt noch eine 2,0 erreichen?

9 Kevin hat den Zensurenspiegel der letzten Arbeit nicht vollständig abgeschrieben.

1	2	3	4	5	6
4	7	8			2

Er kann sich daran erinnern, dass der Klassendurchschnitt genau bei 3,1 lag und dass 30 Schüler die Arbeit mitgeschrieben haben. Finde heraus, wie viele Schüler eine 4 bzw. eine 5 geschrieben haben.

10 Familie Sauer macht mit ihren Kindern in den Osterferien eine viertägige Fahrradtour. Christiane Sauer liest jeden Abend auf ihrem Tachometer die gefahrene Streckenlänge ab:
1. Tag: 48 km; 2. Tag: 52 km;
3. Tag: 40 km und 4. Tag: 36 km.
Wie viele Kilometer ist Familie Sauer im Durchschnitt täglich gefahren?

11 Bestimme im Auswertungsbogen eurer Klasse das Maximum und das Minimum für
a) das Alter,
b) die Schuhgröße,
c) die Zeit für den Schulweg.
d) Lässt sich auch für die Lieblingsfarbe das Maximum und das Minimum bestimmen?

12 Das Jahr 2007 war das wärmste seit Beginn regelmäßiger Messungen.
Die links abgebildete Tabelle zeigt die Temperatur in °C, die in Neuruppin im Monat durchschnittlich gemessen wurde.
a) Bestimme das Maximum und das Minimum der Temperaturen.
b) Berechne die Spannweite.
c) Ermittle den Zentralwert.
d) Suche im Internet Angaben über Temperaturen aus deiner Stadt. Bestimme Maximum, Minimum und Zentralwert.

Monat	Temperatur (in °C)
J	5
F	3
M	7
A	11
M	15
J	18
J	18
A	18
S	13
O	9
N	4
D	2

13 Nimm Stellung zu dem Klassenspiegel und der folgenden Rechnung.

Rechnung: $\frac{3+5+9+10+2+1}{6} = \frac{30}{6} = 5$

14 Ermittle aus eurer Befragung Zentralwert und Durchschnitt für:
a) Zeit für den Schulweg
b) Körpergröße
c) Schuhgröße
d) Ermittle, wenn möglich, bei allen anderen Daten eurer Liste den Zentralwert.

15 Entwickle einen eigenen Fragebogen zu einem Thema, das dich interessiert.
a) Entwirf den Fragebogen und führe die Befragung durch.
b) Werte den Fragebogen aus, indem du eine Urliste anlegst.
c) Bestimme Minimum, Maximum, Spannweite, Durchschnitt und Zentralwert.
d) Stelle deine Ergebnisse der Klasse vor.

16 Quartettspiele (z. B. Autoquartett) sind eine Fundgrube für Daten, bei denen man das Maximum und das Minimum sowie die Spannweite ermitteln kann.

a) Beschreibe die Spielregeln. Verwende dabei die Begriffe Maximum und Minimum.
b) Untersuche ein von dir gewähltes Quartett nach maximalen und minimalen Werten. Stelle sie in einer Tabelle zusammen.

Daten darstellen

Erforschen und Entdecken

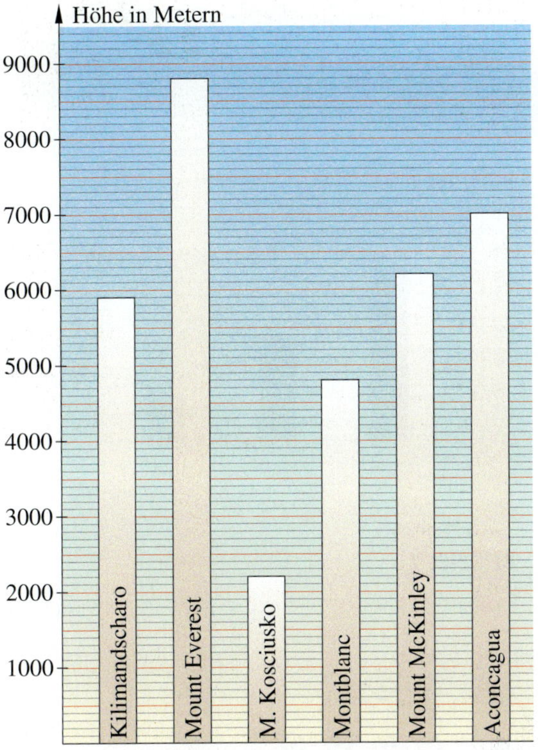

Die höchsten Berge der Kontinente

Sonnenstunden in Köln Juli 2007

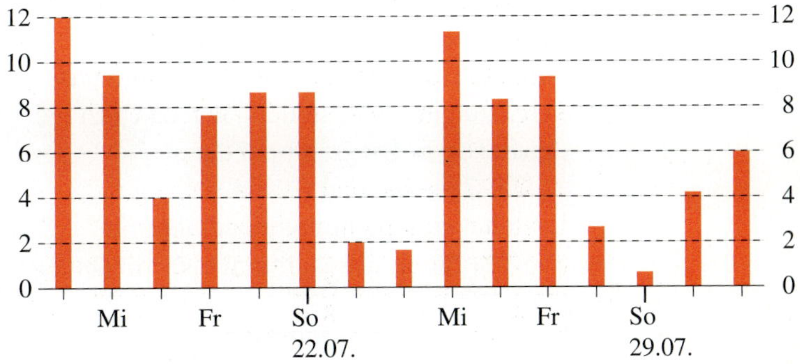

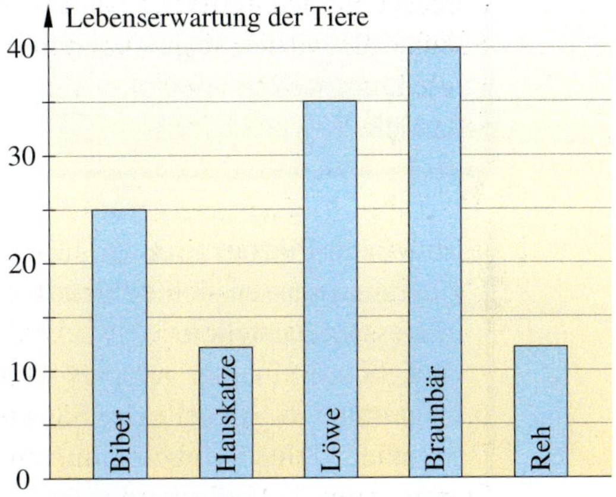

VW-Golf-Verkauf:
Gebrauchtwagenhändler Mühsam

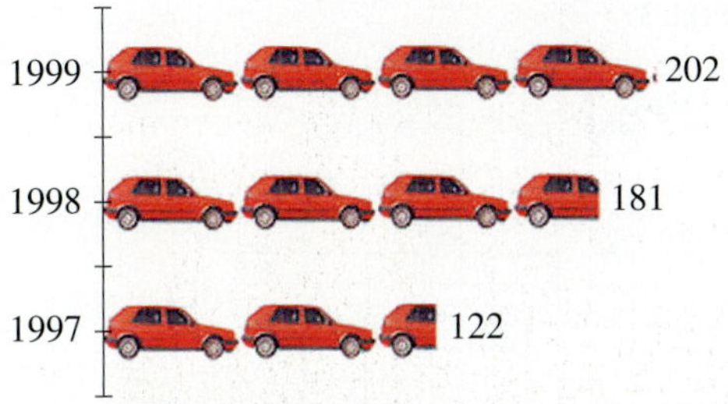

Alter der Mitschüler

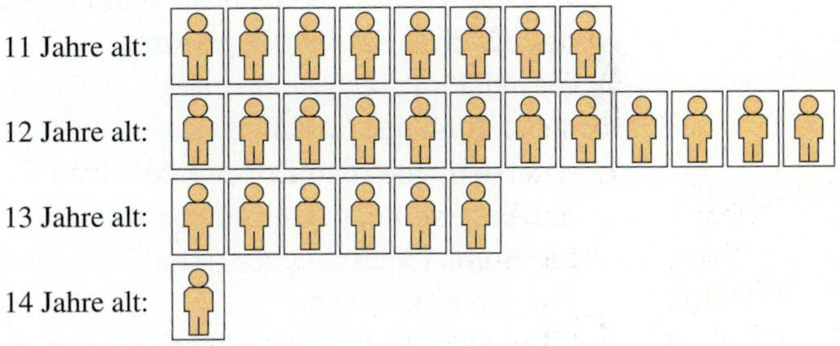

1 Die Abbildungen zeigen Säulendiagramme (z. B. „Sonnenstunden in Köln Juli 2007") und Piktogramme (z. B. „VW-Golf-Verkauf: Gebrauchtwagenhändler Mühsam").

a) Suche dir ein Diagramm aus und erläutere, welche Informationen du aus dem Diagramm ablesen kannst.

b) Warum werden Daten in Diagrammen dargestellt? Was ist der Vorteil?

c) Beschreibe den Aufbau eines Säulendiagramms und den Aufbau eines Piktogramms.

2 Erstelle ein eigenes Säulendiagramm oder ein Piktogramm. Suche dir dafür aus den Ergebnissen eurer Befragung von Seite 7 in der Klasse eines aus. Beschreibe, wie du dabei vorgegangen bist und welche Schwierigkeiten sich eventuell ergeben haben.

Lesen und Verstehen

Leon und Vanessa möchten gerne ihre Umfrageergebnisse aus der Tabelle zum Thema Fußball vorstellen.
Um ihre Ergebnisse interessanter und anschaulicher zu gestalten, stellen sie ihre Umfrageergebnisse in Diagrammen dar.

Fußball finde ich	Strichliste	Häufigkeit
„cool“	𝍸 𝍸 |||	13
„egal“	𝍸 |||	8
„blöd“	||||	4

Leon hat sich für ein Säulendiagramm, Vanessa für ein Piktogramm entschieden.

HINWEIS
Im Säulendiagramm stehen an der unteren waagerechten Achse die beobachteten Werte. An der senkrechten Achse nach oben befinden sich die Häufigkeiten.

In einem **Säulendiagramm** sieht man sofort, welche Antwort am häufigsten, welche am wenigsten gewählt wurde. An der Höhe der Säulen kann man ablesen, um welche Anzahl es sich genau handelt.

BEISPIEL 1

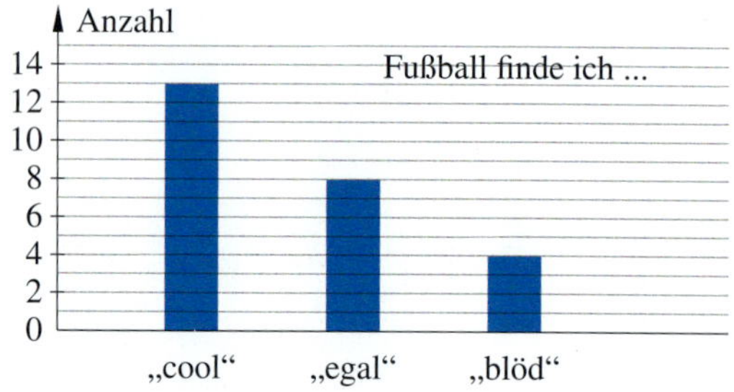

Mit einem **Piktogramm** (Figurendiagramm) lassen sich Zahlenangaben interessant darstellen.
Es sieht wie ein quer gelegtes Säulendiagramm aus. Anstelle der Säulen werden passende kleine Symbole hintereinander gezeichnet. Jedes Symbol steht für eine festgelegte Anzahl oder Größe.

BEISPIEL 2

BEISPIEL
In der folgenden Tabelle ist das Alter einer 7. Klasse dargestellt (siehe Beispiel 3).

Alter	Häufigkeit
11	8
12	12
13	6
14	1

Erstellen eines Säulendiagramms
Bevor ein Säulendiagramm erstellt wird, muss man sich folgende Gedanken machen:
1. Wie hoch wird die höchste Säule werden?
2. Wie breit soll das Diagramm werden? Die Breite hängt von der Anzahl der Säulen und deren Breite ab.
3. Wie sollen die beiden Achsen beschriftet werden?
4. Welche Überschrift bekommt das Diagramm?

BEISPIEL 3

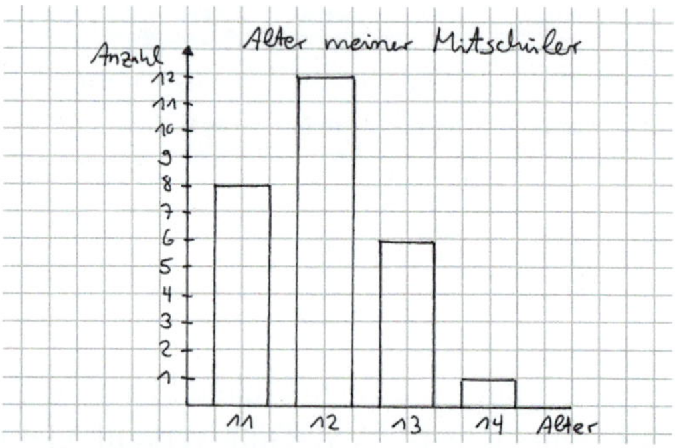

Beim **Zeichnen eines Piktogramms** werden am linken Rand die beobachteten Werte eingetragen. Zudem muss man vorher festlegen, für welche Anzahl das gewählte Symbol stehen soll.

BEISPIEL 4

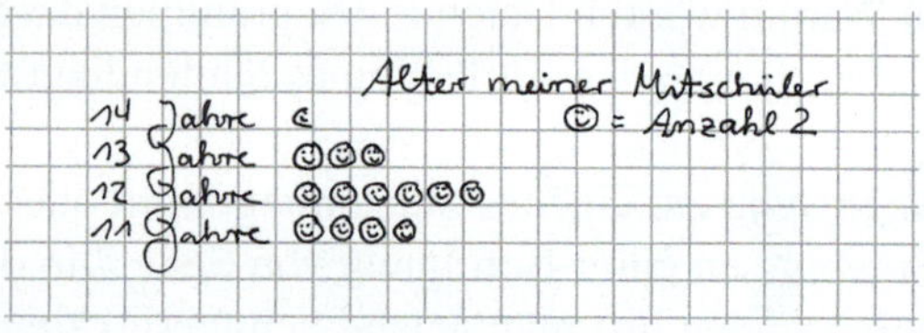

Üben und Anwenden

1 Marijke hat in einem Biologiebuch die folgende Abbildung zur Lebenserwartung von Tieren gefunden.

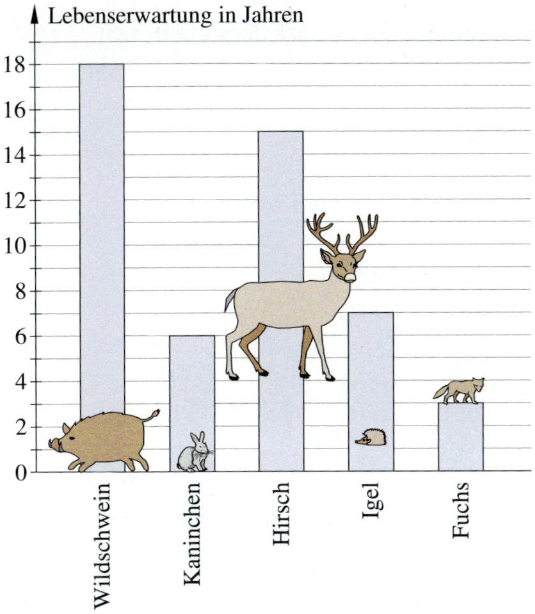

a) Beschreibe das Diagramm in deinen eigenen Worten.
b) Bestimme das Maximum und das Minimum der Lebenserwartung der dargestellten Tiere.
c) Macht es Sinn, die Spannweite anzugeben?

2 Lies das Höchstgewicht der einzelnen Tierarten aus dem Diagramm ab. Übertrage alle Werte in eine Tabelle. Gib das Minimum, das Maximum und die Spannweite an.

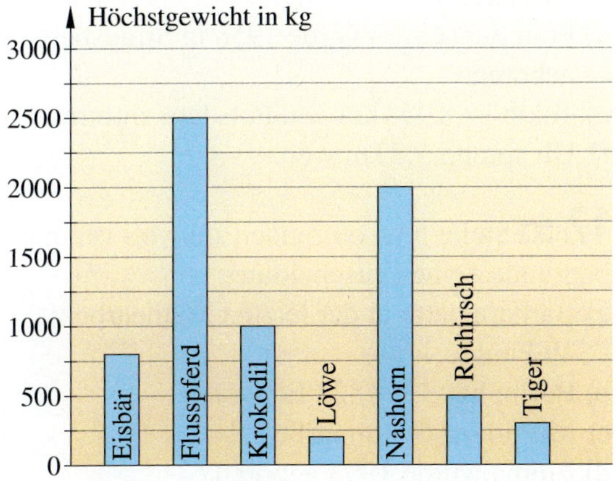

3 Stelle jeweils die Anzahl der Nachkommen der dargestellten Haustiere fest. Nenne Ursachen für Unterschiede.

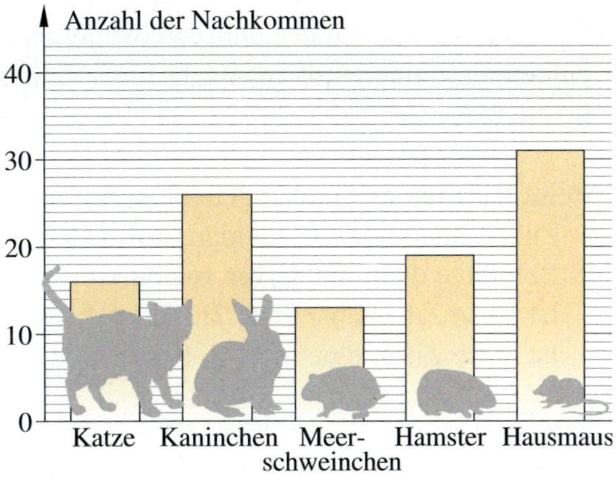

4 Recherchiere in Büchern oder im Internet nach weiteren Tierdaten.
a) Stelle diese Daten in einem Säulendiagramm dar.
b) Gib das Maximum, das Minimum und die Spannweite an.
c) Erstelle ein Piktogramm.

5 30 Schülerinnen und Schüler einer Klasse kommen mit unterschiedlichen Verkehrsmitteln zur Schule: drei von ihnen werden täglich mit dem Auto gefahren, elf kommen zu Fuß, sieben benutzen ihr Fahrrad, acht fahren Bus und ein Schüler reist täglich mit dem Zug an. Erstelle aus diesen Daten
a) ein Säulendiagramm,
b) ein Piktogramm.

6 Erläutere das Säulendiagramm zur Entwicklung des Autobahnnetzes in Deutschland.

Entwicklung des Autobahnnetzes in Deutschland

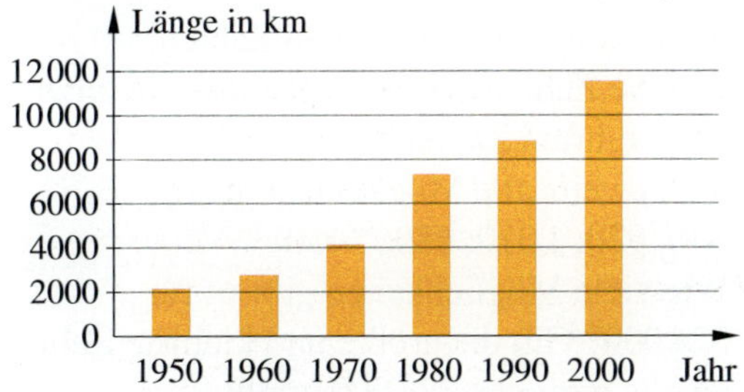

HINWEIS
Das Verb „recherchieren" kommt von dem französischen Wort „rechercher" und heißt übersetzt „suchen nach". Es bezeichnet die gezielte Suche nach Informationen.

Methode: Runden

Häufig ist es sinnvoll, mit gerundeten Werten zu arbeiten.
Soll beispielsweise die Einwohnerzahl unseres Landes angegeben werden, so macht es keinen Sinn, die genaue Anzahl anzugeben, da sich diese stündlich ändert.
Genauso wird bei einer Fahrt von München nach Hamburg die Anzahl der gefahrenen Kilometer gerundet, da man z. B. nicht genau weiß, wie viel Kilometer man noch in den Städten zurücklegt.

Beim **Runden** müssen Regeln beachtet werden:
1. Zuerst musst du entscheiden, **auf welche Stelle gerundet werden soll**.
2. Betrachte dann **die Ziffer rechts von der Stelle**, auf die gerundet werden soll.
   Ist diese Ziffer eine **0; 1; 2; 3** oder **4**, dann wird **abgerundet**.
   Ist diese Ziffer eine **5; 6; 7; 8** oder **9**, dann wird **aufgerundet**.

014-1
ZUM WEITERARBEITEN
Unter dem Webcode findest du das interaktive Projekt „Megastädte", in dem du viel über die größten Städte der Welt erfahren kannst.

BEISPIELE
1) Die Einwohnerzahl der Bundesrepublik Deutschland wird am 31. Juli 2006 mit 82 422 299 Einwohnern angegeben. Sinnvoll ist es hier, auf die Millionenstelle oder die Hunderttausenderstelle zu runden:
   82 422 299 Einwohner ≈ 82 000 000 Einwohner (gerundet auf Millionen) oder
   82 422 299 Einwohner ≈ 82 400 000 Einwohner (gerundet auf Hunderttausender).
2) Ein Routenplaner gibt im Internet die Entfernung zwischen München und Hamburg mit 775,92 km an. Es soll auf die Zehnerstelle gerundet werden:
   775,92 km ≈ 780 km.

7 Runde die Zahl 5 695 auf die Zehnerstelle. Erkläre, wie du vorgegangen bist.

8 Runde die Zahlen auf die Zehnerstelle.
a) 43; 81; 55; 171; 293; 987; 234; 410
b) 59; 654; 447; 15; 14; 999; 367; 54; 12

9 Runde jeweils auf Hunderter, Tausender und Hunderttausender.
a) 645 879; 123 987; 986 234; 765 012
b) 805 678; 197 056; 997 345; 949 999
c) 78 100; 51 675; 99 003; 49 880

10 Betrachte die gerundeten Zahlen.
a) Welche Zahlen ergeben gerundet die unten aufgeführten Zahlen?
   Gib jeweils alle Möglichkeiten an.
   340; 920; 1 010; 680; 5 450
b) Wie viele Möglichkeiten gibt es für 324 000? Gib die größte und kleinste Zahl an, die gerundet 324 000 ergibt.

11 Schreibe den Satz ab und runde – falls möglich – an einer sinnvollen Stelle.
BEISPIEL Die Zugspitze ist 2 962 m hoch.
Die Zugspitze ist ca. 3 000 m hoch.
a) Die Telefonnummer der Auskunft lautet 11833.
b) Cottbus hat 103 837 Einwohner.
c) Der Elefant im Leipziger Zoo wiegt 3 149 kg.
d) Frau Schneider wurde 1958 in Strausberg geboren.
e) Tokio ist 8 958 km von Potsdam entfernt.
f) Uli sprang 5,73 m weit.

12 Stelle fest, ob runden sinnvoll ist, und begründe deine Entscheidung.
a) Barbara hatte in der letzten Mathearbeit 49 Punkte.
b) Berlin hat 3 398 822 Einwohner.
c) Martin hat Schuhgröße 37.
d) Emma wurde 1993 geboren.

13 Erstelle ein Säulendiagramm zur Entwicklung des Eisenbahnnetzes in Deutschland. Nutze folgende Daten: 1966 umfasste das Streckennetz 30 000 km, 1970 waren es 29 000 km, 1980 nur noch 28 500 km.
Danach folgte ein sprunghafter Anstieg, da die neuen Bundesländer mit ihrem Netz hinzukamen. So waren es in den Jahren 1990 41 000 km und 2000 etwa 38 000 km.

a) Welche Einteilung hast du gewählt? Begründe.
b) Vergleiche die Daten aus dieser Aufgabe mit denen aus Nr. 6 auf Seite 13. Kannst du die Entwicklung jeweils erklären?

14 In Nordrhein-Westfalen leben rund 18 Mio. Einwohner, in Baden-Württemberg rund 10,5 Mio., in Bayern 12 Mio., in Hessen 6 Mio., in Rheinland-Pfalz etwa 4 Mio. und in Brandenburg rund 2,5 Mio.

a) Erstelle ein Säulendiagramm. Welche Einteilung hast du für die Anzahl gewählt?
b) Erstelle ein Piktogramm. Wie viel Einwohner entsprechen einem Symbol? Begründe deine Wahl.

15 Zeichne ein Säulendiagramm zu den Höhen folgender europäischer Berge: Montblanc (4 807 m), Matterhorn (4 478 m), Großglockner (3 797 m), Zugspitze (2 962 m), Langenberg (843 m)

16 Zeichne ein Säulendiagramm zu den Längen der folgenden Flüsse:

Nil (Afrika)	6 671 km
Jangtsekiang (Asien)	6 276 km
Wolga (Europa)	3 688 km
Mississippi (Nordamerika)	4 074 km
Amazonas (Südamerika)	6 437 km
Rhein (u. a. Deutschland)	1 320 km
Ruhr (Deutschland)	214 km

17 Erstelle ein eigenes Säulendiagramm oder ein Piktogramm aus den Ergebnissen einer eigenen Umfrage oder aus Daten, die du selbstständig recherchiert hast.

18 Betrachte die folgenden Diagramme. Erfinde jeweils einen Sachverhalt, der zu den abgebildeten Diagrammen passt und schreibe ihn in deinen Worten in dein Heft.

a)
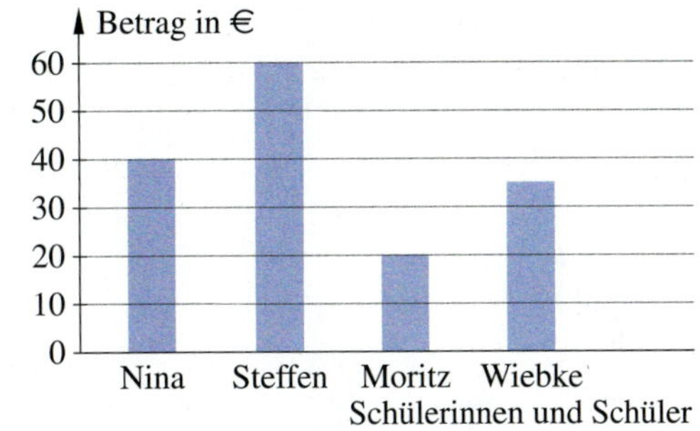

b)
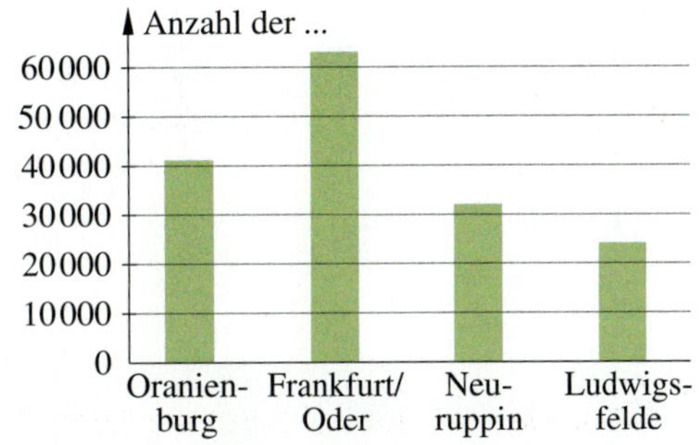

c)
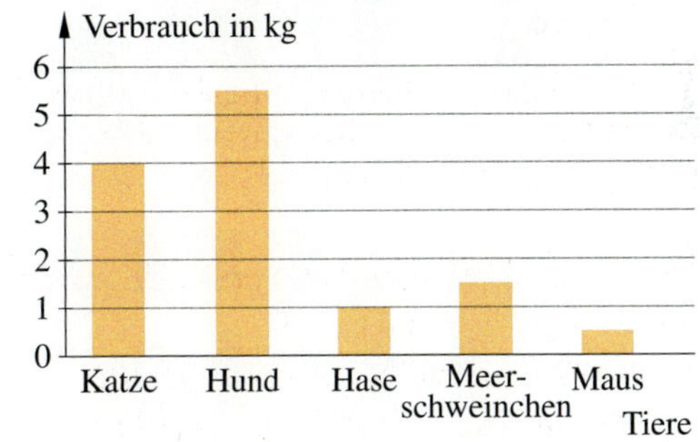

d)
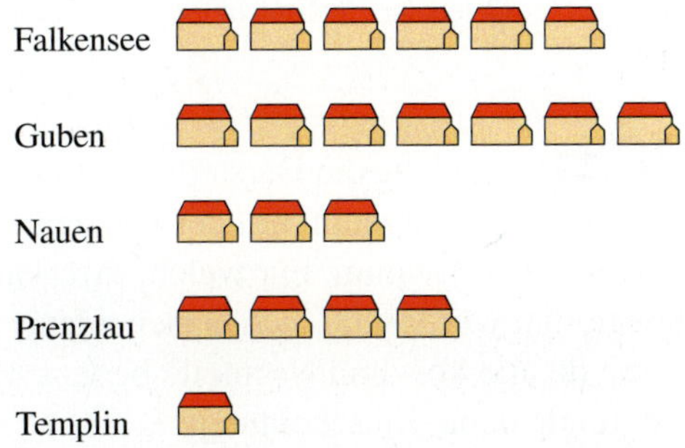

HINWEIS
Beim Erstellen von Säulendiagrammen kann bei kleinen Anzahlen eine Person oder Sache einem Kästchen entsprechen. Geht es aber z. B. um Millionenstädte, muss man eine andere Einteilung finden. Es könnte z. B. 1 cm die Einwohnerzahl 1 Million zugeordnet werden. Eventuell muss man das Heft quer legen und die Säulen schmal zeichnen, damit alle Antworten angegeben werden können.

www 015-1

ZUM WEITERARBEITEN
Unter dem Webcode findest du aktuelle Angaben zur Bevölkerung Deutschlands.

BEACHTE
Bei der Darstellung von sehr großen Zahlen in einem Diagramm muss man manchmal einen bestimmten Bereich von Zahlen auslassen. Dies kennzeichnet man auf den Achsen mit einem Zacken, z. B.:

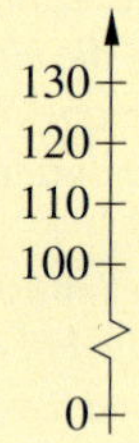

19 Betrachte die folgenden Säulendiagramme. Sie sind jeweils fehlerhaft. Suche die Fehler und verbessere sie, indem du die Diagramme korrekt in dein Heft überträgst.

a)
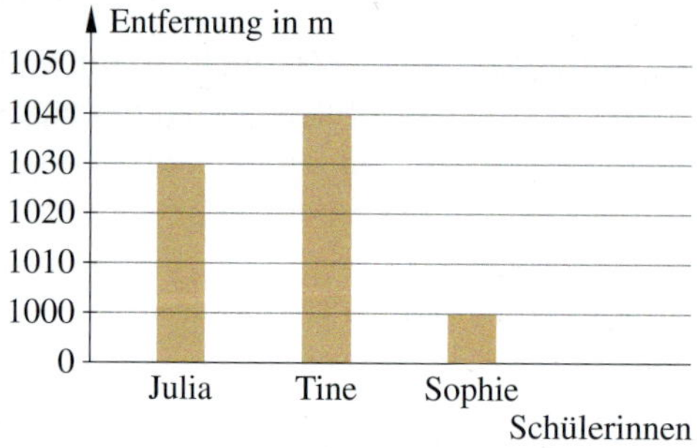

b)
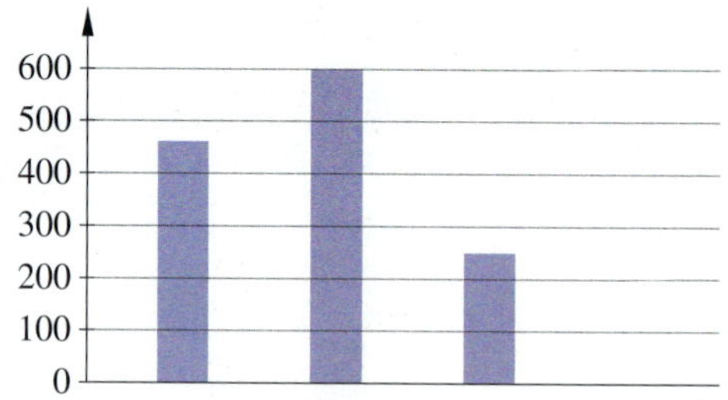

c)
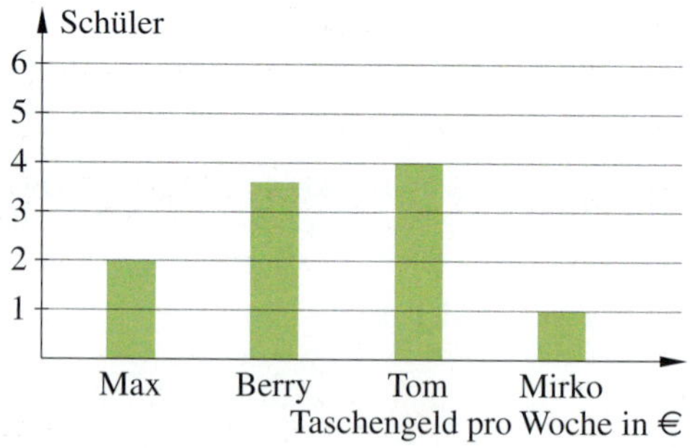

d)
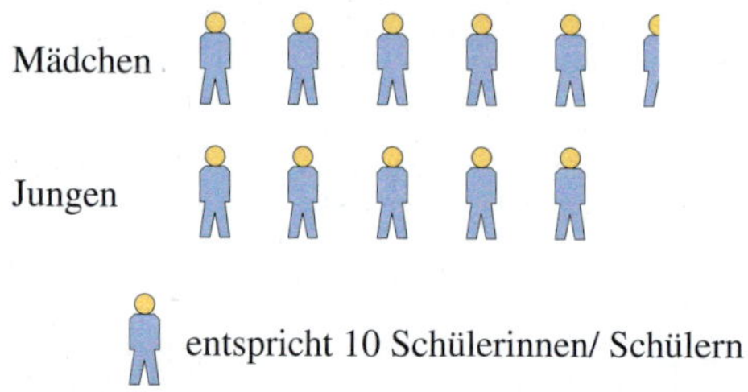

20 Vergleiche die Darstellungen in einem Säulendiagramm mit der Darstellung in einem Piktogramm. Für welche Art von Diagramm würdest du dich entscheiden, wenn du alle Vor- und Nachteile bedenkst? Begründe deine Entscheidung.

21 Frankfurt am Main ist der größte deutsche Flughafen. Im Jahr 2006 flogen von dort rund 53 Millionen Fluggäste ab.
In der Tabelle sind die Fluggastzahlen der größten deutschen Flughäfen aufgeführt.
Die Angabe für Berlin setzt sich aus der Anzahl der Fluggäste der Flughäfen Tegel, Tempelhof und Schönefeld zusammen.

Flughafen	Fluggäste 2006
Frankfurt	52 821 778
München	30 608 976
Berlin (gesamt)	18 506 506
Düsseldorf	16 510 893
Hamburg	11 954 560
Stuttgart	10 111 346
Köln/Bonn	9 812 815
Hannover	5 699 299
Nürnberg	4 000 547
Leipzig/Halle	2 348 011

a) Zeichne zur Anzahl der Fluggäste ein Säulendiagramm.
b) Zeichne zum Vergleich auch ein Piktogramm.

22 Suche im Internet oder im Lexikon nach Säulendiagrammen und Piktogrammen.
a) Welche Daten werden dort verarbeitet?
b) Beschreibe, wie du Seiten im Internet gefunden hast. Welche Stichworte oder Themen hast du zur Suche gewählt?

Methode: Säulendiagramme mit dem Computer erstellen

Säulendiagramme lassen sich auch mit dem Computer erstellen. Dazu benötigst du ein **Tabellenkalkulationsprogramm**.

Im Folgenden zeigen wir dir, wie man die Höhen einiger bekannter Gebäude mit Hilfe des Tabellenkalkulationsprogramms EXCEL in einem Säulendiagramm darstellen kann.

Die **Tabelle** wird in das Tabellenkalkulationsprogramm übertragen und markiert.
Zum Markieren klickt man das linke obere Feld der Tabelle (A1, Eintrag „Gebäude") mit der linken Maustaste an und zieht die Maus bei gedrückter linker Maustaste bis zur unteren rechten Ecke der Tabelle.

Über der Tabelle befinden sich die so genannten Symbolleisten. Klickst du auf den Button, wird der **Diagramm-Assistent** gestartet. Man kann nun zwischen verschiedenen Diagrammtypen wählen. Wenn du ein Säulendiagramm zeichnen möchtest, kannst du die von EXCEL vorgeschlagene Auswahl (wie im Bild rechts) beibehalten.

Klickst du auf das Feld „Weiter", gelangt man zu Schritt 2 des Diagramm-Assistenten. Auch hier muss nichts verändert werden, da durch die Markierung festgelegt wurde, welche Daten verarbeitet werden sollen.

Beim dritten Schritt sind einige Verbesserungen sinnvoll. Du kannst z. B. die Überschrift verändern oder die Achsen beschriften. Auch das Entfernen der Legende ist möglich.

Beim vierten Schritt kannst du entscheiden, ob das Diagramm als Objekt in das Tabellenblatt eingefügt wird oder als neues Blatt angelegt werden soll. Klicke danach auf „Fertig stellen".

Das **fertige Diagramm** könnte dann z. B. wie auf dem Bild rechts aussehen.

Gebäude	Höhe (in m)
Kölner Dom	157
Eiffelturm	300
Taipe 101	508
Empire State Building	452

	A	B
1	Gebäude	Höhe (in m)
2	Kölner Dom	57
3	Eiffelturm	300
4	Taipe 101	508
5	Empire State Building	452

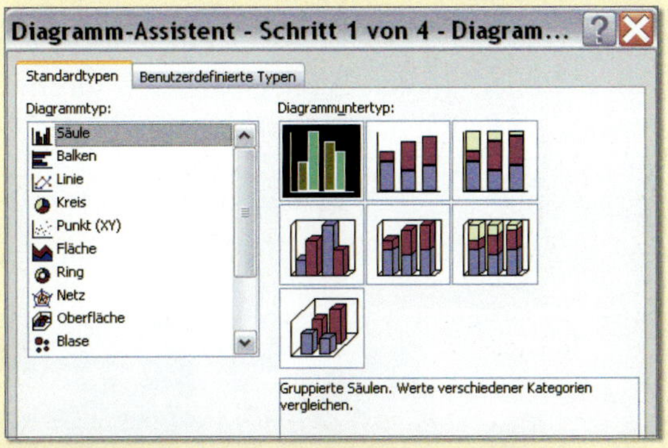

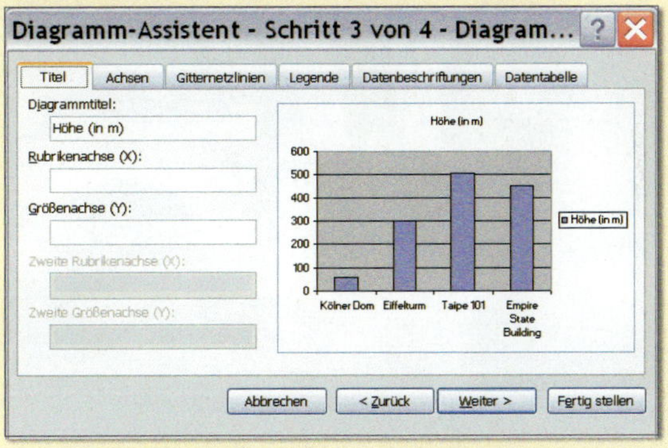

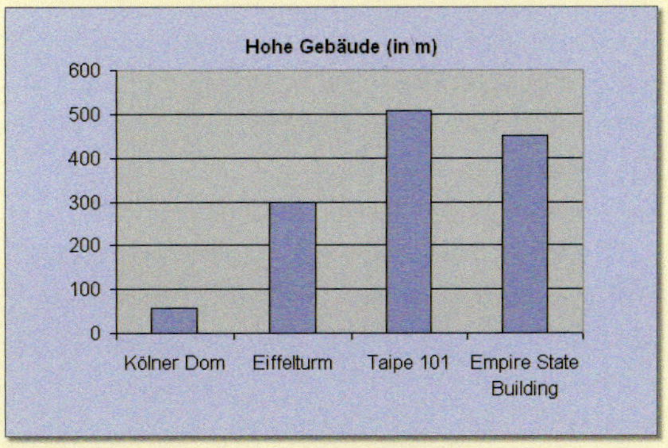

HINWEIS
In einem Wörterbuch findet man unter Kalkulation die Erklärungen Berechnung, Kostenermittlung.

017-1

BEACHTE
Unter dem Webcode findest du eine vorgefertigte Tabelle in Excel, mit der du die aufgeführten Schritte nachvollziehen kannst.

Wir präsentieren uns

Am „Tag der offenen Tür“ haben Schulen die Möglichkeit, sich den neuen Siebtklässlern vorzustellen. Dabei bereitet meist jede Klasse einer Schule ein Projekt vor, das mit der Schule zu tun hat.
Manchmal werden Aktionen geplant, bei der die Gäste mitmachen können.
In einigen Schulen werden Cafés eingerichtet und Würstchen verkauft.
Oftmals wird Probeunterricht gezeigt oder es werden Stücke aus dem Musikunterricht oder auch von Theater-Kursen aufgeführt.
Einige Klassen verkaufen selbst hergestellte Freiarbeitsmaterialien oder bieten Schulführungen an. Ideen gibt es viele.
Auch im Mathematikunterricht kann man sehr gut etwas für den „Tag der offenen Tür“ vorbereiten. Ihr könnt im Vorfeld die unterschiedlichsten Daten eurer Schule sammeln und diese dann anhand von Diagrammen auf Plakaten darstellen.
Am „Tag der offenen Tür“ selbst könnt ihr die angefertigten Plakate im Schulgebäude aufhängen und den Gästen erläutern.

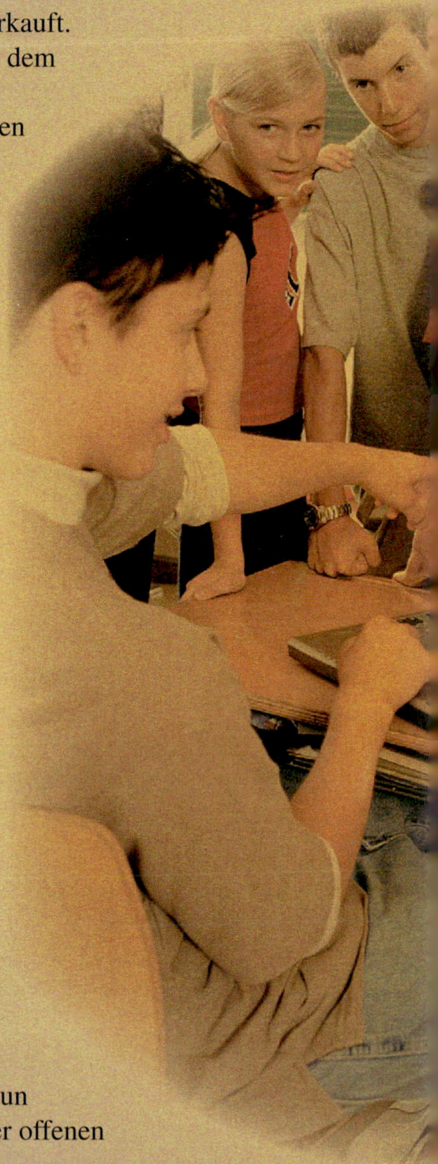

1 Überlegt gemeinsam mit eurer Lehrerin oder eurem Lehrer, welche Daten für euch interessant sind, die mit eurer Schule zu tun haben. Überprüft, ob diese sich für eine Präsentation am „Tag der offenen Tür“ eignen.
Ihr könnt beispielsweise die Anzahl der Jungen und Mädchen in eurer Schule gegenüberstellen oder die Anzahl der Schülerinnen und Schülern aus unterschiedlichen Orten erfragen. Nutzt dazu das Internet oder informiert euch im Sekretariat. Auch Umfragen, die mit dem Schulleben zu tun haben, sind geeignet.

am „Tag der offenen Tür“

2 Wertet die unterschiedlichen Daten in Gruppen aus. Entwerft zu jedem Thema ein Diagramm, das jeweils euren Vorstellungen entspricht.
Zeichnet es zunächst in DIN-A4-Größe und lasst es auf Fehler hin überprüfen.

3 Übertragt nun die Diagramme auf große Papierbögen (Packpapier oder Tapete) und gestaltet sie ansprechend.

Als Arbeitsmaterialien eignen sich das große Geodreieck und das lange Lineal der Tafel, dicke Filzstifte und Textmarker sowie Wachsmalkreiden.

4 Überlegt euch gemeinsam mit dem Hausmeister, wo die Diagramme aufgehängt werden sollen, damit viele Gäste sie sehen können. Eventuell müsst ihr Stellwände reservieren.

5 Stellt einen Plan auf, in den ihr eintragen könnt, zu welcher Uhrzeit ihr einen Dienst übernehmen wollt, um den Gästen die Diagramme zu erläutern.

Vermischte Übungen

1 Du siehst das Ergebnis einer Klassenarbeit.

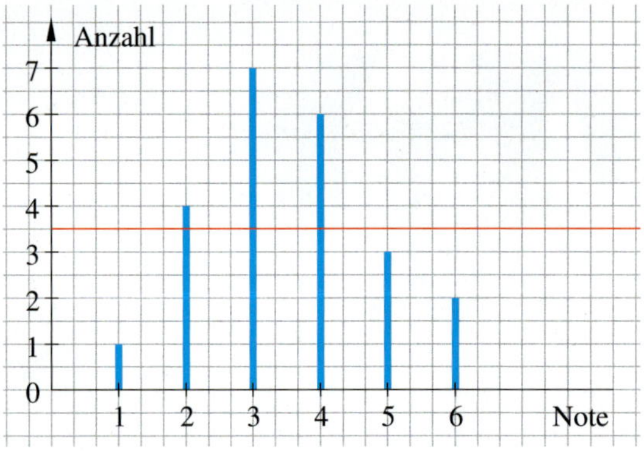

a) Fertige eine Häufigkeitstabelle an.
b) Wie viele Schülerinnen und Schüler haben die Arbeit mitgeschrieben?
c) Welche Bedeutung hat die rote Linie?

2 Vergleiche die folgenden Aussagen:
(i) Ballack schoss an den letzten fünf Spieltagen fünf Tore.
(ii) Ballack schoss in jedem der letzten fünf Spiele ein Tor.
(iii) Ballack schoss an den letzten fünf Spieltagen durchschnittlich ein Tor pro Spiel.

3 Sind die Aussagen sinnvoll?
a) Die Russin Lebedeva sprang bei den Olympischen Spielen 2004 durchschnittlich 6,92 m weit.
b) In einer deutschen Familie leben durchschnittlich 1,2 Kinder.
c) Finde Beispiele, bei denen Durchschnittswerte nicht sinnvoll sind.

4 Gib eine Datenreihe mit 10 (15) Daten an, die die folgenden Eigenschaften erfüllt.
a) Der Median ist 5.
b) Das arithmetische Mittel ist 10.
c) Der Median ist 5 und das arithmetische Mittel ist 10.

5 Carla behauptet, dass ein Notenspiegel von einer Klassenarbeit eine Häufigkeitstabelle ist. Hat sie mit ihrer Meinung Recht?

1	2	3	4	5	6
5	4	11	5	3	0

6 Durchschnittlich fielen in Angermünde folgende Niederschlagsmengen:

Januar	36 mm	Juli	55 mm
Februar	30 mm	August	56 mm
März	45 mm	September	45 mm
April	40 mm	Oktober	34 mm
Mai	52 mm	November	45 mm
Juni	68 mm	Dezember	43 mm

a) Bestimme durchschnittliche Niederschlagsmenge pro Monat und Zentralwert.
b) Das Diagramm zeigt die durchschnittlichen Niederschlagsmengen in Acapulco (Mexiko).

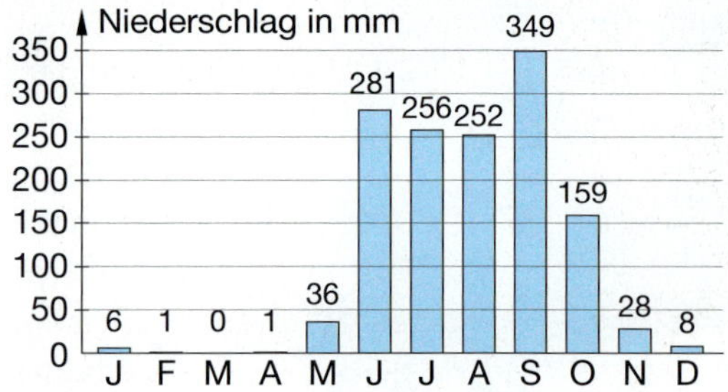

Bestimme durchschnittliche Niederschlagsmenge und Zentralwert.
c) Welcher Mittelwert ist bei diesen Beispielen für Vergleichszwecke besser geeignet?

7 Dies sind die Ergebnisse der Mathearbeit von drei 7. Klassen.

1	2	3	4	5	6
0	0	15	15	0	0

1	2	3	4	5	6
3	4	7	8	7	1

1	2	3	4	5	6
2	11	1	5	8	3

a) Gib jeweils den Klassendurchschnitt an.
b) Gib zwei weitere Klassenspiegel an, die den gleichen Klassendurchschnitt haben. Erkläre, wie du vorgegangen bist.
c) Gib drei verschiedene Klassenspiegel mit einem Klassendurchschnitt von 3,0 an.
d) Welche Informationen werden durch die Angabe des Durchschnittswertes verschleiert?

Teste dich!

a

1 Bei einer Umfrage unter Kindern in einem Jugendheim sind folgende Angaben gemacht worden:

a) Gib Minimum und Maximum des Gewichts an.

b) Wie groß ist die Spannweite bei der Größe?

c) Ermittle den arithmetischen Mittelwert und den Zentralwert des Alters.

	Alter (in Jahren)	Größe (in cm)	Gewicht (in kg)
Nadine	12	142	62
Eva	12	150	46
Max	13	143	42
Helena	12	134	41
Freddy	14	168	72
Klaus	12	151	48
Ute	13	160	54
David	12	159	63

2 Weitere Kinder im Jugendheim sind nach ihrer Lieblingsfarbe gefragt worden. Erstelle nach ihren Angaben eine Tabelle mit Strichliste und Häufigkeit.
Anselm: Grün, Benjamin: Rot, Marcus: Blau, Lydia: Lila, Anke: Gelb,
Lisa: Rot, Peter: Blau, Anja: Rot, Stefan: Rot, Rebecca: Grün

3 Erstelle ein Säulendiagramm zum eingenommenen Geld durch den Verkauf von Süßigkeiten in der Mensa. Die Beträge sind gerundet.

	Mo	Di	Mi	Do	Fr
Einnahmen	80 €	50 €	80 €	70 €	30 €

4 Beschreibe den Inhalt des abgebildeten Diagramms in deinen Worten.

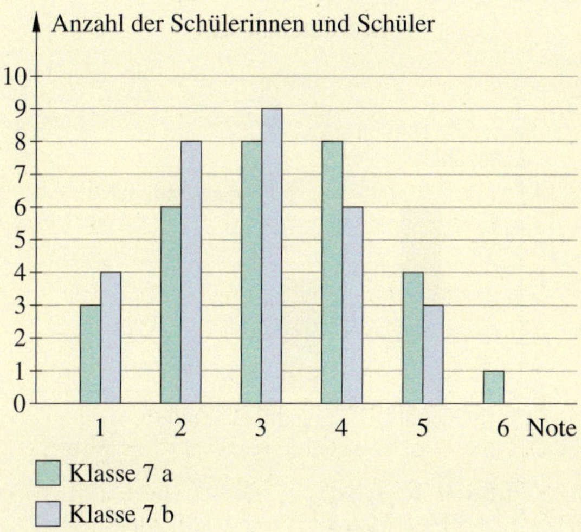

b

3 Erstelle ein Säulendiagramm zum Brötchenverbrauch am Donnerstag in der Mensa.

Bestellung	Mo	Di	Mi	Do	Fr
Körnerbrötchen	30	20	30	20	20
weiche Brötchen	50	40	50	50	40
Schokobrötchen	60	60	60	60	60
Campingbrötchen	45	40	45	45	40
Mohnbrötchen	20	15	20	15	15

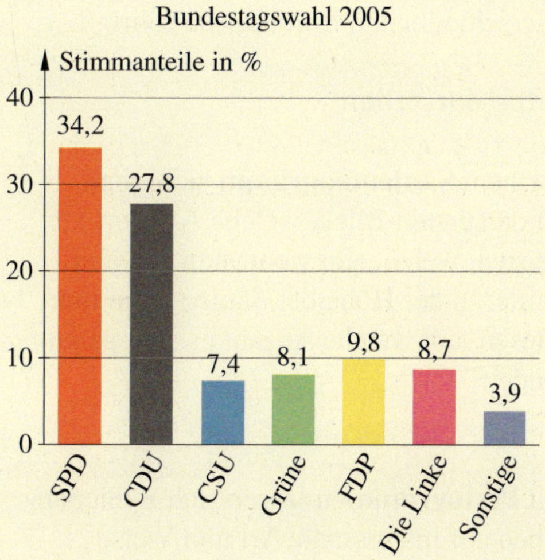

HINWEIS
Brauchst du noch Hilfe, so findest du auf den angegebenen Seiten ein Beispiel oder eine Anregung zum Lösen der Aufgaben. Überprüfe deine Ergebnisse mit den Lösungen auf Seite 242.

Aufgabe	Seite
1	8
2	8
3	12
4	8, 12

Zusammenfassung

→ Seite 8

Daten erheben und auswerten

Um Daten erheben zu können, benötigt man einen **Fragebogen**.

Für eine erste Übersicht stellt man die Daten in einem **Auswertungsbogen**, in einer so genannten **Urliste**, zusammen.

Alter	m/w	Liest du gerne?	Was liest du?
13	m	ja	Bücher, Comics
12	w	nein	…

Zur Auswertung der abzählbaren Angaben wird als Urliste häufig eine **Strichliste** mit **Häufigkeitstabelle** angelegt.

Liest du gerne?	Strichliste	Häufigkeit
ja	𝍸 𝍸 |||	13
nein	𝍸 ||||	9

Bei einer Datenreihe nennt man den größten Wert das **Maximum**. Der kleinste Wert heißt **Minimum**.
Die **Spannweite** kennzeichnet den Unterschied zwischen dem Maximum und dem Minimum.

Der älteste befragte Schüler ist 15 Jahre alt (Maximum), der jüngste ist 7 (Minimum).

Maximum:	15 Jahre
Minimum:	– 7 Jahre
Spannweite:	8 Jahre

Bei der Untersuchung von Daten ist die Berechnung des Durchschnitts von Bedeutung. Der Durchschnitt ist ein Mittelwert. Er wird auch als **arithmetisches Mittel** bezeichnet.

$$\text{arithmetisches Mittel} = \frac{\text{Summe aller Werte}}{\text{Anzahl der Werte}}$$

Tageshöchsttemperaturen

Mo	Di	Mi	Do	Fr	Sa	So
18 °C	18 °C	16 °C	18 °C	21 °C	23 °C	26 °C

arithmetisches Mittel:

$$\frac{16 + 3 \cdot 18 + 21 + 23 + 26}{7} = 20$$

Wochendurchschnitt: 20 °C

Auch der **Zentralwert (Median)** ist ein Mittelwert einer Datenreihe.
Es ist möglich, dass die Berechnung von arithmetischem Mittel und Median zu unterschiedlichen Ergebnissen führt.

geordnete Datenliste:
16 °C, 18 °C, 18 °C, 18 °C, 21 °C, 23 °C, 26 °C

↑

Median: 18 °C

→ Seite 12

Daten darstellen

In einem **Säulendiagramm** sieht man auf den ersten Blick, welche Antwort am meisten, welche am wenigsten gewählt wurde. In der Höhe der Säulen kann man ablesen, um welche Anzahl es sich genau handelt.

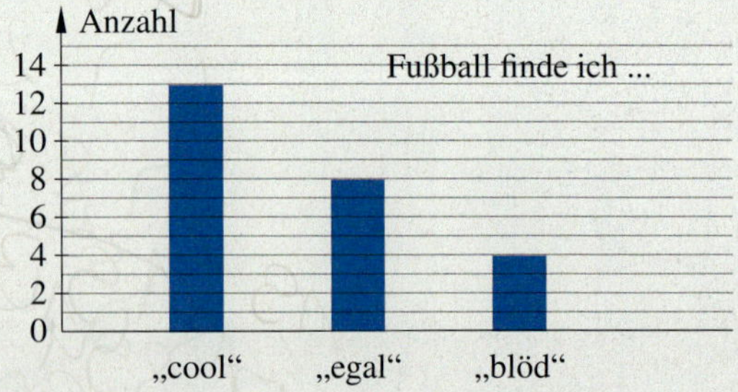

Mit **Piktogrammen** lassen sich Zahlenangaben auf interessante Art und Weise darstellen. Jedes Symbol steht hierbei für eine festgelegte Anzahl oder Größe.

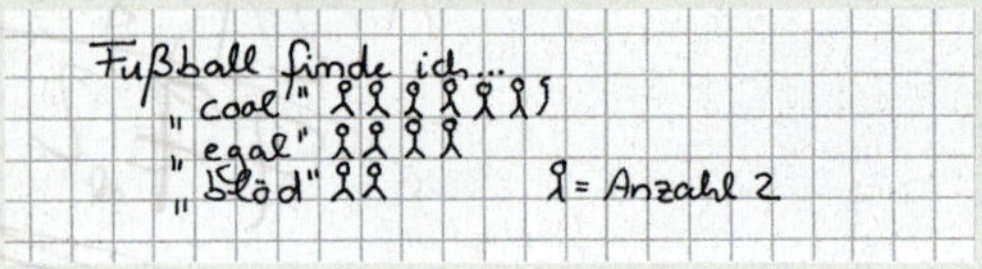

Rationale Zahlen

In der Tiefgarage ist jemand in den Fahrstuhl eingestiegen.
Er fährt dann bis in den fünften Stock.
An wie vielen Stockwerke ist er dann insgesamt
vorbei gefahren?

Noch fit?

BEACHTE
Benutze zum Beispiel die Begriffe Kürzen, Erweitern, gemischte Zahl ...

1 Was wird hier dargestellt? Benutze die mathematischen Fachbegriffe.

a) 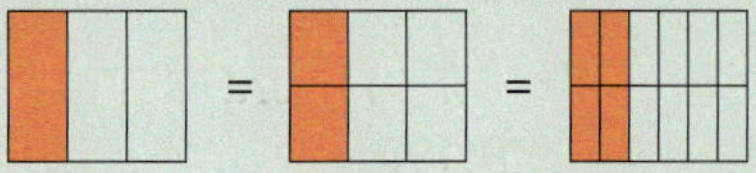

b) 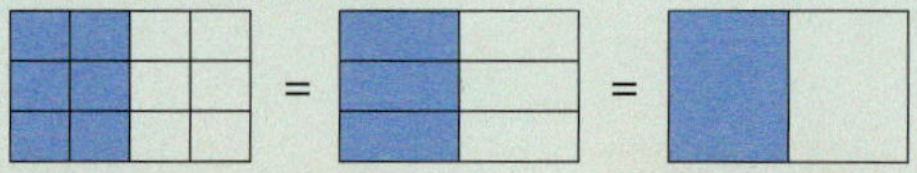

c) 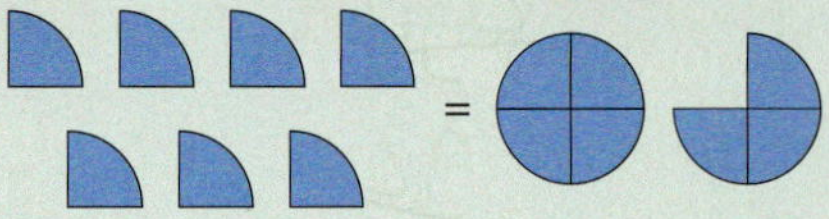

d) 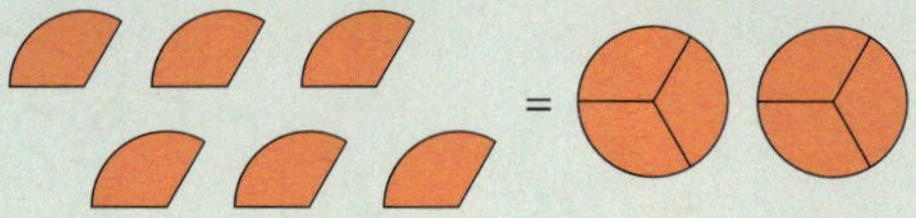

2 Kürze, wenn es möglich ist.

a) $\frac{4}{12}$ b) $\frac{3}{15}$ c) $\frac{4}{17}$ d) $\frac{15}{55}$ e) $\frac{9}{30}$ f) $\frac{7}{30}$ g) $\frac{12}{44}$

h) $\frac{14}{56}$ i) $\frac{24}{5}$ j) $\frac{13}{10}$ k) $\frac{20}{24}$ l) $\frac{19}{20}$ m) $\frac{33}{90}$ n) $\frac{16}{52}$

3 Zeichne ein Koordinatensystem wie im Beispiel und trage die Punkte ein.

a) $A(2|2)$, $B(4|4)$, $C(7|7)$, $D(9|9)$
b) $E(3|0)$, $F(0|5)$, $G(8|0)$, $H(0|9)$
c) $I(3|1)$, $J(1|3)$, $K(2|7)$, $L(7|2)$
d) $M(2|5)$, $N(5|2)$, $P(8|4)$, $Q(4|8)$
e) $R(3|9)$, $S(1|6)$, $T(3|7)$, $U(6|1)$
f) $V(2|8)$, $X(0|8)$, $Y(0|0)$, $Z(8|5)$

BEISPIEL

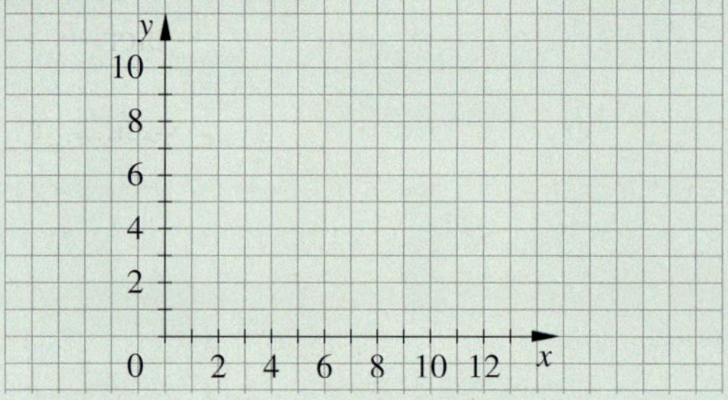

4 Beschreibe verschiedene Rechenwege für folgende Berechnungen:

a) $499 \cdot 40$ b) $126\,000 : 200$

5 Rechne vorteilhaft. Überschlage zuerst das Ergebnis.

a) $4 \cdot 16 \cdot 25$ b) $20 \cdot 13 \cdot 5$ c) $2 \cdot 49 \cdot 50$
d) $250 \cdot 97 \cdot 4$ e) $125 \cdot 23 \cdot 8 \cdot 2$ f) $80 \cdot 25 \cdot 125 \cdot 40$

6 Rechenbäume berechnen.

a) Übertrage die Rechenbäume in dein Heft und berechne.
b) Schreibe die zugehörige Aufgabe auf.
c) Welche Rechenregeln müssen jeweils beachtet werden?
d) Stelle als Rechenbaum dar und berechne:

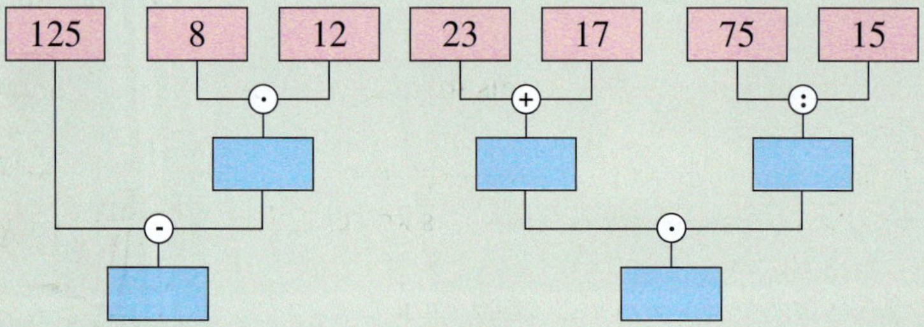

① $460 + (112 - 52) \cdot 8$ ② $(12 + 18) \cdot (26 + 34)$ ③ $200 - (45 + 3 \cdot 17)$

KURZ UND KNAPP

1. Das Ergebnis einer Multiplikationsaufgabe heißt …
2. Die Zahl, durch die dividiert wird, heißt …
3. Der Quotient von zwei Zahlen zwischen 1 und 20 ist 8. Welche Zahlen könnten dividiert worden sein?
4. Das Produkt von zwei aufeinanderfolgenden Zahlen ist 156. Wie heißen diese Zahlen?

Mit Dezimalbrüchen rechnen (Wiederholung)

Erforschen und Entdecken

1 Mike und Serena diskutieren darüber, wie man Dezimalbrüche schriftlich addiert.

1,35 + 2,4 + 185,3 + 24 + 1,496

1,35	1,35
2,4	2,4
185,3	185,3
24	24
1,496	1,496

a) Wer hat in diesem Fall Recht? Begründet eure Aussage.
b) Löst die Summe: 2,54 + 13,1 + 7,682 + 0,4 + 11.
c) Kann man das Verfahren auf die Subtraktion übertragen? Wie würdet ihr das machen?
d) Löst die Aufgabe: 152 – 12,3 – 4,661.
Erläutert eure Vorgehensweise. Welche Probleme traten auf und wie habt ihr sie gelöst?

day trips

Orlando	100	miles
Miami	200	miles
New York	1 000	miles
Key West	240	miles

2 Während ihres Aufenthalts in den USA nahm Dana an mehreren Ausflügen teil. Die Strecken, die zurückgelegt wurden, waren häufig sehr groß.
Entfernungen werden in den USA in Meilen angegeben. Eine Meile entspricht 1,609 km.
a) Überschlage jeweils, wie groß die Entfernungen waren.
b) Berechne nun genau, wie groß die Entfernungen in km jeweils waren.
c) Nina war ebenfalls in den USA und hat notiert, an welchen Ausflügen sie teilgenommen hat.
Leider hat sie mehrfach Fehler beim Umrechnen gemacht. Finde die Fehler. Erkläre ihr, wie sie die Aufgabe richtig löst.

Ausflüge

Washington:	820 Meilen ≈ 131,938 km
New Orleans:	475 Meilen ≈ 7 642,75 km
Boston:	1180 Meilen ≈ 1 800 km

3 Büroartikel werden oftmals in großen Mengen verkauft.
a) Berechne, wie viel ein Heft kostet.
b) Was kostet eine CD-Rom? Was kosten zehn CD-Roms?
c) Gib den Preis von einer, zehn und 100 Büroklammern an.
d) Erläutere, wie du gerechnet hast. Formuliere eine Regel für die Division von Dezimalbrüchen durch Stufenzahlen. Zum Beispiel: Man dividiert einen Dezimalbruch durch 10, 100, 1000, indem man …
e) Löse die folgenden Divisionsaufgaben:

245,50 € : 10	45,20 € : 10
245,50 € : 100	45,20 € : 100
245,50 € : 1 000	45,20 € : 1000

Lesen und Verstehen

Serena und Mike lösen die Aufgabe 1,35 + 24 + 1,496 so:

Dezimalbrüche werden **stellenweise** addiert oder subtrahiert.

Bei der schriftlichen Addition oder Subtraktion müssen die Dezimalbrüche **stellengerecht** untereinander notiert werden.

BEISPIEL 1

```
  1,350
+ 24,000
+  1,496
      1
--------
 26,846
```

BEISPIEL 2

```
 23,180
-  1,426
    1 1
--------
 21,754
```

Der Swimmingpool von Danas amerikanischer Gastfamilie ist 8,75 m breit und 13,25 m lang. Dana möchte wissen, welchen Flächeninhalt in m² er einnimmt.

Dezimalbrüche werden wie die entsprechenden natürlichen Zahlen multipliziert.
Im Ergebnis setzt man das Komma so, dass im Ergebnis gleich viele Stellen nach dem Komma stehen wie in beiden Faktoren zusammen.

```
2 Nachkommastellen
   + 2 Nachkommastellen
8,75 · 13,25
    875
     2625
      1750
       4375
115,9375
4 Nachkommastellen
```

Sabrina möchte wissen, wie viel 1 kg Äpfel und 1 kg Kartoffeln kosten. Um dies auszurechnen, muss sie dividieren: 8,25 : 5 und 1,85 : 2,5.

BEACHTE
Überschlage zunächst das Ergebnis, um zu überprüfen, ob du das Komma richtig gesetzt hast.

Division eines Dezimalbruchs durch eine natürliche Zahl
Einen Dezimalbruch dividieren wir durch eine natürliche Zahl, indem wir wie mit natürlichen Zahlen rechnen.
Beim Überschreiten des Kommas wird auch im Ergebnis ein Komma gesetzt.

BEISPIEL 1

```
8,25 : 5 = 1,65
5
32
30
 25
 25
  0
```

1 kg Äpfel kostet 1,65 €.

ERINNERE DICH
Dividend : Divisor = Wert des Quotienten

Division eines Dezimalbruchs durch einen Dezimalbruch
Dezimalbrüche dividieren wir in zwei Schritten:

1. Damit der Divisor eine natürliche Zahl wird, multiplizieren wir Dividend und Divisor mit derselben Stufenzahl (10, 100, 1 000 …).
2. Dann dividieren wir durch die natürliche Zahl und beachten dabei die Kommaüberschreitung.

BEISPIEL 2

```
  1,85 : 2,5
· 10 ↓    ↓ · 10
= 18,5 : 25 = 0,74
   0
  185
  175
   100
   100
     0
```

1 kg Kartoffeln kostet 0,74 €.

Üben und Anwenden

1 Rechne im Kopf.
a) 0,4 + 0,5 b) 0,3 + 0,6 c) 0,8 + 0,2
d) 0,7 + 0,6 e) 8,3 + 0,8 f) 7,2 + 0,9
g) 18,6 + 4,5 h) 13 + 8,7 i) 3,6 + 4,2

2 Rechne im Kopf.
a) 0,9 – 0,5 b) 0,3 – 0,1 c) 3,4 – 1,7
d) 5 – 4,6 e) 0,8 – 0,4 f) 2,3 – 1,1
g) 12,8 – 7,4 h) 19,5 – 6,6 i) 2,7 – 2,6

3 Addiere.
a) 0,06 + 0,03 + 0,1 b) 0,3 + 0,09 + 1
c) 2,04 + 1,25 + 5,33 d) 2,58 + 0,62 + 6,9
e) 4,8 + 3,26 + 7,239 f) 1,47 + 0,64 + 4,99

4 Subtrahiere. Ordne die Ergebnisse nach ihrer Größe.
a) 0,6 – 0,1 – 0,4 b) 8,3 – 0,5 – 0,9
c) 6,2 – 3,7 – 1,9 d) 3,7 – 2,1 – 1,4
e) 38,79 – 18,765 – 6 f) 17 – 8,742 – 0,23
g) 100 – 5,88 – 9,01 h) 44,3 – 11,215

5 Berechne.
a) 43,601 + 7,2 + 0,9987 + 4,11 + 65,7001
b) 190,4 – 4,681 – 8,009 – 78,656 – 0,089
c) 280,6 + 135,36 – 77,06 – 69,681

6 Übertrage die Tabelle ins Heft. Addiere.

+	2,4	7,6	9,3	12,4	10,9	13,4	0,85	0,31
2,7								
4,01								
7,5								
3,84								
6,29								
8,73								

7 Überschlage zuvor das Ergebnis.
BEISPIEL 3,278 + 8,982
Überschlag: 3 + 9 = 12
3,278 + 8,982 = 12,26
a) 8,129 + 5,322 b) 4,52 + 2,349
c) 15,62 + 4,937 d) 4,982 + 2,349
e) 0,836 + 2,789 f) 0,982 + 0,936
g) 4,748 + 12,034 + 1,701 + 14,007
h) 0,421 + 3,0120 + 9,777 + 345,23
i) 3,089 + 9,31 + 4,725 + 0,035

8 Berechne.
a) 2,5 · 100 b) 2,5 · 10000
c) 100000 · 1,75 d) 1000 · 2,55
e) 100 · 1,2 f) 3,50 · 1000
g) 1,37 · 100 h) 2,75 · 10
i) 1000 · 1,88 j) 10000 · 0,125

9 Ein britisches Pfund (1 £) entspricht 1,50 €. Rechne die folgenden Beträge in Euro um.
a) 10 £ b) 100 £ c) 1000 £ d) 10000 £
e) 15 £ f) 37 £ g) 150 £ h) 1250 £

10 Für einen Euro erhält man 0,67 £. Wie viele £ erhält man für die folgenden Beträge?
a) 10 € b) 1000 € c) 10000 € d) 100 €
e) 30 € f) 600 € g) 25000 € h) 75 €

11 Multipliziere die Dezimalbrüche im Kopf.

·	0,1	0,3	0,5	0,7	0,9
0,2					
0,4					
0,6					
0,8					

12 Rechne die erste Aufgabe. Löse die anderen durch Verschieben des Kommas.
a) 0,375 · 20 b) 1,52 · 130
0,375 · 2 1,52 · 13
0,375 · 0,2 1,52 · 1,3
0,375 · 0,02 1,52 · 0,13

13 Multipliziere schriftlich. Überschlage vorher das Ergebnis.
BEISPIEL 4,7 · 5,26
Überschlag: 5 · 5 = 25
Rechnung: 4,7 · 5,26 = 24,722
a) 3,6 · 2,55 b) 4,6 · 7,24
c) 12,3 · 0,75 d) 34,5 · 0,875
e) 9,66 · 18,4 f) 0,6 · 25,92
g) 14,9 · 3,25 h) 98,7 · 1,674
i) 167,4 · 0,987 j) 76,2 · 14,8

14 Ein Schweizer Franken (SFr) ist etwa 0,65 € wert. Rechne die Beträge in € um.
a) 250 SFr b) 1270 SFr c) 35,75 SFr
d) 101,05 SFr e) 64,50 SFr f) 405,80 SFr

AUFGABE
Finde den Weg mit der geringsten und den mit der größten Summe. Tipp: Um Brüche, Dezimalbrüche und gemischte Zahlen addieren oder subtrahieren zu können, musst du sie vorher in eine Darstellungsform umwandeln.
BEISPIEL $\frac{1}{2}$ + 0,4 = 0,5 + 0,4 = 0,9

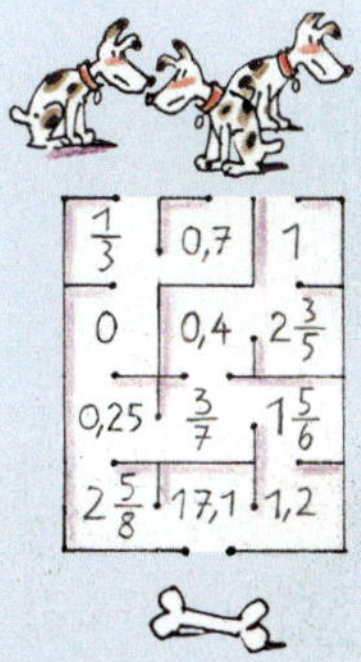

15 Ergänze die Lücken im Heft.

a)
```
  0,64■
+ ■,258
+ 3,■00
+ 7,0■2
   1 11
  12,317
```
b)
```
  27,■3
+ ■,49
+ ■8,01
+ 16,4■
   2 1 1
  98,33
```
c)
```
  27,489
+ 10,730
+  1,400
+ 45,301
+ ■■,■■■
  ■ ■■■■
 100,000
```
d)
```
  ■,■■■
– 0,486
– 2,405
  ■ ■■■
  1,000
```
e)
```
  21,4■5
– ■,380
– 0,04■
   1 11
  19,047
```

16 Berechne im Kopf.

a) 24,50 : 10
24,50 : 100
24,50 : 1 000
24,50 : 10 000

b) 6,7 : 10
6,7 : 100
6,7 : 1 000
6,7 : 10 000

c) 0,2 : 10
0,2 : 100
0,2 : 1 000
0,2 : 10 000

17 Rechne im Kopf.

a) 3,6 : 6 b) 3,5 : 7 c) 6,4 : 8
d) 2,4 : 12 e) 3,9 : 13 f) 4,2 : 14
g) 9,1 : 7 h) 7,2 : 6 i) 12,8 : 8

18 Dividiere mit Überschlag.

a) 90,36 : 4 b) 2,421 : 9 c) 7,50 : 5
d) 0,364 : 7 e) 0,044 : 8 f) 9,018 : 9
g) 125,1 : 9 h) 937,8 : 6 i) 455,014 : 7

19 Kannst du prüfen, ohne auszurechnen, ob die Ergebnisse auf beiden Seiten gleich sind? Wie bist du vorgegangen?

a) 41,22 : 9 = 412,2 : 90
b) 1,76 : 11 = 176 : 110
c) 124,2 : 40 = 1,242 : 4
d) 296,8 : 80 = 29,68 : 8
e) 15,12 : 18 = 151,2 : 180

028-1

ZUM WEITERARBEITEN
Unter dem Webcode findest du die Auswertung einer Taschengeldumfrage in einer 7. Klasse.

20 Runde das Ergebnis an der Zehntelstelle.

a) 13,1 : 0,4 b) 0,4 : 1,31 c) 24,6 : 3,25
d) 12,5 : 7,5 e) 7,5 : 12,5 f) 0,056 : 1,02

BEACHTE
1 Zoll entspricht 2,54 cm.
In angelsächsischen Ländern ist das Maß Inch gebräuchlich.
1 Zoll = 1 Inch

21 Bildschirmgrößen von Monitoren werden häufig in Zoll angegeben. Gemessen wird dabei die Diagonale des Bildschirms. Berechne die Länge der Bildschirmdiagonalen in cm.

a) 15 Zoll b) 17 Zoll c) 19 Zoll d) 21 Zoll

22 Setze die Ziffern 2, 4, 5 und 8 je einmal für die Platzhalter ◆◆, ◆ : ◆ ein, sodass der Wert des Quotienten

a) möglichst groß wird,
b) möglichst klein wird,
c) zwischen 10 und 20 liegt,
d) 16,48 ergibt,
e) größer als 20 ist.

23 Aus den Zahlen kannst du 12 verschiedene Quotienten bilden. Berechne sie.

Dividend: 14,6 0,45 1,8 2,04
Divisor: 4 5 25

24 Wandle in die größte der vorgegebenen Einheiten um und addiere.

a) 2 t 500 kg + 106 t 24 kg + 35 t 67 kg
b) 640 kg 301 g + 21 kg 67 g + 118 kg 270 g
c) 2 km 700 m + 12 km 44 m + 2 741 m
d) 17 cm 3 mm + 3 dm 15 mm + 11 m

25 Die Jugendämter empfehlen folgende Taschengeldregelung:

Alter des Kindes	wöchentliches Taschengeld
6 bis 7 Jahre	1,50 € bis 2 €
8 bis 9 Jahre	2 € bis 2,50 €
10 bis 12 Jahre	10 € bis 12 €
13 bis 15 Jahre	17 € bis 20 €

a) Vergleicht euer Taschengeld mit der Tabelle.
b) Notiert eine Woche lang eure Ausgaben.
c) Reicht das Taschengeld? Was habt ihr für Möglichkeiten, wenn es nicht reicht?

26 Bernd hat während der Ferien sein Taschengeld so ausgegeben:

1. Woche: 24,64 € 3. Woche: 28,84 €
2. Woche: 19,95 € 4. Woche: 43,05 €.

a) Wie viel hat Bernd in den einzelnen Wochen pro Tag ausgegeben?
b) Wie viel hat Bernd durchschnittlich pro Woche ausgegeben?

Mit Brüchen rechnen (Wiederholung)

Erforschen und Entdecken

1 Löse die Aufgaben mit Hilfe der Zeichnungen. Erkläre deinen Lösungsweg.

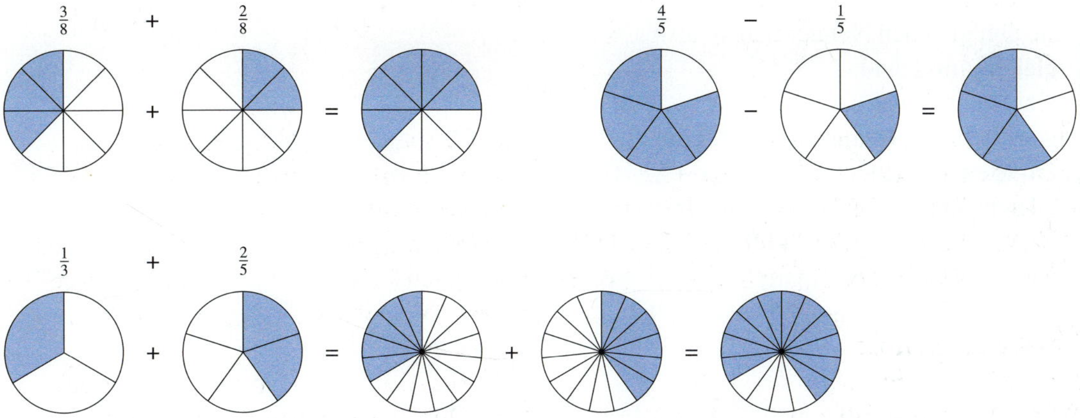

2 Wie viel ist ein Drittel von einem Viertel?

a) Erkläre mit Hilfe der Zeichnungen, warum die Lösung $\frac{1}{12}$ sein muss.

b) Fertige zu den folgenden Aufgaben ähnliche Skizzen an und berechne:
$\frac{1}{2}$ von $\frac{1}{4}$; $\frac{2}{3}$ von $\frac{4}{5}$; $\frac{2}{5}$ von $\frac{3}{4}$.

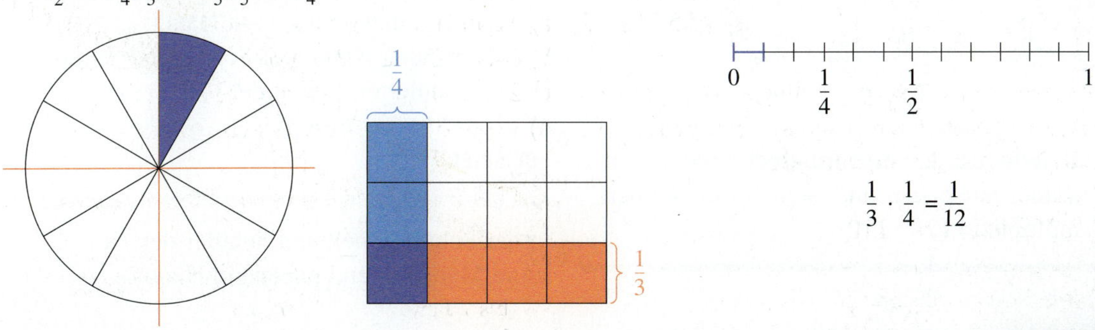

BEACHTE
Die Angabe „von" bedeutet bei Anteilen, dass multipliziert wird. Ein Drittel von einem Viertel ist also $\frac{1}{3} \cdot \frac{1}{4}$.

3 Für diese Aufgabe benötigt ihr einen Messbecher mit einem Fassungsvermögen von $\frac{1}{2}$ l. Der Messbecher soll zu $\frac{3}{4}$ gefüllt werden.

a) Wie könnte man vorgehen?

b) Wie viel Wasser ist dann in dem Messbecher?

c) Schreibe dazu eine Rechenaufgabe.

4 Gegeben sind zwei Aufgaben an den Zahlenstrahlen.
Löse die beiden Aufgaben mit Hilfe der Zeichnung.

a)

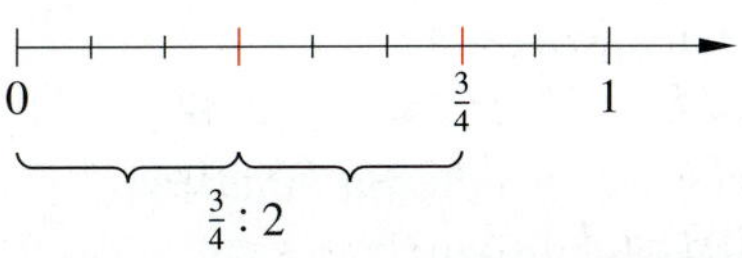

b)

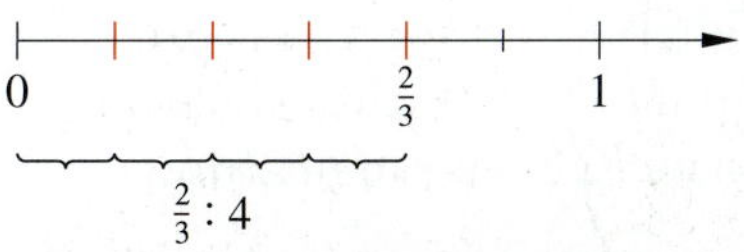

Lesen und Verstehen

Niels und Helen wollen $\frac{1}{12} + \frac{5}{12}$ und $\frac{1}{6} + \frac{1}{4}$ berechnen. Sie überlegen, welche Einteilung der Zahlenstrahl haben kann. Sie wählen eine 12er-Einteilung.

Brüche können nur addiert werden, wenn sie den gleichen Nenner haben, also **gleichnamig** sind.
Ungleichnamige Brüche müssen auf einen gemeinsamen Nenner **(Hauptnenner)** erweitert werden.
Gleichnamige Brüche werden addiert, indem man die **Zähler addiert** und den **Nenner beibehält**.
Das Ergebnis wird soweit wie möglich gekürzt.

Dieses Verfahren gilt auch für die **Subtraktion** von Brüchen.

BEISPIEL 1

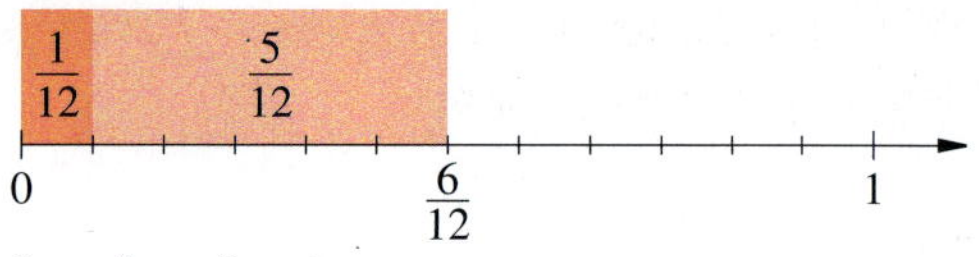

$\frac{1}{12} + \frac{5}{12} = \frac{6}{12} = \frac{1}{2}$

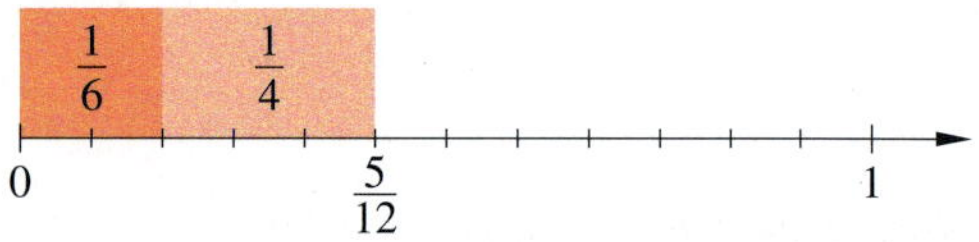

$\frac{1}{6} + \frac{1}{4} = \frac{1 \cdot 2}{6 \cdot 2} + \frac{1 \cdot 3}{4 \cdot 3} = \frac{2}{12} + \frac{3}{12} = \frac{5}{12}$

BEISPIEL 2

$\frac{2}{3} - \frac{3}{5} = \frac{2 \cdot 5}{3 \cdot 5} - \frac{3 \cdot 3}{5 \cdot 3} = \frac{10}{15} - \frac{9}{15} = \frac{1}{15}$

$\frac{3}{5}$ der Schülerinnen und Schüler der 7 a sind Mädchen.
$\frac{2}{3}$ von ihnen haben ein Handy.
Welcher Anteil der Schülerinnen und Schüler der 7 a ist das?

Brüche werden **multipliziert**, indem man Zähler mit Zähler und Nenner mit Nenner multipliziert.

BEISPIEL

$\frac{3}{5} \cdot \frac{2}{3} = \frac{3 \cdot 2}{5 \cdot 3} = \frac{6}{15} = \frac{2}{5}$

$\frac{2}{5}$ der Schülerinnen und Schüler der 7 a sind Mädchen und haben ein Handy.

Um die Rechnung zu vereinfachen, kann vor dem Multiplizieren gekürzt werden.

$\frac{4}{12} \cdot \frac{5}{8} = \frac{1}{3} \cdot \frac{5}{8} = \frac{1 \cdot 5}{3 \cdot 8} = \frac{5}{24}$

$\frac{5}{6} \cdot \frac{9}{10} = \frac{\cancel{5}^{1}}{\cancel{6}_{2}} \cdot \frac{\cancel{9}^{3}}{\cancel{10}_{2}} = \frac{3}{4}$

In einer Flasche befinden sich $1\frac{1}{2}$ Liter Wasser.
Wie viele Gläser mit einem Volumen von $\frac{2}{5}$ l lassen sich damit füllen?

Brüche dividieren
Man dividiert durch einen Bruch, indem man mit seinem Kehrwert multipliziert.

BEISPIEL

$1\frac{1}{2} : \frac{2}{5} = \frac{3}{2} : \frac{2}{5} = \frac{3}{2} \cdot \frac{5}{2} = \frac{15}{4} = 3\frac{3}{4}$

$3\frac{3}{4}$ Gläser zu $\frac{2}{5}$ l lassen sich mit einer Flasche mit $1\frac{1}{2}$ l Wasser füllen.

HINWEIS
*Den **Kehrwert** eines Bruchs bildet man, indem man Zähler und Nenner tauscht.*
Der Kehrwert von $\frac{2}{5}$ ist $\frac{5}{2}$, der Kehrwert von $\frac{3}{4}$ ist $\frac{4}{3}$.

Üben und Anwenden

1 Zwei Brüche sollen addiert oder subtrahiert werden.
a) Warum ist es geschickt, einen möglichst kleinen gemeinsamen Nenner zu suchen?
b) Wie kann dieser möglichst kleine Hauptnenner gefunden werden?

2 Addiere die Brüche.
a) $\frac{2}{9} + \frac{4}{9}$ b) $\frac{12}{17} + \frac{22}{17}$ c) $\frac{7}{18} + \frac{5}{18}$
d) $\frac{7}{33} + \frac{4}{33}$ e) $\frac{7}{24} + \frac{5}{24}$ f) $\frac{3}{4} + \frac{1}{4}$

3 Subtrahiere die Brüche.
a) $\frac{8}{9} - \frac{4}{9}$ b) $\frac{8}{21} - \frac{2}{21}$ c) $\frac{5}{3} - \frac{2}{3}$
d) $\frac{19}{25} - \frac{4}{25}$ e) $\frac{18}{11} - \frac{2}{11}$ f) $\frac{5}{12} - \frac{1}{12}$

4 Setze das richtige Zeichen (=, ≠) ein.
a) $\frac{1}{4} + \frac{3}{4} \square \frac{2}{5} + \frac{3}{5}$ b) $\frac{27}{13} + \frac{11}{13} \square \frac{17}{20} + \frac{43}{20}$
c) $\frac{9}{7} + \frac{5}{7} \square \frac{3}{8} + \frac{11}{8}$ d) $\frac{5}{6} - \frac{2}{6} \square \frac{3}{4} - \frac{2}{4}$
e) $\frac{11}{9} - \frac{2}{9} \square \frac{13}{4} - \frac{9}{4}$ f) $\frac{7}{8} - \frac{3}{8} \square \frac{5}{7} - \frac{2}{7}$

5 Berechne.
a) $\frac{1}{2} + \frac{1}{3}$ b) $\frac{2}{5} + \frac{5}{10}$ c) $\frac{2}{3} + \frac{3}{7}$
d) $\frac{3}{4} + \frac{5}{7}$ e) $\frac{1}{4} - \frac{1}{8}$ f) $\frac{23}{30} - \frac{3}{5}$

6 Berechne.
a) $\frac{13}{7} + \frac{7}{8}$ b) $\frac{2}{7} + \frac{3}{5}$ c) $\frac{15}{24} + \frac{11}{16}$
d) $\frac{23}{18} + \frac{4}{15}$ e) $\frac{5}{16} + \frac{8}{9}$ f) $\frac{2}{9} - \frac{1}{12}$
g) $\frac{20}{35} - \frac{6}{12}$ h) $\frac{23}{12} - \frac{17}{15}$ i) $\frac{14}{25} - \frac{7}{30}$

7 Finde den Hauptnenner und berechne.
a) $\frac{8}{5} - \frac{9}{13}$ b) $\frac{5}{4} + \frac{1}{100}$ c) $\frac{15}{14} + \frac{3}{5}$
d) $\frac{19}{9} - \frac{11}{12}$ e) $\frac{49}{42} - \frac{8}{9}$ f) $\frac{7}{15} - \frac{1}{6}$

8 Schau dir die folgenden Aufgaben an und überlege, wie du sie geschickt rechnen kannst.
a) $\frac{12}{16} + \frac{15}{12}$ b) $\frac{3}{6} + \frac{25}{10}$ c) $\frac{15}{25} - \frac{3}{10}$
d) $\frac{4}{6} + \frac{12}{9} + \frac{6}{18}$ e) $\frac{7}{8} - \frac{3}{24} - \frac{18}{48}$ f) $\frac{250}{1000} + \frac{210}{280}$

9 Auf dem Bauernhof werden die Kühe gemolken. In einer Kanne befinden sich 3 l Milch. Davon werden $1\frac{3}{4}$ l verwendet, um Kakao zu kochen, und $1\frac{1}{8}$ l, um Pudding zuzubereiten. Reicht der Rest für 1 Glas Milch?

10 Addiere die gemischten Zahlen.
a) $12\frac{5}{6} + 9\frac{1}{6}$ b) $17\frac{3}{5} + 6\frac{4}{5}$ c) $25\frac{7}{8} + 13\frac{5}{8}$
d) $8\frac{4}{9} + 6\frac{8}{9}$ e) $9\frac{9}{11} + 9\frac{2}{11}$ f) $20\frac{5}{14} + 13\frac{11}{14}$

11 Subtrahiere die gemischten Zahlen.
a) $14\frac{3}{7} - 5\frac{1}{7}$ b) $10\frac{1}{3} - 8\frac{2}{3}$ c) $2\frac{11}{12} - 1\frac{1}{12}$
d) $6\frac{8}{9} - 4\frac{2}{9}$ e) $3\frac{1}{4} - 1\frac{3}{4}$ f) $6\frac{13}{25} - 2\frac{4}{25}$
g) $21\frac{11}{12} - 9\frac{7}{12}$ h) $17\frac{7}{10} - 7\frac{9}{10}$ i) $30\frac{1}{6} - 5\frac{2}{6}$

12 Berechne.
a) $6\frac{1}{3} + \frac{1}{2}$ b) $4\frac{5}{8} + \frac{3}{10}$ c) $8\frac{1}{2} - 4\frac{1}{2}$
d) $21\frac{5}{7} - 7\frac{5}{28}$ e) $8\frac{5}{6} + 8\frac{4}{9}$ f) $3\frac{7}{10} + 2\frac{3}{4}$
g) $4\frac{5}{6} - 3\frac{1}{4}$ h) $11\frac{1}{8} - 2\frac{2}{3}$ i) $4\frac{1}{2} + 3\frac{2}{5}$
j) $4\frac{3}{5} + 1\frac{2}{3}$ k) $30\frac{2}{5} - 10\frac{7}{10}$ l) $7\frac{7}{18} - 6\frac{11}{12}$

13 Berechne.
a) $5 - 2\frac{1}{2} + 1\frac{1}{3}$ b) $9\frac{1}{6} - 1\frac{4}{9} - 5\frac{1}{2}$
c) $8\frac{3}{4} - 3\frac{1}{5} - 2\frac{3}{8}$ d) $4\frac{2}{5} + \frac{3}{5} - 3\frac{3}{10}$
e) $15\frac{3}{20} - 13\frac{7}{10} + \frac{1}{5}$ f) $16\frac{3}{5} + 12\frac{14}{15} + \frac{2}{3}$
g) $28\frac{1}{2} - 10\frac{11}{14} - \frac{3}{7}$ h) $25\frac{5}{24} + 14\frac{3}{8} - \frac{5}{12}$

14 Subtrahiere die kleinere Zahl von der größeren.
a) $\frac{5}{7}; \frac{3}{14}$ b) $\frac{7}{8}; \frac{8}{7}$ c) $\frac{3}{14}; \frac{1}{7}$
d) $\frac{7}{4}; \frac{9}{8}$ e) $\frac{2}{3}; \frac{3}{5}$ f) $\frac{2}{5}; \frac{5}{12}$
g) $\frac{4}{7}; \frac{4}{9}$ h) $\frac{4}{15}; \frac{9}{25}$ i) $\frac{29}{100}; \frac{4}{25}$
j) $\frac{20}{27}; \frac{13}{14}$ k) $\frac{6}{26}; \frac{10}{39}$ l) $\frac{49}{72}; \frac{28}{54}$

HINWEIS
Brüche, deren Zähler größer als der Nenner ist, lassen sich als ***gemischte Zahlen*** *schreiben:*
$\frac{9}{4} = 9 : 4 = 2\frac{1}{4}$
(vorher 2 Rest 1).
Und umgekehrt:
$3\frac{2}{5} = \frac{3 \cdot 5 + 2}{5} = \frac{17}{5}$.

HINWEIS
Gemischte Zahlen werden als gemischte Zahlen addiert oder subtrahiert.
oder:
Gemischte Zahlen werden vor der Addition bzw. Subtraktion in reine Brüche umgewandelt.

15 Übertrage die Rechtecke in dein Heft und löse zeichnerisch. Notiere die zugehörigen Rechenaufgaben mit Lösungen.

BEISPIEL
$\frac{1}{2}$ von $\frac{1}{3} = \frac{1}{2} \cdot \frac{1}{3} = \frac{1}{6}$

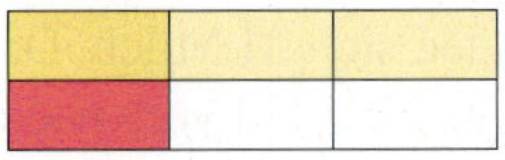

a) $\frac{1}{2}$ von $\frac{3}{4}$

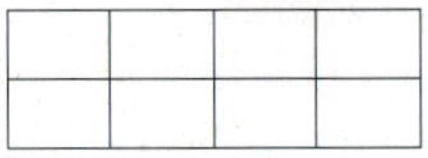

b) $\frac{1}{3}$ von $\frac{3}{4}$

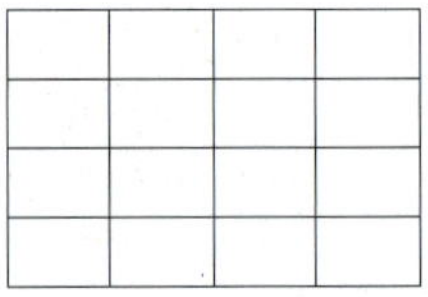

c) $\frac{1}{2}$ von $\frac{1}{5}$

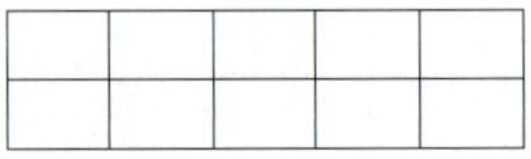

16 Berechne jeweils das Produkt.

a) $\frac{7}{9} \cdot \frac{1}{3}$ b) $\frac{2}{5} \cdot \frac{3}{7}$ c) $\frac{3}{8} \cdot \frac{1}{7}$
d) $\frac{1}{6} \cdot \frac{1}{5}$ e) $\frac{9}{13} \cdot \frac{2}{5}$ f) $\frac{5}{12} \cdot \frac{2}{3}$
g) $\frac{9}{10} \cdot \frac{7}{10}$ h) $\frac{11}{15} \cdot \frac{4}{9}$ i) $\frac{5}{6} \cdot \frac{7}{8}$

17 Berechne die Produkte. Kürze zuvor.

BEISPIEL $\frac{2}{9} \cdot \frac{3}{4} = \frac{\cancel{2}^1}{\cancel{9}_3} \cdot \frac{\cancel{3}^1}{\cancel{4}_2} = \frac{1}{6}$

a) $\frac{5}{2} \cdot \frac{3}{5}$ b) $\frac{5}{2} \cdot \frac{5}{3}$ c) $\frac{12}{13} \cdot \frac{5}{6}$ d) $\frac{12}{13} \cdot \frac{6}{5}$
e) $\frac{8}{21} \cdot \frac{7}{2}$ f) $\frac{28}{16} \cdot \frac{2}{7}$ g) $\frac{16}{17} \cdot \frac{3}{4}$ h) $\frac{16}{17} \cdot \frac{4}{3}$
i) $\frac{2}{6} \cdot \frac{8}{9}$ j) $\frac{2}{15} \cdot \frac{9}{8}$ k) $\frac{12}{10} \cdot \frac{15}{16}$ l) $\frac{12}{10} \cdot \frac{16}{15}$
m) $\frac{3}{4} \cdot \frac{4}{3}$ n) $\frac{3}{2} \cdot \frac{5}{6}$ o) $\frac{1}{6} \cdot \frac{6}{1}$ p) $\frac{4}{1} \cdot \frac{1}{4}$

18 Übertrage die Tabelle ins Heft. Berechne.

·	$\frac{3}{4}$	$\frac{4}{5}$	$\frac{5}{6}$	$\frac{7}{8}$	$\frac{9}{10}$
$\frac{1}{2}$					
$\frac{1}{4}$					
$\frac{1}{8}$					
$\frac{4}{5}$					
$\frac{2}{5}$					

19 $\frac{1}{4}$ eines Kuchens ist noch übrig.

a) Kai und Nils bekommen jeweils $\frac{1}{2}$ davon. Welchen Anteil am gesamten Kuchen bekommt jeder?
b) Jenny, Fiona und Sina bekommen jeweils $\frac{1}{3}$ davon. Welchen Anteil bekommt jede?

20 Dividiere (Spalte : Zeile).

BEISPIEL $3 : \frac{1}{2} = 3 \cdot \frac{2}{1} = 6$

:	$\frac{1}{2}$	$\frac{1}{3}$	$\frac{1}{4}$	$\frac{1}{5}$	$\frac{2}{3}$	$\frac{3}{4}$	$\frac{4}{5}$
2	4	6					
3	6						
4							
6							
8							
9							

21 Berechne.

a) $400 : \frac{3}{6}$ b) $560 : \frac{5}{15}$ c) $728 : \frac{2}{8}$
d) $124 : \frac{4}{6}$ e) $312 : \frac{2}{3}$ f) $901 : \frac{4}{12}$
g) $804 : \frac{8}{10}$ h) $405 : \frac{1}{7}$ i) $120 : \frac{6}{8}$

22 Dividiere.

a) $\frac{1}{2} : \frac{3}{4}$ b) $\frac{3}{8} : \frac{9}{10}$ c) $\frac{1}{4} : \frac{7}{8}$ d) $\frac{2}{3} : \frac{4}{9}$
e) $\frac{5}{6} : \frac{5}{12}$ f) $\frac{4}{5} : \frac{10}{11}$ g) $\frac{3}{7} : \frac{7}{3}$ h) $\frac{3}{12} : \frac{5}{6}$
i) $\frac{2}{3} : \frac{1}{3}$ j) $\frac{5}{8} : \frac{1}{8}$ k) $\frac{1}{8} : \frac{1}{4}$ l) $\frac{3}{4} : \frac{1}{2}$

23 Dividiere. Beachte: Jede natürliche Zahl lässt sich als Bruch schreiben, z. B. mit dem Nenner 1, wie $5 = \frac{5}{1}$.

BEISPIEL $\frac{3}{4} : 5 = \frac{3}{4} : \frac{5}{1} = \frac{3}{4} \cdot \frac{1}{5} = \ldots$

a) $\frac{3}{4} : 5$ b) $\frac{5}{6} : 10$ c) $\frac{2}{9} : 6$
d) $\frac{5}{7} : 15$ e) $\frac{3}{10} : 18$ f) $\frac{7}{8} : 35$
g) $\frac{1}{3} : 2$ h) $\frac{3}{8} : 5$ i) $\frac{2}{5} : 7$

24 Wandle die gemischten Zahlen in unechte Brüche um und berechne.

a) $\frac{1}{2} : 1\frac{1}{4}$ b) $\frac{2}{3} : 1\frac{5}{6}$ c) $\frac{3}{5} : 2\frac{1}{4}$
d) $\frac{5}{7} : 7\frac{1}{2}$ e) $\frac{5}{8} : 3\frac{3}{4}$ f) $\frac{2}{9} : 1\frac{1}{3}$
g) $2\frac{1}{2} : 1\frac{1}{4}$ h) $1\frac{1}{3} : 1\frac{1}{10}$ i) $2\frac{1}{3} : 1\frac{3}{4}$
j) $2\frac{2}{3} : 2\frac{1}{6}$ k) $5\frac{3}{4} : 2\frac{3}{8}$ l) $1\frac{1}{2} : 2\frac{1}{4}$

25 Löse die Aufgabenpaare und vergleiche die Ergebnisse.

a) $\frac{1}{8} : 4 = \square$ und $\frac{1}{8} : \frac{1}{32} = \square$
b) $\frac{2}{5} : \frac{2}{3} = \square$ und $\frac{2}{5} : \frac{3}{5} = \square$
c) $3 : \frac{1}{2} = \square$ und $3 : \square = \frac{1}{2}$
d) $\frac{3}{8} : \frac{1}{2} = \square$ und $\frac{3}{8} : \square = \frac{1}{2}$

HINWEIS
Einen Bruch, bei dem der Zähler größer als der Nenner ist, nennt man ***unechten Bruch****. Bei einem echten Bruch ist der Zähler kleiner als der Nenner.*

MERKE
Bereitet dir das Dividieren Qual, dreh den zweiten Bruch um und nimm ihn mal.

Negative Zahlen veranschaulichen und vergleichen

Erforschen und Entdecken

1 Zeitzonen der Erde (s. Karte) sind Bereiche, auf denen jeweils eine gemeinsame Uhrzeit gilt.

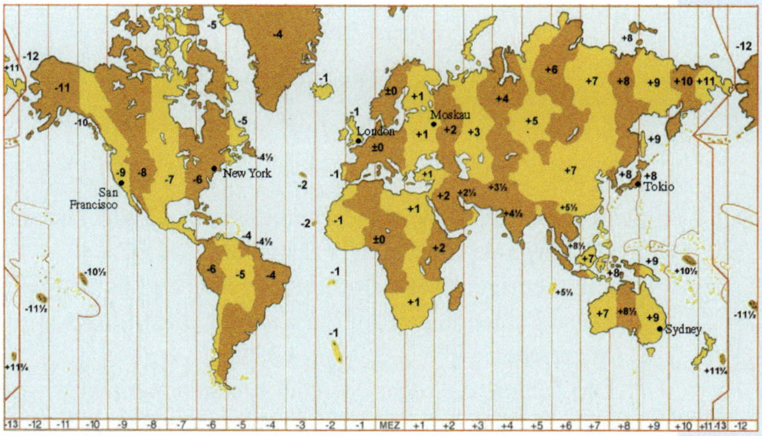

a) Was bedeuten die Zahlen unten am Rand der Karte?
b) Julia behauptet: „Je weiter Städte voneinander entfernt sind, desto größer ist der Zeitunterschied." Hat sie Recht?
c) In Deutschland ist es 11:30 Uhr. Wie spät ist es dann in London (San Francisco, Tokio, New York, Sydney, Moskau)?
d) Schreibe auf eine Karteikarte eigene Aufgaben und auf die Rückseite die Lösung. Tausche die Karteikarten mit deinen Mitschülern aus.

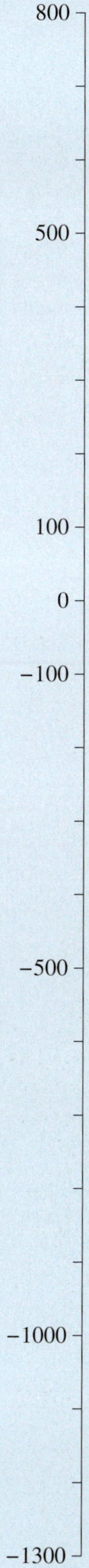

2 Mit „Normalnull" (Abkürzung: NN) wird ein Bezugswert für Höhenangaben auf der Erdoberfläche bezeichnet. Der Bezugswert ist für Deutschland seit 1879 definiert durch den mittleren Wasserpegel von Amsterdam.
a) Zeichne die Skala der Randspalte ins Heft und trage die Höhenangaben aus der Tabelle an.

See	Wasseroberfläche	Seegrund (tiefste Stelle)
Baikalsee	455 m über NN	1286 m unter NN
Bodensee	395 m über NN	141 m über NN
Kaspisches Meer	28 m unter NN	1023 m unter NN
Tanganjikasee	782 m über NN	688 m unter NN
Totes Meer	396 m unter NN	794 m unter NN

b) Welcher der fünf Seen hat die größte Tiefe? Bestimme die maximalen Tiefen genau.
c) Suche nach weiteren Seen, deren Wasseroberflächen oder tiefste Stellen unter Normalnull liegen und trage die Höhenangaben ebenfalls an einer Skala an.

3 Die Karte zeigt die Temperaturen in Europa an einem Tag im Februar 2008.

a) Entwickle eine Zahlengerade, auf der du Temperaturangaben eintragen kannst.
b) Bestimme den Unterschied zwischen der höchsten und der niedrigsten Temperatur.
c) Die höchste je in Deutschland gemessene Temperatur liegt bei 40 °C, die tiefste bei −38 °C. Die weltweit höchste Temperatur wurde mit 58 °C in Libyen gemessen, die tiefste in der Antarktis mit −89 °C. Trage die Temperaturen an einem geeigneten Zahlenstrahl ab. Gib den maximalen Temperaturunterschied dieser Werte an.

Lesen und Verstehen

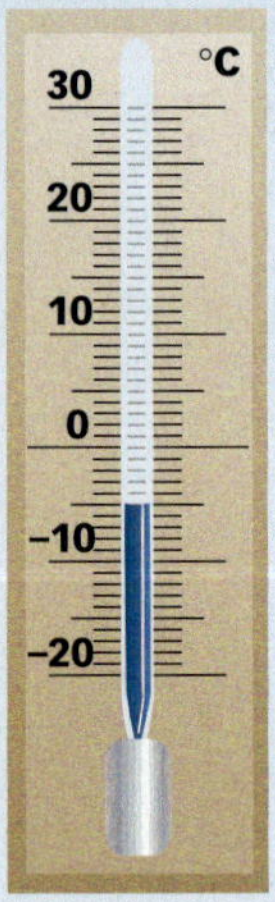

Moskau

Im Winter fallen die Temperaturen häufig unter Null Grad. Die Angabe eines Wetterberichts könnte lauten: „Die Temperaturen fallen in der Nacht auf -5 Grad.“

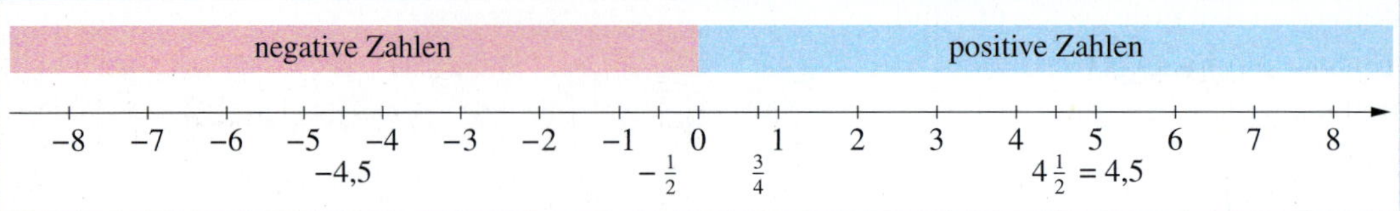

In Deutschland wird die Temperatur in Grad Celsius (°C) angegeben. Mit 0 °C wurde der Gefrierpunkt des Wassers festgelegt.
Um niedrigere Temperaturen angeben zu können, benötigt man **negative Zahlen**.
Diese Zahlen liegen auf der Zahlengeraden links von der 0. Wir schreiben sie mit dem Vorzeichen „–“: **-3; $-\frac{1}{2}$; $-2{,}7$**.
Die Zahlen, die rechts von der 0 liegen, nennen wir **positive Zahlen**. Positive Zahlen kann man mit dem Vorzeichen „+“ oder ohne Vorzeichen schreiben: **$+4$** oder **4**.

HINWEIS
– und + werden als Rechenzeichen und als Vorzeichen verwendet. Als Vorzeichen geben sie an, ob die Zahl größer oder kleiner als null ist.

Die Zahlengerade ist symmetrisch zur null. Die Zahlen $+3$ und -3 nennt man entgegengesetzte Zahlen (Gegenzahlen). Sie haben den gleichen Abstand zu null. Diesen Abstand nennt man Betrag.

Der **Betrag** einer Zahl ist der Abstand dieser Zahl zu null. Gegenzahlen haben den gleichen Betrag.
$|-4| = 4$
(lies: Betrag von -4 ist 4)

Die Menge der **natürlichen Zahlen $\mathbb{N}$** bildet zusammen mit ihren entgegengesetzten Zahlen den Zahlbereich der **ganzen Zahlen $\mathbb{Z}$**.
Die positiven und negativen gebrochenen Zahlen bilden zusammen den Zahlenbereich der **rationalen Zahlen $\mathbb{Q}$**.

BEISPIEL 2

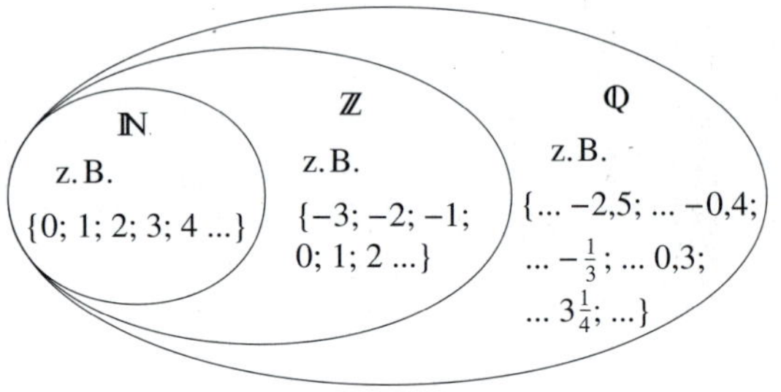

HINWEIS
Da die ganzen Zahlen sich auch als positive oder negative gebrochene Zahlen schreiben lassen, gehören sie zu den rationalen Zahlen.

Jeder rationalen Zahl kann eine Stelle auf der Zahlengeraden zugeordnet werden.

Eine negative Zahl ist stets kleiner als eine positive Zahl. Von zwei negativen Zahlen ist diejenige kleiner, die den größeren Abstand zu null hat.
Das heißt: Je weiter links eine Zahl auf der Zahlengeraden steht, desto kleiner ist sie.

BEISPIEL 3
$-4 < 9$, denn -4 liegt links von null und 9 liegt rechts von null.
$-8 < -3$, denn -8 hat einen größeren Abstand zu null als -3.

$\frac{x+y}{2}$

Üben und Anwenden

1 Kennst du weitere Beispiele, bei denen negative Zahlen benötigt werden?

2 Welche Zahlen sind auf der Zahlengeraden rot markiert?

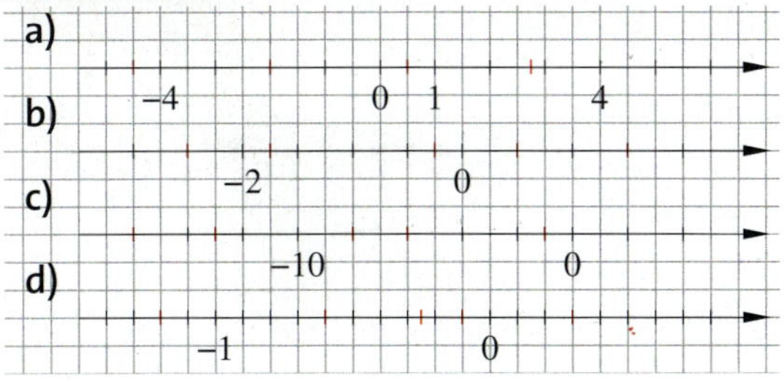

3 Markiere folgende Zahlen auf einer Zahlengeraden mit der Längeneinheit 1 cm (1 LE = 1 cm).
-6; $3{,}5$; $-5{,}0$; $-3\frac{1}{2}$; $\frac{14}{2}$; $-\frac{7}{7}$

4 Welche von beiden Zahlen liegt auf dem Zahlenstrahl weiter links?

a) 5; 8 b) −5; 8 c) −5; −8
d) −7; 0 e) 6; −8 f) 1; −4,5
g) $\frac{1}{2}$; −3 h) −9; −6 i) −14; −15
j) 0; 12 k) $-3\frac{1}{2}$; $\frac{14}{2}$ l) 85; −36

5 Welche Werte kannst du hier ablesen?

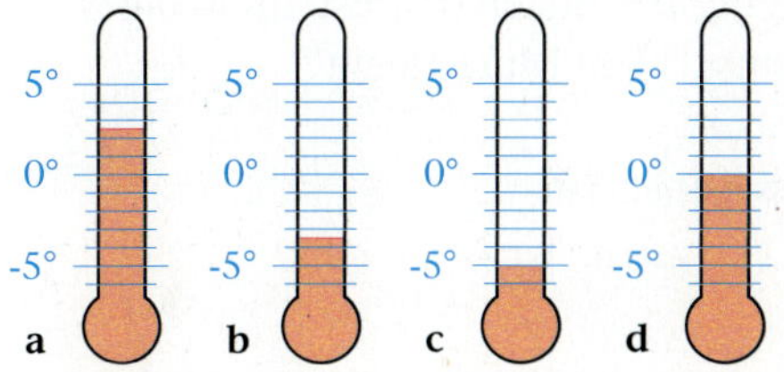

6 Gib Betrag und Gegenzahl an.

a) −4 b) +1,2 c) +5,7
d) −6 e) −3,5 f) −24,3
g) +3 h) −28,9 i) +3,7
j) −15 k) +20,12 l) −7,2

7 Vergleiche die Zahlen. Übertrage ins Heft. Trage <, > oder = ein.

a) −2 ■ 6 b) 3 ■ −4 c) 0 ■ −8
d) −7 ■ 7 e) 0,5 ■ 0,6 f) 9 ■ −9
g) $-\frac{3}{5}$ ■ −0,6 h) −0,75 ■ $\frac{3}{4}$ i) 3,6 ■ $3\frac{3}{5}$

8 Die Karte zeigt die Temperaturen in großen europäischen Städten an einem Januartag.

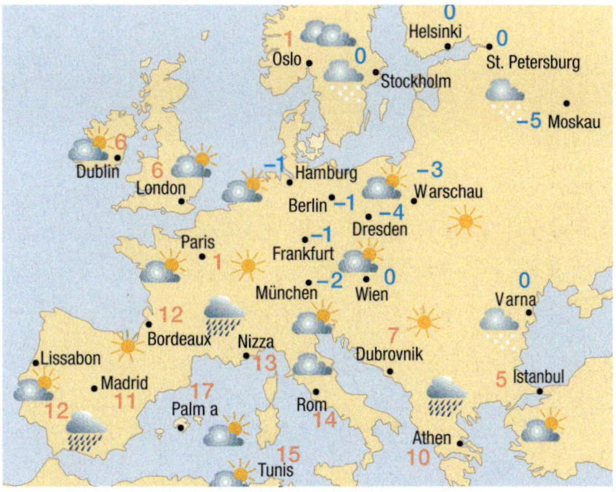

a) Markiere auf einer Zahlengeraden (1 °C = 1 Kästchen) die Temperaturen aus der Wetterkarte.
b) In welchen Städten musste an diesem Tag mit Straßenglätte gerechnet werden?
c) Suche im Internet oder einer Zeitung nach einer Wetterkarte, die auch negative Temperaturen aufweist. Übertrage die gefundenen Temperaturen auf eine Zahlengerade.

9 Welche ganzen Zahlen liegen zwischen

a) −3 und 3 b) −13 und −18 c) −8 und 12
d) −1 und 8 e) −26 und −25 f) −96 und −98
g) 19 und 18 h) −7 und 7 i) −9 und −17?

10 Ordne. Beginne mit der kleinsten Zahl. Zahlenkärtchen können dir dabei helfen.

a) −1; 0; 13; −3; −6; −4; 9; −5; 17
b) 0,5; −7; 3; 5; −2; −8; 7; −12; 12
c) −0,5; 3; $\frac{7}{10}$; $-\frac{2}{5}$; 5,5; 13; −3,75; $-\frac{7}{9}$

11 Vergleiche die Zahlen. Übertrage ins Heft und setze <, =, > richtig ein.

	0	−5	−8
3	>		
−11	<		
−9			
−5			
−1			

035-1

ZUM WEITERARBEITEN
Unter dem Webcode findest du eine Linkliste zu verschiedenen Temperaturdaten.

12 In dem Diagramm steht die Temperatur, die an einem Februartag an einer Wetterstation in Brandenburg gemessen wurde.

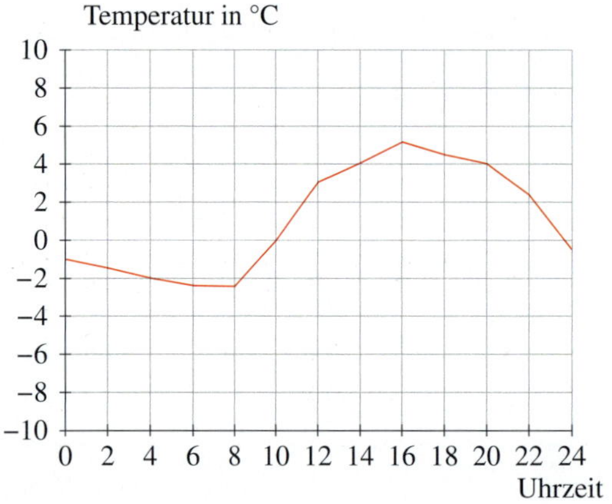

a) Beschreibe den Verlauf des Graphen.
b) Bestimme die höchste und die niedrigste Temperatur, die im Tagesverlauf gemessen wurde.
c) Bestimme den Temperaturunterschied zwischen der Tagestiefst- und Tageshöchsttemperatur.
d) Zeichne die Tabelle in dein Heft und fülle sie für 0 Uhr bis 24 Uhr aus.

Uhrzeit	0	2	4	…	24
Temp. (in °C)	−1				

e) Ergänze: Zwischen 11 Uhr und 16 Uhr stieg die Temperatur um …

13 Das Diagramm zeigt den Temperaturverlauf an zwei Dezembertagen am Flughafen in Schönefeld.

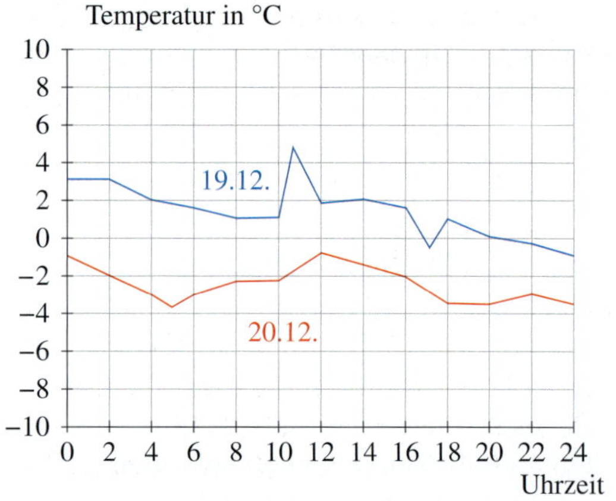

a) Beschreibe die Verläufe der Graphen.
b) Zeichne die Tabelle für beide Tage in dein Heft und fülle sie aus.

Uhrzeit	0	2	4	…	24
Temp. (in °C)	−1				

c) Bestimme die jeweilige Tageshöchst- und Tagestiefsttemperatur.
d) In welchem Zeitraum schien am 19. 12. kurzzeitig die Sonne?
e) Marc meint: „Die Datumsangaben sind nicht nötig. Es ist doch klar, dass der obere Graph der des ersten dargestellten Tages sein muss.“ Hat Marc Recht?

14 Wenn du schon einmal Urlaub an der Nordsee gemacht hast, kennst du sicherlich den Wechsel von Ebbe und Flut. Die beiden extremen Wasserstände nennt man Hoch- bzw. Niedrigwasser.

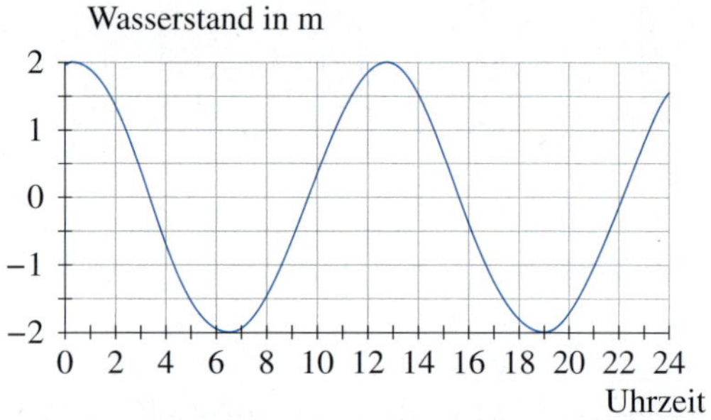

a) Welche Größen werden in dem Diagramm einander zugeordnet?
b) Übertrage die folgende Tabelle in dein Heft und ergänze sie:

Uhrzeit	0	2	4	6	8	10	12	14	16	18	20	22	24
Wasserstand (in m)													

c) Zu welchen Zeitpunkten gab es an diesem Tag Hoch- bzw. Niedrigwasser? Wann lag der Meeresspiegel auf einem mittleren Niveau?
d) Bestimme den zeitlichen Abstand zwischen zwei Hochwassern (zwei Niedrigwassern; Hoch- und Niedrigwasser).
e) Wann ist am Folgetag mit Hoch- bzw. Niedrigwasser zu rechnen?

WUSSTEST DU SCHON?
Die Bilder zeigen Ebbe und Flut auf Hallig Hooge in der Nordsee. Bei extremem Hochwasser kann es sein, dass die Hallig komplett überflutet wird.

Das Koordinatensystem

Erforschen und Entdecken

1 Übertrage das Koordinatensystem und das Dreieck ABC in dein Heft.

a) Welche Koordinaten haben die Eckpunkte des Dreiecks?

b) Spiegle das Dreieck ABC an der y-Achse. Bezeichne das Bild mit $A_1B_1C_1$. Gib die Koordinaten an.

c) Zeichne in ein neues Koordinatensystem den Drachen $E(2|0)$, $F(3|2)$, $G(2|3)$, $H(1|2)$ und spiegle ihn an der y-Achse. Bezeichne das gespiegelte Bild mit $E_1F_1G_1H_1$. Gib die Koordinaten an.

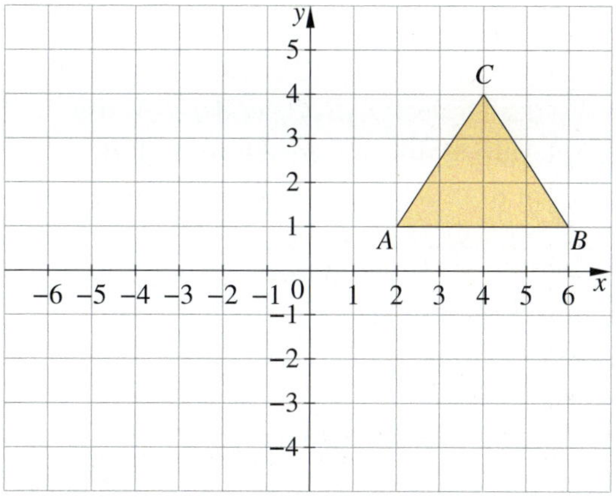

2 Gib die Koordinaten der Eckpunkte aller eingezeichneten Figuren an.

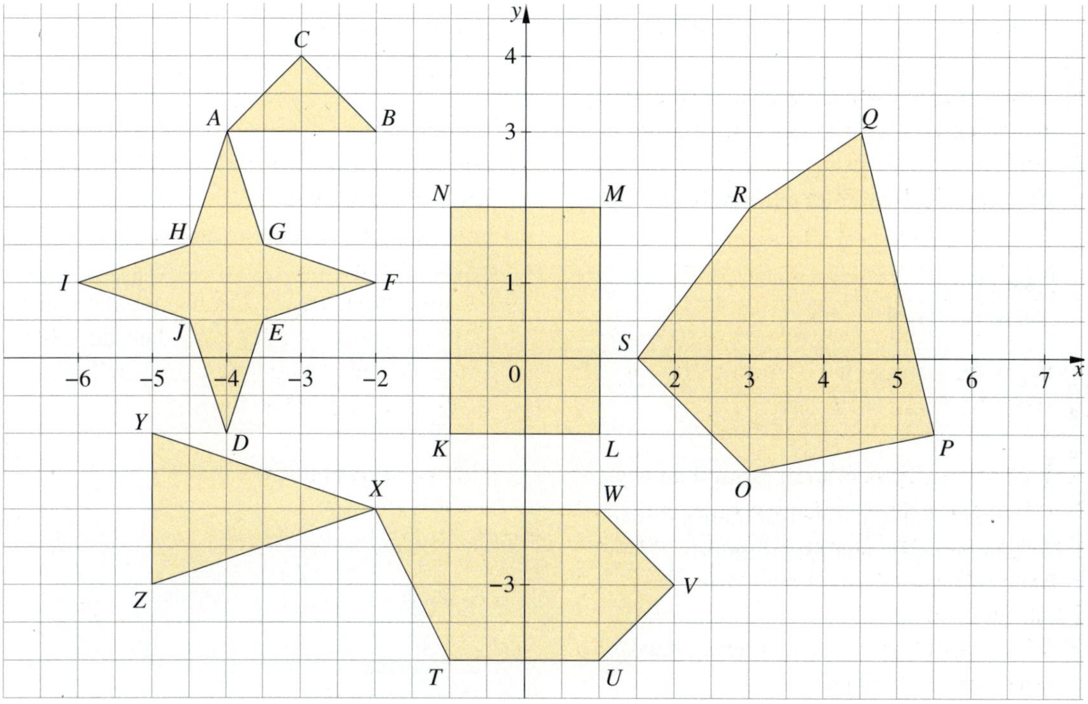

3 Zeichne ein Koordinatensystem wie in Aufgabe 2. Zeichne mit dem Zirkel einen Kreis mit einem Radius von 3 cm. Der Mittelpunkt hat die Koordinaten $M(0|0)$.

a) Gib die Koordinaten der Punkte an, in denen der Kreis die x-Achse und die y-Achse schneidet.

b) In welchen Punkten würde ein Kreis mit Radius 5 cm die x-Achse und die y-Achse schneiden?

c) Wie wäre es bei einem Kreis mit Radius 1,5 cm?

ERINNERE DICH

Die Koordinaten eines Punktes werden so angegeben: Zuerst der Wert auf der x-Achse, dann der Wert auf der y-Achse. Beispiel: A(–4; 2,5)

Lesen und Verstehen

Das Dreieck ABC mit den Koordinaten $A_1(2|1)$; $B_1(4|2)$; $C_1(1|3)$ wurde an der y-Achse gespiegelt. Die neuen Koordinaten sind $A_2(-2|1)$; $B_2(-4|2)$; $C_2(-1|3)$.
Wird das Dreieck $A_2B_2C_2$ an der x-Achse gespiegelt, ergibt sich das Dreieck $A_3B_3C_3$ mit den Koordinaten $A_3(-2|-1)$; $B_3(-4|-2)$; $C_3(-1|-3)$.
Spiegelt man dieses Dreieck an der y-Achse, ergibt sich das Dreieck $A_4B_4C_4$.
$A_4(2|-1)$; $B_4(4|-2)$; $C_4(1|-3)$.

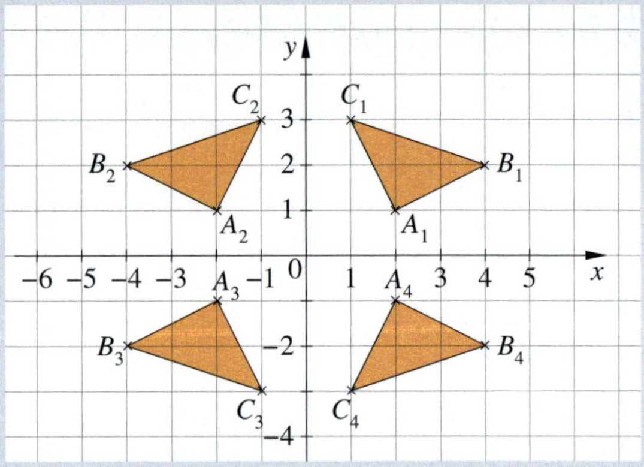

Das Koordinatensystem mit positiven Zahlen ist bereits bekannt.
Um auch Koordinaten mit negativen Zahlen eintragen zu können, wird die x-Achse nach links und die y-Achse nach unten verlängert.

BEACHTE
P(0|0) heißt Koordinatenursprung oder Nullpunkt.

Wie bisher ist die erste Koordinate jedes Punktes der x-Wert, die zweite Koordinate der y-Wert.

BEISPIEL 1

$A(3|1)$; $B(-3|1)$; $C(-3|-1)$; $D(3|-1)$

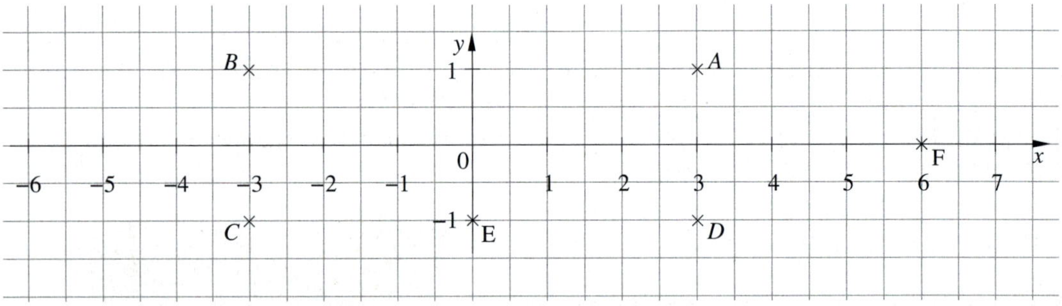

HINWEIS
Die Nummerierung der Quadranten erfolgt gegen den Uhrzeigersinn.

Erweitert man das Koordinatensystem, so ergeben sich vier Quadranten.

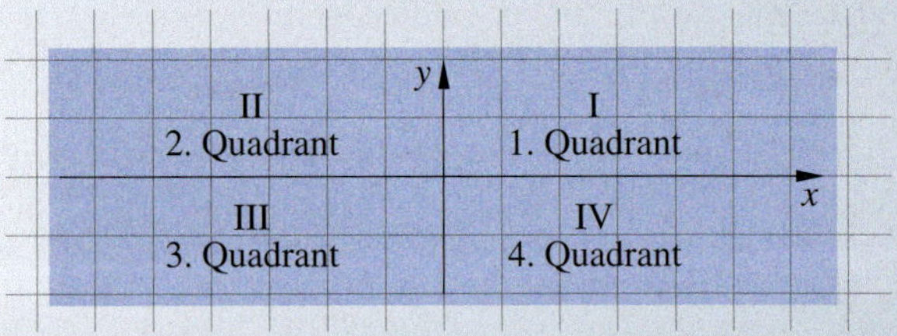

Für x-Achse und y-Achse gibt es Fachbegriffe.

Die x-Achse nennt man auch Abszissenachse.

Die y-Achse wird auch als Ordinatenachse bezeichnet.

$P(x|y)$

Abszisse (x-Koordinate) ↗ ↖ Ordinate (y-Koordinate)

Üben und Anwenden

1 Gib die Koordinaten der Eckpunkte des Fünfecks an.

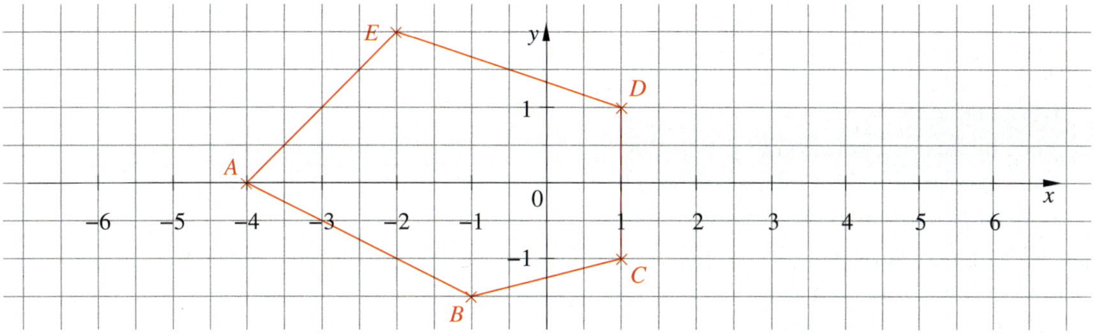

2 Schreibe die Koordinaten der Punkte auf.

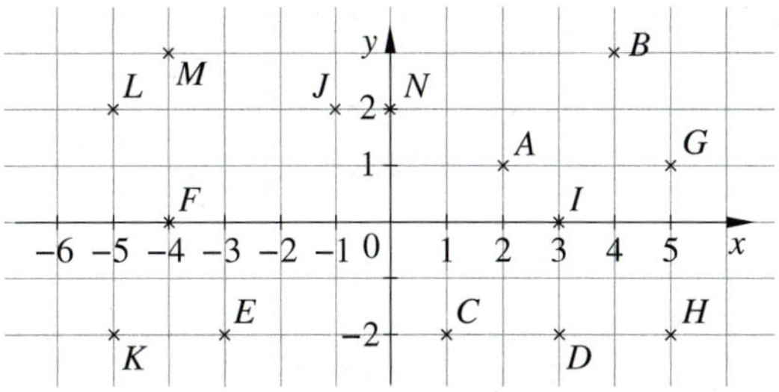

3 Zeichne ein Koordinatensystem mit x- und y-Werten von -4 bis $+4$. Trage ein.

a) $A(2|3)$; $B(1|-2)$; $C(2|-3)$; $D(-2|3)$

b) $E(-1|1)$; $F(-2|-2)$; $G(1|1)$; $H(-1|1)$

c) $I(1|-1)$ $J(-1|-1)$; $K(-3|-2)$; $L(0|-2)$

d) $M(3|-2)$; $N(0|-1)$; $O(2{,}5|-2)$; $P(-2|0)$

4 In welchem Quadranten liegen die Punkte?

a) $A(-2|1)$; $B(-5|-6)$; $C(-1|-4)$; $D(3|8)$

b) $E(-2|-5)$; $F(6|-5)$; $G(3|-5)$; $H(6|4)$

c) Nenne Beispiele für Punkte, die im II. bzw. im III. Quadranten liegen.

5 Trage die folgenden Punkte in ein Koordinatensystem ein:
$P_1(3{,}5|0)$; $P_2(-1|0)$; $P_3(0|4)$; $P_4(0|-5{,}5)$
Wie gehst du vor? Beschreibe.

6 Zeichne ein Koordinatensystem mit x- und y-Werten von -6 bis $+6$.

a) Zeichne das Viereck mit den Eckpunkten $A(3|1)$; $B(6|4)$; $C(4|3)$; $D(2|5)$.

b) Spiegle das Viereck an der y-Achse. Bestimme die Koordinaten der Bildpunkte.

7 Das Viereck $A(1|3)$; $B(3|2)$; $C(4|4)$; $D(2|4)$ soll gespiegelt werden.

a) Gib ohne zu zeichnen an, welche Koordinaten der Bildpunkte sich bei Spiegelung an der x-Achse ergeben.

b) Gib ebenfalls ohne zu zeichnen an, welche Koordinaten der Bildpunkte sich bei Spiegelung an der y-Achse ergeben.

8 Verbinde die Punkte $A(2|1)$; $B(-1|1)$; $C(-1|-2)$; $D(0|-1)$; $E(4|-4)$; $F(5|-3)$; $G(1|0)$ und A.
Welche Figur ist entstanden?

9 In dieses Koordinatensystem sind verschiedene Punkte eingetragen. Lies die Buchstaben zu den Koordinaten $(-3|-2)$; $(5|-2)$; $(-2|1)$; $(4|0)$; $(1|-2)$; $(-5|-2)$ hintereinander.
Es ergibt sich ein Lösungswort.

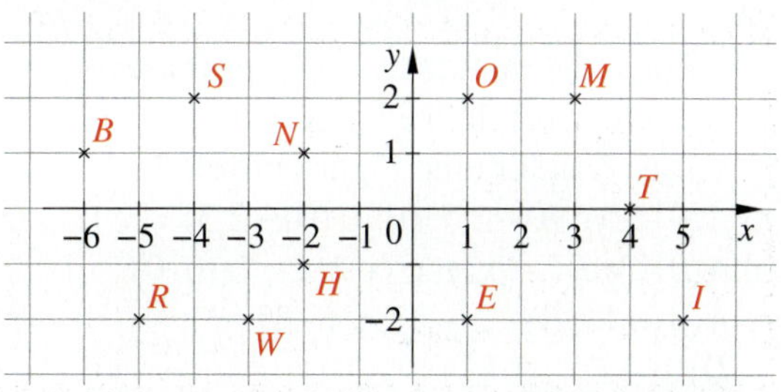

NACHGEDACHT
Welcher Quadrant ist das? Man findet dort alle Punkte mit negativen Zahlen als Koordinaten.

HINWEIS
Zeichne Koordinatensysteme immer mit einem Abstand von 1 cm zwischen den ganzen Zahlen. So hast du genügend Platz, um Zeichnungen einzutragen.

10 Nimm die Koordinaten der Punkte auf.

a) Übertrage die Figuren in ein Koordinatensystem in deinem Heft. Verschiebe das Viereck $ABCD$. Verschiebungspfeil: $\overrightarrow{AA'}$. $A(2|1)$; $A'(2|-3)$. Gib die Koordinaten der Bildpunkte an.

b) Verschiebe das Dreieck EFG. Verschiebungspfeil $\overrightarrow{GG'}$. $G(6|-2)$; $G'(4|v-2)$. Gib die Koordinaten der Bildpunkte an.

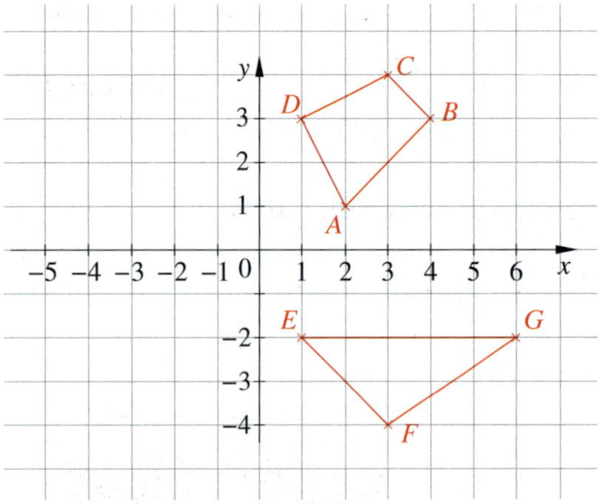

NACHGEDACHT
Wie viele Punkte mit ganzzahligen Koordinaten gibt es in einem Koordinatensystem mit x- und y-Werten jeweils von −3 bis +3?

11 Spiegle das Dreieck und das Viereck aus Aufgabe 10 an der y-Achse und gib die Koordinaten der Bildpunkte an.

12 Zeichne die Punkte in ein Koordinatensystem. Ergänze einen Punkt D, sodass sich ein Rechteck ergibt.

a) $A(-4{,}5|1{,}5)$; $B(2{,}5|1{,}5)$; $C(2{,}5|3)$

b) $A(-2{,}5|0)$; $B(1|-1{,}5)$; $C(2|1)$

c) $A(3{,}5|0{,}5)$; $B(2|2)$; $C(-0{,}5|-0{,}5)$

ZUM WEITERARBEITEN
Zeichne auf Millimeterpapier ein Koordinatensystem und trage folgende Punkte ein:
A (1,3 | 4,7)
B (−0,8 | 4,2)
C (−2 | −1,7)
D (−1,8 | −2,3)
E (2,2 | −3,3)

13 Zeichne die Punkte in ein Koordinatensystem und ergänze einen Punkt D, sodass sich ein Quadrat ergibt.

a) $A(-4|-4)$; $B(1|-4)$; $C(1|1)$

b) $A(-4{,}5|-1{,}5)$; $B(-3|-3)$; $C(-1{,}5|-1{,}5)$

c) $A(0|-1)$; $B(1|1)$; $C(-1|2)$

14 Trage die Punkte in ein Koordinatensystem ein. Spiegle die Punkte an der y-Achse. Was für eine Figur entsteht?

a) $A(0|2{,}5)$; $B(-2{,}5|0)$; $C(0|-2{,}5)$

b) $A(0|2)$; $B(-1|3)$; $C(-2|2)$; $D(0|0)$

c) $A(0|-1)$; $B(-2|-1)$; $C(-3|-3)$; $D(0|-3)$

15 Welche Koordinaten haben die Eckpunkte der Sechsecke? Welche besondere Eigenschaft besitzen diese Figuren? Begründe.

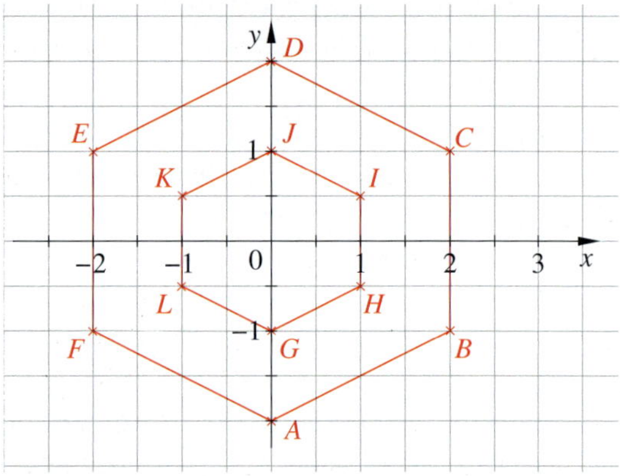

16 Zeichne ein Koordinatensystem mit x- und y-Werten jeweils von −5 bis +2.

a) Trage folgende Punkte ein und verbinde sie. $A(-3|-3)$; $B(-3|-2)$; $C(-2|-2)$; $D(-2|-1)$; $E(-1|-1)$; $F(-1|0)$.

b) Die Verbindung der Punkte ergibt ein Muster. Führe es nach oben und nach unten weiter und gib die Koordinaten der nächsten 3 Punkte an.

17 Spielt zu zweit Schiffe versenken. Jeder zeichnet ein Koordinatensystem mit x- und y-Werten jeweils von −3 bis +3. Dann markiert jeder 10 Lagepunkte seiner Schiffe auf ganzzahligen Koordinaten, z. B. $A(-2|1)$. Jetzt dürft ihr abwechselnd auf die Schiffe des anderen zielen. Wer zuerst alle Schiffe des anderen getroffen hat, gewinnt.

18 Zeichne ein Koordinatensystem.

a) Zeichne mit einem Zirkel einen Kreis mit Radius 2,5 cm um den Punkt $A(-2|-1)$. Zähle alle Punkte mit ganzzahligen Koordinaten auf, die in dem Kreis liegen.

b) Zeichne einen Kreis mit dem Radius 3 cm um den Punkt $B(2|-2{,}5)$. Zähle alle Punkte mit ganzzahligen Koordinaten auf, die in dem Kreis liegen.

Rationale Zahlen addieren und subtrahieren

Erforschen und Entdecken

Spiele mindestens eines der Spiele und versuche im Anschluss an das Spiel (bzw. die Spiele) Rechenregeln für die Addition und Subtraktion negativer Zahlen zu formulieren.

1 Im Fahrstuhl

Beklebe einen Würfel, sodass die Seiten mit gerader Augenzahl ein „+“ zeigen und die Seiten mit ungerader Augenzahl ein „–“.

Ein weiterer Würfel wird so beklebt, dass die Seiten 1 und 6 eine „1“ zeigen, die Seiten 2 und 5 eine „2“ und die Seiten 3 und 4 eine „3“.

Zu Beginn des Spiels stehen alle Spielfiguren im Erdgeschoss auf der 0 (siehe Randspalte). Es wird mit beiden Würfeln gewürfelt. Wirft man „+“ und „2“, fährt der Fahrstuhl zwei Stockwerke nach oben. Würfelt man „–“, fährt der Fahrstuhl nach unten.

Gewonnen hat, wer nach drei Spielrunden dem Erdgeschoss am nächsten steht.

Schreibe jeden Zug als Rechnung in dein Heft.

BEISPIEL

altes Stockwerk	Aktion	neues Stockwerk	Rechnung
0	−2	−2	0 − 2 = −2
−2	+3	1	−2 + 3 = 1
1	−2	…	

9
8
7
6
5
4
3
2
1
Erdgeschoss 0
−1
−2
−3
−4
−5
−6
−7
−8
−9

2 „Schulden und Guthaben“

Fertige je fünf Karteikarten mit den Begriffen „Gib (–)“ und „Nimm (+)“ an. Fertige je eine Karteikarte mit den rot geschriebenen Zahlen −10, −9, −8, …, −1 und je eine Karteikarte mit den schwarz geschriebenen Zahlen +1, +2, …, +10 an. Insgesamt entstehen zehn Begriffs- und zwanzig Zahlenkarten.

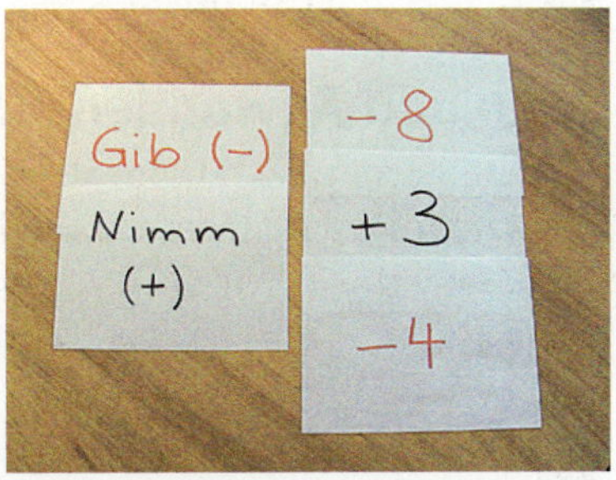

Die negativen Zahlen zeigen Schulden an, die der Mitspieler hat, die positiven Zahlen Guthaben.

Lege die zwei Kartenstapel gut gemischt auf den Tisch.

Zu Beginn des Spiels zieht jeder Mitspieler drei Karten mit Zahlen und legt diese offen vor sich auf den Tisch. Der jüngste Spieler zieht nun eine Begriffskarte. Zieht er eine „Gib“-Karte, muss er eine Karte seiner Wahl einem Mitspieler geben. Zieht er eine „Nimm“-Karte, muss er vom Stapel mit den Zahlenkarten eine Karte ziehen.

Jeder Mitspieler dokumentiert bei jeder Veränderung seinen neuen Spielstand. Die Mitspieler kontrollieren die Rechnungen.

BEISPIEL

Aktion	Karten auf der Hand	Rechnung	(neuer) Kontostand
Startkarten	(−3), (−4), (+5)	(−3) + (−4) + (+5) = −2	−2
Gib (−4)	(−3); (+5)	(−2) − (−4) = 2	+2
Nimm (+3)	(−3); (+5); (+3)	(+2) + (+3) = 5	+5
Nimm (−8)	(−3); (+5); (+3); (−8)	(+5) + (−8) = −3	−3

Wer nach drei Spielrunden den höchsten Kontostand aufweist, gewinnt das Spiel.

WWW 041-1

NACHGEDACHT

In welchem Fall ist es vorteilhaft, eine „Gib“-Karte zu ziehen? Wann nicht?

Lesen und Verstehen

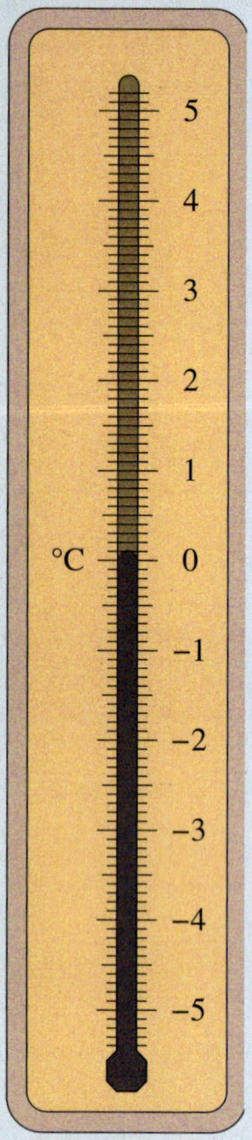

An einem Wintertag um 6:00 Uhr beträgt die Temperatur in Zossen −3 °C. Bis zum Nachmittag steigt die Temperatur auf Grund der Sonneneinstrahlung um 8 Grad auf +5 °C.
Zur Nacht hin fällt sie um −9 Grad auf −4 °C.

① $-3 + 8 = +5$ ② $5 - 9 = -4$

Bei der **Addition rationaler Zahlen** unterscheidet man zwei Fälle:

1. Die Vorzeichen der Summanden sind gleich. Die Beträge der Zahlen werden addiert. Das Ergebnis bekommt das gemeinsame Vorzeichen.
2. Die Vorzeichen der Summanden sind verschieden. Vom größeren Betrag wird der kleinere Betrag abgezogen. Das Ergebnis bekommt das Vorzeichen des Summanden mit dem größeren Betrag.

Bei der **Subtraktion rationaler Zahlen** ist zu beachten:
Jede Subtraktionsaufgabe lässt sich als Additionsaufgabe umschreiben. Dazu addiert man die Gegenzahl des Subtrahenden.

BEISPIEL

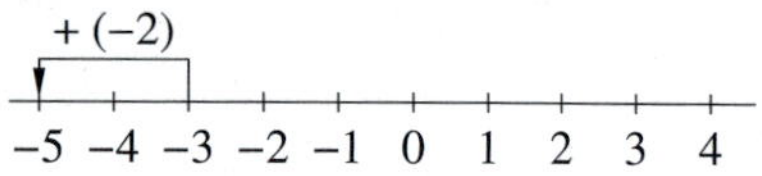

$(-3) + (-2) = -5$,
denn $3 + 2 = 5$, das gemeinsame Vorzeichen ist −.

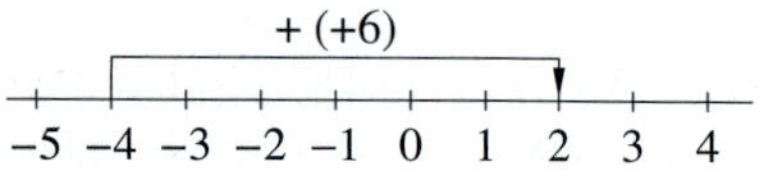

$(-4) + (+6) = 2$,
denn $6 - 4 = 2$, +6 ist der Summand mit dem größeren Betrag.

$(-3) - (+2) = (-3) + (-2)$
$= -3 - 2 = -5$

$(-4) - (-6) = (-4) + (+6)$
$= -4 + 6 = 2$

Üben und Anwenden

BEACHTE
Das „+“ als Vorzeichen einer positiven Zahl wird meistens weggelassen. Dann entfallen auch die Klammern.
$(+5) = 5$
Die Klammern um Zahlen, die an erster Stelle einer Aufgabe stehen, werden ebenfalls meistens weggelassen.
$(-7) + (+5) = (-2)$
$-7 + 5 = -2$

1 Notiere die Aufgaben und die Ergebnisse.

a)

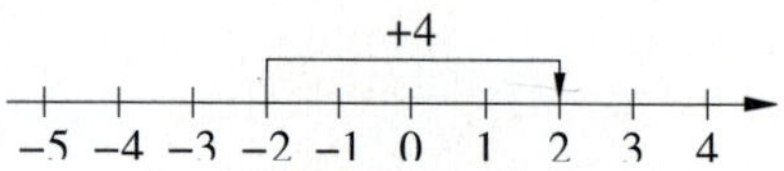

b)

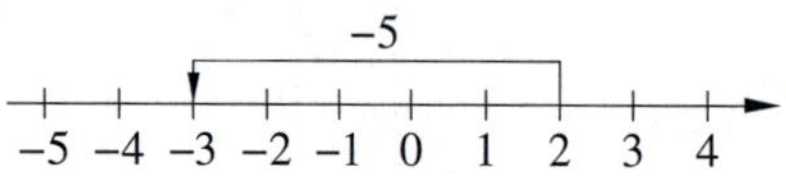

2 Löse mit Hilfe einer Zahlengeraden, die von −10 bis +10 reicht.

a) $-3 + 5$ b) $-2 - 3$ c) $-5 + 2$
d) $-4 - 4$ e) $5 - 7$ f) $-9 + 3$
g) $1 - 7$ h) $10 - 9$ i) $-3 + 5$

3 Berechne. Überlege zuvor, ob das Ergebnis negativ oder positiv ist.

a) $-7 + 6$ b) $-9 + 12$ c) $12 - 13$
d) $17 - 21$ e) $-12 - 4$ f) $-17 - 13$

4 Wie viel Schulden/Guthaben hat Lisa?
Lisa hat 5 € Schulden und …

a) gibt 3 € aus. b) bekommt 6 €.
c) verschenkt 1 €. d) findet 10 €.

Formuliere selbst zwei ähnliche Aufgaben.

5 Welche Aufgabe hat das Ergebnis mit dem kleinsten Betrag?

a) $-3 + 5$ b) $-11 - 2$ c) $-9 + 3$
d) $-100 + 2$ e) $7 - 12$ f) $1 - 1 - 1$

6 Ergänze die Tabelle im Heft.

alte Temp.	Temperatur-änderung	neue Temp.
2 °C	4 Grad kälter	
	8 Grad wärmer	3 °C
−7 °C		−20 °C
	6 Grad kälter	−1 °C

7 Rechne im Kopf.

a) 10 – 80 b) 75 – 100 c) 13 – 20
d) –38 – (–40) e) 17 – (–33) f) –10 – (–28)
g) –120 – 80 h) –250 – 150 i) – 27 – (–17)

8 Auf dem Mond herrscht an den Polen eine konstante Temperatur von –96 °C, am Äquator existieren zwischen Tag (127 °C) und Nacht (–173 °C) große Temperaturschwankungen. Welche Temperaturunterschiede bestehen zwischen Tag und Nacht sowie zwischen dem Äquator und den Polen?

9 Übertrage in dein Heft und ergänze die Lücken. Die Lösungen stehen in den Luftballons in der Randspalte.

a) –17 + ■ = –25 b) –17 + ■ = –9
c) –17 + ■ = 5 d) –17 – ■ = –17
e) –17 – ■ = –16 f) –17 – ■ = –11
g) –17 – ■ = –6 h) –17 + ■ = –19

10 Übertrage in dein Heft und fülle aus.

+	7	–21	19	–56	105	–210
13						
–9						
54			73			
–34						
–79						
45						

11 Berechne.

a) 0,8 – (–0,5) b) –0,5 + 0,7
c) –1,4 – 0,6 d) 2,1 + (–3,6)
e) 3,5 – 1,5 f) –2,4 – (–2,1)
g) 2,64 + 3,49 h) 2,81 – 3,72
i) 4,03 – (–5,72) j) –7,39 – 5,41
k) –9,08 – (–9,08) l) 6,55 – (–7,45)

12 Berechne.

a) $\frac{3}{7}+\frac{5}{7}$ b) $\frac{3}{7}-\frac{5}{7}$ c) $\frac{3}{7}+\left(-\frac{5}{7}\right)$ d) $\frac{3}{7}-\left(-\frac{5}{7}\right)$
e) $\frac{2}{3}+\frac{3}{4}$ f) $\frac{2}{3}-\frac{3}{4}$ g) $\frac{2}{3}+\left(-\frac{3}{4}\right)$ h) $\frac{2}{3}-\left(-\frac{3}{4}\right)$

13 Berechne.

a) $-\frac{3}{8}+\left(-\frac{1}{6}\right)$ b) $\frac{7}{10}-\left(-\frac{4}{5}\right)$ c) $-\frac{7}{8}+\left(-\frac{5}{6}\right)$
d) $-\frac{2}{7}-\left(-\frac{2}{5}\right)$ e) $-\frac{3}{8}+1\frac{1}{2}$ f) $4\frac{1}{4}+\left(-6\frac{1}{2}\right)$
g) $4\frac{1}{4}-\left(-\frac{3}{8}\right)$ h) $4\frac{2}{3}-\left(-9\frac{5}{12}\right)$ i) $-5\frac{3}{8}-\left(-2\frac{3}{4}\right)$

14 Vervollständige die Additionsmauern in deinem Heft.

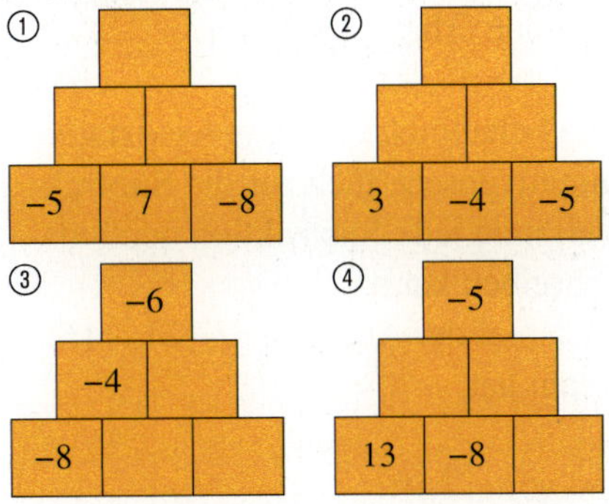

Wie verändert sich das Ergebnis in der Spitze der Additionsmauer, wenn ein Stein der unteren Reihe um 1 vergrößert (verkleinert) wird? Unterscheide dabei zwei Fälle.

15 Additionsmauern zum Knobeln.

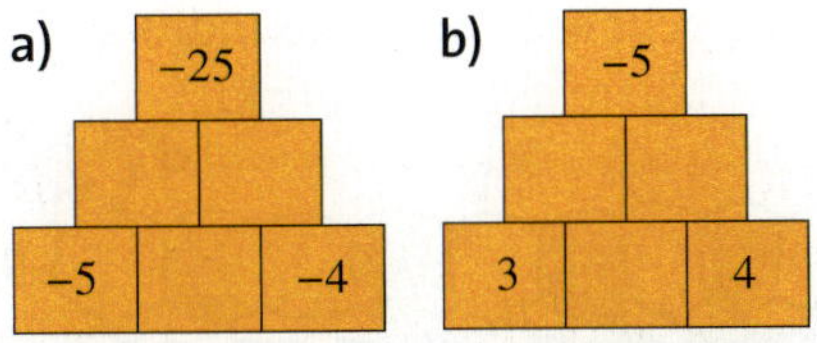

16 Vervollständige die Additionsmauern – sofern möglich – in deinem Heft.

a) Findest du mehrere Lösungen?
b) Begründe gegebenenfalls, warum die Additionsmauer nicht lösbar ist.

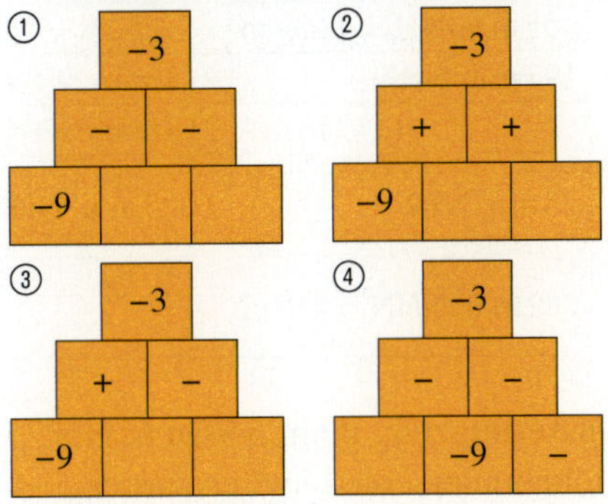

17 Erfinde eine Additionsmauer …

a) … an deren Spitze die Zahl –87 steht.
b) … mit genau zwei Nullen.
c) … mit genau einer positiven Zahl.
d) … mit genau zwei negativen Zahlen.
e) … an deren Spitze die Zahl –43 steht.
f) … an deren Spitze die Zahl 1 steht.
g) … mit genau drei positiven Zahlen.

BEACHTE
+ und – können als Rechenzeichen oder als Vorzeichen verwendet werden. Rechenzeichen und Vorzeichen werden zur besseren Lesbarkeit durch eine Klammer getrennt.
–5 – (–4) = –1
8 + (–5) = 3
–7 + 3 = –5

18 Zeige an Beispielen, dass Assoziativ- und Kommutativgesetz der Addition bei den rationalen Zahlen erhalten bleiben.

19 Paula behauptet, dass das Assoziativ- und Kommutativgesetz auch für die Subtraktion gilt, weil man jede Subtraktion auch als Addition schreiben kann.
Zeige am Beispiel der Aufgabe 6 – 24 – 16, ob Paula Recht hat.

20 Rechne vorteilhaft.

BEISPIEL
43 – 19 – 13 = 43 – 13 –19 = 30 – 19 = 11

a) 47 – 28 – 37
b) –56 + 104 + 26
c) 89 – 231 – 19
d) –68 + 134 + 18
e) –32 + 84 + 12
f) –13 + 21 – 7 + 29

21 Welches Ergebnis hat der Tausendfüßer im Kopf? Subtrahiere auf jedem Feld 3.

22 Ergänze die folgende Tabelle im Heft.

Gewässer	Wasseroberfläche	max. Tiefe	tiefste Stelle des Seebodens
Aralsee	37 m u. NHN	34 m	
Baikalsee	455 m ü. NHN	1 637 m	
Comer See	197 m ü. NHN		213 m u. NHN
Gardasee		346 m	218 m u. NHN
Kaspisches Meer	28 m u. NHN		1 023 m u. NHN
Tanganjikasee	782 m ü. NHN	1 470 m	

23 Ein Wasserflugzeug fliegt 540 m ü. NN. Welchen Höhenunterschied legt es zurück, wenn es auf den folgenden Seen landet (siehe hierzu Aufgabe 22)?

a) Aralsee
b) Baikalsee
c) Comer See
d) Tanganjikasee

24 Berechne.

a) –24 + 18 + 37 – 58 + 23
b) –67 – 56 + 71 + 83 + 89
c) 225 + 374 – 215 + 56 – 335

HINWEIS
NHN bedeutet Normalhöhennull und ist eine Bezugsgröße für Höhen.
Sie leitet sich ab vom mittleren Meeresspiegel der Nordsee.
Früher schrieb man NN für Normalnull.

25 Bilde fünf Additions- und fünf Subtraktionsaufgaben mit jeweils einer Zahl aus dem linken und einer Zahl aus dem rechten Kästchen. Löse die Aufgaben.

BEISPIEL –6 – 94 = –100

Linkes Kästchen: –6; –9; –10; –18; –36; –77; 15; 44; 71; 89

Rechtes Kästchen: –8; –17; –23; –35; –69; –72; 26; 51; 60; 94

26 Setze in die Kästchen alle möglichen Vorzeichenkombinationen ein und löse die so entstehenden vier Aufgaben.
Was fällt dir auf?

a) (□ 3) + (□ 7)
b) (□ 3) – (□ 7)
c) (□ 9) + (□ 9)
d) (□ 57) + (□ 34)
e) (□ 68) + (□ 97)
f) (□ 46) – (□ 85)
g) (□ 19) – (□ 73)
h) (□ 39) + (□ 45)

27 Löse wie in Aufgabe 26. Beachte, dass es nun acht Kombinationsmöglichkeiten gibt.
Was fällt dir auf?

a) (□ 3) + (□ 5) + (□ 8)
b) (□ 3) + (□ 5) – (□ 8)
c) (□ 3) – (□ 5) + (□ 8)
d) (□ 3) – (□ 5) – (□ 8)

28 Leider hat Martin die letzte Seite seines Kontoauszugs verloren. Berechne den aktuellen Kontostand.

Übertrag	–20,00 €
Einzahlung	+50,00 €
Auszahlung	–15,00 €
Überweisung	–19,90 €
Beitrag Sportverein	–8,50 €
Einzahlung	+5,80 €

Vergleiche Ergebnis und Vorgehensweise mit deinem Nachbarn.

29 Ordne die Zahlen. Beginne mit der kleinsten.

a) 0; –5; 35; –13; –10,5; 2; 14; –12; –3,5
b) 6; –5; –4,5; –2; 0; 3; 0,8; –0,8; –1; 15
c) –8; 0; 2,2; –3,5; –2; –5; –2,5; –4; 3; 10
d) $-\frac{1}{2}$; –4; 3; 8; $-\frac{1}{4}$; $-1\frac{1}{2}$; 16; $-3\frac{3}{4}$; –5; 1
e) $\frac{1}{4}$; –1; 0; $-\frac{1}{3}$; –0,25; 2; –0,8; –2; $-2\frac{1}{2}$; 3

Rationale Zahlen multiplizieren und dividieren

Erforschen und Entdecken

1 Julian hat eine Aufgabe gerechnet.

a) Vollziehe seinen Rechenweg nach.

b) Schreibe die Aufgaben wie Julian jeweils als Multiplikationsaufgabe und berechne sie.
① $(-8)+(-8)$ ② $(-2)+(-2)+(-2)$
③ $(-5)+(-5)+(-5)$ ④ $(-3)+(-3)+(-3)+(-3)$
⑤ $(-7)+(-7)+(-7)+(-7)+(-7)+(-7)$
⑥ $(-4)+(-4)+(-4)+(-4)+(-4)+(-4)+(-4)+(-4)$

c) Wie wird das Produkt aus einer positiven und einer negativen Zahl gebildet? Formuliere einen Merksatz.
Vergleiche dein Ergebnis mit dem deines Nachbarn.

2 Löse die folgenden Aufgaben. Was fällt dir auf? Setze gegebenenfalls logisch fort.

a) $4\cdot(-2)=-8$
$3\cdot(-2)=-6$
$2\cdot(-2)=$
$1\cdot(-2)=$
$0\cdot(-2)=$
$(-1)\cdot(-2)=$
$(-2)\cdot(-2)=$
$(-3)\cdot(-2)=6$

b) $(-3)\cdot 4=-12$
$(-3)\cdot 3=-9$
$(-3)\cdot 2=$
$(-3)\cdot 1=$
$(-3)\cdot 0=$
$(-3)\cdot(-1)=$
$(-3)\cdot(-2)=$
$(-3)\cdot(-3)=9$

Wie wird das Produkt aus zwei negativen Zahlen gebildet? Formuliere einen Merksatz.
Vergleicht eure Ergebnisse.

3 In Winterberg gab es in der ersten Januarwoche folgende Tagesdurchschnittstemperaturen:

Mo	Di	Mi	Do	Fr	Sa	So
−2 °C	−1 °C	−3 °C	−4 °C	−6 °C	−5 °C	−2 °C

Wie könnte man aus diesen Angaben die Durchschnittstemperatur der ersten Januarwoche berechnen?
Arbeitet zu zweit oder in kleinen Gruppen.

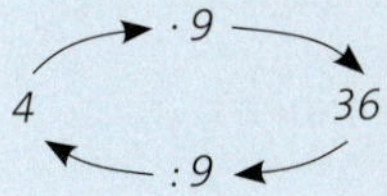

4 Zu jeder Multiplikationsaufgabe lassen sich zwei Umkehraufgaben formulieren.

BEISPIEL $4\cdot 9=36$, Umkehraufgaben: $36:4=9$ und $36:9=4$

a) Löse die folgenden Multiplikationsaufgaben mit Hilfe der entwickelten Merksätze aus den Aufgaben 1 und 2. Gib jeweils die Umkehraufgaben an:
① $3\cdot 6$ ② $(-5)\cdot 7$ ③ $(-8)\cdot(-3)$ ④ $6\cdot(-2)$ ⑤ $8\cdot\frac{1}{4}$ ⑥ $6\cdot\frac{1}{2}$

b) Sortiere die entstandenen Divisionsaufgaben, indem du gleichartige zusammenstellst.
Überlege dir Regeln zur Division rationaler Zahlen.
Vergleiche mit deinem Nachbarn.

c) Ergänze die Sätze:
Der Wert des Quotienten ist positiv, wenn …
Der Wert des Quotienten ist negativ, wenn …

HINWEIS
Erinnere dich an die Multiplikation und Division von Brüchen auf *Seite 30.*

Lesen und Verstehen

In einem Musikgeschäft werden die CDs von Güvens Lieblingsrapper für nur 7,99 € verkauft. Leider hat Güven sein monatliches Taschengeld schon anderweitig ausgegeben.
Daher leiht er sich das Geld für drei CDs bei seinem großen Bruder. Güven hat nun bei seinem Bruder 23,97 € Schulden, denn $3 \cdot (-7{,}99\,€) = -23{,}97\,€$.

KURZ GESAGT
$+ \cdot + = +$
$- \cdot - = +$
$- \cdot + = -$
$+ \cdot - = -$
Das Gleiche gilt für die Division.

Bei der **Multiplikation und Division rationaler Zahlen** kann man so vorgehen:
1. Multipliziere (dividiere) beide Zahlen ohne Vorzeichen.
2. Bestimme das Vorzeichen:
   - Das Vorzeichen ist negativ, wenn beide Zahlen verschiedene Vorzeichen haben.
   - Das Vorzeichen ist positiv, wenn beide Zahlen gleiche Vorzeichen haben.

BEISPIEL

$-7 \cdot 12 = -84$, da
1. $7 \cdot 12 = 84$
2. Vorzeichen verschieden, also „–“ im Ergebnis.

$54 : (-6) = -9$, da
1. $54 : 6 = 9$
2. Vorzeichen verschieden, also „–“ im Ergebnis.

$-6 \cdot (-9) = 54$, da
1. $6 \cdot 9 = 54$
2. Vorzeichen gleich, also „+“ im Ergebnis.

$-84 : (-7) = 12$, da
1. $84 : 7 = 12$
2. Vorzeichen gleich, also „+“ im Ergebnis.

Üben und Anwenden

1 Setze im Heft passende Vorzeichen ein.
a) $2 \cdot (\square 3) = -6$
b) $(-5) \cdot (\square 4) = 20$
c) $(-8) \cdot (\square 2) = -16$
d) $(-2{,}5) \cdot 2 = \square 5$
e) $(\square 2) \cdot \left(-\frac{1}{2}\right) = 1$
f) $6 \cdot (\square 0{,}25) = 1{,}5$
g) $(\square 8) \cdot \left(\square \frac{1}{2}\right) = -4$
h) $\left(\square \frac{1}{3}\right) \cdot (-9) = -3$
i) $(-2{,}5) \cdot (-4) = \square 10$
j) $0{,}6 \cdot (-9) = \square 5{,}4$

2 Rechne jeweils mal (-2).

−10 5 −19 −8 −35

3 Berechne.
a) $4 \cdot 18$
b) $-5 \cdot 9$
c) $8 \cdot (-7)$
d) $-3 \cdot (-5)$
e) $3 \cdot 12$
f) $-4 \cdot 5$

4 Übertrage ins Heft und fülle aus.

·	6	−4	−9	−13	22	−25
−7						
11						
−8						
−1						

HINWEIS
Verwechselst du manchmal die Begriffe multiplizieren und dividieren? Moni kennt eine Eselsbrücke: ***mu****ltiplizieren =* ***m****alnehmen,* ***d****ividieren =* ***d****urchteilen*

5 Berechne.
a) $5 \cdot 17$
b) $-4 \cdot (-8)$
c) $12 \cdot 144$
d) $-13 \cdot (-6)$
e) $100 \cdot (-100)$
f) $15 \cdot 15$
g) $-15 \cdot (-15)$
h) $-100 \cdot (-100)$
i) $-16 \cdot 5$

6 Ergänze die fehlenden Zahlen.
a) $-3 \cdot \square = -12$
b) $5 \cdot \square = -40$
c) $8 \cdot \square = -56$
d) $-4 \cdot \square = 20$
e) $\square \cdot 13 = 39$
f) $\square \cdot (-14) = 42$

7 Auf dem Mond ist es auf der Sonnenseite mit 130 °C sehr warm und auf der Schattenseite mit −130 °C sehr kalt. An den Polen herrschen konstant −96 °C. Wie viel Mal ist es auf dem Mond kälter, wenn zu Hause −2 °C gemessen werden? Schreibe die Rechnung auf.

8 Findet Multiplikationsaufgaben mit dem Ergebnis −24. Wie viele gibt es?

9 Berechne.
a) $0{,}5 \cdot 2{,}4$
b) $-0{,}6 \cdot (-4{,}2)$
c) $-0{,}5 \cdot (-3{,}5)$
d) $-0{,}7 \cdot 4{,}2$
e) $-0{,}02 \cdot (-8{,}5)$
f) $0{,}53 \cdot (-0{,}4)$

10 Multipliziere.

a) $-8 \cdot 9$ b) $12 \cdot (-7)$ c) $-3 \cdot 5$
d) $-17 \cdot 14$ e) $9 \cdot (-15)$ f) $15 \cdot (-9)$
g) $11 \cdot (-11)$ h) $-8 \cdot 22$ i) $-3 \cdot 39$
j) $17 \cdot (-2)$ k) $38 \cdot (-1)$ l) $-1 \cdot 88$

11 Bilde fünf Multiplikationsaufgaben mit jeweils einer Zahl aus dem linken und einer Zahl aus dem rechten Kästchen.
Jede Zahl darf dabei nur einmal verwendet werden.
Löse die Aufgaben.

BEISPIEL $-2 \cdot (-5) = 10$

Linkes Kästchen: 10, -5, $-\frac{1}{2}$, -125, 25, $-1{,}38$, -2

Rechtes Kästchen: -8, -4, $-0{,}9$, $\frac{3}{5}$, -88, 100, -5

12 Überschlage das Ergebnis.
Achte auf das richtige Vorzeichen.

a) $205 \cdot (-19)$ b) $-189 \cdot 11$
c) $-98 \cdot (-21)$ d) $1\,050 \cdot 1\,990$
e) $18 \cdot (-508)$ f) $-52 \cdot 49$

13 Setze in die Kästchen alle möglichen Vorzeichenkombinationen ein und löse die so entstehenden vier Aufgaben.

a) $\square 4 \cdot (\square 7)$ b) $\square 13 \cdot (\square 6)$
c) $\square 0{,}9 \cdot (\square 10)$ d) $\square \frac{1}{2} \cdot \left(\square \frac{3}{4}\right)$

14 Wähle aus diesen Zahlenfeldern zwei Faktoren aus, deren Produkt

a) -2; b) $-0{,}8$; c) $0{,}6$ ergibt.

-5 -2 -4 $0{,}2$ $0{,}4$ $-0{,}2$ 2 -5 3 $-0{,}3$

15 Ein Hersteller gibt an, dass eine Tiefkühltruhe die Temperatur im Bereich von 0 °C bis −18 °C innerhalb von zehn Minuten um 2 °C senkt. Bei einem Test dauert der Vorgang 2 Stunden. Schreibe deine Rechnungen auf:

a) Wie lange dauert es laut Hersteller, von 0 °C bis −18 °C herunterzukühlen?
b) Um wie viel Grad senkt sich die Temperatur beim Test innerhalb von 10 Minuten?

16 Übertrage die Multiplikationstabelle in dein Heft und fülle sie aus.

·	0,5	−0,8	−3,4	−1,9	2,2	−1,32
−0,5						
−0,8						
3,4						
1,9						
100						
−10						

17 Finde jeweils mindestens drei Multiplikationsaufgaben mit folgenden Ergebnissen.

a) -20 b) -12 c) $\frac{3}{8}$

18 Übertrage die Rechenbäume in dein Heft und fülle sie aus.

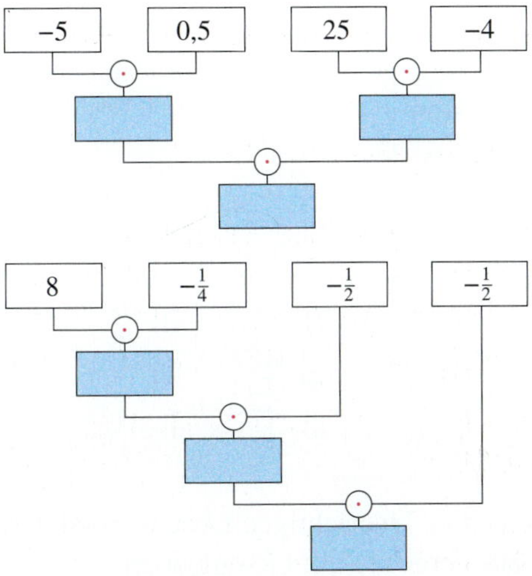

HINWEIS
In Aufgabe 18 sind Rechenbäume abgedruckt. Rechne von oben nach unten und von links nach rechts.

19 Bringe die ungeordneten Rechendominosteine in die richtige Reihenfolge.

- START | $1 \cdot (-1)$
- $0{,}04$ | $0{,}04 \cdot (-100)$
- 1 | $1 \cdot (-0{,}2)$
- $-0{,}25$ | $-0{,}25 \cdot (-4)$
- -1 | $-1 \cdot (-0{,}5)$
- $0{,}5$ | $0{,}5 \cdot (-0{,}5)$
- 9 | $9 \cdot 0{,}4$
- -4 | $-4 \cdot (0{,}3)$
- $-1{,}44$ | Ende
- 6 | $6 \cdot (-0{,}3)$
- $-1{,}2$ | $-1{,}2 \cdot (-5)$
- $3{,}6$ | $3{,}6 \cdot (-0{,}4)$
- $-1{,}8$ | $-1{,}8 \cdot (-5)$
- $-0{,}2$ | $-0{,}2 \cdot (-0{,}2)$

20 Setze im Heft passende Vorzeichen ein.

a) $8 : (-2) = \square 4$ b) $-15 : (\square 3) = 5$
c) $-24 : 3 = \square 8$ d) $25 : (-5) = \square 5$
e) $\square 12 : (\square 6) = 2$ f) $\square 36 : 4 = 9$
g) $-1{,}8 : (-9) = \square 0{,}2$ h) $\square 2 : \left(-\frac{1}{2}\right) = -4$
i) $-81 : 0{,}9 = \square 90$ j) $4{,}2 : (-0{,}7) = \square 6$

21 Berechne. Überprüfe deine Ergebnisse jeweils mit einer Probe.

a) $12 : (-6)$ b) $-36 : 12$ c) $-42 : (-7)$
d) $84 : (-7)$ e) $56 : (-8)$ f) $-72 : (-9)$
g) $-39 : (-13)$ h) $51 : (-17)$ i) $-98 : 14$

22 Übertrage ins Heft und fülle aus.

:	5	−15	9	−3
90				
−45			−5	
135				
−405				
270				
−945				

048-1

23 Kürze.

a) $\frac{-15}{5}$ b) $\frac{-6}{-3}$ c) $\frac{-24}{8}$ d) $\frac{-18}{9}$
e) $\frac{77}{-11}$ f) $\frac{-51}{17}$ g) $\frac{48}{-24}$ h) $\frac{-135}{-45}$
i) $\frac{720}{-60}$ j) $\frac{-170}{85}$ k) $\frac{-78}{-39}$ l) $\frac{-91}{-13}$

24 Berechne. Die richtigen Lösungen (siehe Randspalte) ergeben ein Lösungswort.

a) $-\frac{1}{3} : \frac{1}{9}$ b) $-\frac{1}{2} : \left(-\frac{1}{4}\right)$ c) $-\frac{3}{4} : \left(-\frac{2}{5}\right)$
d) $\frac{2}{3} : \left(-\frac{1}{6}\right)$ e) $-\frac{1}{5} : \left(-\frac{1}{2}\right)$ f) $-\frac{1}{9} : \frac{1}{4}$
g) $\frac{2}{5} : \left(-\frac{5}{7}\right)$ h) $-\frac{1}{5} : \left(-\frac{1}{6}\right)$ i) $\frac{5}{8} : \left(-\frac{1}{6}\right)$

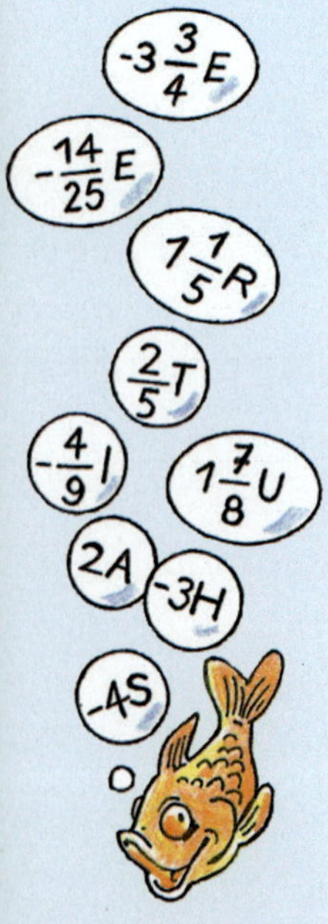

25 Berechne schriftlich.
Achte auf das Vorzeichen im Ergebnis.

a) $-615 : 5$ b) $1872 : (-8)$
c) $-2415 : (-7)$ d) $2736 : 6$
e) $17034 : (-3)$ f) $-61101 : (-9)$

26 Berechne. Mache die Probe.

a) $-27 : (-9)$ b) $-0{,}5 : 0{,}2$
c) $2{,}5 : (-0{,}5)$ d) $-6{,}4 : 1{,}6$
e) $0{,}2 : (-20)$ f) $-0{,}12 : (-0{,}96)$
g) $-1{,}2 : 15$ h) $-7 : (-3{,}5)$

HINWEIS
Achte darauf, dass die Multiplikationsmauer mit deinen Angaben lösbar ist.

27 Übertrage die Rechendreiecke in dein Heft und ergänze sie.

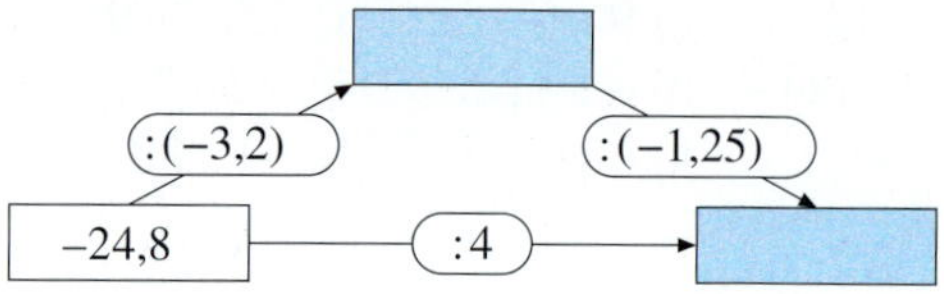

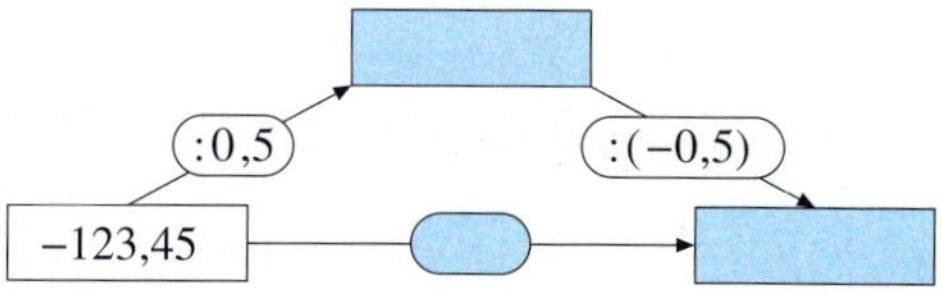

28 Vervollständige die Multiplikationsmauern in deinem Heft.

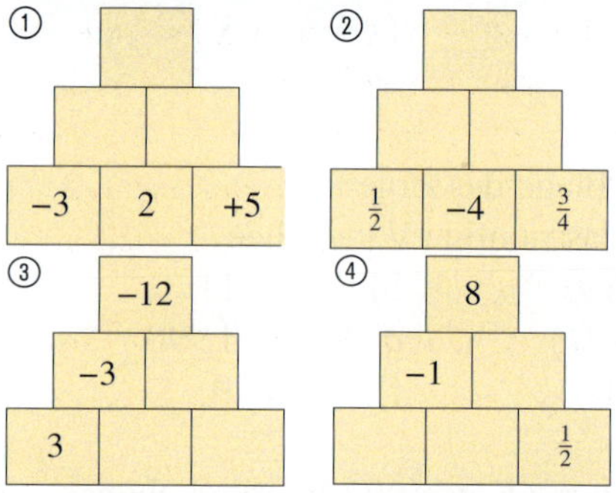

a) Verändert sich das Vorzeichen in der Spitze der Mauer, wenn genau ein Vorzeichen in der unteren Reihe verändert wird?
b) Erfinde eigene Multiplikationsmauern und erstelle ein Arbeitsblatt für deinen Nachbarn. Tauscht die Arbeitsblätter aus und besprecht anschließend die Lösungen.

29 Multiplikationsmauern zum Knobeln.

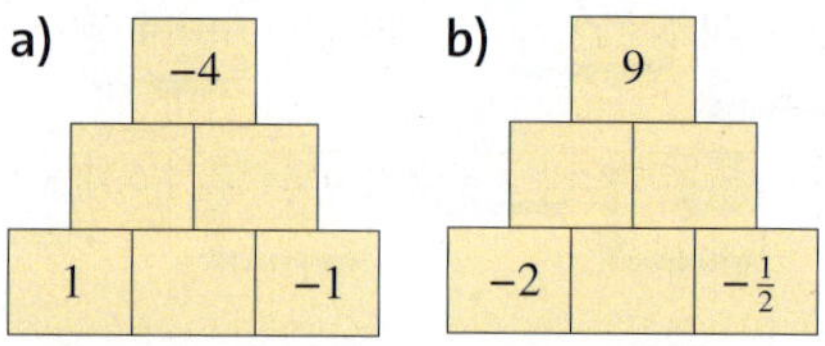

30 Erfinde eine Multiplikationsmauer mit drei Steinen in der Grundreihe und der folgenden Eigenschaft bzw. begründe, warum es eine solche Mauer nicht geben kann.

a) In der Spitze steht die Zahl −6.
b) Mauer mit genau einer negativen Zahl.
c) Mauer mit genau zwei positiven Zahlen.
d) Mauer mit genau zwei negativen Zahlen.

Rechengesetze vorteilhaft nutzen

Erforschen und Entdecken

1 Vergleiche die Rechenwege der drei Schüler beim Lösen der Aufgabe $(-4) \cdot 17 \cdot (-25)$.

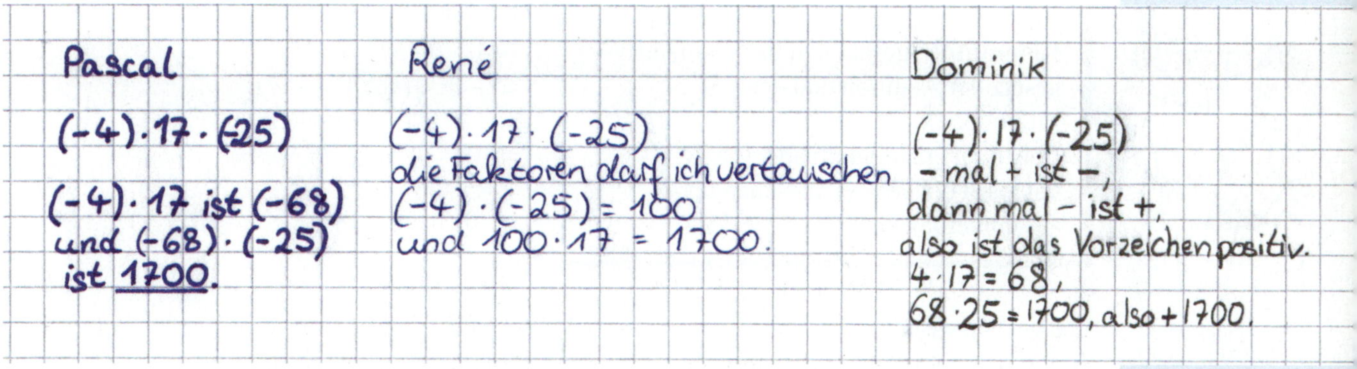

a) Welche „Tricks" werden beim Lösen dieser Multiplikationsaufgabe angewendet? Kennst du noch die mathematischen Fachbegriffe?

b) Wie würdest du vorgehen, um $-2 \cdot (-137) \cdot (-50)$ zu berechnen? Vergleicht eure Vorgehensweisen zunächst zu zweit und dann in der Klasse.

c) Fasse die bisher gefundenen Rechengesetze in Merksätzen zusammen.

NACHGEDACHT
Welche der drei Vorgehensweisen gefällt dir am besten und warum?

2 Überlege, ob der Wert des Produkts positiv oder negativ ist.

① $1 \cdot (-2)$ ② $1 \cdot (-2) \cdot 3$ ③ $1 \cdot (-2) \cdot 3 \cdot (-4)$
④ $1 \cdot (-2) \cdot 3 \cdot (-4) \cdot 5$ ⑤ $1 \cdot (-2) \cdot 3 \cdot (-4) \cdot 5 \cdot (-6)$

Wie kann man aus der Anzahl positiver oder negativer Faktoren das Vorzeichen des Ergebnisses ermitteln?

3 Katja und Michael machen eine Bergtour durch die Alpen. Rechts siehst du einen Auszug aus ihrem Wanderbuch.

Ort	Höhe	Temperatur
Lenggries	679 m	−2 °C
Lenggrieser Hütte	1 338 m	−2 °C
Tegernseer Hütte	1 650 m	−3 °C
Buchstein Hütte	1 260 m	−2 °C
Hirschberghaus	1 535 m	−3 °C
Bad Wiessee	750 m	−3 °C

a) Berechne die Durchschnittstemperatur. Vergleiche dein Ergebnis und deine Vorgehensweise mit deinem Nachbarn.

b) Am nächsten Tag wurden folgende Temperaturen gemessen: −4 °C; −6 °C. Begründe, warum die daraus errechnete Durchschnittstemperatur −5 °C ist.

c) Mit welchen Rechnungen lässt sich die Durchschnittstemperatur für den Tag bestimmen?
① $-4 - 6 : 2$ ② $-4 : 2 + (-6) : 2$ ③ $(-4 + (-6)) : 2$ ④ $-4 + (-6) : 2$

d) Vergleiche die beiden Rechnungen, die zur richtigen Lösung führen. Erkennst du ein Rechengesetz wieder?

4 Vergleiche die Rechnungen.

$(-3{,}5 + 1{,}5) \cdot (-7)$	$(-3{,}5 + 1{,}5) \cdot (-7)$	$23 \cdot (-4) + 17 \cdot (-4)$	$23 \cdot (-4) + 17 \cdot (-4)$
$= (-2) \cdot (-7)$	$= (-3{,}5) \cdot (-7) + 1{,}5 \cdot (-7)$	$= -92 + (-68)$	$= (23 + 17) \cdot (-4)$
$= 14$	$= 24{,}5 - 10{,}5$	$= -160$	$= 40 \cdot (-4)$
	$= 14$		$= 160$

a) Welcher Rechenweg ist jeweils in deinen Augen leichter? Begründe.

b) Welches Rechengesetz wurde verwendet?

c) Berechne $26 \cdot (-17) - 16 \cdot (-17)$ und $(26 - 16) \cdot (-17)$.

Lesen und Verstehen

Beim Lösen der Aufgabe $(-4) \cdot (-57) \cdot (-25)$ hat Lara große Schwierigkeiten. Ihre Freundin Fiona erkennt das Ergebnis sofort: $-5\,700$.

Bei den rationalen Zahlen gelten das **Kommutativgesetz** und das **Assoziativgesetz** der Addition und der Multiplikation.
Daher darf man Summanden bzw. Faktoren beliebig vertauschen und zusammenfassen.

BEISPIEL 1
$(-4) \cdot [(-57) \cdot (-25)]$
$= (-4) \cdot [(-25) \cdot (-57)]$
$= [(-4) \cdot (-25)] \cdot (-57)$
$= 100 \cdot (-57)$
$= -5\,700$

Für Aufgaben mit mehreren Faktoren gilt:
Ist die Anzahl der Faktoren mit negativem Vorzeichen gerade, so ist das Ergebnis positiv.

$(-1) \cdot (-2) \cdot (-3) \cdot (-4) = +24$
weil vier Faktoren negativ sind

Bei ungerader Anzahl negativer Faktoren ist das Ergebnis negativ.

$(-1) \cdot (-2) \cdot (-3) \cdot 4 = -24$
weil drei Faktoren negativ sind

KURZ GESAGT
Klammer vor Punkt vor Strich.

Auch für rationale Zahlen gelten die **Vorrangregeln**:
Punktrechnung geht vor Strichrechnung.
Klammern werden zuerst ausgerechnet.

BEISPIEL 2
$3 - 5 \cdot 2 = 3 - 10 = -7$
$(3 - 5) \cdot 2 = -2 \cdot 2 = -4$

Für die rationalen Zahlen gilt das **Distributivgesetz**:
Man multipliziert eine Summe mit einer Zahl, indem man jeden Summanden mit der Zahl multipliziert.

BEISPIEL 3
$(3 - 5) \cdot 2 = 3 \cdot 2 - 5 \cdot 2$
$= 6 - 10 = -4$
$(-8) \cdot 26 - (-8) \cdot 16$
$= (-8) \cdot (26 - 16) = (-8) \cdot 10 = -80$

Üben und Anwenden

ZUM WEITERARBEITEN
Berechne $267 + (48 + 133)$ mit Hilfe des Kommutativ- und des Assoziativgesetzes.

1 Suche aus dem linken und dem rechten Kasten zehn Zahlenpaare heraus, die miteinander multipliziert 100 oder –100 ergeben.

Linker Kasten: -2; 4; $12{,}5$; -200; $-\frac{1}{3}$; 400; 20; -10; $1{,}25$; 500

Rechter Kasten: $0{,}25$; 5; -50; 300; 10; 80; 25; -8; $-\frac{1}{2}$; $-0{,}2$

2 Rechne vorteilhaft.

a) $(-5) \cdot (-19) \cdot 20$ **b)** $4 \cdot 36 \cdot (-25)$
c) $66 \cdot (-2) \cdot (-50)$ **d)** $\left(-\frac{1}{4}\right) \cdot (-4) \cdot (-5)$
e) $12{,}5 \cdot (-17) \cdot 8$ **f)** $(-10) \cdot 3{,}1 \cdot (-2)$

3 Bilde aus den Zahlen Multiplikationsaufgaben mit mehreren Faktoren. Berechne sie.

$\frac{1}{6}$; -39; $12{,}5$; 17; -8; -5; -4; 20; -25; -60; -43; $-4{,}7$; $-9\frac{1}{2}$; -69; 6

4 Lege zuerst fest, ob das Ergebnis positiv oder negativ ist und berechne dann.

a) $30 \cdot (-2) \cdot (-3) \cdot 7$ **b)** $-5 \cdot (-6) \cdot 2 \cdot (-1)$
c) $3 \cdot (-4) \cdot (-2) \cdot (-1)$ **d)** $-8 \cdot (-4) \cdot 2 \cdot (-1)$
e) $2 \cdot (-2) \cdot 2 \cdot (-10)$ **f)** $3 \cdot 2 \cdot (-15)$

5 Ergänze die folgenden Sätze.
a) In einem Produkt mit drei Faktoren ist der Wert des Produkts positiv, wenn …
b) In einem Produkt mit vier Faktoren ist der Wert des Produkts negativ, wenn ...

6 Denke beim Rechnen an die Vorrangregeln.
a) $-12 + 8 \cdot 4$ b) $-12 - 8 \cdot 4$
c) $-12 + 8 : 4$ d) $-12 - 8 : 4$
e) $-12 - 8 - 4$ f) $-12 - 8 + 4$
g) $-12 \cdot 8 : 4$ h) $-12 \cdot (8 - 4)$
i) $(-12 + 8) : 4$ j) $-12 : (8 - 4)$
k) Finde möglichst viele weitere Terme, die die Zahlen – 12, 8 und 4 enthalten und berechne sie.

7 Setze eine Klammer so, dass das Ergebnis richtig ist.
a) $3 + 2 \cdot 7 = 35$ b) $-3 \cdot 5 + 3 = -24$
c) $-12 : 4 - 2 = -6$ d) $-2 \cdot 4 - 5 + 1 = 3$
e) $4 - 2 - 7 = 9$ f) $-13 + 2 \cdot 8 - 2 = -1$
g) $23 - 8 : (-5) = -3$ h) $-3 + 5 \cdot 6 = 12$
i) $-14 : 2 + 5 = -2$ j) $7 - 12 \cdot 5 + 2 = -23$

8 Wo sind die Fehler in Nadines Hausaufgaben? Erkläre, was sie falsch gemacht hat und korrigiere das Ergebnis.
a) $2 - 6 \cdot 5 = -20$
b) $14 - 21 : 7 = -1$
c) $-5 \cdot (7 - 14) = -49$
d) $(-48) : 4 \cdot 2 = -6$
e) $15 - 15 : 5 = 0$
f) $7 - 5 + 2 = 0$
g) Nadine behauptet, die Ergebnisse seien doch richtig, man müsse in den Aufgaben nur Klammern ergänzen oder weglassen. Ist das tatsächlich möglich?

9 Welche Rechenausdrücke führen zum gleichen Ergebnis? Ordne zu.

① $3 \cdot (-8) - 5 \cdot (-8)$	A) $3 \cdot (-8 + 5)$
② $3 \cdot (-8) - 3 \cdot 5$	B) $-3 \cdot (-8 - 5)$
③ $3 \cdot (-8) + 3 \cdot 5$	C) $(3 - 5) \cdot (-8)$
④ $3 \cdot 8 - 3 \cdot 5$	D) $3 \cdot (8 - 5)$
⑤ $(-3) \cdot (-8) - (-3) \cdot 5$	E) $3 \cdot (-8 - 5)$
⑥ $(-3) \cdot (-8) + 5 \cdot (-8)$	F) $(-3 + 5) \cdot (-8)$
⑦ $(-3) \cdot 8 + (-3) \cdot 5$	G) $-3 \cdot (8 + 5)$

10 Rechne wie im Beispiel rechts auf zwei verschiedenen Wegen.
a) $-6 \cdot (100 + 3)$ b) $-9 \cdot (-13 - 37)$
c) $-4 \cdot (-25 + 8)$ d) $(-36 + 35) \cdot (-356)$
e) $(-3{,}6 + 3{,}6) \cdot 9{,}5$ f) $(-40 - 88) \cdot \frac{1}{4}$

BEISPIEL
1. Weg
$(-6-4) \cdot (-7)$
$= -6 \cdot (-7) - 4 \cdot (-7)$
$= 42 + 28 = 70$
2. Weg
$(-6-4) \cdot (-7)$
$= (-10) \cdot (-7)$
$= 70$

11 Würfle mit drei Würfeln. Überlege, wie du einen Malpunkt, ein Minuszeichen und eine Klammer zwischen die Zahlen setzen musst, um folgende Aufgaben zu lösen.
a) Finde jeweils das kleinste und das größte mögliche Ergebnis.
b) Welches kleinste und welches größte Ergebnis kann bei diesem Spiel entstehen?

BEISPIEL
Murat würfelt 3, 2 und 5. Er rechnet $(5 \cdot 3) - 2 = 13$ und $2 - (5 \cdot 3) = -13$.

12 Berechne die Aufgaben möglichst einfach. Beachte das Distributivgesetz.
a) $5 \cdot (-6) + 15 \cdot (-6)$ b) $-8 \cdot 27 + (-8) \cdot 27$
c) $4 \cdot 25 + 4 \cdot (-100)$ d) $-7 \cdot (-9) + 9 \cdot (-9)$
e) $\frac{1}{2} \cdot (-4) + \frac{1}{2} \cdot (-2)$ f) $3 \cdot (-12) - 5 \cdot (-12)$
g) $-5 \cdot 0{,}8 - (-6) \cdot 0{,}8$ h) $9{,}8 \cdot 8{,}9 - 6{,}8 \cdot 8{,}9$
i) $-87 \cdot \frac{2}{3} + 27 \cdot \frac{2}{3}$ j) $\frac{1}{3} \cdot 64 + \frac{1}{3} \cdot (-4)$
k) $-8 \cdot \frac{2}{5} + 13 \cdot \frac{2}{5}$ l) $19 \cdot (-4) - 7 \cdot 19$

BEISPIEL
$13 \cdot (-4) + 7 \cdot (-4)$
$= (13 + 7) \cdot (-4)$
$= 20 \cdot (-4) = -80$

13 Untersuche mit Hilfe der Aufgabe $(18 - 45) : 9$, ob das Distributivgesetz auch für die Division gilt.
Überprüfe deine Meinung an mindestens drei weiteren Aufgaben und versuche sie zu begründen.

14 Rechne vorteilhaft.
a) $-6 : 3 + 27 : 3$ b) $12 : (-4) + 8 : (-4)$
c) $13 : 2 + 17 : 2$ d) $-22 : 3 + 4 : 3$
e) $26 : (-7) + 9 : (-7)$ f) $51 : 17 + 34 : 17$
g) $19 : (-2) + 1 : (-2)$ h) $22 : (-5) + 3 : (-5)$
i) $-40 : (-6) + 4 : (-6)$ j) $-75 : 8 + 3 : 8$

Riemengetriebe

Riemengetriebe übertragen die Zugkraft zwischen Antrieb und Abtrieb durch Haftreibung. Sie werden häufig im Maschinenbau verwendet.

Nähmaschinen hatten früher ein großes Schwungrad mit einem Trittbrett als Fußantrieb. Das große Schwungrad trieb eine kleine Riemenscheibe des Nähwerks an. Bei jeder Drehung der Riemenscheibe wurde ein Stich gemacht.

Automotoren haben auf der Kurbelwelle eine Riemenscheibe. Über einen Keilriemen werden die zwei Riemenscheiben für die Lichtmaschine und den Lüfter angetrieben.

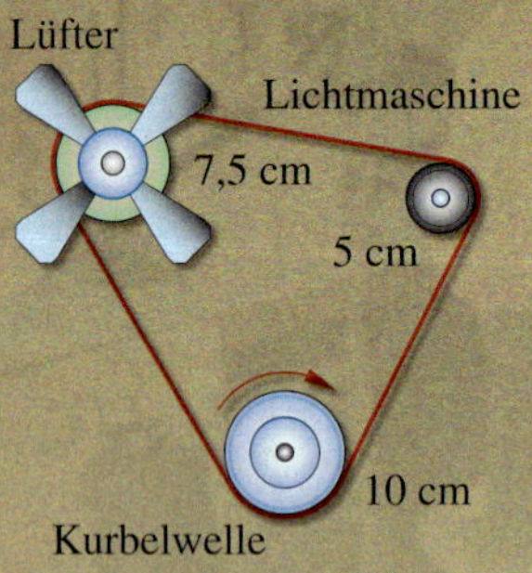

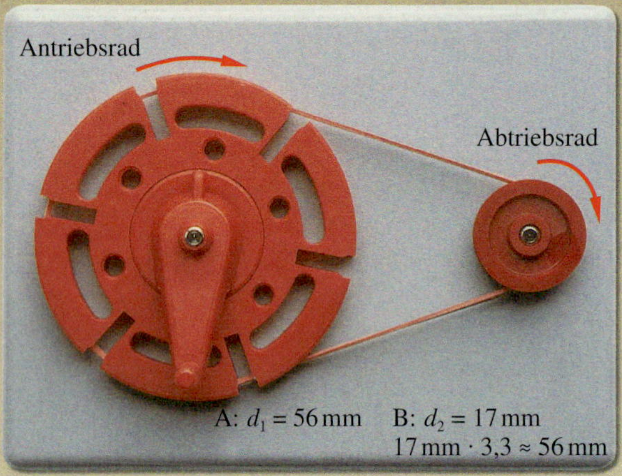

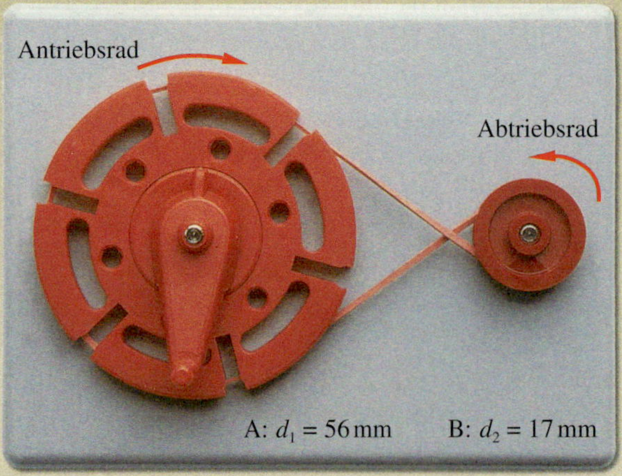

Auf dem Foto ist ein Riemengetriebe zu sehen. Der Durchmesser von A ist 3,3-mal so groß wie der Durchmesser von B. Wenn das Antriebsrad eine Drehung macht, dreht sich das Abtriebsrad 3,3-mal. Der **Übertragungsfaktor** von A nach B ist 3,3.
Kreuzt man den Treibriemen, dreht sich B in entgegengesetzter Richtung zu A.
Der Übertragungsfaktor von A nach B ist bei gekreuztem Treibriemen −3,3.

1 Erkläre in eigenen Worten, wozu ein Riemengetriebe verwendet wird.

2 Wie oft dreht sich das Abtriebsrad, wenn sich das Antriebsrad einmal (zweimal; zehnmal) dreht?

3 Weitere Übertragungsverhältnisse:

	Durchmesser		Treibriemen
	Antriebsrad	Abtriebsrad	
a)	12 cm	4 cm	einfach
b)	16 cm	4 cm	gekreuzt
c)	10 cm	2 cm	gekreuzt
d)	15 cm	4 cm	einfach
e)	30 cm	6 cm	gekreuzt

Berechne jeweils die Übertragungsfaktoren.

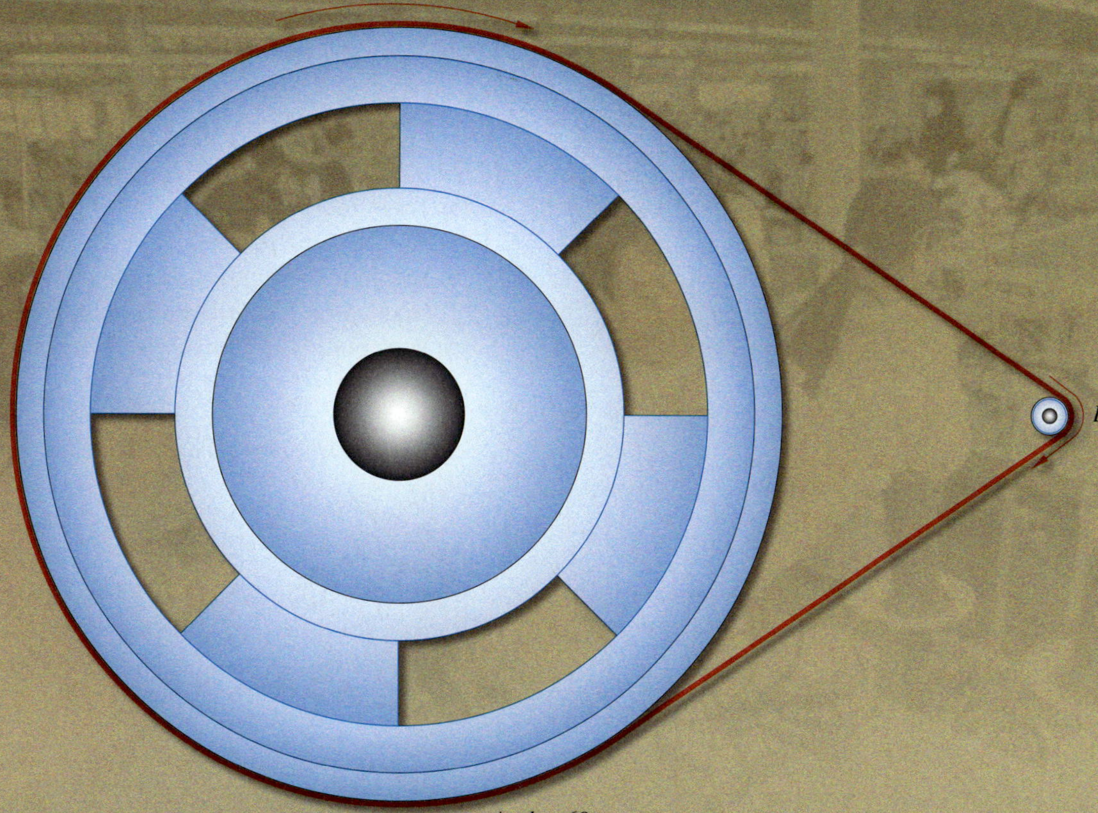

4 Welchen Durchmesser können Antriebsrad und Abtriebsrad haben, wenn der Übertragungsfaktor

a) 7 b) 4,4 c) −3,6 d) $-\frac{1}{2}$ e) $1\frac{1}{4}$

betragen soll?
Was ist bei negativen Übertragungsfaktoren zu beachten?

5 Das Rad A hat einen sehr großen Durchmesser. Berechne den Übertragungsfaktor.

Um große Übertragungsfaktoren zu erreichen, kann man Systeme von Riemenscheiben und Riemen verwenden.
Die Scheiben B und C sitzen auf derselben Achse. B und C drehen sich deshalb gemeinsam. Der Übertragungsfaktor von A nach B ist 4, der von C nach D ist 5.

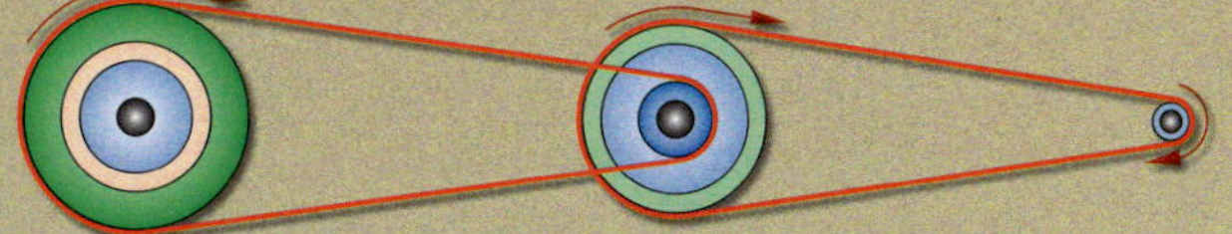

A: $d_1 = 12$ cm B: $d_2 = 3$ cm C: $d_3 = 10$ cm D: $d_4 = 2$ cm

Mit jeder vollen Drehung von A machen B und C gemeinsam vier Umdrehungen.

D macht dann **(+4) · (+5) = +20** Umdrehungen in die gleiche Richtung wie A.

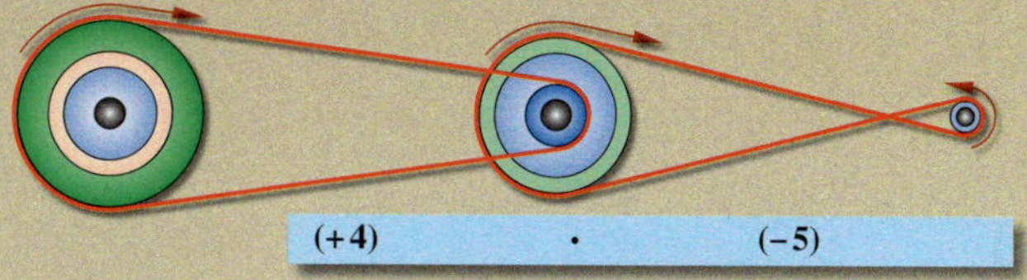

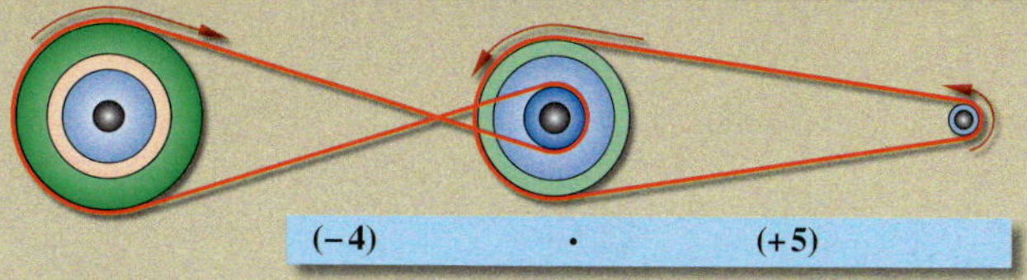

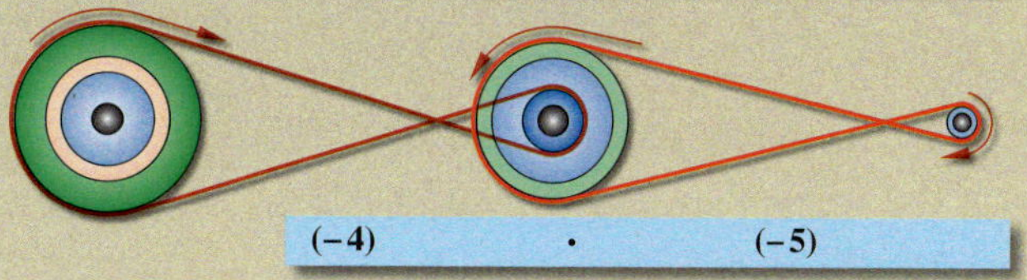

6 In den nebenstehenden Zeichnungen werden einzelne oder beide Riemen gekreuzt. Gib jeweils die Übertragungsfaktoren an.

7 Gib mögliche Scheibengrößen und Triebriemenstellungen für folgende Übertragungsfaktoren an:

a) 30 b) −30 c) 12
d) −12 e) $\frac{3}{4}$ f) $-\frac{3}{4}$

Vermischte Übungen

1 Welche Zahlen sind hier mit Buchstaben bezeichnet?

a)

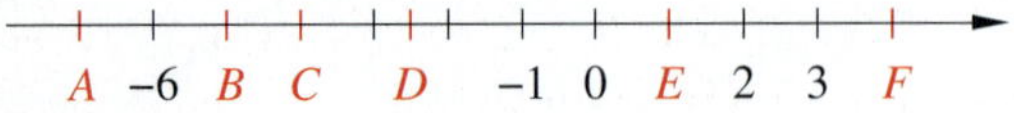

b)

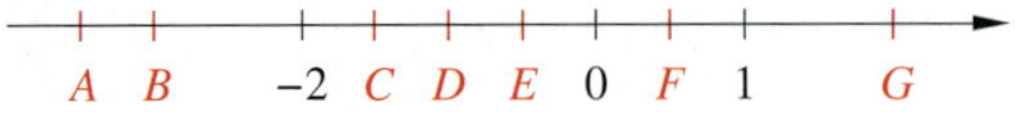

c)

2 Zeichne in dein Heft eine Zahlengerade von -5 bis $+5$ und trage diese Punkte ein.
-2; 3; $4{,}5$; -3; -4; $0{,}2$; $-0{,}2$; $-3{,}7$; $2{,}5$;
$-0{,}8$; $\frac{1}{2}$; $-\frac{3}{4}$; $-1\frac{1}{2}$; $2\frac{1}{2}$; $-3\frac{1}{2}$

3 Welches der folgenden Ereignisse liegt am weitesten zurück?

247 v. Chr.	Der Feldherr Hannibal wird geboren.
1769	James Watt erhält das Patent für eine Niederdruckdampfmaschine.
432 v. Chr.	Der Bau des Parthenontempels in Athen wird beendet.
469 v. Chr.	Der berühmte Philosoph des Altertums, Sokrates, wird geboren.

4 Gib die Koordinaten an.

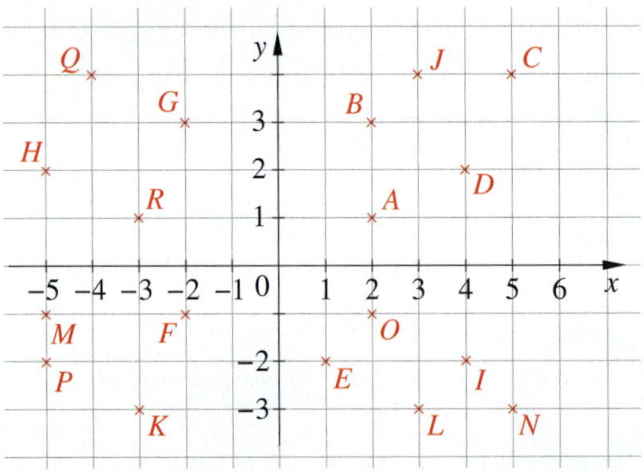

5 Zeichne folgende Punkte in ein Koordinatensystem.
$A(-3|2)$; $B(-1|0)$; $C(0|-1)$; $D(-2|3)$; $E(3|-4)$; $F(-0{,}5|1)$; $G(-4|-2)$; $H(3|-2)$; $I(3|5)$; $J(-4|5)$

6 Zeichne ein Koordinatensystem.
a) Trage folgende Punkte ein:
$A(-2|-2)$; $B(-6|-7)$; $C(-2|-6)$
b) Verbinde die Punkte. Spiegle das Dreieck an der y-Achse. Gib die Bildpunkte an.
c) Verschiebe das Dreieck. Verschiebungspfeil $\overrightarrow{PQ}$ $P(-1|-3)$; $Q(4|2)$

7 Gib die Aufgabe an und berechne.

8 Zeichne eine nicht zu komplizierte Figur in ein Koordinatensystem ein.
Notiere die Koordinaten der Eckpunkte.
Tausche die Koordinaten mit deinem Nachbarn. Er soll die Figur zeichnen.

9 Ordne die Zahlen $-1{,}7$; $3{,}7$; 5; $-2{,}1$; 0; $-1{,}8$; $2{,}3$; $1{,}1$; $-3{,}8$; $-4{,}3$; -4.
a) Beginne mit der kleinsten.
b) Beginne mit der größten.

10 Verbinde diese Punkte in einem Koordinatensystem. Gib in jeder Richtung die vier folgenden Punkte mit ihren Koordinaten an.
$A(-4|1)$; $B(-3|1)$; $C(-3|0)$; $D(-2|0)$; $E(-2|-1)$; $F(-1|-1)$

11 Schreibe in Kurzform und berechne.
a) $-4+(-5)$ b) $-5-(-8)$
c) $7+(-14)$ d) $-27+(-33)$

HINWEIS
Lösungen von Aufgabe 11: -60; -9; -7; -4; -2; 3; 12; 100

12 Welche Zahl liegt auf der Zahlengeraden in der Mitte zwischen folgenden Zahlen?
a) -2; 4 b) $-3{,}5$; $4{,}5$ c) $\frac{1}{2}$; $\frac{3}{2}$
d) $-\frac{1}{2}$; $2{,}5$ e) -4; -1 f) -7; -3

13 Finde stets die nächstgrößere ganze Zahl.
a) $5{,}8$; $2{,}1$; $12{,}9$; $0{,}001$; $-5{,}8$; $-2{,}1$; $-12{,}9$
b) $-\frac{1}{3}$; $-4{,}33$; $-2\frac{1}{4}$; -7; $-5\frac{3}{8}$; $-9\frac{3}{4}$; $-0{,}87$

14 Clara, Leni und Nils verkaufen auf einem Flohmarkt selbst gebastelte Dinge. Sie hatten Materialkosten von 23,70 €. Außerdem müssen sie noch 12,50 € Standmiete bezahlen. Clara hat am Abend 9,40 € eingenommen, Leni 7,70 € und Nils 8,90 €. Der Gesamtbetrag wird gleichmäßig aufgeteilt. Wie viel Gewinn oder Verlust bleibt für jeden?

15 Das kannst du im Kopf rechnen.

a) $(6 - 7) - 5$	b) $(6 + 7) - 5$
c) $(-6 + 7) - 5$	d) $6 - (7 - 5)$
e) $6 + (7 - 5)$	f) $-(6 + 7) - 5$
g) $-3 + 17 + 9$	h) $3 - 17 - 9$
i) $-3 - 17 - 9$	j) $17 - 3 - 9$
k) $9 - 17 + 3$	l) $-17 + 3 - 9$

16 Berechne im Kopf.

a) $40 - 90$	b) $52 - 63$
c) $-81 + 150$	d) $-25 + 31$
e) $30 - (-18)$	f) $-3 - (-200)$
g) $15 - (-29)$	h) $-27 - (-27)$
i) $-17 - 38$	j) $47 - 79$
k) $-39 - 45$	l) $-66 + 48$

17 Subtrahiere -116 von…

BEISPIEL $242 - (-116)$

a) 242	b) -242	c) 179	d) -179
e) 130	f) -130	g) 116	h) -116
i) 419	j) -419	k) 329	l) -329

18 Setze <, > oder = ein.

a) $-4 + 8$ ■ $-8 + 4$	b) $12 - 14$ ■ $5 - 6$
c) $2,5 + (-4,5)$ ■ 3	d) $-6,5 + 8$ ■ $1,5$
e) $7,3 - 10$ ■ $-3,5$	f) $17 - 38$ ■ $-23 + 37$

g) $81 - (-12)$ ■ $-55 + 138$

h) $-19 + 47$ ■ $-85 + 112$

19 Bilde aus diesen Zahlen 5 Additionsaufgaben und 5 Subtraktionsaufgaben. Tausche sie mit deinem Nachbarn.

-7	$-\frac{1}{4}$	13
0,5	4	-8
-21	2,3	
$-3,5$	1,5	

4	-5	12
-20	$-1,5$	
-3	16	33
$-4,5$	12	99

20 Sind 1 und -1 die gleiche Zahl? Erkläre es einem Mitschüler oder im Lerntagebuch.

21 Übertrage die Multiplikationsmauer in dein Heft und berechne sie.

22 Max hat bei der Bank 50 € Schulden. Seine Freunde David und Jan leihen ihm jeweils 40 €. Mit dem Geld geht Max zur Bank und gleicht sein Konto aus. Er gibt David und Jan jeweils 10 € zurück.
Jetzt hat Max noch 60 € Schulden und 10 € in seiner Tasche, das sind zusammen 70 €.
Wie kann das sein?

23 Herr Jäger hat auf seinem Girokonto ein Guthaben von 316 €. Er kauft eine Waschmaschine für 379 €.

24 Berechne im Kopf.

a) $-4 \cdot 8$	b) $-3 \cdot 8$
c) $-4 \cdot (-8)$	d) $7 \cdot (-3)$
e) $9 \cdot (-7)$	f) $-6 \cdot (-4)$
g) $-10 \cdot 3$	h) $-4 \cdot (-5)$
i) $-4 \cdot (-2) \cdot 1$	j) $-4,5 \cdot 100 \cdot (-2)$
k) $-1 \cdot 1 \cdot (-1) \cdot 1$	l) $\frac{1}{2} \cdot (-2) \cdot 2$

25 Bilde aus diesen Zahlen fünf Multiplikations- und fünf Divisionsaufgaben und rechne sie.

-12	-36
-25	-16
-32	-60
-90	-4

3	-12
-24	4
8	2
5	-1
-6	

26 Berechne im Kopf.

a) $-36 : 12$	b) $-15 : (-3)$
c) $45 : (-9)$	d) $96 : (-8)$
e) $-52 : (-4)$	f) $-3,6 : (-3)$
g) $-1,3 + 3,5$	h) $2,5 + (-1,8)$
i) $-15,4 - 12,8$	j) $4,8 - 7,2$
k) $-5,5 \cdot 3$	l) $5,2 \cdot (-3)$

27 Würfelspiel

Es wird mit zwei verschiedenfarbigen Würfeln gespielt. Die Augenzahl des roten Würfels wird als positive Zahl aufgefasst, die Augenzahl des grünen Würfels als negative. Die beiden geworfenen Zahlen werden addiert.

BEISPIEL (+2) + (−5) = (−3)

a) Spielt zu zweit oder in kleinen Gruppen einige Runden.

b) Mit welchem Wurf erzielt man die höchste Punktzahl?

c) Mit welchem Wurf erzielt man die niedrigste Punktzahl?

d) Mit welchen Würfen kann man die Punktzahl +2 erzielen?

e) Mit welchen Würfen kann man die Punktzahl −1 erzielen?

28 Denke an die Vorrangregeln.

a) $3 \cdot (-7) + 8 - 5 \cdot 2$

b) $(4 + 8 \cdot 2 - 36) : 2$

c) $3 + 5 \cdot 2 - 20 + 8 : 2 + 100$

d) $15 \cdot (-3) + 7 - 4 + 32 : 8 - 20$

e) $27 : 9 + 3 \cdot 4 + 2 - 20$

f) $5 \cdot 7 + 2 \cdot (10 - 20 + 8) + 5$

g) $3 + 5 \cdot (7 - 12) + 40 - 25 \cdot 3 + 1$

h) $(42 : 4 + 0{,}5 - 3 \cdot (8 + 17)) \cdot 2 - 100$

29 Überprüfe durch Rechnung, ob diese Quadrate magische Quadrate sind.

Beachte die Hinweise in der Randspalte.

a)

−2	−9	−4
−7	−5	−3
−6	−1	−8

b)

0	0,2	0,2
0,4	−0,1	−0,3
−0,4	0,3	0,1

ERINNERE DICH

In einem magischen Quadrat haben die Summen der Zahlen in jeder Zeile, in jeder Spalte und in jeder der Diagonalen den gleichen Wert. Dieser Wert der Summe heißt magische Zahl.

30 Übertrage ins Heft und ergänze zu magischen Quadraten.

a)

−0,5		
	0,7	−0,9
		1,9

b)

0		1
	$\frac{1}{4}$	
$-\frac{1}{2}$		

31 In einem magischen Quadrat der Multiplikation ist das Produkt in jeder Spalte, Zeile und Diagonale gleich groß.

Spalte — Diagonale — Zeile

−0,4	0,5	−5
12,5	1	0,08
−0,2	2	−2,5

Überprüfe, ob das vorliegende Quadrat ein magisches Quadrat der Multiplikation ist.

32 Übertrage die magischen Quadrate der Multiplikation in dein Heft und ergänze sie.

①

−0,2		
	−2	
	0,4	−20

②

−4	−1,25	−0,2
	−1	

③

0,8		
5	−4	3,2

④

80	−0,25	
−0,16		−100
−5		

a) Können die negativen Zahlen in einem magischen Quadrat der Multiplikation wie nebenstehend angeordnet sein? Zeige es an einem Beispiel und begründe deine Meinung.

−	−	
	−	
	−	−

b) Kann es ein magisches Quadrat mit genau fünf negativen Zahlen geben? Zeige es an einem Beispiel und begründe.

c) Finde möglichst viele Möglichkeiten, wie die negativen Zahlen in einem magischen Quadrat der Multiplikation angeordnet sein können.

33 Welche Zahl liegt genau in der Mitte zwischen diesen beiden Zahlen?

a) −15; −7 b) −8; 16 c) −5,5; −1,5

d) −5; 5 e) −3; −1 f) −4; 2

g) −7; −3 h) −1,5; 1,5 i) −2,5; −0,5

j) −2,5; 4,5 k) −6; −3 l) −5; 2

34 Schreibe als Aufgabe und berechne.

a) Dividiere die Summe der Zahlen –15 und –45 durch 12.
b) Multipliziere die Differenz der Zahlen – 3,5 und –1,5 mit 0,5.
c) Multipliziere die Summe der Zahlen 6 und – 3,5 mit der Differenz der Zahlen $-\frac{1}{2}$ und $1\frac{1}{2}$.
d) Subtrahiere vom Produkt der Zahlen 12 und – 8 die Summe der Zahlen 12 und – 8.
e) Dividiere den Quotienten der Zahlen – 306 und 17 durch das Produkt der Zahlen 27 und $-\frac{2}{3}$.
f) Addiere zum Fünffachen von – 17 das Dreifache der Summe aus – 34 und – 47.

35 Beschreibe die folgenden Aufgaben mit Hilfe geeigneter Fachbegriffe und berechne sie.

a) $(-8 + 17) \cdot (-3)$
Multipliziere die Summe der Zahlen – 8 und …
b) $(-17 - 8) : 5$ Dividiere die Differenz …
c) $(5 - 9) \cdot (-6 + 9)$ Multipliziere …
d) $(-7 - 25) : (-2 \cdot 4)$
e) $(-6) \cdot (-7) - 8 : (-2)$

36 In den USA wird die Temperatur in Grad Fahrenheit gemessen. Bei der Umrechnung von °F in °C gilt die Formel:
$°C = (°F - 32) \cdot \frac{5}{9}$.

a) Berechne die durchschnittlichen Januartemperaturen der folgenden Orte in °C:
Barrow: – 16,6 °F Fairbanks: – 11,2 °F
Juncan: 24,8 °F Nome: 5 °F
Portland: 42,8 °F Seattle: 41 °F
b) Rechne die folgenden Temperaturen in Grad Fahrenheit um: 0 °C; 10 °C; – 25 °C.

37 Bestimme für die Orte die Jahresdurchschnittstemperatur. Runde sinnvoll.

a) Jokkmokk (Schweden)

J	F	M	A	M	J
–14,4	–13,4	–7,9	–1,5	5	11,3
J	**A**	**S**	**O**	**N**	**D**
14,8	12,3	6,8	–0,5	–7,1	–11,1

b) Nowosibirsk (Russland)

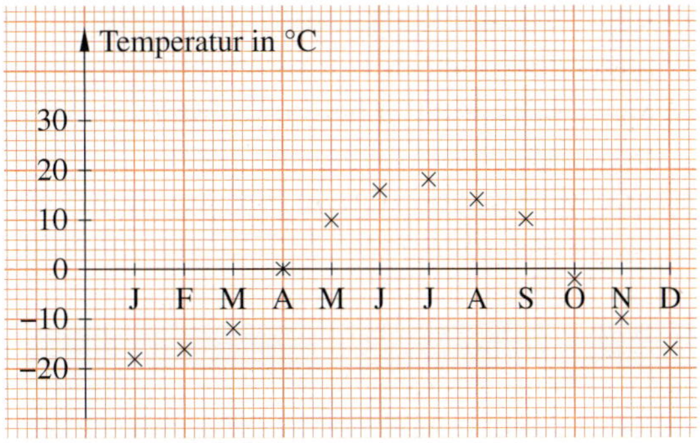

c) Recherchiere die durchschnittlichen Monatstemperaturen in der Antarktis und berechne die Jahresdurchschnittstemperatur.

ZUM WEITERARBEITEN
Recherchiere, wo die in Aufgabe 36 und 37 genannten Städte genau liegen.

38 Herr Gebauer hat auf seinem Konto ein Guthaben von 840 €. Es werden nacheinander folgende Beträge gebucht: +200 €; – 600 €; +150 €; – 550 €; – 280 €; – 320 €; +120 €.

a) Wie lautet der Kontostand nach der letzten Buchung?
b) Wie viel Geld müsste eingezahlt werden, um das Konto auszugleichen?

39 Beschreibe einem Mitschüler, wie man zwei negative Zahlen addiert (subtrahiert).

40 Herr Zeitz kann auf seinem Kontoauszug eine Zeile nicht mehr lesen.

Kontoauszug		Sparkasse Kleckersdorf
Alter Kontostand:		– 117,80 €
Datum	Vorgang	Betrag
21.04.	Kartenzahlung	– 30,27 €
22.04.	Überweisung	– 262,23 €
23.04.	Zahlungseingang	+ 50,00 €
24.04.	xxxxxxxxxxxxxxx	xxxxxxxxx
Kontostand am 25.04.2005, 10:35 Uhr		– 344,73 €

Wie hoch war der unleserliche Betrag?

NACHGEDACHT
Ein Konto überziehen heißt, Schulden zu machen. Diese Schulden muss man mit sehr hohen Gebühren zurückzahlen. Warum überziehen manche Menschen ihr Konto? Wie könnte man das Überziehen vermeiden?

NACHGEDACHT
Rom wurde angeblich im Jahr 753 v. Chr. gegründet. Wie alt ist die Stadt heute? Beachte: Es gab kein Jahr Null.

HINWEIS
Im Onlineangebot zu diesem Buch findest du eine Linkliste zu Aufgabe 42 d).

058-1

41 Im Fußball-Skandal in Italien 2005/06 sollen die Vertreter mehrerer Vereine an Manipulationen von Meisterschaftsspielen beteiligt gewesen sein. Daher mussten einige Vereine mit einem Punktabzug in die Saison 2006/07 starten.

AC Mailand: –8 P. Lazio Rom: –11 P.
Reggina Calcio: –15 P. AC Florenz: –19 P.

a) Für einen Sieg gibt es in der italienischen Liga drei Punkte, für ein Unentschieden einen Punkt. Nach wie vielen Spieltagen können die Mannschaften frühestens ein positives Punktekonto aufweisen?
b) Der AC Mailand startete mit drei Siegen in die Saison. Bestimme den Punktestand des AC Mailand nach dem 3. Spieltag.

Tabelle nach dem 5. Spieltag

Platz	Team	Punkte
1.	AS Rom	12
12.	AC Mailand	3
18.	Lazio Rom	–2
19.	Reggina	–10
20.	AC Florenz	–13

c) Bestimme den Punktabstand zwischen dem Tabellenführer und dem Tabellenletzten.
d) Wäre der AC Mailand ohne Punktabzug Tabellenführer?
e) Wie viele Punkte haben die mit einem Punktabzug in die Saison gestarteten Vereine bis zum 5. Spieltag errungen?
f) Auf dem ersten Nichtabstiegsplatz lag nach dem fünften Spieltag der FC Parma mit einem Punkt. Wie viele Spieltage benötigen Lazio, Reggina und AC Florenz mindestens, um die Abstiegsränge zu verlassen?

42 Nathalie hat monatlich 15 € Taschengeld. Davon muss sie auch die Kosten für ihr Handy bezahlen. Sie hat einen Handytarif, bei dem die Kosten für eine SMS 0,14 € und für ein Telefonat 0,25 € pro Minute betragen.

a) Nathalie versendet täglich drei SMS und telefoniert monatlich 15 Minuten. Reicht Nathalies Taschengeld aus?
b) Was würde Nathalie bei deinem Tarif bezahlen?
c) Wie viele SMS und Telefonate kann sich Nathalie monatlich maximal leisten? Finde mehrere Kombinationsmöglichkeiten.
d) Laut „Institut für Jugendforschung“ ist in Deutschland jeder zehnte 12- bis 17-Jährige verschuldet. Erkundige dich über „Schuldenfallen“ und Möglichkeiten, ihnen zu entkommen.

43 Erstellt in Kleingruppen Mindmaps zum Thema „Rechnen mit rationalen Zahlen“ und stellt diese im Klassenverband vor. Ihr könnt unter anderem die folgenden Begriffe verwenden:

Subtraktion, Addition, Faktor, Division, Betrag, Vorzeichen, Vorrangregeln, Multiplikation, Gegenzahl, Rechengesetze, Kommutativgesetz

44 Übertrage das Kreuzzahlrätsel in dein Heft und fülle es aus.

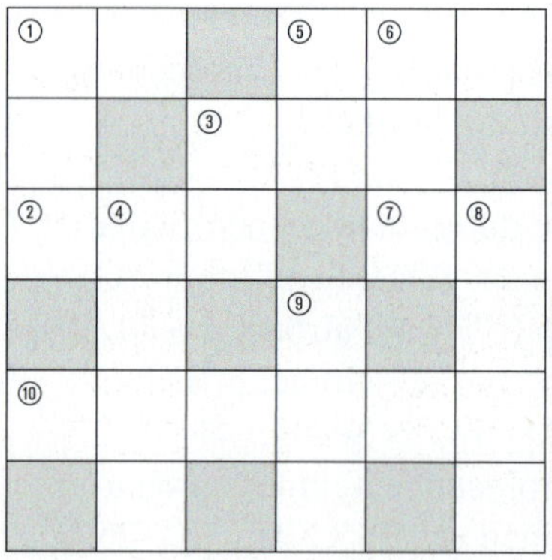

waagerecht
① $125 \cdot 0{,}2$
② $-56{,}25 \cdot (-4)$
③ $2{,}88 : 0{,}02$
⑤ $-1100 \cdot (-0{,}1)$
⑦ $-107{,}5 \cdot (-0{,}4)$
⑩ $-250 : (-0{,}0025)$

senkrecht
① $-16{,}16 \cdot (-12{,}5)$
③ $-55{,}5 : (-3{,}7)$
④ $-200{,}2 : (-0{,}1)$
⑤ $17{,}5 \cdot 0{,}8$
⑥ $-120 \cdot (-1{,}2)$
⑧ $30{,}03 : 0{,}01$
⑨ $-75{,}75 : (-0{,}75)$

Teste dich!

a

1 Übertrage die Tabelle in dein Heft. Ergänze die fehlenden Angaben.

a)

alte Temp.	Temperaturänderung	neue Temp.
4 °C	6 Grad kälter	
	9 Grad wärmer	6 °C
−6 °C		−11 °C
	8 Grad kälter	−2 °C

2 Trage die Punkte $A(-1{,}5|-2)$; $B(3{,}5|-2)$; $C(3{,}5|3)$ in ein Koordinatensystem ein. Verbinde $A-B-C-A$. Was für eine Figur entsteht?

3 Berechne.

a) $-5 + (-11)$
b) $-7 - (-8)$
c) $5 - 17$
d) $48 - (17 - 55)$
e) $-26 + 19 - 9 + 16$
f) $-4 \cdot (-13)$
g) $-72 : 6$
h) $-114 : (-3)$
i) $3 \cdot (-4) \cdot (-25)$
j) $-2 \cdot (-43) \cdot (-5)$
k) $-2 \cdot (-8) \cdot 5 \cdot (-59) \cdot (-125)$

4 Berechne möglichst geschickt und beachte die Vorrangregeln.

a) $12 - 7 \cdot 4$
b) $12 - (8 - 25)$
c) $12 : (-4) - 121 : (-11)$
d) $(98 - 120) : \left(-\frac{1}{2}\right)$

b

1 b)

Kontostand alt	Kontostand neu	Bewegung
−17 €	36 €	
−156 €		+39 €
	−44 €	−67 €
	−18 €	+55 €

2 Trage die Punkte $A(-1{,}5|-2)$; $B(3{,}5|-2)$; $C(3{,}5|3)$ in ein Koordinatensystem ein. Ergänze D, sodass ein Quadrat entsteht. Welche Koordinaten hat D?

3 Berechne.

a) $-35 + (-141)$
b) $-47 - (-38)$
c) $1\frac{3}{4} - 2\frac{1}{2}$
d) $-1{,}6 - 5{,}7$
e) $-\frac{1}{2} + 3{,}25 - 0{,}5 - \frac{3}{4}$
f) $3{,}4 - (1{,}7 - 6)$
g) $-0{,}25 \cdot (-9) \cdot 0{,}8$
h) $-7{,}2 : 0{,}6$
i) $-14 \cdot (-17)$
j) $-\frac{8}{9} : \left(-\frac{2}{3}\right)$
k) $-\frac{2}{3} \cdot \left(-\frac{1}{8}\right) \cdot 0{,}5 \cdot \left(-1\frac{1}{2}\right) \cdot (-8)$

4

a) $17 \cdot 19 - 23 \cdot 19$
b) $18 - (26 + 23) - 18 - (23 - 26)$
c) $-7 \cdot (100 + 9)$
d) $\left(-\frac{3}{4} - \frac{7}{8}\right) : \left(-\frac{1}{8}\right)$

5 Herr Sengebusch hat auf seinem Girokonto ein Guthaben von 231 €. Er kauft eine Geschirrspülmaschine für 329 € und einen Kühlschrank für 249 €.
Welchen Kontostand hat er jetzt?

6 Bei einem Kontoauszug ist eine Zeile unleserlich. Wie hoch war der unleserliche Betrag?

a)

Kontoauszug		Sparkasse Kleckersdorf
Alter Kontostand:		−129,00 €
Datum	Vorgang	Betrag
11.04.	Kartenzahlung	−30,00 €
12.04.	Überweisung	−262,00 €
13.04.	Zahlungseingang	+50,00 €
14.04.	xxxxxxxxxxxxxxxx	xxxxxxxxxx
Kontostand am 15.04.		−344,00 €

b)

Kontoauszug		Sparkasse Kleckersdorf
Alter Kontostand:		−129,86 €
Datum	Vorgang	Betrag
11.04.	Kartenzahlung	−47,60 €
12.04.	Überweisung	−249,95 €
13.04.	Zahlungseingang	+50,00 €
14.04.	xxxxxxxxxxxxxxxx	xxxxxxxxxx
Kontostand am 15.04.		−344,77 €

HINWEIS
Brauchst du noch Hilfe, so findest du auf den angegebenen Seiten ein Beispiel oder eine Anregung zum Lösen der Aufgaben. Überprüfe deine Ergebnisse mit den Lösungen auf Seite 243.

Aufgabe	Seite
1	42
2	38
3	42, 46
4	50
5	42
6	42

Zusammenfassung

→ Seite 42

Zahlbereiche

Die **natürlichen Zahlen ℕ** sind positive ganze Zahlen und deshalb Teil der **ganzen Zahlen ℤ**. Die negativen Zahlen bilden zusammen mit den positiven Zahlen und der null die Menge der **rationalen Zahlen ℚ**. Je weiter rechts eine Zahl auf der Zahlengeraden steht, desto größer ist sie.

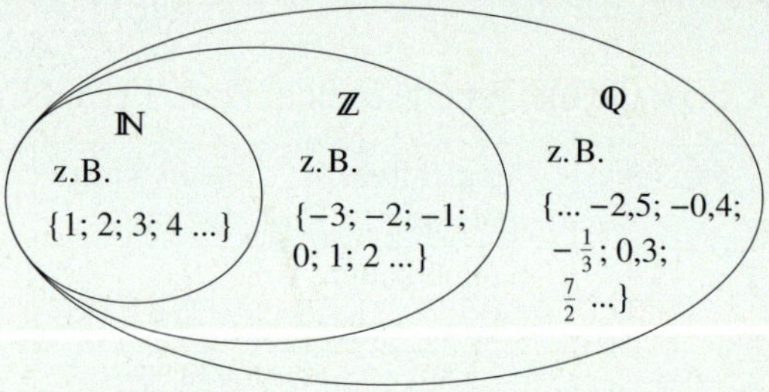

→ Seite 46

Rechnen mit rationalen Zahlen

Addition

– gleiche Vorzeichen:
addiere die Beträge der Summanden, das Ergebnis hat das gemeinsame Vorzeichen.

$-3 + (-4)$
$3 + 4 = 7$
$-3 + (-4) = -7$

– verschiedene Vorzeichen:
ermittle die Beträge der Summanden, bilde die Differenz.
Das Ergebnis hat das Vorzeichen des Summanden mit dem größeren Betrag.

$-3 + 4$
$4 - 3 = 1$
$-3 + 4 = 1$

Subtraktion

Wandle die Subtraktionsaufgabe in eine Additionsaufgabe um, indem du die Gegenzahl des Subtrahenden addierst.
Gehe vor wie bei der Addition.

$-3 - 4 = -3 + (-4)$
$-3 - (-4) = -3 + 4$

Multiplikation und Division

Rechne zunächst mit den Beträgen.
Bei gleichen Vorzeichen hat das Ergebnis das Vorzeichen +.

$-3 \cdot (-7) = 21$
$-21 : (-3) = 7$

Bei verschiedenen Vorzeichen hat das Ergebnis das Vorzeichen −.

$3 \cdot (-7) = -21$
$-21 : 3 = -7$

→ Seite 50

Rechengesetze vorteilhaft nutzen

Auch für rationale Zahlen gilt
- das Assoziativ- und Kommutativgesetz der Addition. Summanden dürfen vertauscht und zusammengefasst werden.
- das Assoziativ- und Kommutativgesetz der Multiplikation. Faktoren dürfen vertauscht und zusammengefasst werden.
- das Distributivgesetz. Man multipliziert eine Summe mit einer Zahl, indem man jeden Summanden mit der Zahl multipliziert.

$-17 + 59 + (-33)$
$= -17 + (-33) + 59$
$= -50 + 59 = 9$
$-25 \cdot 19 \cdot (-4)$
$= -25 \cdot (-4) \cdot 19$
$= 100 \cdot 19 = 1900$
$-3 \cdot (100 + 8)$
$= -3 \cdot 100 + (-3) \cdot 8$
$= -300 - 24 = -324$

Ebene Figuren: Dreiecke, Vierecke

Der Cinesphere wurde 1971 eröffnet und ist ein Kino mit einer sechs Stockwerke hohen dreidimensionalen Leinwand. Seine Oberfläche ist ein Netz aus Dreiecken. Man kann aber auch Rauten, Parallelogramme und Trapeze erkennen. Der Cinesphere liegt im Freizeit- und Unterhaltungspark Ontario Place in Toronto in Kanada.

Noch fit?

1 Erinnere dich an die Berechnung des Umfangs und des Flächeninhalts beim Rechteck und Quadrat.

a) Zeichne jeweils ein beliebiges Rechteck und Quadrat in dein Heft. Gib die Seitenlängen an und berechne sowohl den Umfang als auch den Flächeninhalt.

b) Gib die jeweiligen Formeln an.

c) Beschreibe den Unterschied zwischen Umfang und Flächeninhalt in eigenen Worten.

2 Berechne den Umfang und den Flächeninhalt der angegebenen Figur.

a) Rechteck: $a = 4\,\text{cm}$, $b = 3\,\text{cm}$

b) Quadrat: $a = 5\,\text{cm}$

c) Rechteck: $a = 5{,}8\,\text{cm}$, $b = 4{,}1\,\text{cm}$

3 Wandle die folgenden Maße in die angegebenen Einheiten um.

a) 120 cm (m)	b) 45 cm (m)	c) 170 mm (cm)	d) 3 dm (mm)
e) 1 300 m (km)	f) 275 mm (cm)	g) 185 dm (cm)	h) 4,4 m (cm)
i) $3{,}07\,\text{dm}^2$ (mm^2)	j) $0{,}035\,\text{m}^2$ (cm^2)	k) $12{,}04\,\text{m}^2$ (dm^2)	l) $0{,}025\,\text{km}^2$ (m^2)
m) $42\,\text{dm}^2$ (m^2)	n) $1{,}25\,\text{km}^2$ (cm^2)	o) $0{,}08\,\text{m}^2$ (dm^2)	p) $25\,000\,\text{mm}^2$ (m^2)

4 Miss die Größe der Winkel und gib an, ob es sich um einen spitzen, stumpfen oder überstumpfen Winkel handelt.

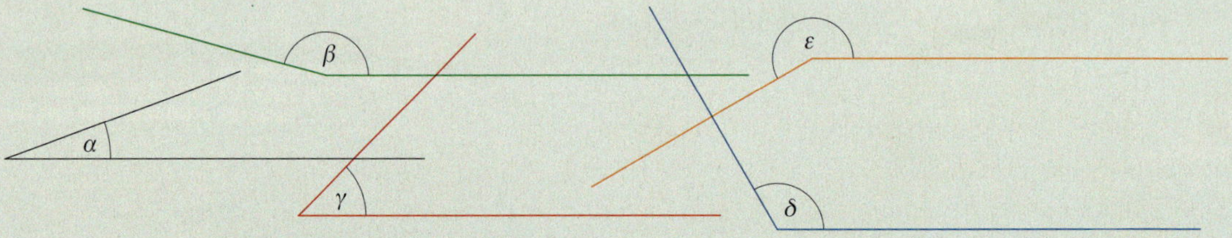

5 Kennst du dich mit Winkeln aus?

a) Erkläre: Scheitelpunkt, Schenkel, rechter Winkel, Vollwinkel, gestreckter Winkel.

b) Zeichne Winkel mit den Größen: 35°, 72°, 90°, 108°, 145°, 180°, 215°, 252°.

6 Übertrage die Zeichnungen ins Heft und spiegle sie an der Spiegelachse g.

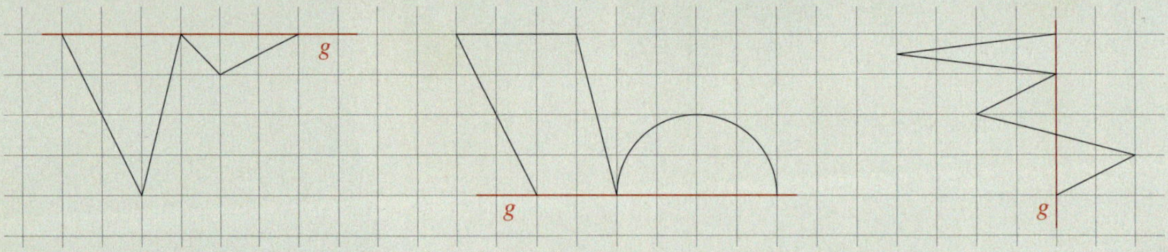

Kurz und knapp

1. Bei einem gleichseitigen Dreieck sind …
2. Ein rechtwinkliges Dreieck hat …
3. Bei einem gleichschenkligen Dreieck sind …
4. Die Winkelsumme im Dreieck beträgt …
5. Bei einem Dreieck mit drei gleich großen Winkeln ($\alpha = \beta = \gamma = 60°$) handelt es sich immer um ein …

Grundkonstruktionen (Wiederholung)

Erforschen und Entdecken

063-1

1 Herr Nowak und Herr Schulze besitzen jeweils einen Pflaumenbaum der gleichen Sorte. Durch einen Sturm sind viele Pflaumen vom Baum gefallen. Nun streiten Herr Nowak und Herr Schulze, wem die Pflaumen gehören.

a) Überlegt euch, wie man das Obst gerecht verteilen kann.
b) Übertragt das Bild ins Heft. Markiert die Pflaumen, die Herr Nowak (Baum A) bekommt und die Pflaumen von Herrn Schulze (Baum B) mit zwei verschiedenen Farben.
c) Bei welchen Pflaumen ist die Entscheidung nicht möglich? Beschreibt, wo sich diese Pflaumen befinden.

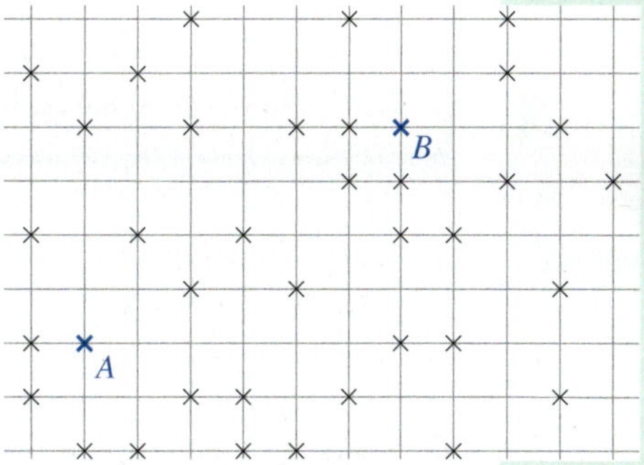

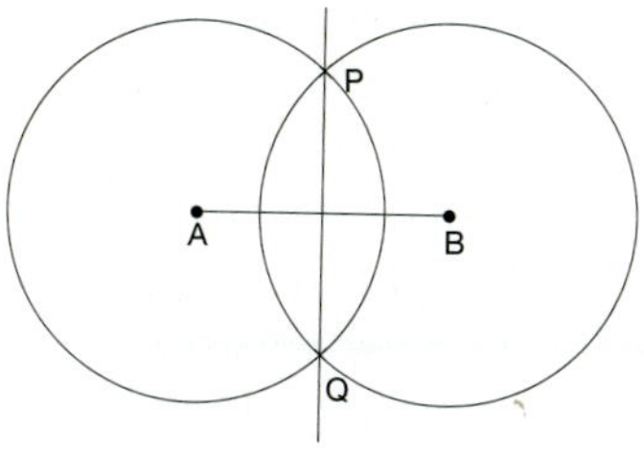

2 Das Bild wurde mit einer Geometrie-Software erstellt.

a) Beschreibe, welche Eigenschaften die Gerade durch die Punkte P und Q hat.
b) Was lässt sich über die Radien der beiden Kreise sagen?
c) Erkläre, wie die Gerade PQ konstruiert worden ist, wenn man von der Strecke $\overline{AB}$ ausgeht.
d) Begründe, warum man die Gerade PQ als Mittelsenkrechte der Strecke $\overline{AB}$ bezeichnet.

ZUR INFORMATION
Die griechischen Mathematiker des Altertums haben erkannt, dass man die Länge einer Strecke und die Größe eines Winkels nie ganz genau messen kann. Sie ließen deshalb bei ihren Konstruktionen nur Verfahren zu, bei denen man nicht zu messen brauchte. Sie kannten auch ein Verfahren, mit dem man einen Winkel ohne zu messen halbieren kann.

3 Von Dorf Oberau aus verlaufen zwei Wanderwege in einem Winkel von 55°. Es sollen zwei Schutzhütten gebaut werden, die von den beiden Wanderwegen jeweils den gleichen Abstand haben.

a) Zeichne die beiden Wanderwege in dein Heft.
b) Finde Punkte, an denen eine Hütte gebaut werden könnte. Gib jeweils den Abstand der Hütten zu den Wanderwegen an.
c) Vergleicht die Lage eurer Hütten. Auf welcher Linie sollten sich alle möglichen Schutzhütten befinden?

4 Konstruieren einer Winkelhalbierenden mit Zirkel und Lineal

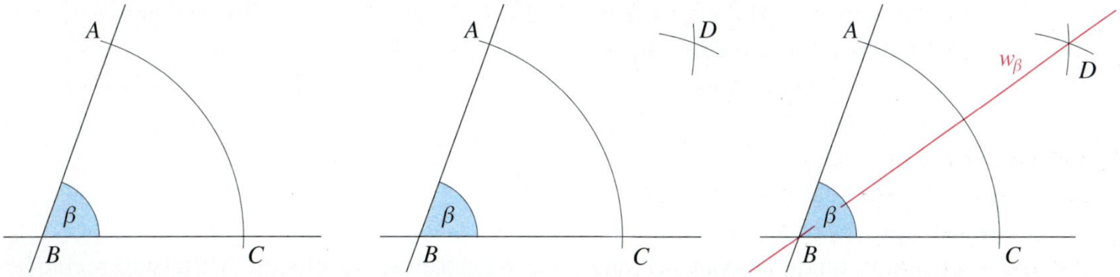

a) Erkläre in eigenen Worten, was eine Winkelhalbierende ist.
b) Beschreibe, wie die klassische Konstruktion der Winkelhalbierenden durchgeführt wird.
c) Zeichne einen beliebigen spitzen Winkel und konstruiere die Winkelhalbierende auf die gleiche Weise.

Lesen und Verstehen

Euklid

Die griechischen Mathematiker des Altertums erlaubten als Hilfsmittel beim Konstruieren nur Zirkel und Lineal. Sie konstruierten damit zwei Geraden mit besonderen Eigenschaften.

> Auf der **Mittelsenkrechten** einer Strecke $\overline{AB}$ liegen alle Punkte, die von den Punkten A und B den gleichen Abstand haben. Die Mittelsenkrechte halbiert die Strecke $\overline{AB}$.

Konstruktion der Mittelsenkrechten

1. Zeichne eine Strecke $\overline{AB}$.
2. Zeichne einen Kreis um A mit dem Radius r. (r sollte größer als die Hälfte der Strecke $\overline{AB}$ sein.)
3. Zeichne einen Kreis um B mit dem gleichen Radius r.
4. Die Kreise schneiden sich in zwei Punkten. Zeichne eine Gerade durch diese beiden Punkte. Diese Gerade ist die Mittelsenkrechte der Strecke $\overline{AB}$.

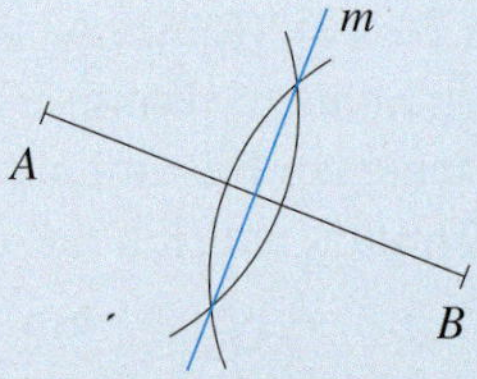

HINWEIS
Mit dem Geodreieck kann man überprüfen, ob eine Mittelsenkrechte bzw. eine Winkelhalbierende vorliegt.

> Auf der **Winkelhalbierenden** w eines Winkels liegen alle Punkte, die von den beiden Schenkeln des Winkels den gleichen Abstand haben.

Konstruktion der Winkelhalbierenden

1. Zeichne einen Winkel α mit dem Scheitelpunkt S.
2. Zeichne einen Kreis mit einem beliebigen Radius um S. Der Kreis schneidet die Schenkel in A und B.
3. Zeichne um A und B zwei Kreise mit dem gleichen Radius so, dass sie sich schneiden.
4. Die Gerade durch S und den Schnittpunkt ist die Winkelhalbierende des Winkels α. Sie wird mit w_α bezeichnet.

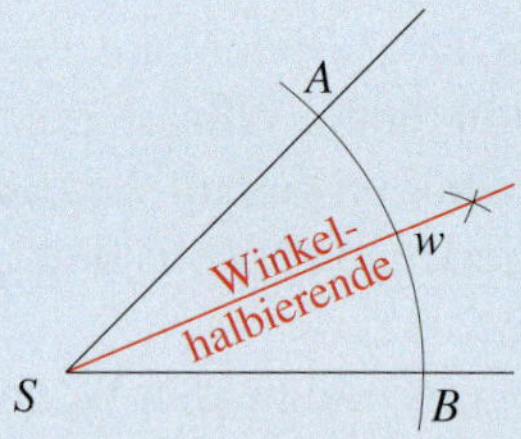

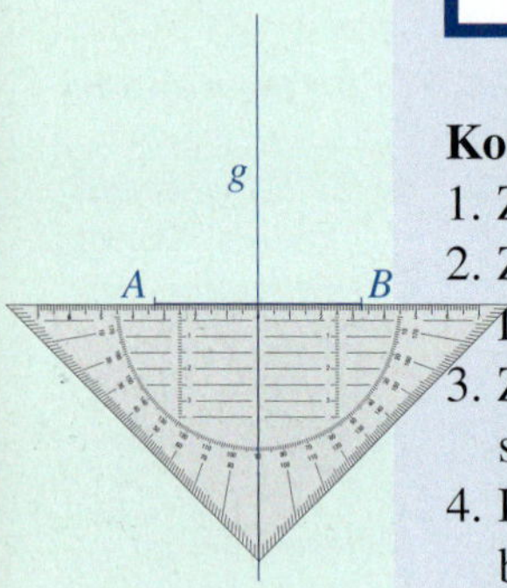

BEISPIEL
g ist die Mittelsenkrechte zu $\overline{AB}$.

Üben und Anwenden

1 Zu einer Strecke $\overline{AB} = 3{,}5\,\text{cm}$ soll die Mittelsenkrechte konstruiert werden. Bringe die Konstruktionsbeschreibung in die richtige Reihenfolge. Konstruiere dann die Mittelsenkrechte nach der Beschreibung.

1. Ich zeichne einen Kreis um B mit $r = 2\,\text{cm}$ (mehr als die Hälfte der Strecke $\overline{AB}$).
2. Ich zeichne die Strecke $\overline{AB} = 3{,}5\,\text{cm}$.
3. Die Kreise schneiden sich in zwei Punkten. Durch diese beiden Punkte zeichne ich eine Gerade. Diese Gerade ist die Mittelsenkrechte von $\overline{AB}$.
4. Ich zeichne einen Kreis um A mit $r = 2\,\text{cm}$ (mehr als die Hälfte der Strecke $\overline{AB}$).

2 Ist m die Mittelsenkrechte der Strecke? Begründe deine Entscheidung.

a)
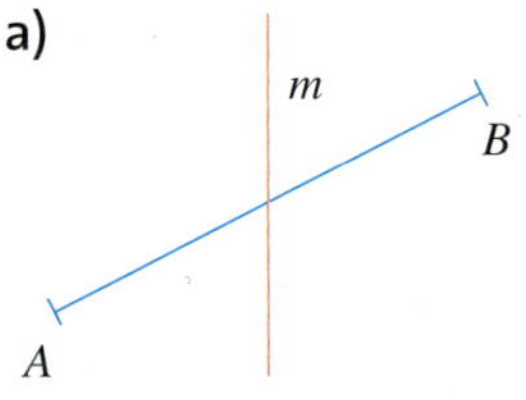

b)
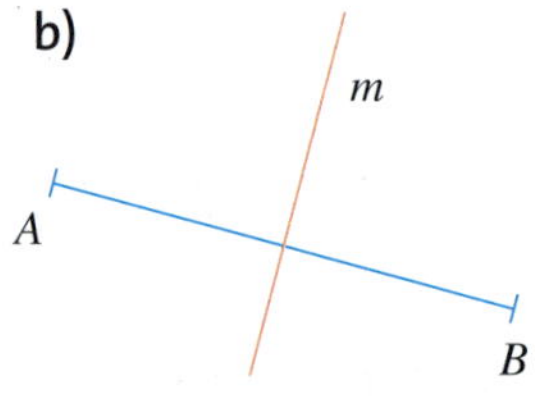

3 Konstruiere jeweils die Mittelsenkrechte mit Zirkel und Lineal.

a) $\overline{AB} = 4\,\text{cm}$
b) $\overline{CD} = 7\,\text{cm}$
c) $\overline{EF} = 3{,}4\,\text{cm}$
d) $\overline{GH} = 5{,}2\,\text{cm}$
e) $\overline{IJ} = 6{,}5\,\text{cm}$
f) $\overline{KL} = 8{,}3\,\text{cm}$

4 Konstruiere jeweils mit Zirkel und Lineal die Mittelsenkrechte.

a) $\overline{AB} = 5\,\text{cm}$ b) $\overline{CD} = 3\,\text{cm}$
c) $\overline{EF} = 1{,}9\,\text{cm}$ d) $\overline{GH} = 2{,}3\,\text{cm}$
e) $\overline{IJ} = 4{,}1\,\text{cm}$ f) $\overline{KL} = 2{,}25\,\text{cm}$

5 Zeichne ein Koordinatensystem.

a) Zeichne die Strecke $\overline{AB}$ mit $A(1|1)$ und $B(7|3)$ und die Strecke $\overline{CD}$ mit $C(1|5)$ und $D(3|3)$. Konstruiere die Mittelsenkrechte von $\overline{AB}$ und gib die Koordinaten des Mittelpunkts der Strecke an.
b) Bestimme den Abstand des Punktes $P(3|5)$ von den Punkten A, B, C und D.

6 Zeichne eine Strecke $\overline{AB} = 6{,}1\,\text{cm}$.

a) Bestimme die beiden Punkte, die von A und B jeweils 4 cm entfernt sind.
b) Nenne die Punkte C und D. Welche Figur entsteht, wenn man $ABCD$ verbindet?

7 Zwischen zwei Häusern fließt ein Fluss. Es soll eine Brücke gebaut werden, die von beiden Häusern gleich weit entfernt ist.

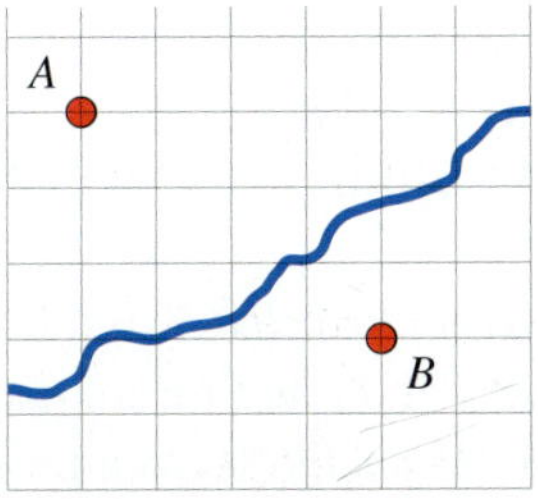

a) Übertrage die Karte in dein Heft.
b) Bestimme den Standort der Brücke. Beschreibe deine Konstruktion.

8 Die beiden Orte Arberg und Bentrop sollen an eine Fernwärmeleitung angeschlossen werden.

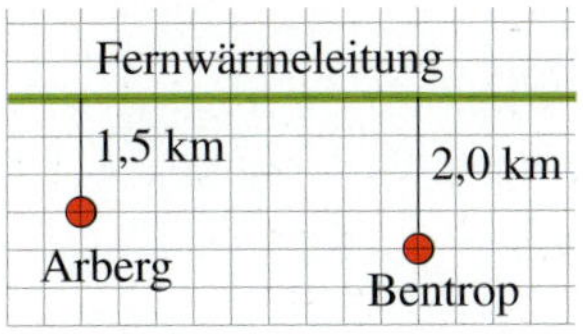

Dazu müssen neue Leitungen verlegt werden. Um die Kosten gering zu halten, ist ein gemeinsamer Anschluss an die bestehende Fernwärmeleitung geplant.

a) An welcher Stelle muss der Anschluss liegen, wenn beide Orte von der Anschlussstelle gleich weit entfernt sein sollen?
b) Wie lang ist die Verbindungsleitung für jeden Ort?

9 Faltübung

a) Zeichne ein beliebiges spitzwinkliges Dreieck und schneide es aus.
b) Falte durch Aufeinanderlegen jeweils zweier Eckpunkte die Mittelsenkrechten. Was stellst du fest?
c) Miss jeweils den Abstand des Punktes, in dem sich alle Mittelsenkrechten treffen, zu den Eckpunkten des Dreiecks. Was beobachtest du?

Info
Ein Kreis, der durch alle Eckpunkte eines Dreiecks geht, heißt **Umkreis**.
Den Mittelpunkt M des Umkreises erhält man, indem man den Schnittpunkt der Mittelsenkrechten bestimmt.
Der Punkt M ist gleich weit von jedem der Punkte A, B und C entfernt.

10 Übertrage die Dreiecke ins Heft. Konstruiere die Mittelsenkrechten aller Seiten und den Umkreis.

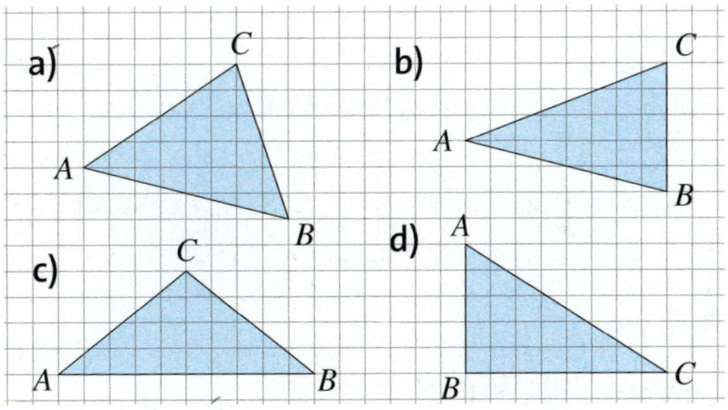

11 Zeichne mit Hilfe eines Glases einen Kreis. Konstruiere nun mit dem Zirkel und einem Lineal den Mittelpunkt des Kreises.

12 Zeichne mit einer Geometrie-Software ein Dreieck ABC.

a) Konstruiere den Umkreismittelpunkt und zeichne den Umkreis.
b) Untersuche mit Hilfe des Zugmodus, wo der Umkreismittelpunkt bei spitzwinkligen, bei stumpfwinkligen und bei rechtwinkligen Dreiecken liegt.
c) Erstelle ein Poster oder eine Folie für die verschiedenen Fälle.

ZUM WEITERARBEITEN
mit einem Geometrie-Programm
065-1

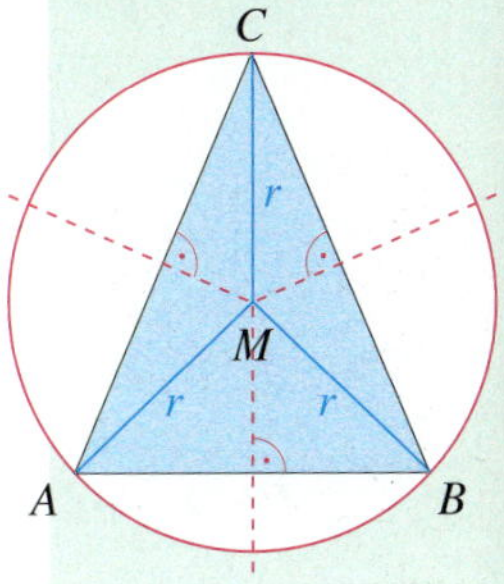

Umkreis

NACHGEDACHT
Kann man die Mittelsenkrechte auch mit dem Geodreieck konstruieren?

HINWEIS
Mit dem Button

kannst du eine Mittelsenkrechte direkt einzeichnen.

13 Zu einem Winkel $\alpha = 65°$ soll die Winkelhalbierende konstruiert werden.
Bringe die Konstruktionsbeschreibung in die richtige Reihenfolge. Konstruiere.
1. Die Gerade durch den Scheitelpunkt und C ist die Winkelhalbierende von α.
2. Ich zeichne um A und B zwei Kreise mit dem gleichen Radius. Sie schneiden sich in einem Punkt C.
3. Ich ziehe einen Kreis mit beliebigem Radius um den Scheitelpunkt von α. Die Schnittpunkte mit den Schenkeln von α nenne ich A und B.
4. Ich zeichne den Winkel $\alpha = 65°$.

ZUR INFORMATION
Die Frage, ob man jeden Winkel allein mit Zirkel und Lineal in drei gleiche Teile teilen kann, beschäftigte schon in der Antike viele Gelehrte. Erst einige Jahrhunderte später konnte mit Mitteln der Algebra bewiesen werden, dass es nicht möglich ist.

14 Übertrage ins Heft. Konstruiere die Winkelhalbierenden der roten Winkel.

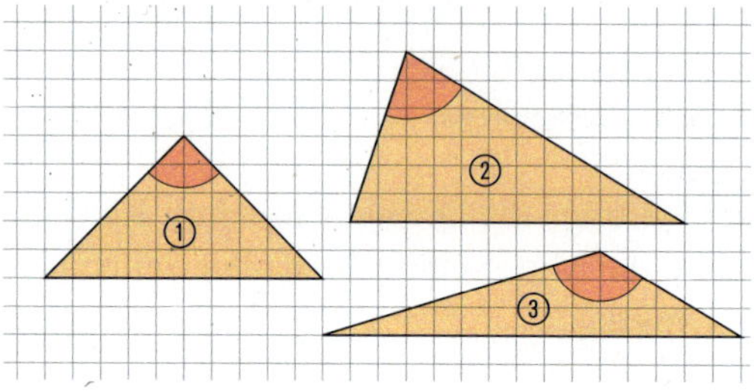

15 Konstruiere die Winkelhalbierenden.

α	β	γ	δ	ε	φ
57°	63°	81°	145°	163°	177°

16 Übertrage die Zeichnung in dein Heft und halbiere alle Winkel.

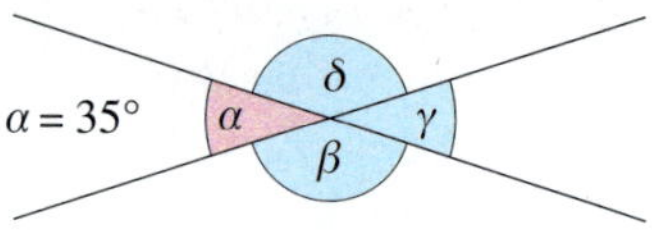

ZUM WEITERARBEITEN
Zeichne einen beliebigen Winkel und teile ihn durch Konstruktion in vier gleiche Teile.

17 Faltübungen
a) Zeichne ein beliebiges spitzwinkliges Dreieck und schneide es aus.
b) Falte das Dreieck so, dass die drei Winkelhalbierenden als Faltlinien entstehen. Was stellst du fest?
c) Zeichne einen möglichst großen Kreis in das Dreieck. Benutze den Schnittpunkt der Faltlinien als Mittelpunkt des Kreises. Beschreibe die Lage des Kreises.

ZUM WEITERARBEITEN
mit einem Geometrie-Programm
066-1

Info
Der Kreis, der alle Seiten eines Dreiecks in einem Punkt berührt, heißt **Inkreis**.
Den Mittelpunkt M des Inkreises erhält man, indem man den Schnittpunkt der Winkelhalbierenden bestimmt. Der Radius des Inkreises ist der Abstand des Punktes M von den drei Seiten des Dreiecks.

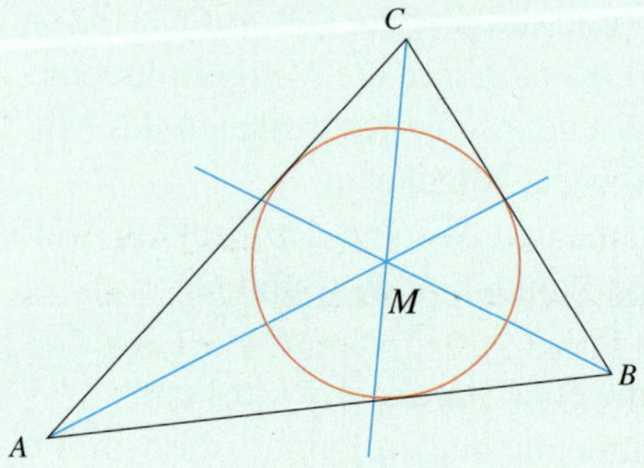

18 Zeichne das Dreieck in ein Koordinatensystem. Konstruiere die Winkelhalbierenden und zeichne den Inkreis.
a) $A(3|2)$; $B(7|2)$; $C(5|9)$
b) $A(0|0)$; $B(6|2)$; $C(2|8)$
c) $A(1|2)$; $B(9|4)$; $C(5|7)$
d) $A(0|6)$; $B(6|0)$; $C(5|5)$
e) Gib deinem Banknachbarn drei Eckpunkte eines Dreiecks an. Er oder sie soll das Dreieck und den Inkreis zeichnen.

19 Übertrage die Dreiecke ins Heft und konstruiere alle Winkelhalbierenden. Zeichne jeweils den Inkreis.

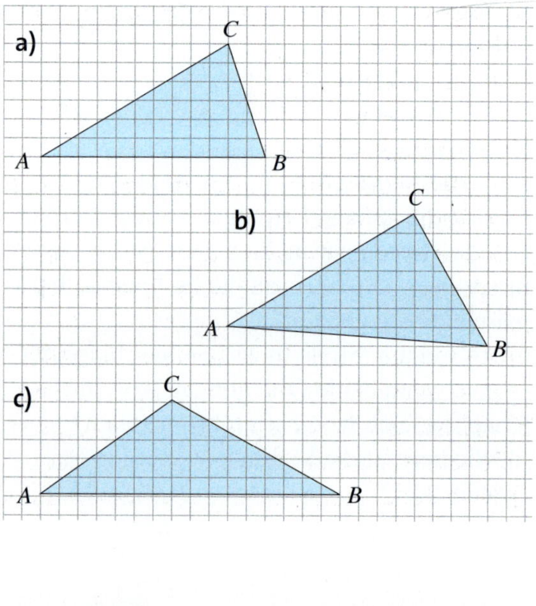

Konstruktion von Dreiecken (Wiederholung)

Erforschen und Entdecken

1 Folge den Konstruktionsbeschreibungen und zeichne die Dreiecke wie angegeben.

a) 1. Zeichne $\overline{AC} = b = 4{,}8\,\text{cm}$.
2. Zeichne an $\overline{AC}$ in A den Winkel $\alpha = 50°$.
3. Zeichne an $\overline{AC}$ in C den Winkel $\gamma = 65°$.
4. Die freien Schenkel von Winkel α und Winkel γ schneiden sich in B.

Planfigur

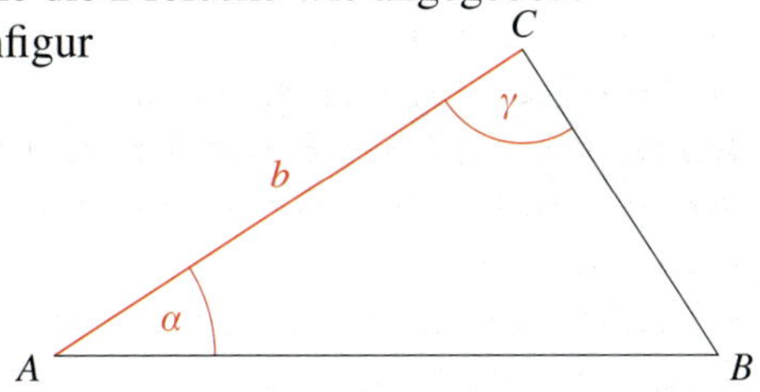

b) 1. Zeichne $a = 3{,}5\,\text{cm}$.
2. Zeichne an a in C den Winkel $\gamma = 105°$.
3. Markiere auf dem freien Schenkel von γ den Punkt A, 3 cm von C entfernt.
4. Verbinde A mit B.

Planfigur

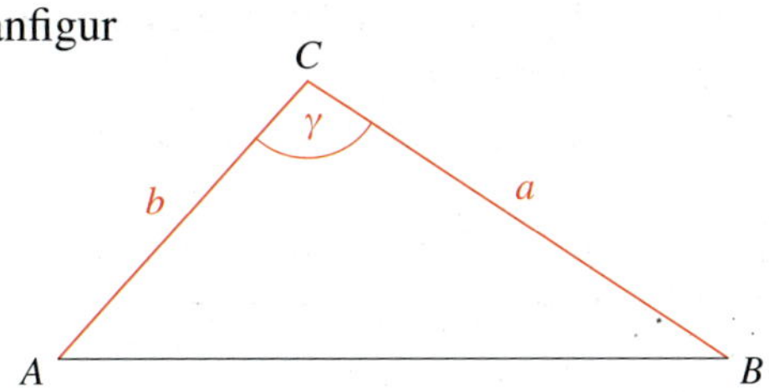

HINWEIS
Möchte man auf einem freien Schenkel eine Strecke mit einer bestimmten Länge abtragen, sollte man dazu einen Zirkel benutzen. Der Zirkel wird entlang des Lineals auf die Länge der angegebenen Strecke eingestellt und mit der Spitze im Scheitelpunkt angesetzt. Nun kann man die Entfernung vom Scheitelpunkt abtragen.

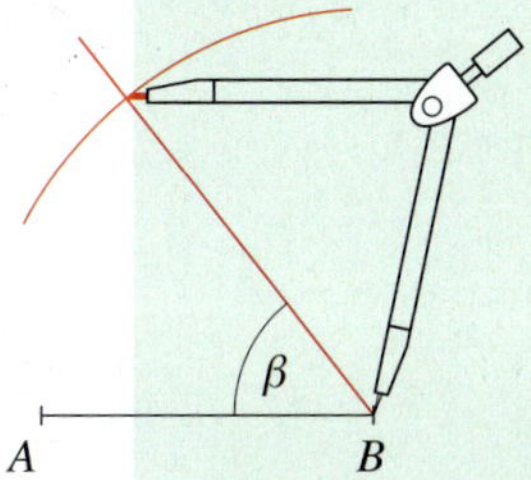

2 Konstruiere im Heft nach der folgenden Konstruktionsbeschreibung.
1. Zeichne eine Strecke $\overline{AB}$ mit der Länge $\overline{AB} = 7\,\text{cm}$.
2. Zeichne um A einen Kreis mit dem Radius $r = 5\,\text{cm}$.
3. Zeichne um B einen Kreis mit dem Radius $r = 4\,\text{cm}$.
4. Die Kreise schneiden sich in zwei Punkten. Verbinde beide Schnittpunkte mit A und B.

a) Beschreibe die entstehende Figur.
b) Wie könntest du diese Konstruktion nutzen, wenn du ein Dreieck zeichnen müsstest, von dem du nur die Seitenangaben kennst?
c) Zeichne das Dreieck ABC mit den Seiten $a = 5\,\text{cm}$; $b = 6\,\text{cm}$; $c = 8{,}5\,\text{cm}$. Fertige zunächst eine Planfigur an. Beschreibe deine Konstruktion.

3 Was könnte sich hinter der Angabe *SSW* im Unterschied zu *SWS* verbergen?
a) Erstelle drei unterschiedliche Planfiguren, die der Angabe *SSW* entsprechen.
b) Folge der Konstruktionsbeschreibung und zeichne das Dreieck ABC. Fertige vorher eine Planfigur an.
1. Zeichne $c = 3{,}2\,\text{cm}$.
2. Zeichne an c in B den Winkel $\beta = 45°$.
3. Zeichne um A den Kreis mit dem Radius $b = 3{,}4\,\text{cm}$. Der Kreis schneidet den freien Schenkel von β in C.
4. Verbinde A mit C.

c) Führe die Konstruktion noch einmal aus. Diesmal soll jedoch $b = 2{,}5\,\text{cm}$ sein. Was unterscheidet die beiden Konstruktionen?

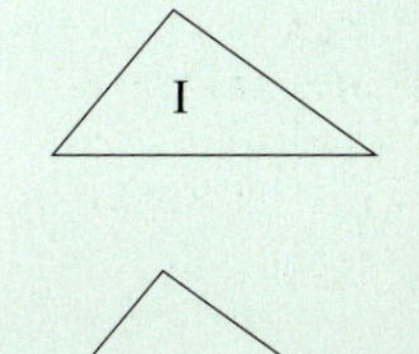

4 Was haben die in der Randspalte abgebildeten Dreiecke gemeinsam, was unterscheidet sie?
a) Beschreibe die Gemeinsamkeiten und Unterschiede.
b) Zeichne ein Dreieck mit folgenden Angaben: $\alpha = 48°$; $\beta = 71°$; $\gamma = 61°$ und vergleiche dein Ergebnis mit dem deines Nachbarn oder deiner Nachbarin.
c) Ergänze: „Sind bei einer Dreieckskonstruktion nur die Winkel angegeben, so entstehen …“

Lesen und Verstehen

gegebene Seiten	mögliche Planfigur	mögliche Dreiecke
drei Seiten Fall ***SSS***	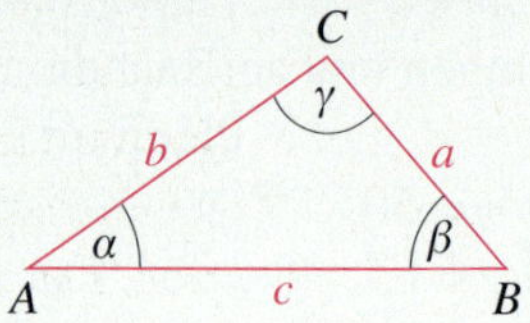	1 Dreieck jede Konstruktion führt zum gleichen Dreieck
zwei Seiten und der eingeschlossene Winkel Fall ***SWS***	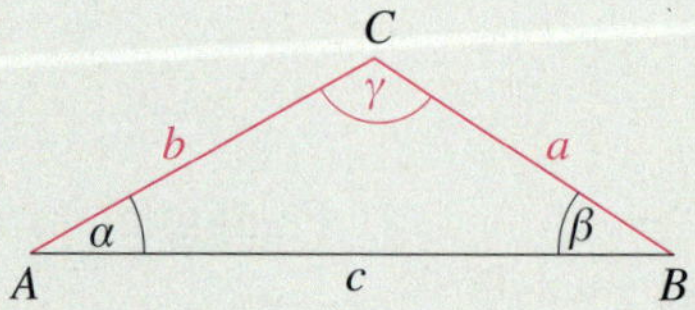	1 Dreieck jede Konstruktion führt zum gleichen Dreieck
eine Seite und die zwei anliegenden Winkel Fall ***WSW***	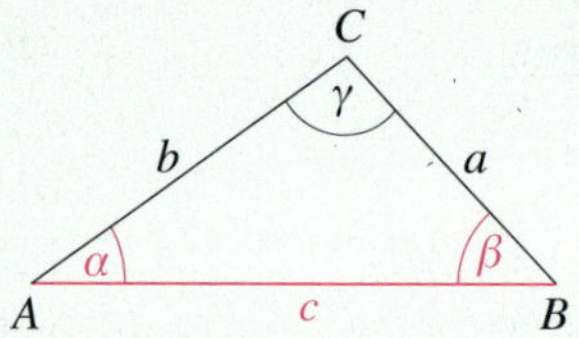	1 Dreieck jede Konstruktion führt zum gleichen Dreieck
eine Seite und zwei Winkel, wovon ein Winkel nicht anliegt Fall ***SWW***	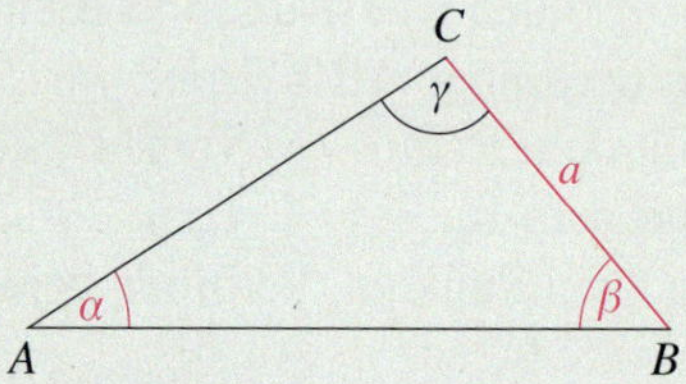	1 Dreieck jede Konstruktion führt zum gleichen Dreieck
zwei Seiten und ein nicht eingeschlossener Winkel Fall ***SSW***	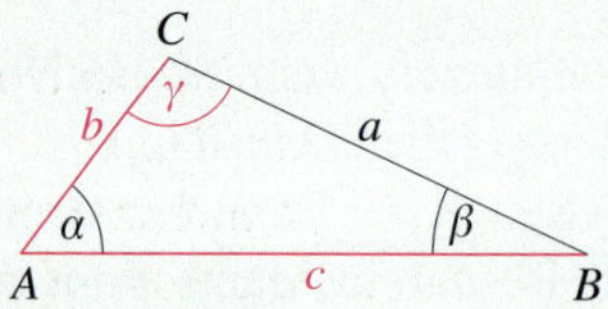 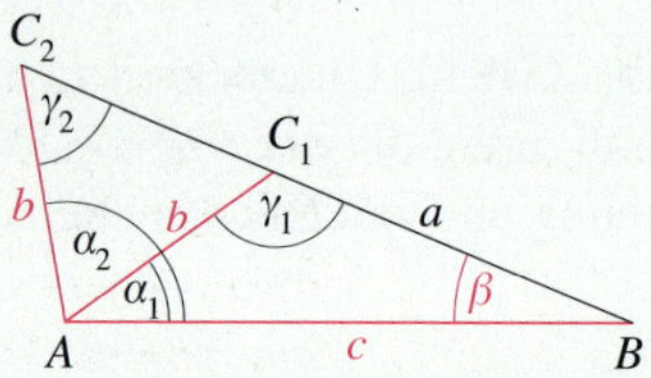	**1. Fall:** der Winkel liegt der längeren der zwei Seiten gegenüber (*Ssw*) 1 Dreieck **2. Fall:** der Winkel liegt der kürzeren der zwei Seiten gegenüber (*sSw*) zwei verschiedene Dreiecke
drei Winkel Fall ***WWW***	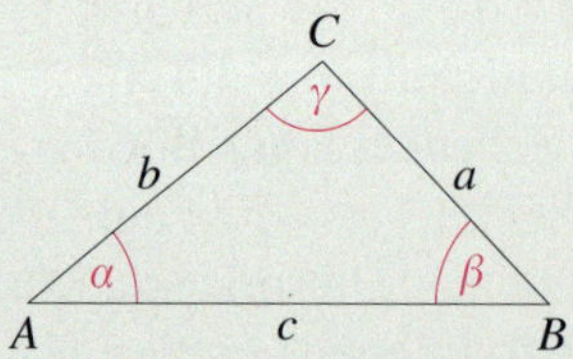	beliebig viele Dreiecke sie haben die gleiche Form, aber verschiedene Größe

Wenn Dreiecke die gleiche Form und die gleiche Größe haben, nennt man sie **kongruente (deckungsgleiche) Dreiecke**. Kongruente Dreiecke stimmen in allen Seiten und Winkeln überein.
Dreiecke sind dann **kongruent**, wenn sie nach dem Fall *SSS*, *SWS*, *WSW*, *SWW* und *SSW* übereinstimmen.

Üben und Anwenden

1 Zeichne das Dreieck ABC. Nach welchem der drei Fälle SSS, SWS, WSW musst du es konstruieren?

a) $a = 3\,\text{cm}$; $b = 6\,\text{cm}$; $c = 5\,\text{cm}$
b) $c = 5{,}3\,\text{cm}$; $\alpha = 43°$; $\beta = 62°$
c) $b = 2{,}9\,\text{cm}$; $c = 5{,}3\,\text{cm}$; $\alpha = 36°$
d) $a = 4\,\text{cm}$; $b = 6\,\text{cm}$; $\gamma = 47°$

2 Warum kann mit diesen Angaben kein Dreieck gezeichnet werden? Begründe.

a) $c = 5\,\text{cm}$; $\alpha = 111°$; $\beta = 79°$
b) $a = 1{,}5\,\text{cm}$; $b = 4\,\text{cm}$; $c = 6\,\text{cm}$
c) $a = 2{,}7\,\text{cm}$; $b = 4{,}2\,\text{cm}$; $c = 1{,}2\,\text{cm}$
d) $b = 5{,}3\,\text{cm}$; $\beta = 87°$; $\gamma = 93°$

3 Zeichne das gleichschenklige Dreieck ABC. Berechne vor der Konstruktion den fehlenden Winkel.

a) $a = 2{,}3\,\text{cm}$; $\alpha = 45°$; $a = b$
b) $a = 3{,}4\,\text{cm}$; $\alpha = 56°$; $a = b$

4 Zeichne das Dreieck ABC.

a) $c = 4{,}4\,\text{cm}$; $\alpha = 47°$; $b = 3{,}8\,\text{cm}$
b) $a = 3\,\text{cm}$; $b = 4{,}6\,\text{cm}$; $c = 5{,}5\,\text{cm}$
c) $a = 3{,}4\,\text{cm}$; $\beta = 38°$; $\gamma = 129°$
d) $a = 2{,}7\,\text{cm}$; $c = 5{,}1\,\text{cm}$; $\gamma = 101°$
e) $c = 4\,\text{cm}$; $\alpha = 15°$; $\beta = 138°$
f) $a = 3{,}6\,\text{cm}$; $\gamma = 70°$; $b = 2\,\text{cm}$
g) $b = 4{,}9\,\text{cm}$; $a = 3{,}5\,\text{cm}$; $\beta = 22°$

5 Zeichne das Dreieck ABC.

a) $a = 4{,}5\,\text{cm}$; $b = 6\,\text{cm}$; $c = 7{,}5\,\text{cm}$
b) $b = 4{,}8\,\text{cm}$; $c = 5{,}6\,\text{cm}$; $\alpha = 90°$
c) $c = 5{,}5\,\text{cm}$; $\alpha = 55°$; $\beta = 35°$
d) $a = 6{,}3\,\text{cm}$; $b = 4{,}2\,\text{cm}$; $\gamma = 105°$
e) $a = 2{,}7\,\text{cm}$; $b = 3{,}9\,\text{cm}$; $c = 3{,}4\,\text{cm}$

6 Nach welchem Fall muss das Dreieck gezeichnet werden? Entstehen nur kongruente Dreiecke? Zeichne das Dreieck ABC.

a) $c = 3\,\text{cm}$; $a = 4{,}2\,\text{cm}$; $\alpha = 72°$
b) $c = 3{,}5\,\text{cm}$; $b = 5{,}5\,\text{cm}$; $\beta = 135°$
c) $b = 4{,}7\,\text{cm}$; $a = 3{,}3\,\text{cm}$; $\beta = 73°$
d) $b = 2{,}9\,\text{cm}$; $a = 4{,}8\,\text{cm}$; $\alpha = 120°$
e) $a = 3{,}9\,\text{cm}$; $c = 5{,}3\,\text{cm}$; $\beta = 129°$

Info

Eine Sternwarte kann für jeden Tag des Jahres den Sonnenstand bestimmen. Der Sonnenstand wird als Winkel angegeben. Es wird der Winkel α gemessen, den die Sonnenstrahlen mit der Erdoberfläche bilden. Der Sonnenstand ist auch abhängig von der geografischen Breite und von der Tageszeit.
Angaben für den 51. Breitengrad 12 Uhr (auf dem 51. Breitengrad liegen z. B. Köln und Dresden):

1. Januar	$\alpha = 16°$
5. Februar	$\alpha = 23°$
1. März	$\alpha = 32°$
5. April	$\alpha = 45°$
5. Mai	$\alpha = 55°$
4. Juni	$\alpha = 62°$
4. Juli	$\alpha = 62°$
3. August	$\alpha = 56°$
2. September	$\alpha = 47°$
2. Oktober	$\alpha = 35°$
1. November	$\alpha = 24°$
1. Dezember	$\alpha = 17°$

7 Wie hoch ist die Pappel, wenn ihr Schatten am 4. Juli (siehe Info-Kasten) eine Länge von 16 m hat? Beachte den Info-Kasten. Zeichne im Maßstab 1 : 200.

8 Wie lang ist der Schatten eines 30 m hohen Kastanienbaums? Zeichne die Dreiecke im Maßstab 1 : 500. Fülle die Tabelle mit Hilfe des Info-Kastens im Heft aus.

Datum	Schattenlänge
4. Juli	
2. Oktober	
1. Januar	
5. April	

WUSSTEST DU SCHON?
*Als **Mitternachtssonne** wird die im Sommer um Mitternacht sichtbare Sonne bezeichnet. Dieses Phänomen kann in den Gebieten des nördlichen und des südlichen Polarkreises beobachtet werden. Im Bild siehst du das Restlicht der Sonne um Mitternacht am 24. Juni 2005 in Helsinki.*

ZUM KNOBELN

Nimm sechs Streichhölzer weg, sodass insgesamt drei Dreiecke übrig bleiben.

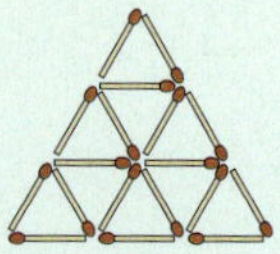

Findest du mehrere Lösungen?

9 Zeichne das Dreieck ABC mit $c = 11\,\text{cm}$, $\alpha = 53°$ und $\gamma = 94°$.
Wähle einen Punkt P im Dreieck und verbinde P mit A, mit B und mit C.
Zeichne in das Dreieck ABC ein Dreieck DEF, dessen Seiten zu den Seiten des Dreiecks ABC parallel sind. Die Ecken des Dreiecks sollen auf den Strecken $\overline{PA}$, $\overline{PB}$ und $\overline{PC}$ liegen.

a) Wodurch unterscheiden sich die Dreiecke ABC und DEF, was haben sie gemeinsam?
b) Lass mit dieser Methode ein Muster entstehen, indem du noch weitere Dreiecke einfügst und die entstehenden Felder farbig ausfüllst.

10 Zeichne ein Parkett aus einem Dreieck als Grundform.

a) Was muss gegeben sein, damit eine Fläche ohne Lücke oder Überlappung parkettiert werden kann?
b) Lässt sich mit einem gleichseitigen Dreieck eine Fläche parkettieren? Begründe.
c) Gibt es ein Dreieck, aus dem sich kein Parkett legen lässt? Begründe.
d) Entwirf dein eigenes Parkett. Stelle es in der Klasse vor.
e) Suche in Büchern oder im Internet nach besonderen Parketten oder Mosaiken aus Fliesen.

11 Parkettiere eine Fläche mit Dreiecken mit Hilfe einer Dynamischen Geometrie-Software.

12 Mit Dreiecken symmetrische Muster erzeugen

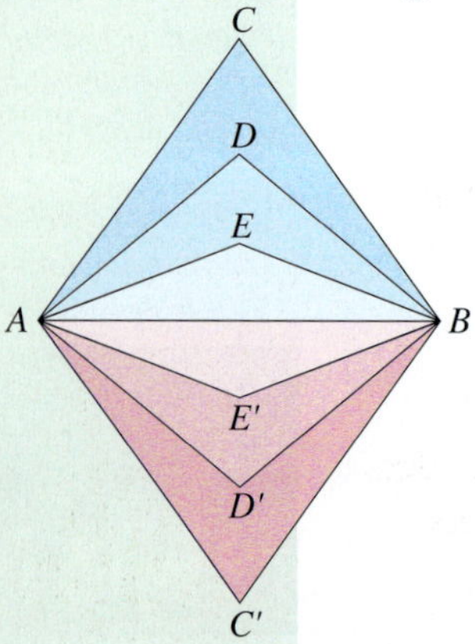

a) Im gleichseitigen Dreieck ABC ist $\overline{AB} = 10\,\text{cm}$.
Im Dreieck ABD ist $\overline{AD} = \overline{BD} = 6{,}5\,\text{cm}$.
Im Dreieck ABE ist $\overline{AE} = \overline{BE} = 5{,}2\,\text{cm}$.
Zeichne diese Dreiecke in dein Heft und färbe sie.
b) Die Figur aus a) wurde an der Seite $\overline{AB}$ gespiegelt.
Zeichne die hier abgebildete Figur vollständig.

13 Ein Schiff fährt in 9 km Entfernung an einem Leuchtturm vorbei. Der Peilwinkel zwischen der Fahrtrichtung und dem Leuchtturm beträgt 85°.

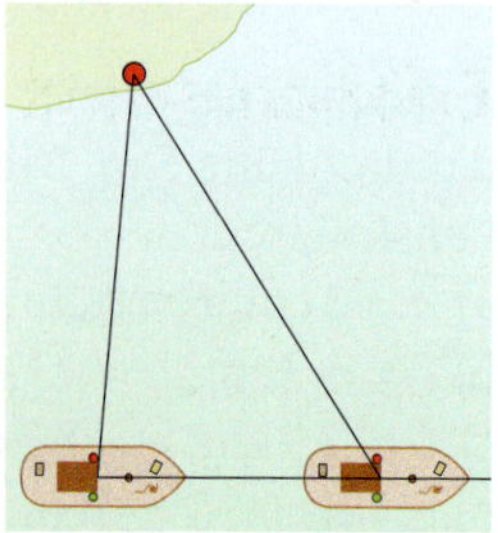

Nach einer halben Stunde wird wieder der Winkel zwischen Fahrtrichtung und Leuchtturm gemessen und 122° ermittelt.

a) Zeichne ein entsprechendes Dreieck in einem geeigneten Maßstab und bestimme, wie weit das Schiff in der halben Stunde gefahren ist.
b) Mit welcher Durchschnittsgeschwindigkeit in $\frac{\text{km}}{\text{h}}$ ist das Schiff gefahren?

14 Der Hautarzt empfiehlt:
Wenn die Schattenlänge kürzer als die Körpergröße ist, sollte man sich ungeschützt nur kurz in der Sonne aufhalten.

a) Für welche Monate ist diese Empfehlung überhaupt von Bedeutung?
b) Bei welcher Tageszeit muss in diesen Monaten auf jeden Fall die Empfehlung des Hautarztes beachtet werden? Nutze den Info-Kasten auf Seite 69.
c) Unter welchem Winkel scheint die Sonne auf die Erde, wenn die Schattenlänge gleich der Körpergröße ist?
d) Bianca ist 1,60 m groß. Die Sonne scheint in einem Winkel von 50° auf die Erde. Trifft die Empfehlung auf sie zu?

Umfänge und Flächeninhalte von Dreiecken

Erforschen und Entdecken

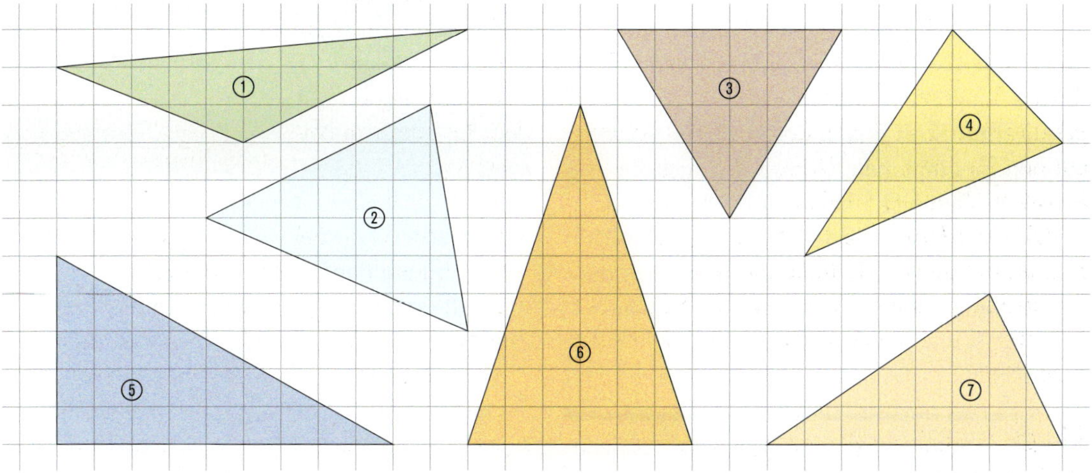

1 Übertrage die Dreiecke ins Heft. Miss die Seitenlängen und berechne ihren Umfang.
a) Wie bist du bei der Berechnung vorgegangen?
b) Beschrifte die Dreiecke im Heft. Bezeichne dabei gleich lange Seiten mit derselben Variablen. Wie könnten die jeweiligen Formeln zur Umfangsberechnung lauten? Vergleicht und besprecht untereinander eure Ergebnisse.

2 Nimm ein quadratisches oder rechteckiges Stück Papier.
- Falte es ähnlich wie im Bild, sodass drei Dreiecke entstehen.
- Schneide sorgfältig entlang der Faltkanten.

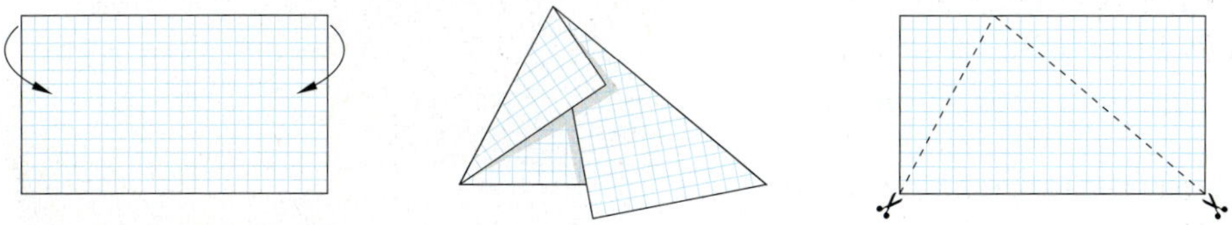

Lege die kleineren Dreiecke zu einem großen Dreieck zusammen.
Was fällt dir auf? Erkläre deine Beobachtungen.

3 Arbeitet in Gruppen. Übertragt die obigen Dreiecke ⑤, ⑥ und ⑦ noch einmal in euer Heft und umgebt sie mit einem kleinstmöglichen Rechteck.
a) Ermittelt die Flächeninhalte der jeweiligen Rechtecke. Könnt ihr daraus Rückschlüsse ziehen, um die Flächeninhalte der Dreiecke zu bestimmen?
b) Bezeichne die Dreiecke wie üblich. Gib eine Formel für die Flächenberechnung des rechtwinkligen Dreiecks ⑤ an.
c) Diskutiert eure Vorgehensweisen und Ergebnisse in der Klasse.

4 Hanna ist in der Schmuck-AG und hat einen dreieckigen Kettenanhänger hergestellt. Nun möchte sie am liebsten dazu passend einen Ring mit dreieckigem Aufsatz anfertigen, der den gleichen Flächeninhalt wie der Kettenanhänger besitzt, aber dessen Form des Dreiecks anders aussieht.
Wie kann sie vorgehen?

Lesen und Verstehen

In einem Projekt stellt die Klasse 8 b dreieckige Sonnensegel für den Schulhof her. Für das Segel an sich benötigen sie festen Stoff sowie einen Saum, der gegen das Ausreißen schützt.
Wie viel m^2 Stoff und wie viel Meter Saum müssen sie einplanen, wenn das Segel die Maße aus Beispiel 1 haben soll?

BEACHTE
Umfang eines gleichschenkligen Dreiecks:
$u = 2a + c$
Umfang eines gleichseitigen Dreiecks:
$u = 3a$

> Der Umfang eines Dreiecks ist die Summe aller Seitenlängen.
>
> $u_{\text{Dreieck}} = a + b + c$

BEISPIEL 1
Berechnung der Länge des Saums:
Der Saum führt einmal ganz um das Segel herum. Alle Seitenlängen werden addiert.

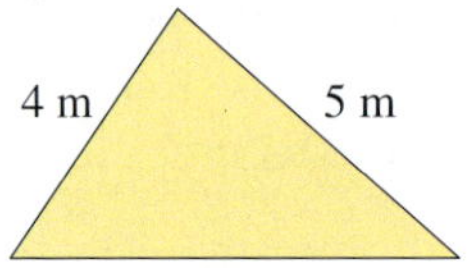

$u_{\text{Dreieck}} = (4 + 5 + 6)\,\text{m}$
$= 15\,\text{m}$

Bei gleichen Seitenlängen ist es sinnvoll, diese zusammenzufassen.

Um die benötigte Stoffmenge zu ermitteln, muss der Flächeninhalt des Dreieck-Segels berechnet werden. Der Flächeninhalt des Dreiecks entspricht dem halben Flächeninhalt des umgebenden Rechtecks.

Für die Flächeninhaltsberechnung eines Dreiecks benötigt man die Länge einer der drei Dreiecksseiten (**Grundseite *g***) und die Länge der zugehörigen **Höhe h_g**.

> Für den **Flächeninhalt eines Dreiecks** gilt:
>
> $A = \frac{g \cdot h_g}{2}$

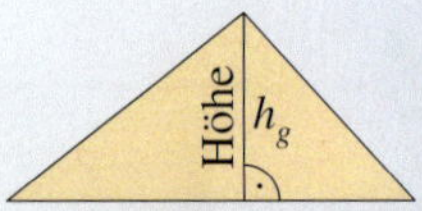

BEISPIEL 2
Eine Gruppe ergänzt das Dreieck zu einem Rechteck. Das Rechteck hat den doppelten Flächeninhalt des Dreiecks.

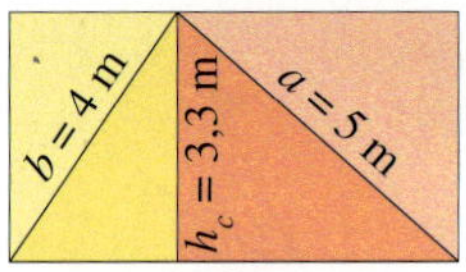

$A = \frac{6 \cdot 3{,}3}{2}\,\text{m}^2 = 9{,}9\,\text{m}^2$

Für das Sonnensegel werden $9{,}9\,\text{m}^2$ Stoff benötigt.

Üben und Anwenden

1 Zeichne die Dreiecke ins Heft. Wähle Grundseite und Höhe. Ermittle u und A.

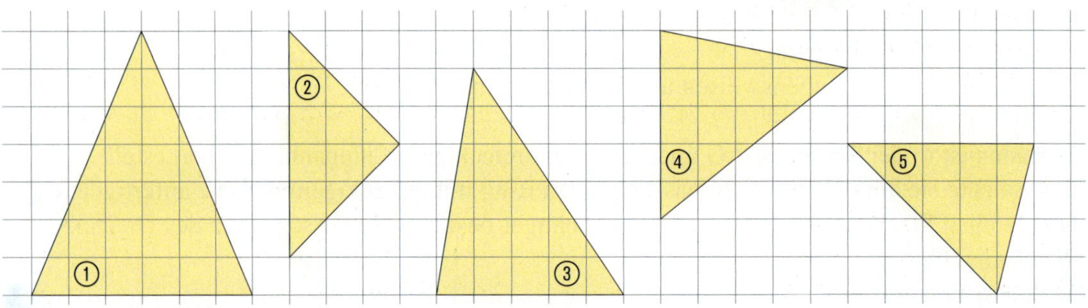

2 Berechne den Umfang des Dreiecks.
a) $a = 3{,}4\,\text{cm}$, $b = 4\,\text{cm}$, $c = 2{,}7\,\text{cm}$
b) $a = 2{,}8\,\text{cm}$, $b = 3{,}1\,\text{cm}$, $c = 3{,}9\,\text{cm}$
c) $a = 34\,\text{mm}$, $b = 4{,}5\,\text{cm}$, $c = 0{,}6\,\text{dm}$
d) gleichschenkliges Dreieck mit Basis c: $a = 3{,}3\,\text{cm}$, $c = 4{,}1\,\text{cm}$
e) gleichseitiges Dreieck: $a = 5{,}6\,\text{cm}$

3 Berechne die fehlende Seitenlänge des Dreiecks.
a) $u = 7{,}8\,\text{cm}$, $b = 3\,\text{cm}$, $c = 2{,}7\,\text{cm}$
b) $u = 10{,}5\,\text{cm}$, $a = 3{,}6\,\text{cm}$, $b = 4{,}7\,\text{cm}$
c) $u = 2\,\text{dm}$, $a = 8{,}2\,\text{cm}$, $c = 7{,}9\,\text{cm}$
d) gleichschenkliges Dreieck mit Basis c: $a = 7{,}4\,\text{cm}$, $u = 22\,\text{cm}$
e) gleichseitiges Dreieck: $u = 11{,}1\,\text{cm}$

4 Berechne den Flächeninhalt des Dreiecks.
a) $g = 26\,\text{m}$, $h_g = 7{,}5\,\text{m}$
b) $g = 18{,}2\,\text{cm}$, $h_g = 10{,}4\,\text{cm}$
c) $g = 803\,\text{mm}$, $h_g = 1042\,\text{mm}$

5 Miss die Längen aller farbig markierten Strecken des gegebenen Dreiecks.

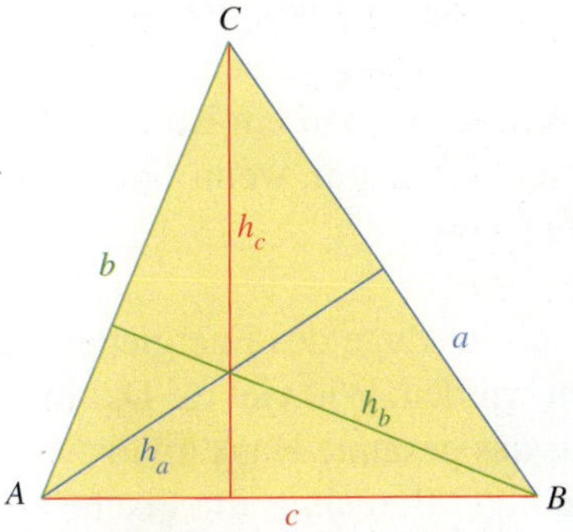

a) Berechne den Umfang des Dreiecks.
b) Berechne die folgenden Terme: $\frac{a \cdot h_a}{2}$, $\frac{b \cdot h_b}{2}$, $\frac{c \cdot h_c}{2}$. Was fällt dir auf?
c) Finde eine Begründung für deine Erkenntnisse. Stelle sie der Klasse vor.

6 Berechne den Flächeninhalt des Dreiecks.
a) $c = 4\,\text{cm}$, $h_c = 7\,\text{cm}$
b) $c = 3{,}5\,\text{cm}$, $h_c = 2{,}1\,\text{cm}$
c) $a = 4{,}6\,\text{cm}$, $h_a = 3{,}6\,\text{cm}$
d) $b = 58\,\text{mm}$, $h_b = 6{,}6\,\text{cm}$
e) $h_a = 8{,}3\,\text{cm}$, $a = 29\,\text{mm}$

7 Ermittle die Flächeninhalte der Dreiecke. Miss die benötigten Größen in der Zeichnung nach.

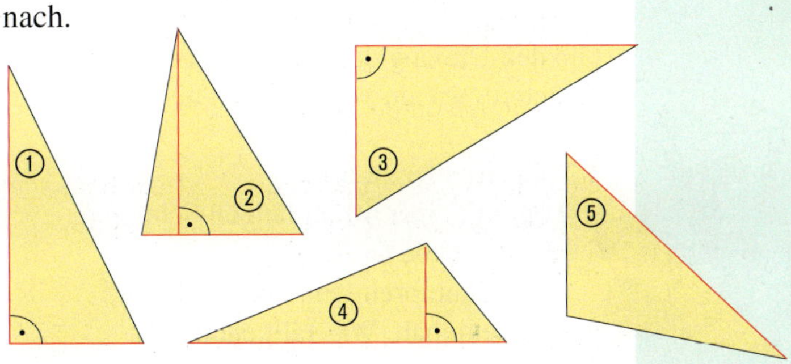

8 Berechne die fehlende Höhe bzw. die fehlende Grundseite.
a) $A = 8\,\text{cm}^2$, $h_g = 4\,\text{cm}$
b) $A = 6\,\text{cm}^2$, $h_g = 3\,\text{cm}$
c) $A = 10\,\text{m}^2$, $g = 5\,\text{m}$

9 Björn und Kira haben Fehler bei der Flächeninhaltsberechnung eines Dreiecks gemacht. Erläutere, was ihre Fehler sind. Berechne den Flächeninhalt richtig.

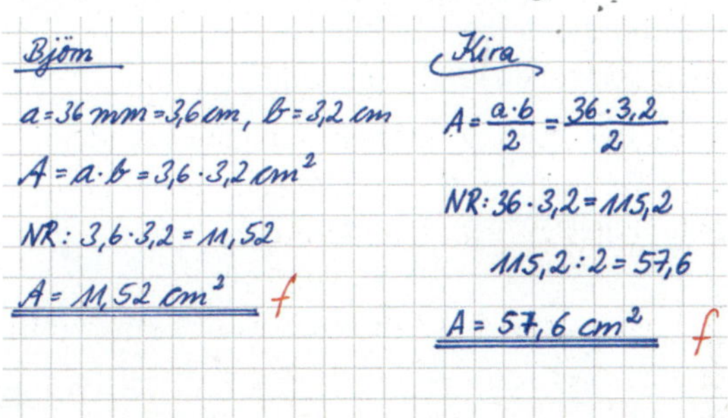

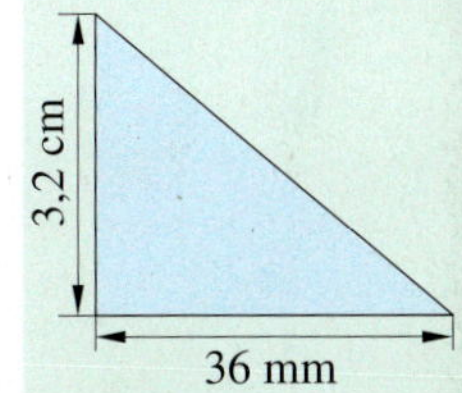

10 Von einem Dreieck sind folgende Angaben bekannt. Ermittle den Flächeninhalt des Dreiecks. Berechne die fehlenden Seitenlängen und Höhen.
a) $a = 5{,}4\,\text{cm}$, $b = 6\,\text{cm}$, $h_b = 4\,\text{cm}$, $h_c = 5{,}1\,\text{cm}$.
b) $b = 6{,}1\,\text{cm}$, $c = 5\,\text{cm}$, $h_a = 4{,}2\,\text{cm}$, $h_c = 6\,\text{cm}$.
c) $a = 4{,}8\,\text{cm}$, $c = 4\,\text{cm}$, $h_a = 25\,\text{mm}$, $h_b = 4\,\text{cm}$, $h_c = 0{,}3\,\text{dm}$.

11 Zeichne ein stumpfwinkliges Dreieck wie rechts ins Heft. Wie berechnet sich sein Flächeninhalt?
a) Stelle eine Vermutung auf.
b) Überprüfe deine Vermutung, indem du den Flächeninhalt des Dreiecks auf eine andere Art berechnest.

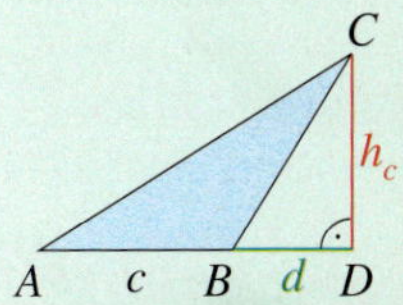

12 Zeichne ein Dreieck mit einem Flächeninhalt von $18\,cm^2$ und der Länge einer Seite von 5 cm.
Gib den Umfang deines Dreiecks an.
Erläutere, wie du vorgegangen bist.

13 Arbeitet zu dritt.
Legt mit einer 40 cm langen Schnur verschiedene Dreiecke.
Vergleicht ihren Umfang und ihren Flächeninhalt. Was fällt euch auf?

14 Zeichnet mehrere Dreiecke mit einem Flächeninhalt von $12\,cm^2$.

a) Beschreibt, wie ihr vorgegangen seid. Vergleicht eure Vorgehensweise untereinander.
b) Vergleicht Umfang und Flächeninhalt der Dreiecke. Was fällt euch auf?

15 Berechne den Flächeninhalt der roten Fläche in den Dreiecken.
Beschreibe deine Vorgehensweise.
Zwei Kästchen sind 1 cm lang.

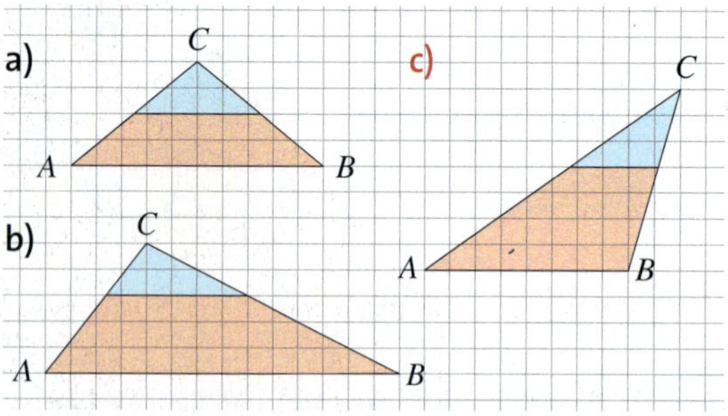

16 Zeichne ein Koordinatensystem (Einheit 1 cm) und trage folgende Punkte ein:
$A(2|0)$, $B(6|0)$, $C(4|4)$.

a) Ermittle den Umfang des Dreiecks ABC.
b) Berechne den Flächeninhalt des Dreiecks ABC.
c) Beschreibe, wie sich der Flächeninhalt des Dreiecks ABC ändert, wenn der Punkt C auf einer Parallelen zur x-Achse verschoben wird.
d) Beschreibe, wie sich der Flächeninhalt des Dreiecks ABC ändert, wenn der Punkt C auf einer Parallelen zur y-Achse verschoben wird.

BEACHTE
Unter dem folgenden Webcode 074-1 wird Aufgabe 16 in einem Geometrie-Programm dargestellt. Dort kann man sehen, wie sich der Flächeninhalt verändert, wenn man C verschiebt.

17 Konstruiere die Dreiecke und berechne ihren Flächeninhalt. Konstruiere dann eine Figur, die den doppelten Flächeninhalt besitzt.

a) $b = 3{,}8\,cm$, $c = 4{,}4\,cm$, $\alpha = 60°$, $h_c = 3{,}8\,cm$
b) $a = 4{,}7\,cm$, $b = 22°$, $\gamma = 88°$, $h_a = 1{,}5\,cm$
c) $a = 3\,cm$, $b = 4\,cm$, $c = 5\,cm$, $h_b = 3\,cm$

18 Ein Fliesenhandel bietet folgende Mosaik-Fliesen an. Mehrere dieser Mosaik-Fliesen sind entweder auf ein rechteckiges oder auf ein quadratisches Netz geklebt und bilden zusammen ein großes Mosaik.

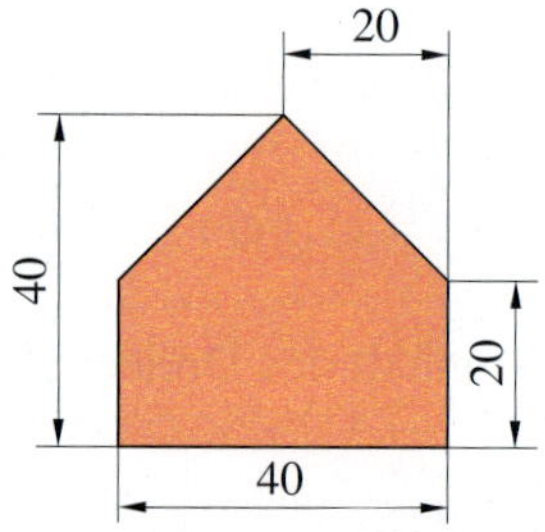

Angaben in mm

a) Berechne den Flächeninhalt einer Fliese.
b) Skizziere, wie ein großes Mosaik aussehen könnte, wenn dieses aus 10 ganzen und 4 halben Mosaik-Fliesen besteht.
c) Die Mosaike werden in einem Karton verkauft, in den 15 Stück passen. Wie viel m^2 Fliesen enthält ein Karton?
d) Wie viel kostet ein Karton, wenn $1\,m^2$ Fliesen 14,99 € kostet?

19 Ein Haus soll im Zuge des Energiepasses wärmegedämmt werden. Wie viel m^2 Dämmstoff werden für das gesamte Haus inklusive des Daches benötigt? Berechne alle Flächen einzeln und addiere sie dann.

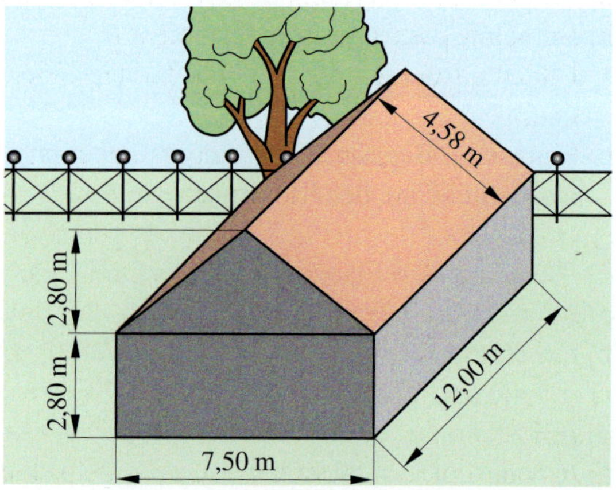

Vierecke charakterisieren und benennen

Erforschen und Entdecken

1 Zeichne die Vierecke auf ein Blatt Karopapier und schneide sie aus.
Übertrage die folgende Tabelle im Querformat in dein Heft. Sortiere die ausgeschnittenen Vierecke nach den genannten Eigenschaften in die Tabelle und klebe sie ein.
Es ist möglich, dass manche Vierecke in mehrere Spalten passen. Fertige dann entsprechend viele dieser Vierecke an.

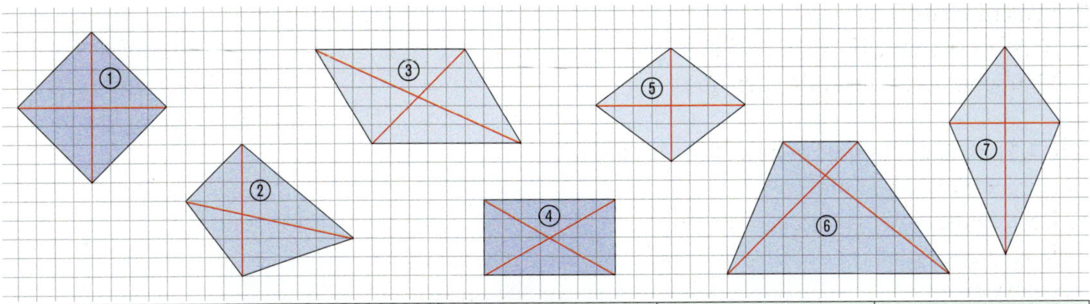

benachbarte Seiten stehen senkrecht aufeinander	gegenüberliegende Seiten sind parallel zueinander	gegenüberliegende Seiten sind gleich lang	alle Seiten sind gleich lang	die Diagonalen stehen senkrecht aufeinander

a) Welche beiden Vierecke können der Tabelle nicht zugeordnet werden? Begründe dies.
b) Informiere dich über die Bezeichnungen der Vierecke. Schreibe diese neben die Vierecke in der Tabelle.
c) Finde Beispiele für die einzelnen Vierecke in der Umwelt.

2 In diesem Fachwerkgiebel sind verschiedene Dreiecks- und Vierecksarten erkennbar. Gib ihre Bezeichnungen an.
a) Nenne jeweils eine Gemeinsamkeit und einen Unterschied von gleich eingefärbten Vierecken.
b) Nenne Gemeinsamkeiten und einen Unterschied von jeweils zwei verschieden eingefärbten Vierecken.

3 Arbeitet in der Gruppe. Jeder von euch zeichnet auf ein Blatt Papier dreimal die Dreiecke in der Randspalte und schneidet sie aus.
a) Bildet aus den Dreiecken verschiedene Vierecke. Tragt eure gefundenen Vierecke in der Gruppe zusammen.
b) Skizziert die gefundenen Vierecke in eurem Heft. Macht dabei auch deutlich, wie sie sich aus den Dreiecken zusammensetzen.
c) Ordnet den Vierecken die zugehörigen Namen zu. Die Formelsammlung kann helfen.
d) Gibt es ein Viereck, das man nicht aus zwei, sondern nur aus drei Dreiecken legen kann?
e) Schreibe zu jedem der angegebenen Vierecke einen kurzen Text über die Erkennungsmerkmale und Eigenschaften. Die Tabelle aus Aufgabe 1 hilft dir dabei.
① Quadrat ② Parallelogramm ③ Drache
④ Raute ⑤ Rechteck ⑥ Trapez
f) Probiert, die Vierecke nach ihren Eigenschaften zu sortieren. Vergleicht untereinander.

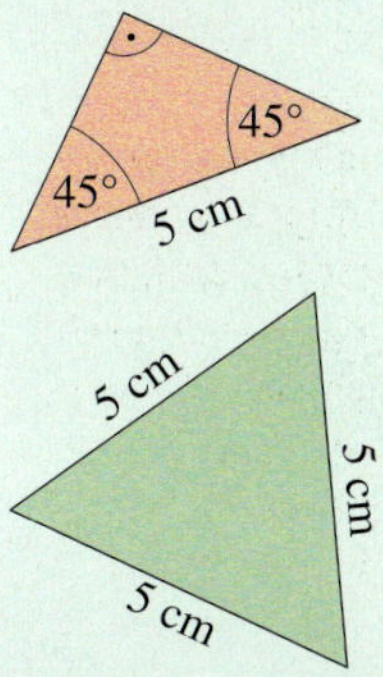

Lesen und Verstehen

HINWEIS
Wird im Buch von einem Drachen gesprochen, so ist immer ein Drachenviereck gemeint.

Ina verschafft sich einen Überblick über Vierecke. Sie ordnet die Vierecke hinsichtlich ihrer Seitenlängen, der Lage der Seiten und ihrer Winkel. Ina beginnt mit dem Quadrat, da es die meisten speziellen Eigenschaften hat.
Bei darunterliegenden Vierecken werden die Eigenschaften immer allgemeiner.

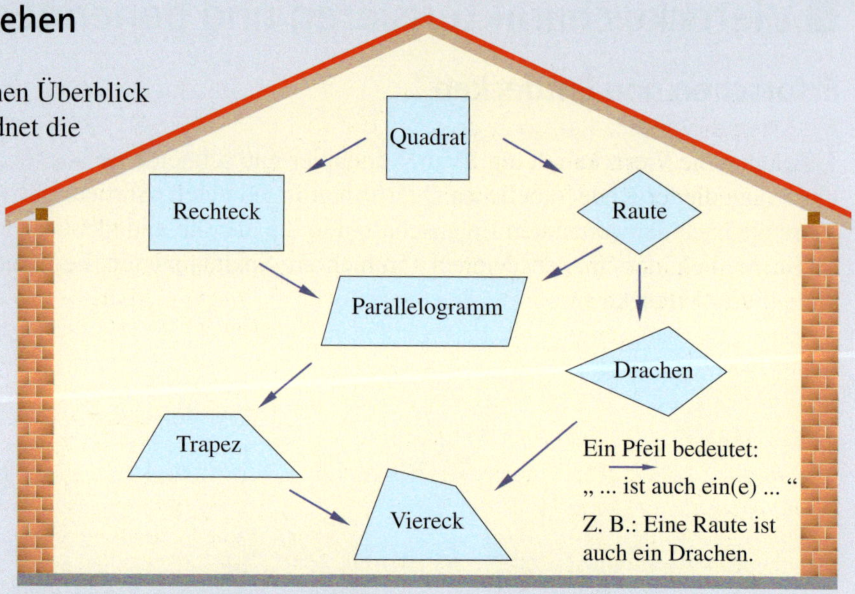

Es entsteht das **Haus der Vierecke.**

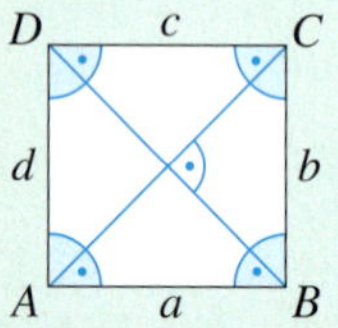

Ein **Quadrat** hat vier gleich lange Seiten. Alle Winkel sind rechte Winkel.

Die Diagonalen in einem Quadrat halbieren einander, sie sind gleich lang und stehen senkrecht aufeinander.

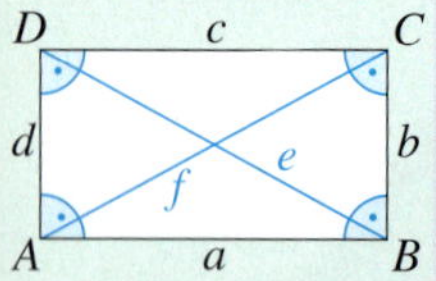

Bei einem **Rechteck** sind gegenüberliegende Seiten gleich lang und parallel. Alle Winkel sind rechte Winkel.

Bei Rechtecken halbieren die Diagonalen einander und sind gleich lang.

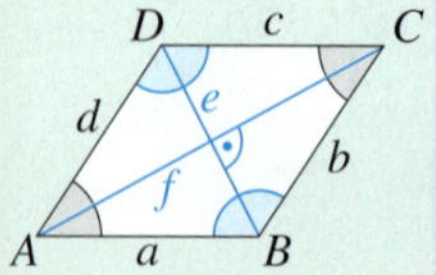

Bei einer **Raute (Rhombus)** sind alle Seiten gleich lang. Gegenüberliegende Winkel sind gleich groß.

Die Diagonalen in einer Raute halbieren einander und stehen senkrecht aufeinander.

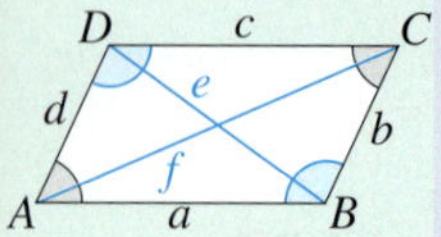

Bei einem **Parallelogramm** sind gegenüberliegende Seiten gleich lang und gegenüberliegende Winkel gleich groß.

Bei Parallelogrammen halbieren die Diagonalen einander.

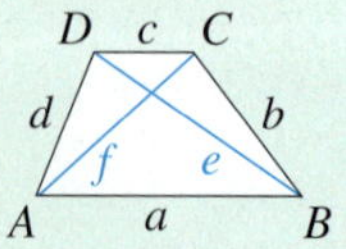

Ein **Trapez** hat zwei zueinander parallele Seiten.

Sonderfall: Bei einem gleichschenkligen Trapez sind zusätzlich die nicht parallelen Seiten gleich lang.

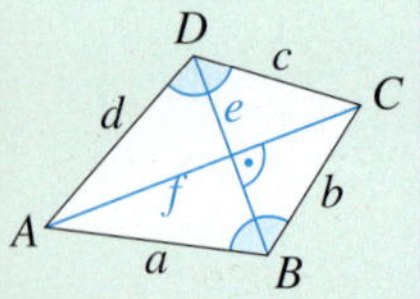

Ein **Drachen** hat zwei Paar gleich langer Nachbarseiten. Ein Paar gegenüberliegender Winkel ist gleich groß.

Bei einem Drachen stehen die Diagonalen senkrecht aufeinander. Eine Diagonale wird halbiert.

Üben und Anwenden

1 Schaue dir das Haus der Vierecke an. Überlege dir weitere Sätze wie diesen: „Ein Quadrat ist auch ein Parallelogramm." Tragt eure Sätze in der Klasse zusammen.

2 Suche in deiner Umgebung nach Vierecken. Wo findest du Quadrate, Rechtecke, Rauten, Parallelogramme, Drachen oder Trapeze?

3 Gib jeweils alle Drachen, alle Quadrate, alle Rechtecke und alle Trapeze an. Begründe deine Auswahl mit dem Haus der Vierecke.

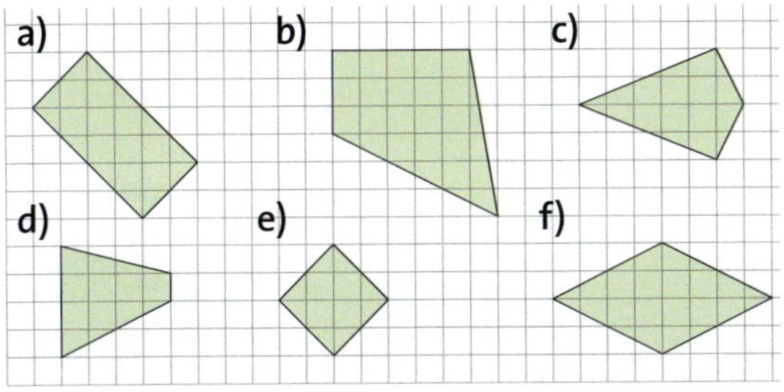

4 Zeichne drei Trapeze, zwei Parallelogramme und einen Drachen. Wie viel Vierecke musst du mindestens zeichnen, um diese Forderung zu erfüllen? Begründe.

5 Übertrage die gegebenen Seiten eines Vierecks mehrmals in dein Heft. Ergänze sie zu besonderen Vierecken. Welche Vierecke aus dem Haus der Vierecke kannst du mit welchen vorgegebenen Winkeln darstellen?

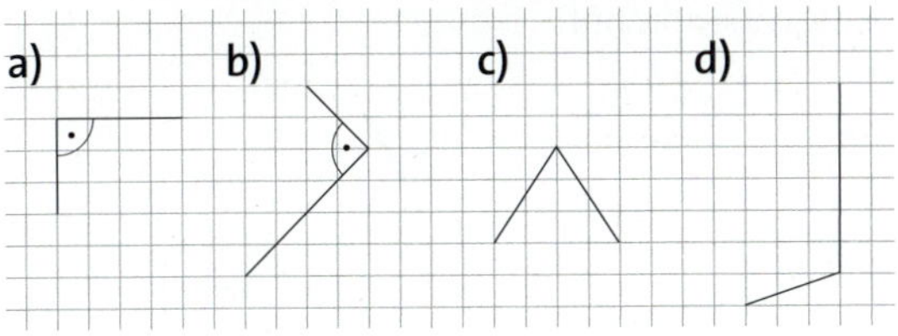

6 Für welche Vierecke gilt die Aussage immer? Gibt es mehrere Möglichkeiten?

a) Die Diagonalen sind gleich lang und stehen senkrecht aufeinander.

b) Mindestens zwei Seiten des Vierecks sind gleich lang.

c) Genau drei Seiten sind gleich lang.

7 Welche zwei Antworten sind richtig?

Jedes Rechteck ist ein Trapez

Peinlicher Fehler in Jauchs Show „Wer wird Millionär"

In Günther Jauchs beliebter Fernsehsendung „Wer wird Millionär" verließ am Freitagabend Kandidatin Astrid mit 8 000 Euro Gewinnsumme das Studio. Kein ungewöhnlicher Vorgang. Doch tatsächlich war die Frau an einer Quiz-Frage gescheitert, die regelwidrig gestellt worden war: Von den vier Vorschlägen waren nämlich zwei richtig – nicht nur einer. Verblüffender noch, dass bis heute offenbar niemand die Panne bemerkt zu haben scheint. Selbst auf der entsprechenden Homepage von RTL konnte man noch gestern lesen, welche Antwort hier angeblich die einzig richtige war.
Die 16 000-Euro-Frage lautete:

Jedes Rechteck ist ein …?

A: Rhombus	B: Quadrat
C: Trapez	D: Parallelogramm

(Berliner Morgenpost, 03. 02. 2003)

8 Welche Vierecke kannst du in dem Zaunmuster erkennen?

9 Zeichne ein Quadrat, ein Rechteck, ein Parallelogramm, einen Drachen, ein Trapez und eine Raute in dein Heft.

a) Welche Vierecke sind achsensymmetrisch? Zeichne alle Symmetrieachsen ein.

b) Erkläre die Eigenschaften der Vierecke von Seite 76 anhand ihrer Achsensymmetrie.

c) Welche Vierecke sind punktsymmetrisch? Zeichne sie in dein Heft und trage die Symmetriepunkte ein.

ZUM WEITERARBEITEN
Ist das ein Drachen? Begründe.

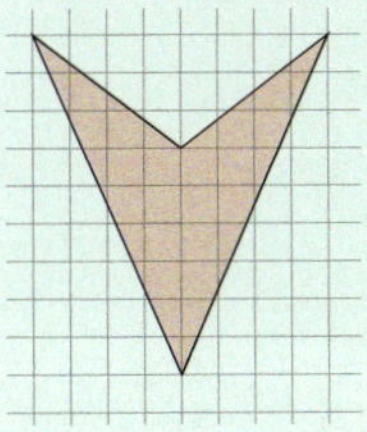

BEACHTE
Vierecke kann man nach den verschiedensten Eigenschaften ordnen, z. B. nach gleich langen Seiten, parallelen Seiten, gleich großen Winkeln, rechten Winkeln, nach ihrer Achsensymmetrie.

Methode: Besondere Vierecke zeichnen

HINWEIS
Führe die gezeigten Konstruktionen mit dynamischer Geometrie-Software durch.

Was muss gegeben sein, um ein spezielles Viereck, z. B. eine Raute, zeichnen zu können? Je nach Art des Vierecks benötigt man für eine eindeutige Zeichnung eine unterschiedliche Anzahl an Informationen über Seitenlängen oder Winkelgrößen. Dabei wird bei der Konstruktion von Vierecken an sich auf die verschiedenen Konstruktionstypen beim Dreieck (meistens *SWS*) zurückgegriffen. Für den Überblick ist es immer sinnvoll, zuerst eine Planfigur anzufertigen.

Zeichnen eines Quadrats

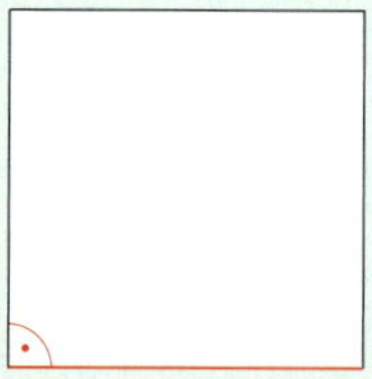

Schon mit der Angabe einer Seitenlänge kann man ein Quadrat zeichnen. Alle weiteren Eigenschaften der Seitenlängen und Winkelgrößen kennt man.

gegeben: $a = 4{,}5\,\text{cm}$

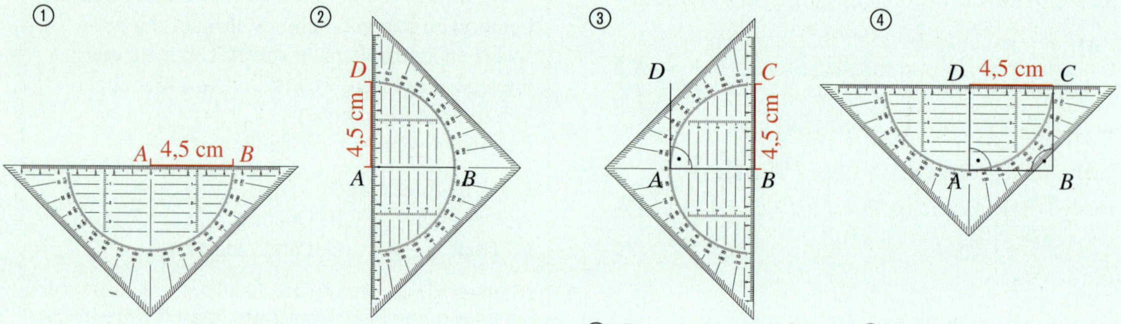

Die Konstruktionsschritte ③ und ④ können auch mit dem Zirkel vorgenommen werden.

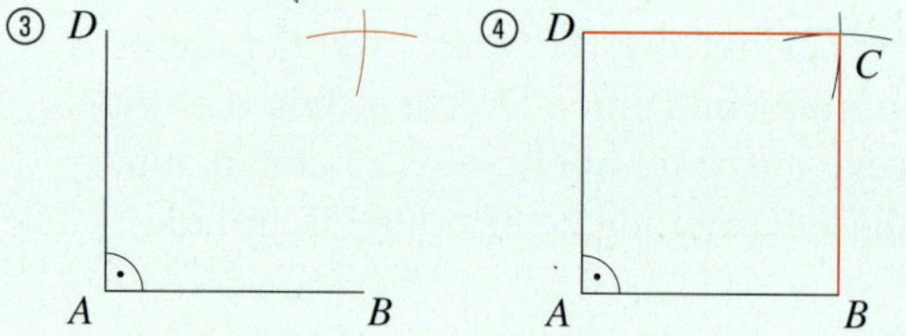

Zeichnen von Rechteck oder Raute

Zeichnen eines Rechtecks

Für die Zeichnung eines Rechtecks genügt die Angabe zweier Seitenlängen, da man alle weiteren Eigenschaften der Seitenlängen und Winkelgrößen kennt.

gegeben: $a = 6{,}8\,\text{cm}$, $b = 5{,}3\,\text{cm}$

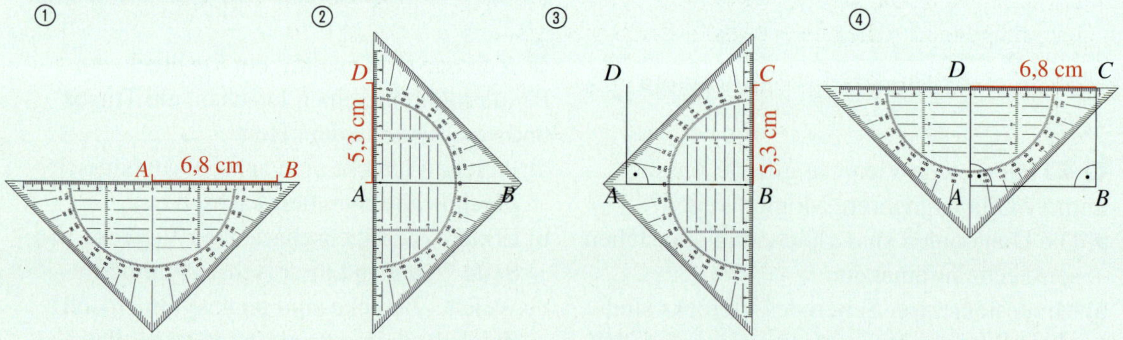

Die Konstruktionsschritte ③ und ④ können wie beim Quadrat auch mit dem Zirkel vorgenommen werden.

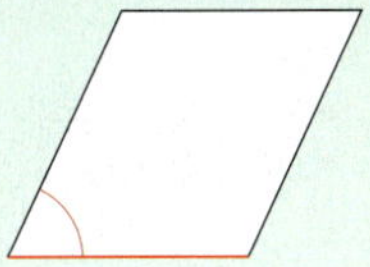

Konstruktion einer Raute (1)

Für die Konstruktion einer Raute genügen zwei Angaben, eine Seitenlänge und eine Winkelgröße, da man weiß, dass alle Seiten gleich lang sind, gegenüberliegende Seiten parallel zueinander und gegenüberliegende Winkel gleich groß sind.

gegeben: $a = 1{,}8\,\text{cm}$, $\alpha = 30°$

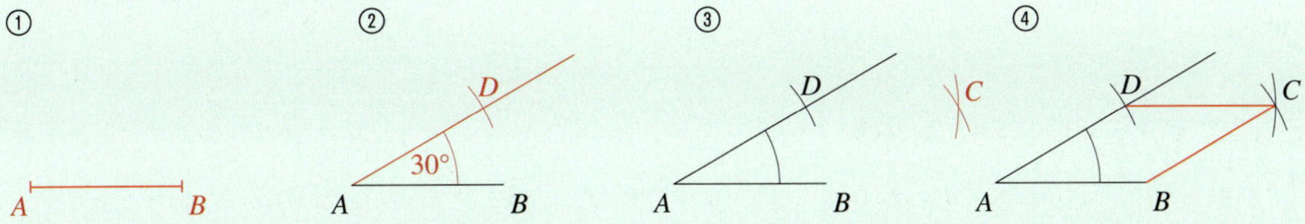

Bei den Schritten ③ und ④ können die letzten beiden Seiten mit dem Zirkel oder durch eine Parallelverschiebung mit dem Geodreieck gezeichnet werden.

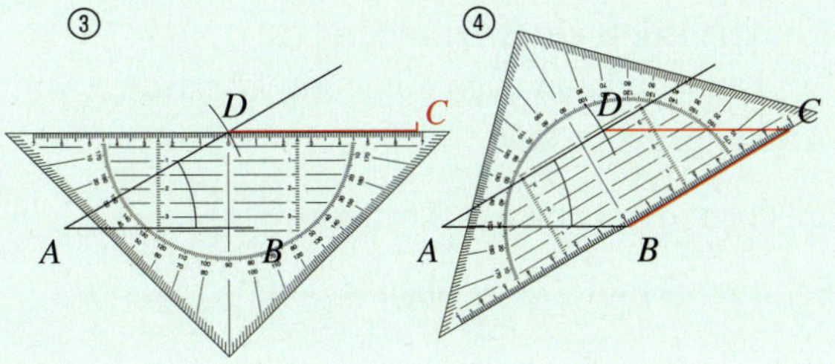

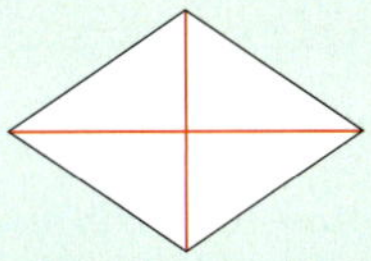

Konstruktion einer Raute (2)

Eine Raute kann auch über die Angaben ihrer Diagonalen konstruiert werden, da sie senkrecht aufeinander stehen und sich halbieren.

gegeben: $e = 2{,}4\,\text{cm}$, $f = 1{,}8\,\text{cm}$

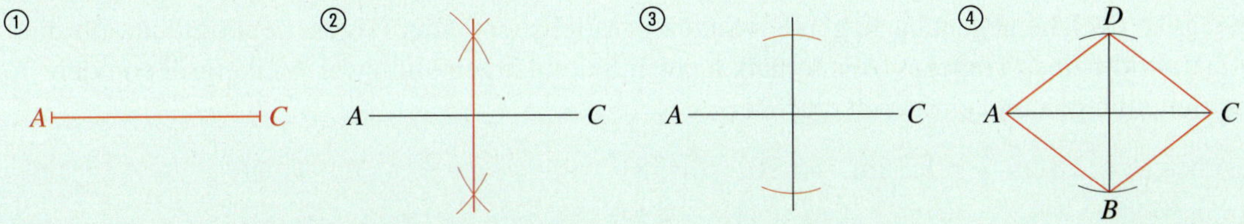

HINWEIS
Bei Schritt 3 beträgt der Radius die Hälfte der Diagonalen e, also $\frac{e}{2}$.

Konstruktion von Parallelogramm oder Drachen

Konstruktion eines Parallelogramms

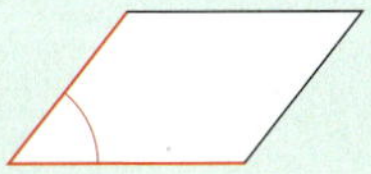

Für die Konstruktion eines Parallelogramms benötigt man drei Angaben, zwei Seitenlängen und eine Winkelgröße, da gegenüberliegende Seiten gleichlang sind sowie parallel zueinander liegen und gegenüberliegende Winkel gleich groß sind.

gegeben: $a = 1{,}7\,\text{cm}$, $b = 1{,}25\,\text{cm}$, $\alpha = 60°$

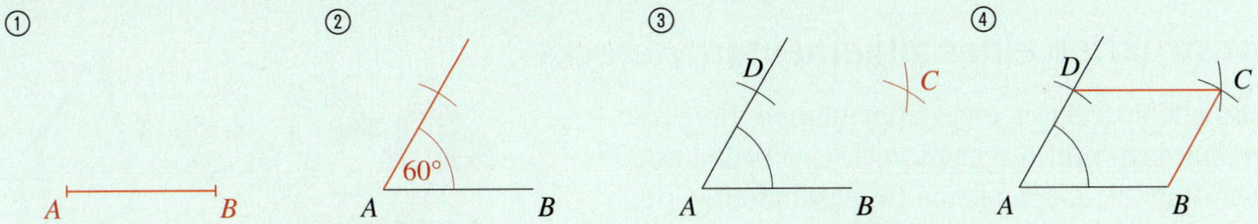

Die letzten beiden Seiten können mit dem Zirkel (siehe Zeichnung) oder durch eine Parallelverschiebung mit dem Geodreieck gezeichnet werden (wie bei der Raute).

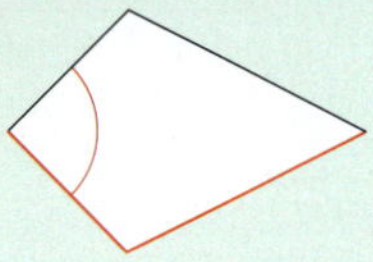

Konstruktion eines Drachens (1)
Für die Konstruktion eines Drachens benötigt man drei Angaben, zwei Seitenlängen und eine Winkelgröße, da man weiß, dass je zwei benachbarte Seiten gleich lang sind und ein Paar gegenüberliegender Winkel gleich groß ist.

gegeben: $a = 1\,\text{cm}$, $b = 1{,}2\,\text{cm}$, $\alpha = 60°$

① ② ③ ④

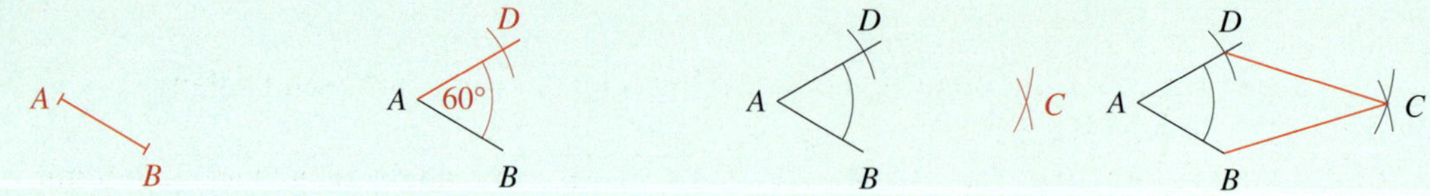

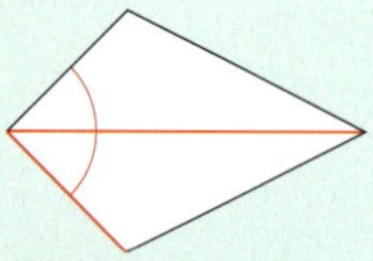

Konstruktion eines Drachens (2)
Ein Drachen kann auch eindeutig konstruiert werden, wenn eine Seite, eine Diagonale und ein Winkel gegeben sind.

gegeben: $a = 1\,\text{cm}$, $e = 2{,}6\,\text{cm}$, $\alpha = 60°$

Schritte ① und ② wie oben

③ ④

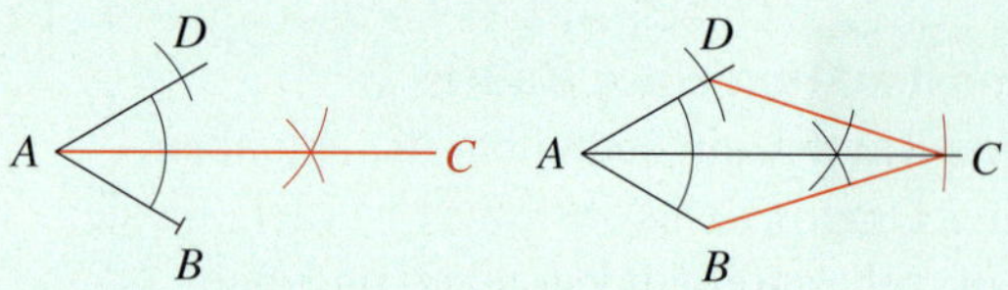

HINWEIS
Es ist auch möglich, einen Drachen eindeutig zu konstruieren, wenn die Seiten a, b und die die Seiten verbindende Diagonale f gegeben sind.

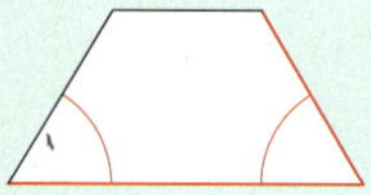

Zeichnen eines Trapezes

Weiß man, welche gegenüberliegenden Seiten parallel zueinander liegen, benötigt man für die Konstruktion eines Trapezes vier Angaben, zwei Seitenlängen und zwei Winkelgrößen oder drei Seitenlängen und eine Winkelgröße.

gegeben: $a = 2{,}8\,\text{cm}$, $b = 1{,}5\,\text{cm}$, $\alpha = 70°$, $\beta = 55°$

① ② ③ ④

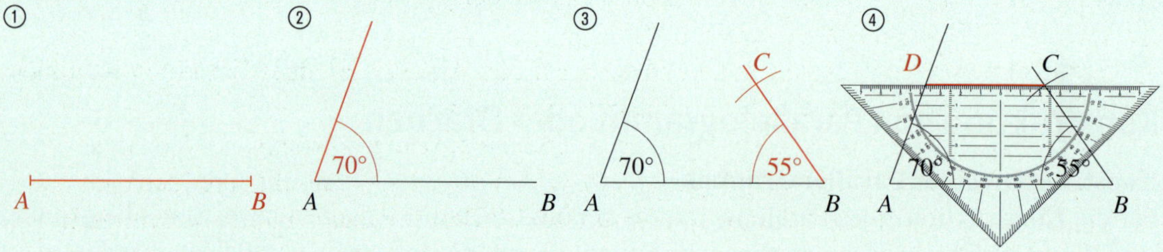

Ein Trapez kann auch gezeichnet werden, wenn die Höhe bei den vier Angaben enthalten ist, wie z. B. bei den Angaben: a, b, h, α oder a, c, h, α.

Konstruktion eines allgemeinen Vierecks

Für die Konstruktion eines allgemeinen Vierecks benötigt man fünf Angaben, z. B. vier Seiten und einen Winkel, da man keine Eigenschaften vorher kennt.

Umfänge und Flächeninhalte von Vierecken

Erforschen und Entdecken

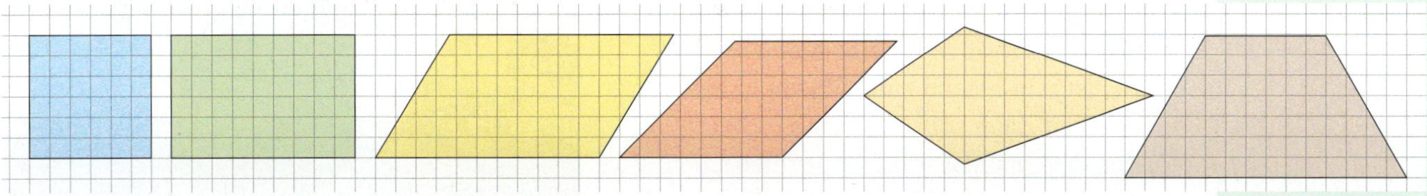

1 Miss die Seitenlängen der oben abgebildeten Figuren und berechne ihren Umfang.

a) Wie bist du bei der Berechnung vorgegangen?

b) Zeichne die Vierecke ins Heft und beschrifte sie. Bezeichne dabei gleich lange Seiten mit derselben Variablen. Gehe ansonsten bei der Bezeichnung vor wie bei Vierecken üblich. Wie könnten die jeweiligen Umfangsformeln lauten? Stelle die Formeln auf. Vergleicht und besprecht untereinander eure Ergebnisse.

2 Nadine hat zu Hause einen Stapel Notizzettel. Seine Fläche vorn ist 5 cm breit und 4 cm hoch. Verschiebt sie den Stapel seitlich, ergibt die vordere Fläche ein Parallelogramm, das immer noch eine Höhe von 4 cm besitzt, deren Seiten nun aber 5 cm lang sind.

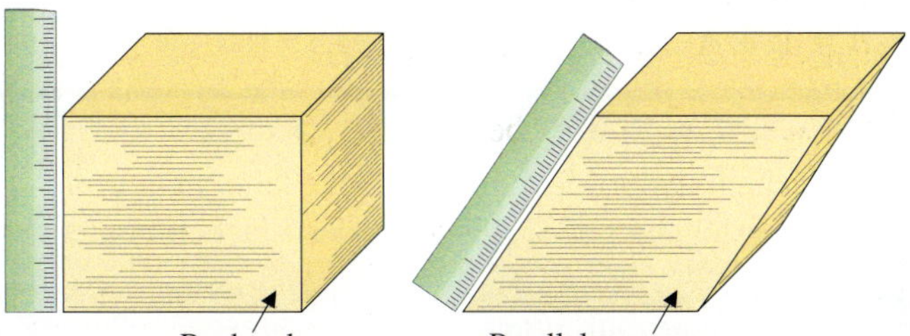

Vergleiche die Flächeninhalte der vorderen Fläche des Stapels, wenn er gerade steht und wenn er seitlich verschoben ist. Was fällt dir auf?

3 Nehmt drei DIN-A4-Blätter. Faltet aus jedem Blatt einen anderen Drachen. Geht wie folgt vor. Beachtet dabei die Bilder in der Randspalte.

① Faltet das Blatt längs in der Mitte und öffnet es wieder.

② Faltet das Blatt quer, egal auf welche Höhe.

③ Verbindet nun die entstandenen Knickpunkte auf den Blatträndern über Eck durch Faltlinien miteinander. Legt das Blatt wieder aufgeklappt vor euch hin.

a) Auf dem Blatt Papier ist jetzt ein Drachen zu erkennen. Wie groß könnte der jeweilige Flächeninhalt eurer drei Drachen sein? Stellt Vermutungen auf. Tauscht eure Ideen aus.

b) Wie könnt ihr mit der Falttechnik eine Raute falten? Bestimmt auch ihren Flächeninhalt.

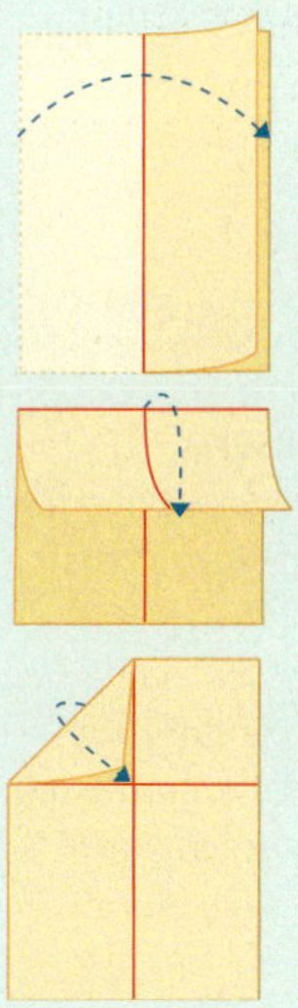

4 In Gruppen- und Besprechungsräumen werden häufig Trapeztische eingesetzt. Deren Tischfläche stellt ein gleichschenkliges Trapez dar.

a) Welche Vorteile haben Trapeztische gegenüber rechteckigen Tischen?

b) Zeichne alle Möglichkeiten, wie man zwei Trapeztische zusammenstellen kann, in dein Heft.

c) Hast du bei einer Figur aus b) eine Idee, wie man den Flächeninhalt zweier gleicher Trapeze berechnen kann? Miss fehlende Maße nach.

d) Beschreibe, wie du vorgegangen bist. Hast du mehrere Lösungswege gefunden?

e) Stelle deine Ergebnisse und Lösungswege in der Klasse vor und vergleiche sie.

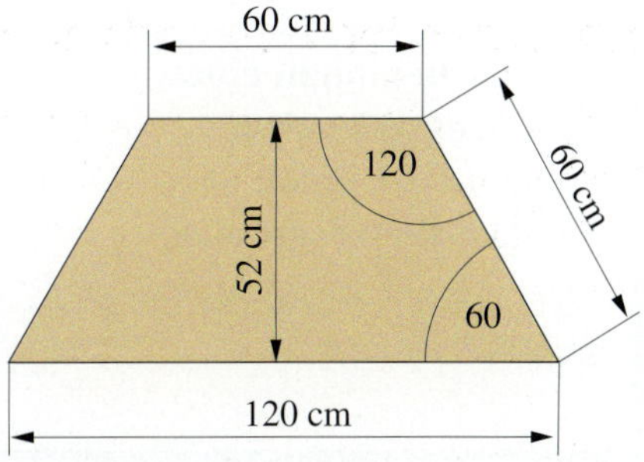

TIPP
Nutzt eure Kenntnisse zur Flächenberechnung bei Rechtecken und Dreiecken.

Lesen und Verstehen

082-1

HINWEIS
Unter dem Webcode erfährst du einiges über die speziellen Vierecke.

Bauer Poen möchte Land pachten, um dort Kühe zu halten. Er kann zwischen verschiedenen Formen wählen. Seine Kühe sollen möglichst viel Fläche zum Grasen haben, um die er einen Zaun setzen möchte.
Welche der Flächen sollte er pachten?

BEACHTE
Die Berechnung des Umfangs und des Flächeninhalts eines Vierecks ist übertragbar auf Vielecke.

Der **Umfang eines Vierecks** ist die Summe aller Seitenlängen.
$u = a + b + c + d$

Der **Flächeninhalt eines Vierecks** ist die Summe der Flächeninhalte der Dreiecke.
$A = A_1 + A_2$

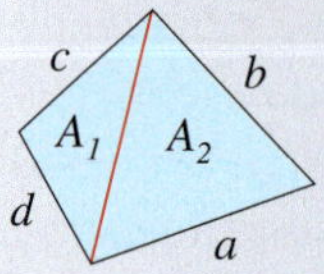

BEISPIEL 1
$a = 32\,\text{m}$, $b = 32\,\text{m}$,
$c = 24\,\text{m}$, $d = 20\,\text{m}$
$u = (2 \cdot 32 + 24 + 20)\,\text{m}$
$= 108\,\text{m}$
$A_1 = 232\,\text{m}^2$, $A_2 = 468\,\text{m}^2$
$A = (232 + 468)\,\text{m}^2$

Die Flächeninhalte spezieller Vierecke kann man mit einer Formel berechnen. Sie ergibt sich aus der Zerlegung oder Ergänzung des Flächeninhalts zum Rechteck.

Der **Flächeninhalt eines Parallelogramms** (oder einer Raute) ist das Produkt aus der Grundseite und der darauf stehenden Höhe.
$A_{\text{Parallelogramm}} = a \cdot h_a$

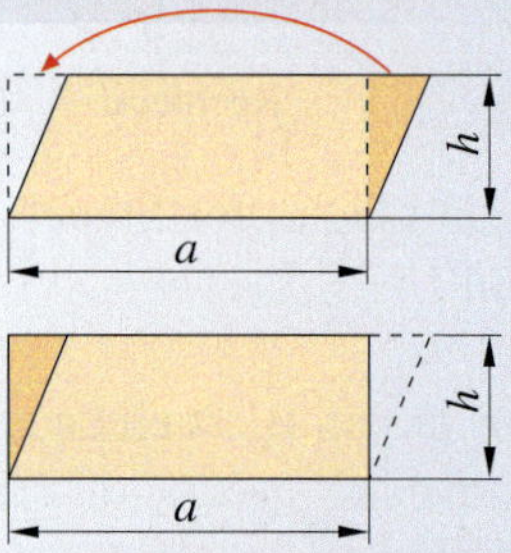

BEISPIEL 2
Maße der Pachtfläche:
$a = 60\,\text{m}$, $h_a = 25\,\text{m}$

Ihr Flächeninhalt beträgt
$A = 60\,\text{m} \cdot 25\,\text{m} = 1\,500\,\text{m}^2$.

HINWEIS
Bei der Formel für das Trapez muss durch 2 geteilt werden, da bei der Herleitung von zwei kongruenten Trapezen ausgegangen wurde.

Der **Flächeninhalt eines Trapezes** wird berechnet, indem man die Summe beider parallelen Seiten mit der Höhe des Trapezes multipliziert und das Ergebnis durch 2 teilt.
$A_{\text{Trapez}} = \frac{(a + c) \cdot h}{2}$

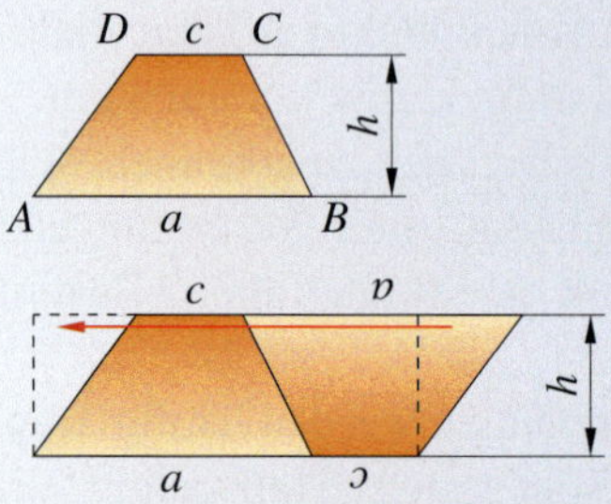

BEISPIEL 3
Maße der Pachtfläche:
$a = 40\,\text{m}$, $c = 16\,\text{m}$,
$h = 55\,\text{m}$.

Die zu pachtende Fläche hat einen Flächeninhalt von
$A = \frac{(40 + 16) \cdot 55}{2}\,\text{m}^2 = 1\,540\,\text{m}^2$.

BEACHTE
Eine Raute ist auch ein spezielles Parallelogramm. Ihr Flächeninhalt kann somit auch mit der Formel für das Parallelogramm berechnet werden.

Der **Flächeninhalt eines Drachens** (oder einer Raute) ist die Hälfte des Produkts der Diagonalen.

$A_{\text{Drachen}} = \frac{e \cdot f}{2}$

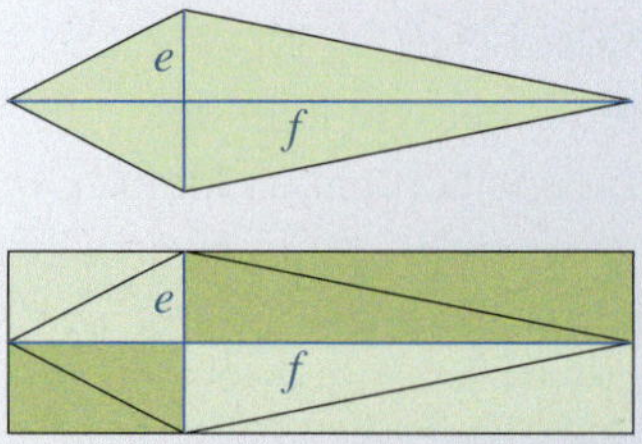

BEISPIEL 4
Maße der Pachtfläche:
$e = 40\,\text{m}$, $f = 60\,\text{m}$

Der Flächeninhalt beträgt
$A = \frac{40 \cdot 60}{2}\,\text{m}^2 = 1\,200\,\text{m}^2$.

Üben und Anwenden

1 Bestimme den Umfang der Rechtecke, soweit es möglich ist.

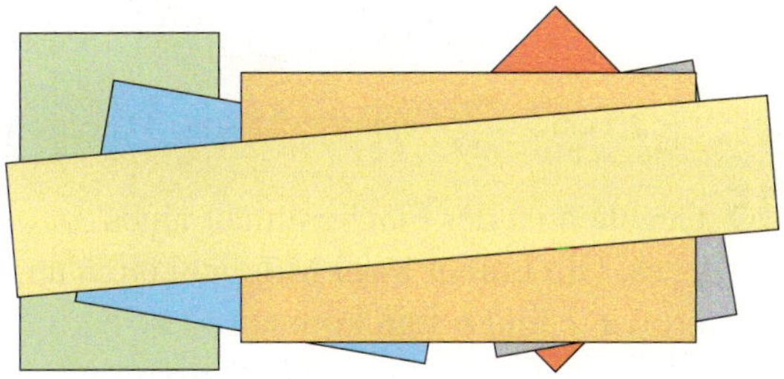

2 Entnimm die Maße aus den abgebildeten Figuren und berechne jeweils ihren Umfang.

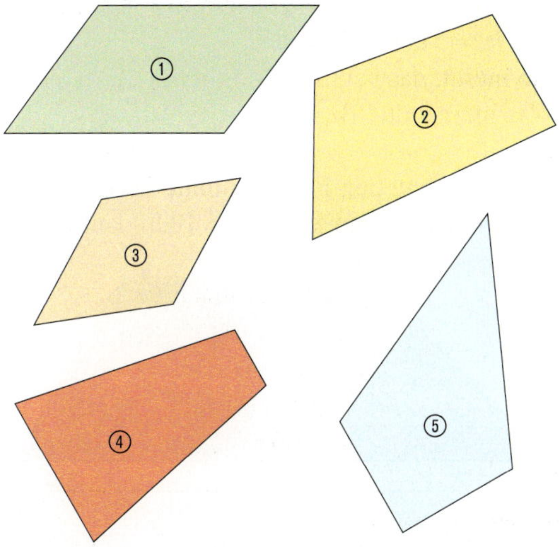

3 Berechne den Umfang der Vierecke.

a) Raute: $a = 3{,}6\,\text{cm}$
b) Parallelogramm: $a = 1{,}1\,\text{cm}$, $b = 3{,}2\,\text{cm}$
c) Trapez: $a = 4{,}7\,\text{cm}$, $b = 2{,}9\,\text{cm}$, $c = 3{,}5\,\text{cm}$, $d = 2{,}1\,\text{cm}$
d) Drachen: $a = 3{,}3\,\text{cm}$, $b = 5{,}6\,\text{cm}$
e) gleichschenkliges Trapez mit $a \parallel c$: $a = 7{,}1\,\text{cm}$, $b = 4{,}5\,\text{cm}$, $c = 5{,}8\,\text{cm}$

4 Berechne die fehlende Seite des Vierecks. Erläutere, wie du vorgegangen bist.

a) Parallelogramm: $u = 14{,}6\,\text{cm}$, $a = 4{,}9\,\text{cm}$
b) Raute: $u = 22{,}2\,\text{cm}$
c) Trapez: $u = 35\,\text{cm}$, $a = 12\,\text{cm}$, $b = 8{,}5\,\text{cm}$, $c = 7{,}5\,\text{cm}$
d) Drachen: $u = 24\,\text{cm}$, $a = 70\,\text{mm}$
e) Rechteck: $u = 1{,}46\,\text{dm}$, $a = 58\,\text{mm}$

5 Berechne jeweils Umfang und Flächeninhalt der abgebildeten Parallelogramme.

a)
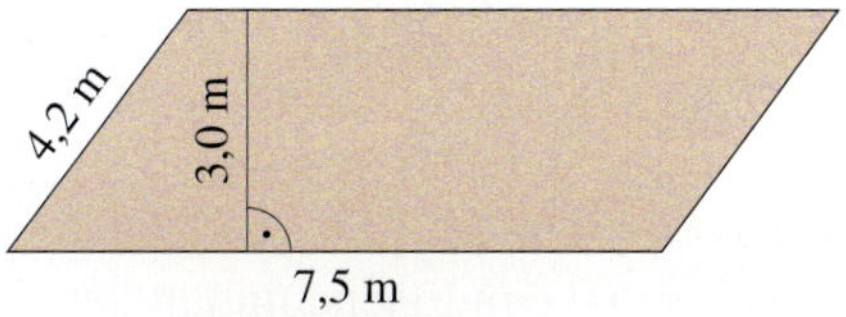

b)
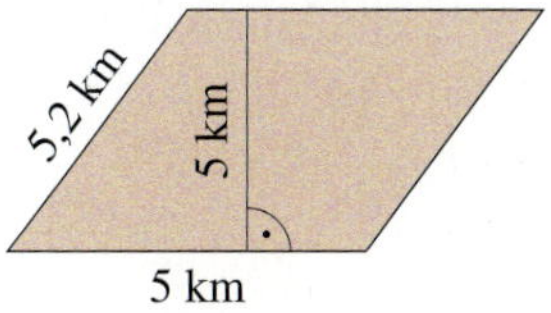

c)
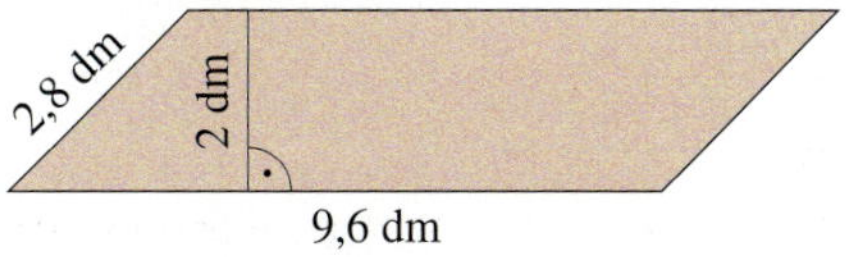

d) Welches Parallelogramm hat einen möglichst großen Flächeninhalt bei möglichst geringem Umfang? Begründe.

6 Zeichne das Parallelogramm mit den Angaben $a = 4{,}2\,\text{cm}$, $b = 3{,}1\,\text{cm}$, $\alpha = 55°$. Berechne Umfang und Flächeninhalt.

7 Berechne die fehlenden Größen der Parallelogramme:

	a (in m)	b (in m)	h_a (in m)	u (in m)	A (in m^2)
a)	2,6	1,6	1,4		
b)	5,3	2,2			18,55
c)		4,1	2,4	18,2	
d)	3,7			12,6	6,29

8 Ein Parallelogramm hat den angegebenen Flächeninhalt. Gib jeweils zwei Möglichkeiten für g und h_g an. Zeichne sie.

a) $A = 45\,\text{cm}^2$
b) $A = 66\,\text{cm}^2$
c) $A = 0{,}21\,\text{dm}^2$
d) $A = 1\,400\,\text{mm}^2$

9 Berechne die Flächeninhalte der Parallelogramme. Zeichne sie mit $u = 15\,\text{cm}$.

a) $a = 4{,}1\,\text{cm}$, $h_a = 3\,\text{cm}$
b) $b = 2{,}3\,\text{cm}$, $h_b = 1{,}7\,\text{cm}$
c) $c = 59\,\text{mm}$, $h_c = 8\,\text{mm}$
d) $b = 0{,}5\,\text{dm}$, $h_a = 0{,}4\,\text{dm}$, $h_b = 0{,}2\,\text{dm}$

ZUR INFORMATION

*Den Begriff „Trapez“ findet man außer in der **Geometrie** auch in den Bereichen **Segeln, Turnen und Astronomie**.*

*Als Trapez bezeichnet man auf **Segelbooten** ein am oberen Teil des Masts befestigtes Drahttauwerk, das der Mannschaft dazu dient, das Boot optimal auszubalancieren.*

*Das Trapez als **Turngerät** wird im Bereich der Luftakrobatik eingesetzt.*

*Im **Orionnebel** ist das Trapez (auch θ1-Orionis) ein **optischer Mehrfachstern**. Er besteht aus 4 Sternen, die alle jeweils Mehrfachsterne sind.*

10 Berechne den Flächeninhalt jedes Parallelogramms. Was fällt dir auf?

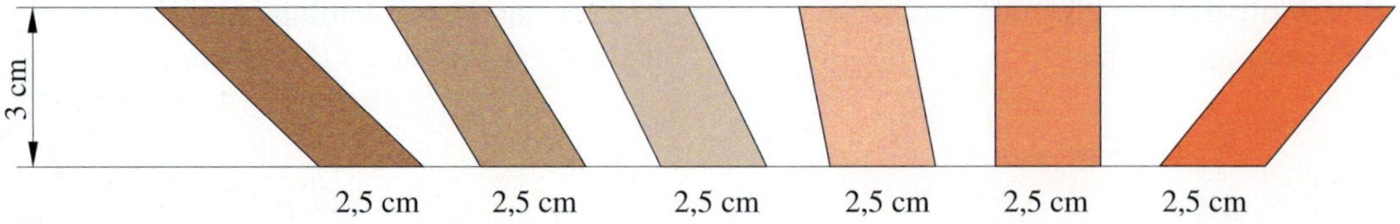

11 Berechne den Flächeninhalt der Trapeze. Die Zeichnungen sind nicht maßstäblich.

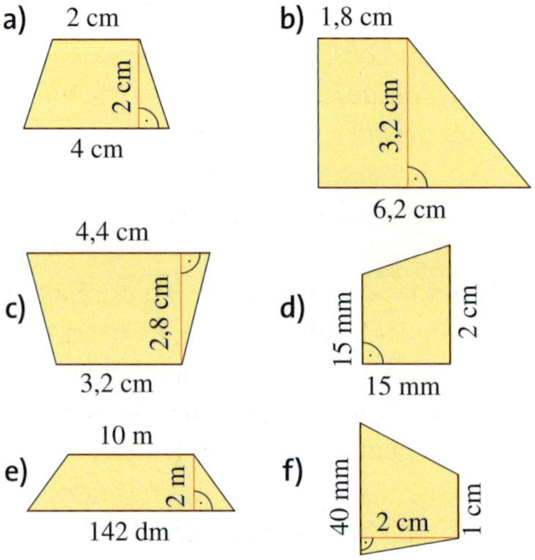

12 Zeichne das Trapez mit $a = 3{,}7\,\text{cm}$, $b = 2{,}9\,\text{cm}$, $\alpha = 35°$, $\beta = 48°$ mit einer dynamischen Geometrie-Software. Berechne den Umfang und den Flächeninhalt.

13 Ben hat sich die Formel für den Flächeninhalt eines Trapezes selbst hergeleitet.

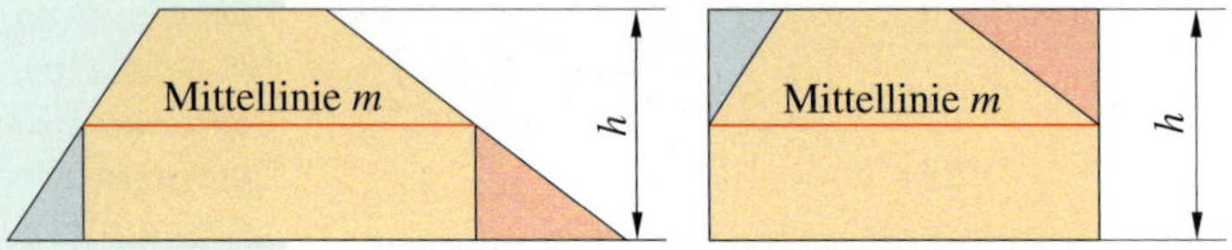

Bens Formel lautet: $A_{\text{Trapez}} = m \cdot h = \frac{(a+c)}{2} \cdot h$

a) Erläutere die Zeichnungen.

b) Wie ist Ben auf m gekommen?

14 Zeichne ein Trapez nach den angegebenen Maßen und berechne den Flächeninhalt.

a) $a = 5\,\text{cm}$, $c = 4\,\text{cm}$, $h = 3\,\text{cm}$

b) $a = 0{,}35\,\text{dm}$, $c = 0{,}56\,\text{dm}$, $h = 0{,}48\,\text{dm}$

c) $a = 74\,\text{mm}$, $c = 0{,}26\,\text{dm}$, $h = 4{,}5\,\text{cm}$

d) $a = 30\,\text{mm}$, $c = 3{,}3\,\text{cm}$, $h = 0{,}33\,\text{dm}$

e) $a = 4{,}5\,\text{cm}$, $c = 0{,}3\,\text{dm}$, $h = 51\,\text{mm}$

ZUM WEITERARBEITEN

Berechne den Flächeninhalt.

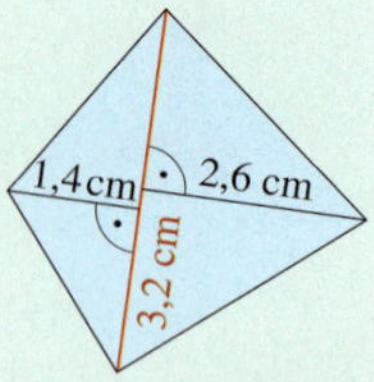

15 Gegeben ist der Flächeninhalt eines Trapezes. Gib immer zwei Möglichkeiten an, wie groß a, c und h sein könnten.

a) $34\,\text{cm}^2$ b) $96\,\text{cm}^2$ c) $450\,\text{mm}^2$

d) 25 ha e) 330 a f) $235\,682\,\text{mm}^2$

16 Helena soll Umfang und Flächeninhalt eines Trapezes mit $a = 6{,}3\,\text{cm}$, $b = 4{,}8\,\text{cm}$ und $h_a = 5\,\text{cm}$ berechnen.
Sie meint, das sei nicht möglich.
Was meinst du? Begründe.

17 Berechne den Flächeninhalt des Querschnitts eines trapezförmigen Bahndammes.

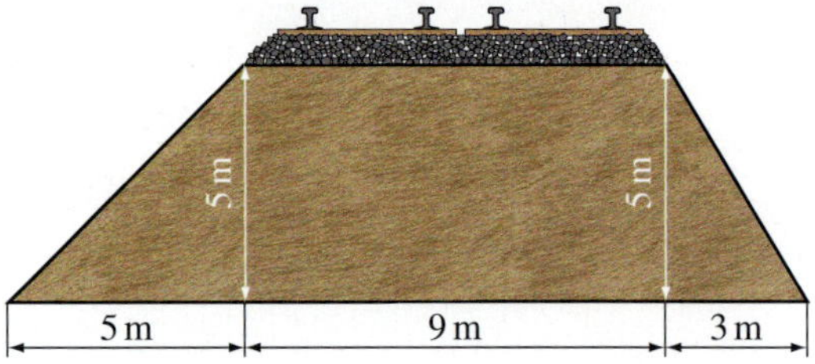

18 Ein Hausdach muss neu gedeckt werden. Der Besitzer möchte sich Kostenvoranschläge einholen. Dafür benötigt er die Größe der Dachfläche. Berechne die Dachfläche.

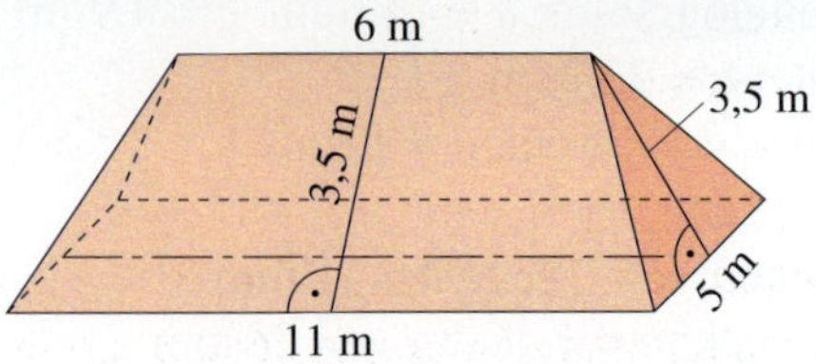

19 Berechne den Flächeninhalt der abgebildeten Drachen.

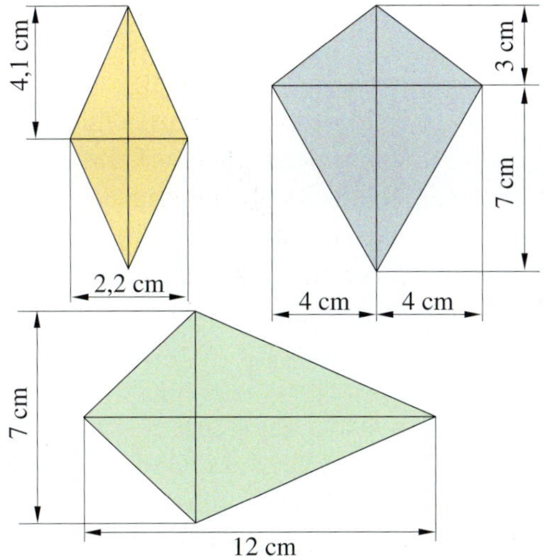

20 Zeichne einen Drachen mit einer DGS mit $a = 3{,}2\,\text{cm}$, $b = 4{,}5\,\text{cm}$ und $\alpha = 55°$. Berechne den Umfang und den Flächeninhalt.

21 Berechne den Flächeninhalt des Drachens.

Diagonale	a)	b)	c)	d)
e	6,3 cm	1,2 m	6 dm	60 cm
f	2,8 cm	4 m	5 dm	4 dm

22 Zeichne den Drachen nach den angegebenen Maßen und berechne den Flächeninhalt.
a) $a = 7\,\text{cm}$, $b = 4{,}5\,\text{cm}$, $\alpha = 65°$
b) $a = 2{,}5\,\text{cm}$, $b = 4\,\text{cm}$, $\beta = 125°$
c) $a = 3{,}4\,\text{cm}$, $e = 5\,\text{cm}$, $\alpha = 58°$
d) $a = 3{,}6\,\text{cm}$, $b = 5{,}1\,\text{cm}$, $e = 4{,}4\,\text{cm}$

23 Gegeben sind der Flächeninhalt eines Drachens und eine Diagonale. Berechne die fehlende zweite Diagonale. Notiere, wie du die Flächeninhaltsformel für den Drachen umstellst.
a) $A = 15\,\text{cm}^2$, $e = 5\,\text{cm}$
b) $A = 23\,\text{mm}^2$, $f = 4\,\text{mm}$
c) $A = 8\,\text{dm}^2$, $e = 3{,}2\,\text{dm}$
d) $A = 9{,}5\,\text{dm}^2$, $e = 38\,\text{cm}$

24 Die Diagonalen eines Drachens und einer Raute sind gleich lang. Sind dann auch Flächeninhalt und Umfang gleich? Begründe.

25 Rita bastelt einen Drachen mit $e = 30\,\text{cm}$ und $f = 50\,\text{cm}$. Zeichne ihn.

a) Wie viel cm Garn benötigt sie für den Umfang? Vergleiche mit deinem Nachbarn. Was fällt dir auf?
b) Wie viel Papier benötigt sie, wenn der Kleberand vernachlässigt wird?

26 Nadine meint: „Kenne ich die Seitenlänge und die Höhe einer Raute, dann kann ich ihren Flächeninhalt berechnen." Was meinst du dazu? Begründe deine Meinung.

27 Berechne den Flächeninhalt der farbigen Fläche. Wie bist du vorgegangen?

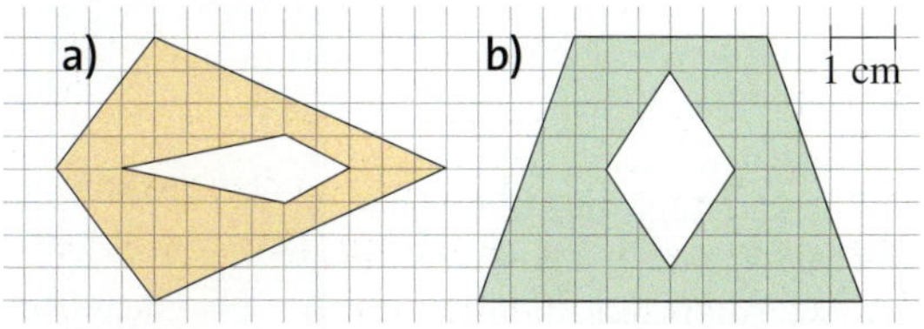

28 Auf einer Dose (0,75 ℓ) steht, dass 240 ml Farbe für $2\,\text{m}^2$ reichen.

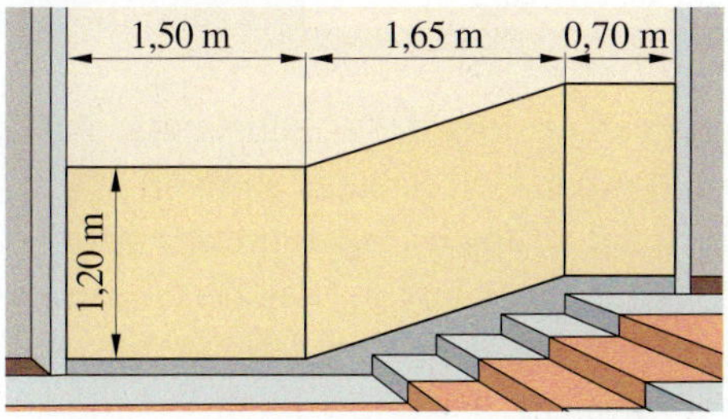

a) Wie viele Dosen werden zum Streichen des dunkelgelben Sockels benötigt?
b) Die Decke ist von der unteren Ebene des Fußbodens 3,40 m hoch und verläuft horizontal. Eine Stufe ist 15 cm hoch. Wie viele Dosen werden zum Streichen der Fläche von der Sockelkante bis zur Decke benötigt?

Dreiecke und Vierecke in der Architektur

Das „Dockland“
Im Herbst 2005 wurde das Bürohaus „Dockland“ an der Elbe in Hamburg fertig gestellt. Dieser mit einem Neigungswinkel von 24° bugförmig herausragende Bau soll den Eindruck erwecken, als ob ein Schiff am Kai angelegt hätte.
Jede der sechs Büro-Etagen ist etwa 700 m^2 groß. Das Gebäude mit seinen parallelogrammförmigen Seiten erstreckt sich insgesamt über 132 Meter Länge und 20 Meter Breite. Es bietet auf sechs Geschossen eine Bruttogeschossfläche von insgesamt 8 750 m^2. Zur Dachterrasse müssen 25 m Höhe überwunden werden – das sind rund 140 Stufen. Der Ausblick von diesem 47 m weit ins Wasser hineinragenden Gebäude ist einmalig.

In der Architektur geht es um den Entwurf und die Gestaltung von Bauwerken.
Es gibt unzählige verschiedene Stile und Richtungen, von eher verspielten oder an die Natur angelehnten Formen bis zu sachlichen, nüchternen Formen, die oft von geometrischen Flächen und Körpern geprägt sind.

Häufig verrät die Form etwas über die Funktion des Gebäudes. Zum Beispiel erkennt man auch an unbekannten Orten Kirchen, Wohnhäuser und Schulen schnell am jeweils typischen Baustil. Manchmal werden Gebäude auch absichtlich so geplant, dass sie Auskunft über ihr Inneres geben.
So ist zum Beispiel in Hamburg direkt am Hafen ein Bürogebäude gebaut worden, das an ein Schiff erinnert.

1 Arbeitet in Kleingruppen. Lest den Zeitungsartikel zum Bürogebäude „Dockland“. Fertigt zu dem Gebäude eine Skizze an und überprüft, ob die Längenangaben, Winkel und Quadratmeterzahlen stimmen können. Findet bei Unstimmigkeiten mögliche Gründe.

2 Wie viel Quadratmeter Fensterglas sind in der gesamten Hausfront vorhanden? Schätze sinnvoll.
Arbeitet in der Gruppe. Überlegt euch zuerst, wie ihr an die Aufgabe herangehen könnt. Welche Informationen benötigt ihr und wie könnt ihr sie erhalten? Nutzt dazu euer Alltagswissen, z. B. über Größen.
Protokolliert die Voraussetzungen, Annahmen und Vorgehensweisen, von denen ihr ausgeht, genau.
Stellt eure Ergebnisse in eurer Klasse vor. Wie weit weichen eure Ergebnisse voneinander ab?
Diskutiert über eure Herangehensweisen und Lösungswege.

ZUM WEITERARBEITEN
Wie viel Meter Rahmen umfassen die Fenster ungefähr?

3 Entwirf selbst eine Gebäudefront, in der möglichst viele verschiedene Vierecksarten vorkommen. Achte auf einen passenden Maßstab. Berechne den Flächeninhalt.

Name: Der schwarze Diamant
Ort: Kopenhagen, Dänemark
Funktion: Öffentliche Bibliothek
Höhe: 29 m
Fassade: 80 m breit

Name: Hearst Tower
Ort: New York, USA
Funktion: Verlagshaus
Höhe: 182 m
Höhe jedes Dreiecks: 16,5 m

4 Arbeitet zu zweit oder in Kleingruppen. Wählt eines der Gebäude und bearbeitet die unten stehenden Aufgaben dazu gemeinsam.

- Welche geometrischen Flächen gibt es am Gebäude?
- Gibt es an dem Gebäude Symmetrieachsen?
- Gibt es einen Zusammenhang zwischen Aussehen und Nutzung des Gebäudes?
- Zeichnet die Vorderseite des Gebäudes. Achtet auf einen passenden Maßstab.
- Berechnet oder schätzt den Flächeninhalt der Vorderseite des Gebäudes möglichst genau.
- Überschlagt, wie viel m^2 Glas für das gesamte Gebäude verwendet wurde.
- Skizziert oder baut ein Modell des Gebäudes.
- Recherchiert eventuell in der Bibliothek oder im Internet nach weiteren Informationen.
- Gestaltet ein Poster oder eine Folie für den Overheadprojektor zu eurem Gebäude.
  Haltet damit eine Präsentation, in der ihr euren Mitschülerinnen und Mitschülern zeigt, was ihr über euer Gebäude herausgefunden habt.

Name: 30 St Mary Axe
Ort: London, Großbritannien
Funktion: Bürogebäude
Grundriss: Kreis
Höhe: 180 m
Umfang am Boden: 82,3 m

Name: La Grande Arche
Ort: Paris, Frankreich
Funktion: Sitz des Handels- und Transportministeriums und der Internationalen Stiftung für Menschenrechte
Höhe: 110,9 m
Breite: 106,9 m
Länge: 112 m
Senkrechte Gebäudeteile: 19 m breit

Vermischte Übungen

ZUR INFORMATION
Für ein Sierpiński-Dreieck wird das gleichseitige Dreieck als Ausgangsfigur in vier deckungsgleiche Dreiecke aufgeteilt und das mittlere Dreieck herausgenommen. Dieser Vorgang wird bei jeder Stufe und jedem gefärbten Dreieck wiederholt.

Stufe 0

Stufe 1

Stufe 2

Stufe 3

1 Zeichne ein Dreieck mit $a = 6\,\text{cm}$, $c = 4{,}5\,\text{cm}$ und $\beta = 52°$. Gib den Umfang und den Flächeninhalt des Dreiecks an. Entnimm fehlende Längenangaben deiner Zeichnung.

2 Zeichne auf ein DIN-A4-Blatt ein Dreieck mit möglichst großem Flächeninhalt. Welche Maße hat es?

3 Linda geht mit ihrem Sportverein zelten. In Opas Keller findet sie ein altes Zelt. Sie möchte es vorher noch imprägnieren. Wie viele Dosen Imprägnierspray benötigt sie, wenn eine 500-ml-Sprühdose für $5\,\text{m}^2$ reicht?

4 Wie viele Dreiecke mit $A = 10\,\text{cm}^2$, $g = 5\,\text{cm}$ und $h_g = 4\,\text{cm}$ gibt es? Hast du eine Idee, wie du alle ganz einfach zeichnen kannst?

5 Alle Seitenlängen eines Dreiecks werden um 10 % verlängert. Vergrößert sich auch der Flächeninhalt um 10 %? Begründe.

6 Das Sierpiński-Dreieck (siehe Randspalte) ist nach dem polnischen Mathematiker Wacław Sierpiński (1882 – 1969) benannt.

a) Das Dreieck in Stufe 0 hat eine Seitenlänge von $a = 10\,\text{cm}$. Wie groß ist sein Flächeninhalt? Zeichne das Dreieck. Entnimm die Höhe deiner Zeichnung.

b) Wie groß ist der Flächeninhalt aller gefärbten Dreiecke in Stufe 1 (2, und 3)?

c) Gib die Summe der Umfänge aller Dreiecke in den Stufen 1 (2, und 3) an.

7 Kennst du die Eigenschaften der Vierecke?

a) Welche Eigenschaften unterscheiden eine Raute von einem Parallelogramm?

b) Welche Eigenschaften unterscheiden ein beliebiges Trapez von einem Parallelogramm?

c) Gib die Unterschiede zwischen einem Rechteck und einem gleichschenkligen Trapez an.

d) Welche Eigenschaften haben ein beliebiges Trapez und eine Raute gemeinsam?

8 Erläutere die folgende Abbildung:

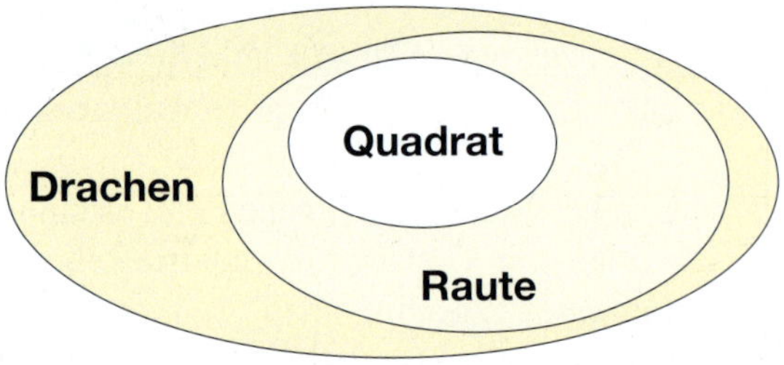

9 Zeichne eine ähnliche Abbildung wie in Aufgabe 8 in dein Heft. Benutze die drei Begriffe Trapez, Rechteck und Parallelogramm.

10 Gegeben ist ein Parallelogramm mit $a = 5\,\text{cm}$, $b = 3\,\text{cm}$ und $h_a = 2{,}5\,\text{cm}$. Verändere die gegebenen Größen des Parallelogramms so, dass …

a) der Umfang verdoppelt wird.

b) der Umfang halbiert wird.

c) der Flächeninhalt verdoppelt wird.

d) der Flächeninhalt halbiert wird.

e) der Umfang 10 % kürzer wird.

f) der Flächeninhalt 150 % des vorherigen einnimmt.

11 Zeichne das allgemeine Viereck. Fertige zunächst eine Planfigur an. Berechne den Flächeninhalt durch Zerlegung in Dreiecke. Entnimm fehlende Maße deiner Zeichnung.

a) $a = 4{,}5\,\text{cm}$, $b = 3{,}1\,\text{cm}$, $c = 3{,}8\,\text{cm}$, $d = 2{,}6\,\text{cm}$, $\alpha = 55°$

b) $b = 4{,}6\,\text{cm}$, $c = 1{,}9\,\text{cm}$, $d = 5{,}2\,\text{cm}$, $\beta = 135°$, $\gamma = 76°$

12 Lea und Till wollen den Schulgarten dreieckig einzäunen. Sie haben dafür 111 m Zaun gekauft. Die eine Hälfte soll mit Sonnenblumen, die andere mit Tomaten bepflanzt werden. Eine Tüte mit 50 Sonnenblumenkernen kostet 79 Cent, allerdings sind 10 % der Kerne Ausschuss. Die Tüte mit Tomatensamen enthält 10 Körner und kostet 0,99 €.

a) Welche Seitenlängen wird der Schulgarten haben, wenn die Fläche möglichst groß sein soll? Wie viel m^2 Schulgarten können dann bepflanzt werden?

b) Sonnenblumen und Tomaten benötigen ringsherum einen Abstand von 60 cm. Wie viel € müssen Lea und Till ausgeben?

13 In einer Tischlerei wurde ein Brett zersägt. Die Breite des Sägeblattes beträgt 1,5 mm.

a) Berechne die Flächeninhalte der einzelnen Brettabschnitte.

b) Bestimme die ursprünglichen Maße des Brettes. Wie viel mm^2 des Brettes sind beim Sägen verloren gegangen?

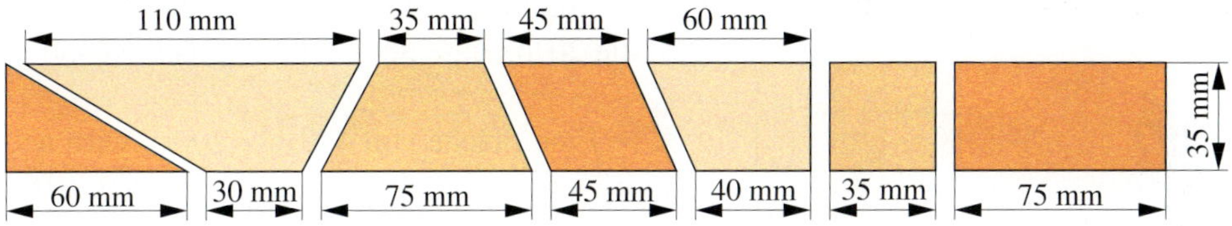

14 Gegeben ist der Flächeninhalt eines Trapezes.

① $A = 42\,cm^2$ ② $A = 54\,cm^2$
③ $A = 760\,mm^2$ ④ $A = 4{,}8\,dm^2$
⑤ $A = 44\,ha$ ⑥ $A = 1\,025\,a$

a) Gib zu jedem Flächeninhalt zwei Möglichkeiten an, wie groß a, c und h sein können. Zeichne beide Trapeze maßstabsgetreu.

b) Wie kann man a) besonders einfach lösen? Diskutiert, was dabei eine Rolle spielt?

15 Berechne den Flächeninhalt der Trapeze.

a) $a = 4{,}5\,cm$, $c = 3{,}7\,cm$, $h = 5{,}1\,cm$

b) $a = 32\,mm$, $c = 48\,mm$, $h = 65\,mm$

c) $a + c = 8{,}6\,mm$, $h = 2{,}2\,mm$

16 Zeichne das Parallelogramm. Berechne den Flächeninhalt. Entnimm die fehlenden Maße deiner Zeichnung.

a) $a = 4\,cm$, $b = 5\,cm$, $\beta = 135°$

b) $a = 3{,}5\,cm$, $b = 7{,}4\,cm$, $\alpha = 50°$

c) $a = 0{,}53\,dm$, $b = 0{,}35\,dm$, $\gamma = 76°$

17 Konstruiere mit einer DGS ein Viereck. Verbinde ihre Seitenmittelpunkte. Bei welchen Vierecken ist das Mittendreieck ein Rechteck, Parallelogramm usw.?

18 Die Grundstücke A bis F werden zum Verkauf angeboten.

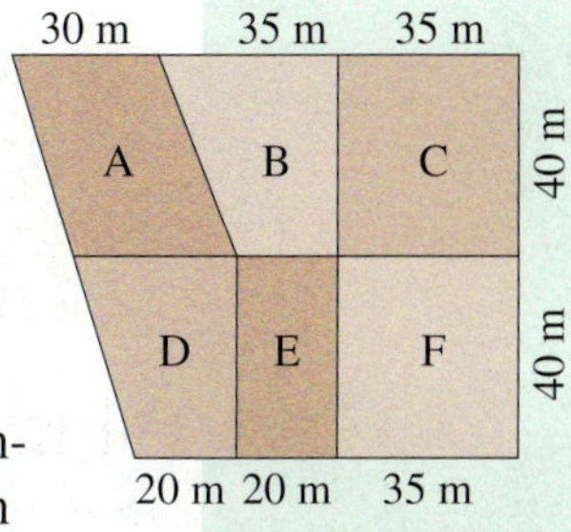

a) Bestimme den Flächeninhalt jedes Grundstücks.

b) Der Grundstückspreis liegt bei 130 € pro m^2. Familie Meier kann maximal 150 000 € für das Grundstück aufbringen. Welche Grundstücke könnte sich die Familie kaufen?

c) Der Besitzer von Grundstück E möchte sein Grundstück vollständig einzäunen. Bestimme die Gesamtlänge des Zauns.

d) Rechts von Grundstück C und F liegt ein 80 m langes Grundstück mit einem Flächeninhalt von $1\,400\,m^2$. Wie breit ist es? Zeichne es maßstabsgetreu ein.

19 Berechne den Flächeninhalt der Figur durch geschicktes Zerlegen in Teilfiguren oder durch Ergänzen (Maße in cm).

a)

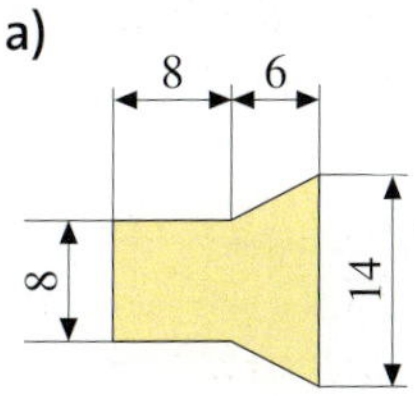

b)

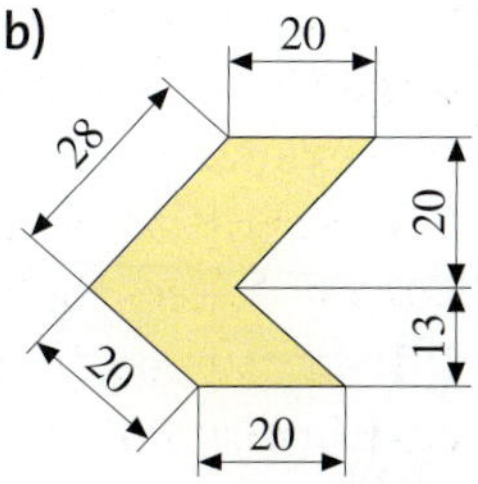

c)

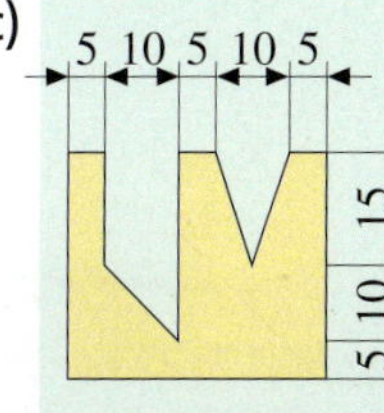

090-1

ZUM WEITERARBEITEN
Flächeninhalte auf Landkarten kann man mit Hilfe von Vierecken abschätzen. Eine Aufgabe dazu findest du unter dem Webcode.

090-2

ZUM WEITERARBEITEN
Hier findest du ein Kreuzworträtsel zu Vierecken.

20 Was kannst du über benachbarte und was über gegenüberliegende Winkel sagen? Gilt das immer? Welche Innenwinkelsumme liegt jeweils vor?

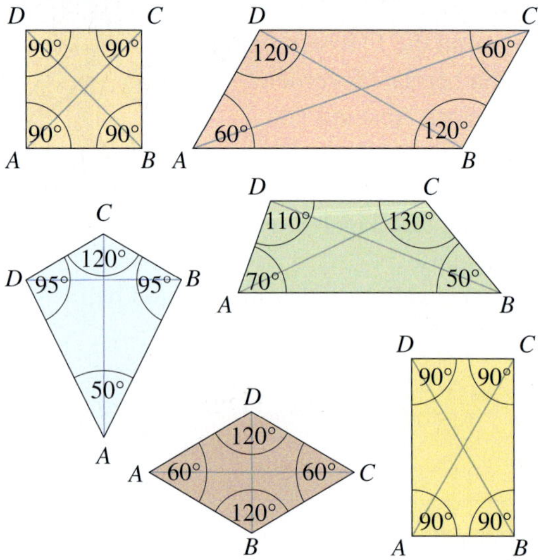

21 Pauline möchte für ihr Meerschweinchen im Garten ein Gehege abstecken.
Sie hat 12 m Zaun zur Verfügung.
Welche geometrischen Formen könnte sie wählen? Welchen Flächeninhalt hätte das Gehege jeweils? Zeichne und berechne verschiedene Möglichkeiten.

22 Übertrage die Zeichnungen in dein Heft. Spiegele die Figuren an der roten Achse *g*.

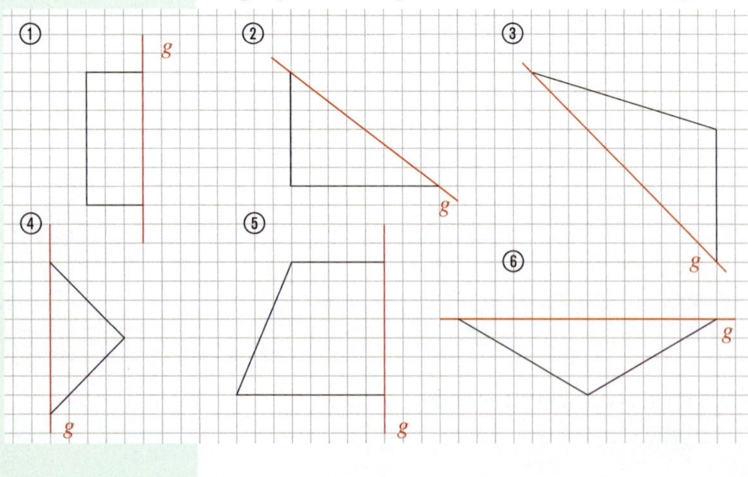

23 Ein Grundstück soll bei gleichem Flächeninhalt begradigt werden.
Entnimm die bisherigen Maße der Zeichnung (Maßstab 1 : 1 000).

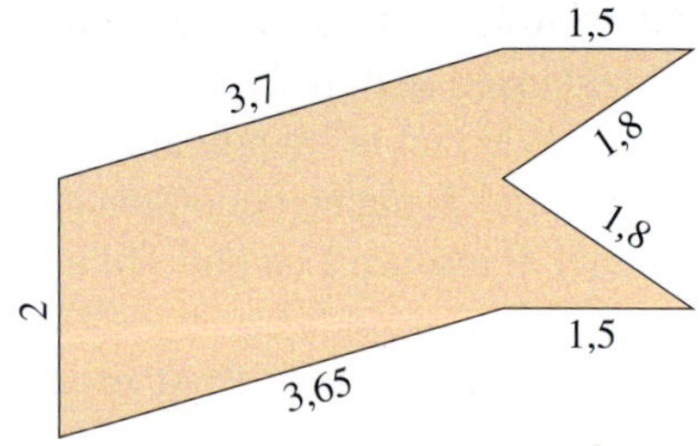

Welche Maße und welche neue Form schlägst du vor, wenn …

a) wenig Zaun benötigt werden soll?

b) die 20 m lange Seite erhalten bleiben soll?

24 Eine Fläche von 400 m × 200 m wird neu geordnet (siehe maßstäbliche Zeichnung). Die Tabelle zeigt die durchschnittlichen Kosten der Neuordnung (in € pro m²).

bisherige Einteilung *neue Einteilung*

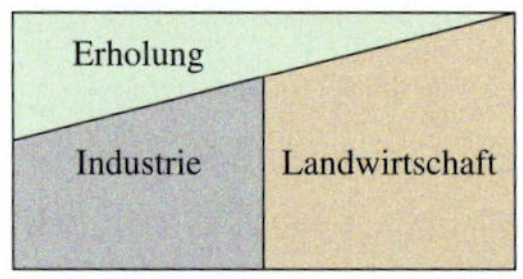

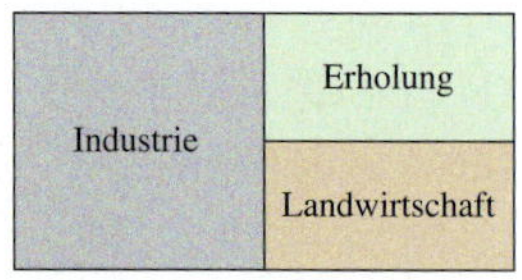

von \ zu	Erholung	Landwirtschaft	Industrie
Erholung	–	25	15
Landwirtschaft	20	–	20
Industrie	40	35	–

a) Bestimme für die bisherige und die neue Einteilung die Größe jeder Fläche. Gib ihren Anteil an der Gesamtfläche an.

b) Stelle die Veränderungen der Flächennutzung in einer Zeichnung dar.

c) Wie groß ist die Fläche, auf der sich keine Nutzungsänderungen ergeben?

d) Wie viel m² des bisherigen Erholungsgebietes werden dann industriell genutzt?

e) Um wie viel Prozent ist die landwirtschaftlich genutzte Fläche kleiner geworden?

f) Bestimme die Höhe der Kosten für die Nutzungsänderung der in d) und e) genannten Fläche. Berechne die Gesamtkosten, die bei der Neuordnung anfallen.

Teste dich!

a | b

1 Berechne den Umfang und den Flächeninhalt der Dreiecke. Miss fehlende Längen nach.

a)
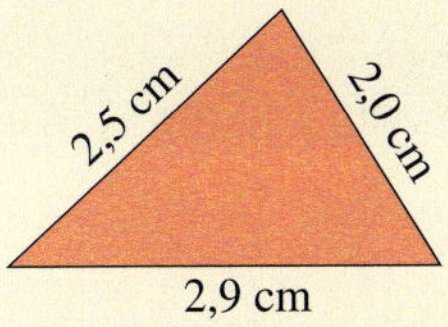

b)
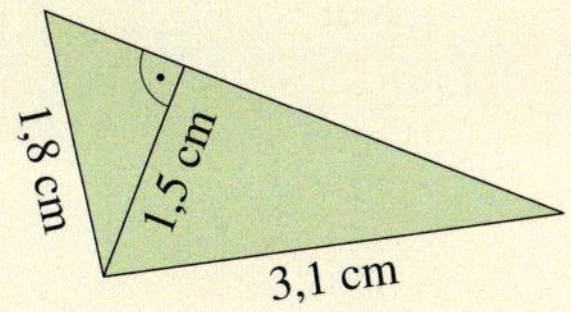

c)
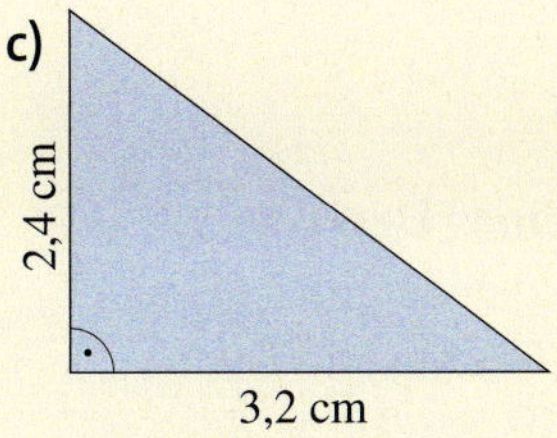

d)
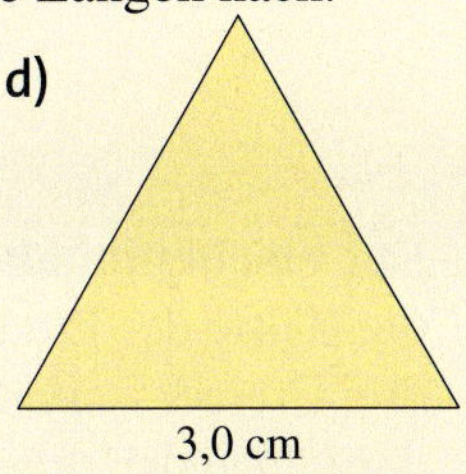

gleichseitiges Dreieck

2 In der Zeichnung sind verschiedene Vierecke abgebildet.

a) Benenne die Vierecke.

b) Schreibe eine Reihenfolge der Vierecke auf, sodass das links stehende Viereck auch immer zu der rechts daneben stehenden Vierecksart gehört.

①
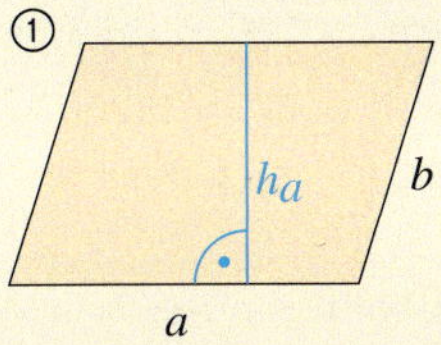

②
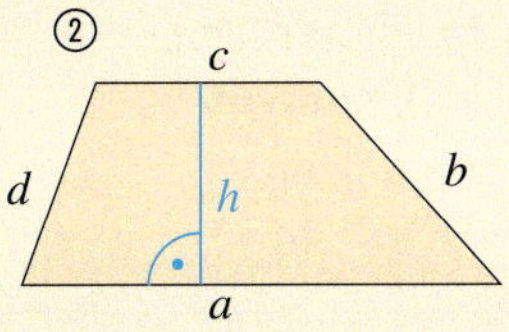

③
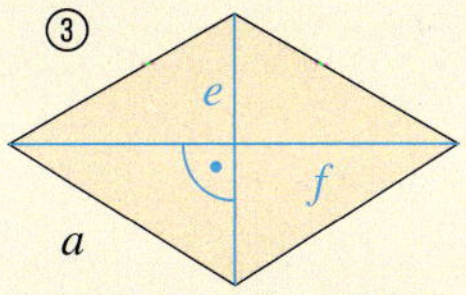

④
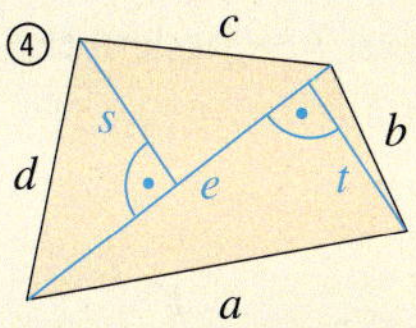

3 Zeichne die Vierecke aus Aufgabe 2 mit folgenden Längen. Berechne ihren Umfang und ihren Flächeninhalt. Entnimm fehlende Maße deinen Zeichnungen.

①	②	③	④
$a = 5{,}1\,\text{cm}$	$a = 3{,}6\,\text{cm}$	$a = 4\,\text{cm}$	$a = 5{,}1\,\text{cm}$, $b = 2{,}5\,\text{cm}$
$b = 3{,}7\,\text{cm}$	$b = 2{,}3\,\text{cm}$	$e = 4{,}8\,\text{cm}$	$c = 2\,\text{cm}$
$h_a = 3{,}2\,\text{cm}$	$c = 1{,}7\,\text{cm}$	$f = 6{,}4\,\text{cm}$	$e = 5{,}2\,\text{cm}$
	$h_a = 1{,}9\,\text{cm}$		$s = 1{,}6\,\text{cm}$, $t = 2{,}4\,\text{cm}$

4 Welche Aussagen sind wahr? Begründe.

a) Ein Rechteck ist auch ein Drachen.

b) Eine Raute ist ein spezielles Trapez.

c) Alle Vierecke kann man in zwei Dreiecke zerlegen.

d) Es gibt nur eine Vierecksart, die vier gleich lange Seiten hat.

4 Welche Aussagen sind wahr? Begründe.

a) Ein Trapez hat mindestens ein Paar paralleler Seiten.

b) Raute und Parallelogramm unterscheiden sich nur in der Anzahl gleichlanger Seiten.

c) Ein Drachen kann sowohl achsen- als auch punktsymmetrisch sein.

5 In den gleichschenkligen Dachgiebel wird ein Fenster mit Wärmedämmglas eingesetzt.

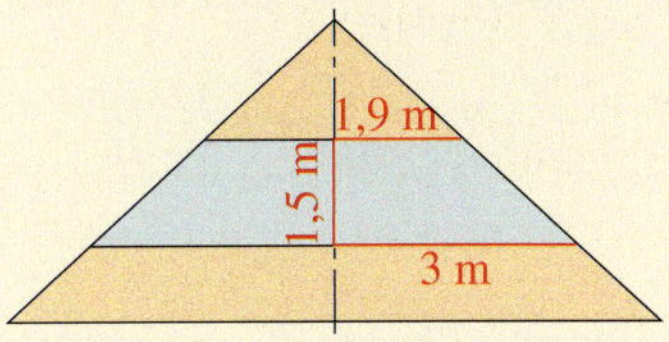

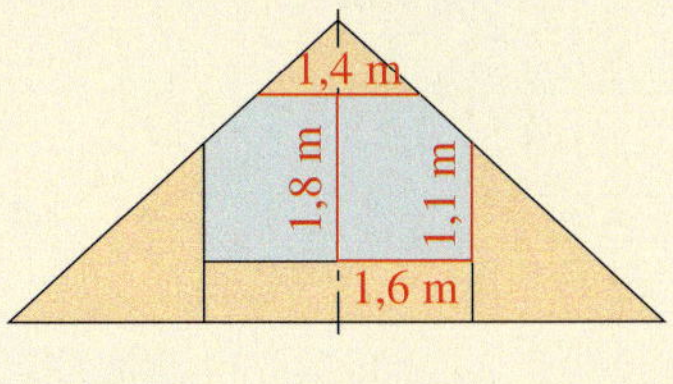

a) Berechne nach der Skizze die Fläche des Fensters in m².

b) Wie viel muss für das Wärmedämmglas bezahlt werden, wenn 1 m² für 145,67 € angeboten wird?

HINWEIS

Brauchst du noch Hilfe, so findest du auf den angegebenen Seiten ein Beispiel oder eine Anregung zum Lösen der Aufgaben. Überprüfe deine Ergebnisse mit den Lösungen auf Seite 244.

Aufgabe	Seite
1	72
2	76
3	82
4	76
5	82

Zusammenfassung

→ Seite 72

Umfänge und Flächeninhalte von Dreiecken

Der **Umfang eines Dreiecks** ist die Summe aller Seitenlängen.

$u_{\text{Dreieck}} = a + b + c$

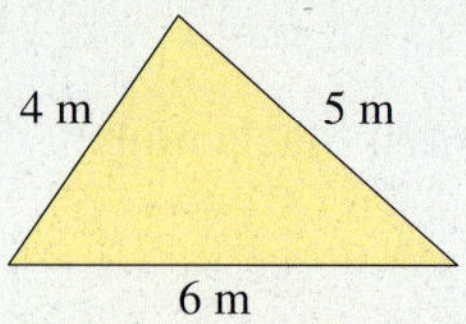

$u_{\text{Dreieck}} = (4 + 5 + 6)\,\text{m}$
$= 15\,\text{m}$

Der **Flächeninhalt eines Dreiecks** ist die Hälfte des Produkts aus einer der drei Dreiecksseiten (Grundseite g) und der Länge der zugehörigen Höhe h_g.

$A = \frac{g \cdot h_g}{2}$

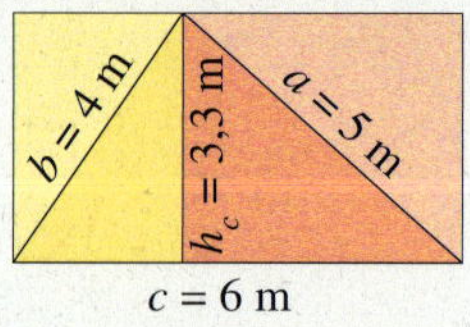

Es gilt: $g = c$ und $h_g = h_c$
$c = 6\,\text{m}$, $h_c = 3{,}3\,\text{m}$

$A = \frac{6 \cdot 3{,}3}{2}\,\text{m}^2 = 9{,}9\,\text{m}^2$

→ Seiten 76, 82

Haus der Vierecke mit Umfängen und Flächeninhalten von Vierecken

Der Pfeil ⟶ bedeutet:
„… ist auch ein(e) …"

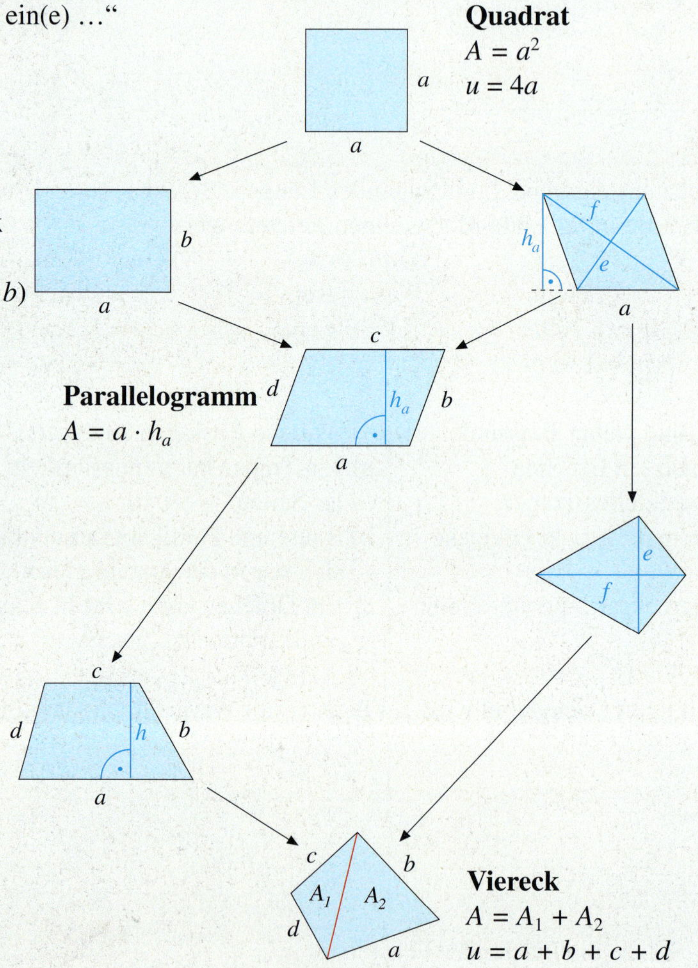

Quadrat
$A = a^2$
$u = 4a$

Rechteck
$A = a \cdot b$
$u = 2(a + b)$

Raute
$A = a \cdot h_a$
oder
$A = \frac{e \cdot f}{2}$

Parallelogramm
$A = a \cdot h_a$

Drachen
$A = \frac{e \cdot f}{2}$

Trapez
$A = \frac{(a + c) \cdot h}{2}$

Viereck
$A = A_1 + A_2$
$u = a + b + c + d$

Zuordnungen

Eine Fabrik produziert in einer Stunde 1 000 Flaschen.
Nach einem Tag hat sie $24 \cdot 1000 = 24000$ Flaschen hergestellt.
An einem Tag befüllt eine Maschine 2 500 dieser Flaschen.
In einer Woche werden von dieser Maschine
demnach $7 \cdot 2500 = 17500$ Flaschen befüllt.
Zwei Maschinen der gleichen Art füllen an einem Tag
5 000 Flaschen, in der Woche 35 000 Flaschen.

Noch fit?

1 Ergänze die Einheiten.

a) Die Entfernung zwischen Dresden und Cottbus beträgt 138 ___.
b) Eileen muss jeden Morgen 800 ___ zur Schule laufen.
c) Lisas Bleistift ist noch 9 ___ lang.
d) Das Fußballfeld hat eine Länge von 105 ___.
e) 15 Blatt Papier haben eine Dicke von 2 ___.
f) Die CD hat einen Durchmesser von 1,2 ___.

2 Schreibe in der in Klammern angegebenen Einheit.

a) 4 km (m) b) 8 m (dm) c) 2 m (cm) d) 15 dm (cm) e) 3 000 mm (dm)
f) 4 000 cm^2 (dm^2) g) 500 m^2 (km^2) h) 1,5 m^2 (dm^2) i) 0,2 dm^3 (mm^3) j) 50 m^3 (km^3)

3 Schreibe in der in Klammern angegebenen Einheit.

a) 2 Tage (h) b) 3 min (s) c) 180 s (min) d) 48 h (Tage) e) 23 min (s)
f) 13 Tage (h) g) 1 Tag (min) h) 1 h 1 min (s) i) 365 Tage (min) j) 5 h (s)

4 Bestimme die Zeitspanne.

a) Ilona fährt um 18.31 Uhr in Erfurt los und kommt um 22.25 Uhr in Cottbus an.
b) Kolumbus wurde 1451 in Genua geboren und starb 1506 in Valladolid.
c) Die Bauarbeiten begannen am 12. März 2005 und wurden am 24. Mai 2005 beendet.

5 Diagramm

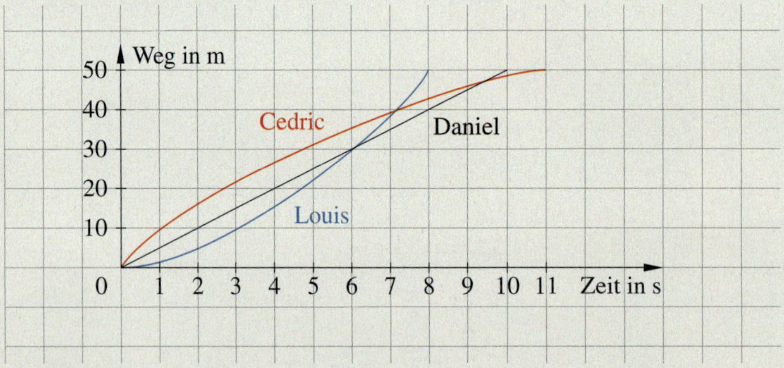

Welche Aussagen sind richtig? Begründe und korrigiere falsche Aussagen.

a) Cedric hat den Lauf gewonnen.
b) Louis lief langsam los und wurde dann schneller.
c) Daniel lief in gleichmäßigem Tempo.
d) Cedric hat Louis nach 40 m überholt.
e) Nach 5 Sekunden führte Cedric.
f) Daniel ist die Strecke in 10 Sekunden gelaufen.

Kurz und knapp

1. Wie viele Tage bist du ungefähr alt?
2. Erkläre die Bedeutung der Vorsätze „Dezi“, „Zenti“ und „Milli“, z. B. bei Längeneinheiten.
3. Ergänze die Lücken. Gibt es mehrere Möglichkeiten?
   a) $6 \cdot 25 = \square \cdot 50$ b) $14 \cdot 20 = 7 \cdot \square$ c) $\square \cdot 8 = \square \cdot 4$
   d) $21 : 7 = 42 : \square$ e) $120 : 15 = \square : 5$ f) $36 : 6 = \square : \square$
4. In einem Monat wächst ein Kopfhaar etwa 1,2 cm. Wie lang wächst es in einem Jahr?
5. Fünf Flaschen Cola kosten 4,95 €. Wie viel kostet eine Flasche Cola?

Zuordnungen erkennen und darstellen

Erforschen und Entdecken

1 Ihr benötigt für den Versuch mindestens drei unterschiedlich geformte kleine Vasen mit möglichst gleichem Volumen, einen Messbecher, ein langes Lineal oder einen Zollstock und Wasser.

a) Platziert das Lineal oder den Zollstock in einer der drei Vasen. Übertragt die folgende Wertetabelle in euer Heft:

Wassermenge (in ml)	0	50	100	150	…
Höhe der Wassersäule (in cm)					

b) Füllt in die Vase mit dem Lineal bzw. Zollstock mit dem Messbecher 50 ml Wasser. Lest die Füllhöhe ab und tragt sie in die Tabelle ein. Gießt weitere 50 ml Wasser nach, lest die neue Füllhöhe ab und tragt in die Tabelle ein. Fahrt so fort, bis die Vase voll ist.

c) Nehmt die weiteren Vasen und verfahrt wie bei Teilaufgabe b). Zeichnet zu jeder Vase ein Säulendiagramm aus den Werten in der Tabelle.

HINWEIS
Achtet darauf, dass euer Messbecher eine 50-ml-Unterteilung besitzt.

2 Die folgenden Graphen zeigen die Ergebnisse von Füllexperimenten, bei denen Wasser in Vasen unterschiedlicher Formen gefüllt wurde.

①
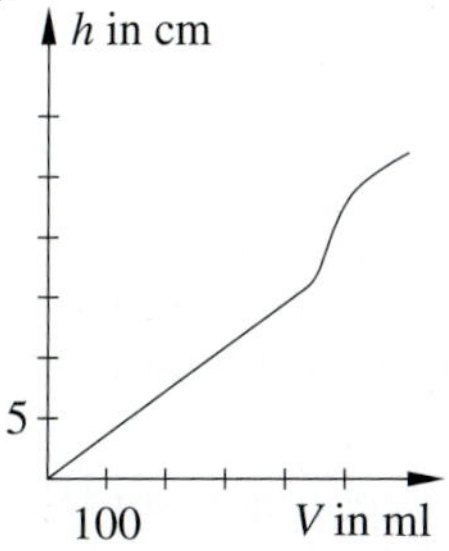

②
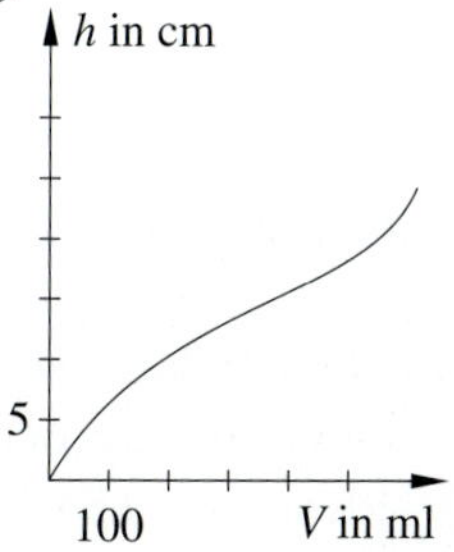

③
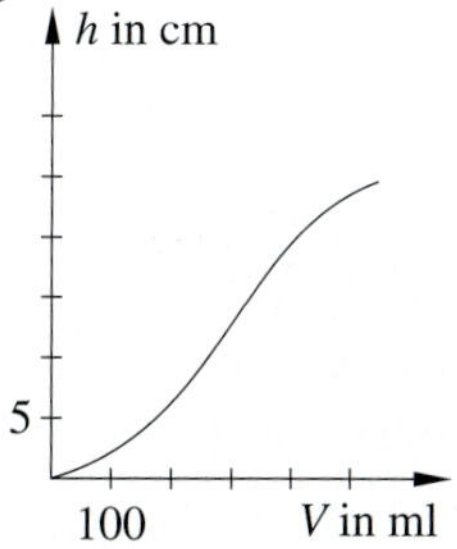

④
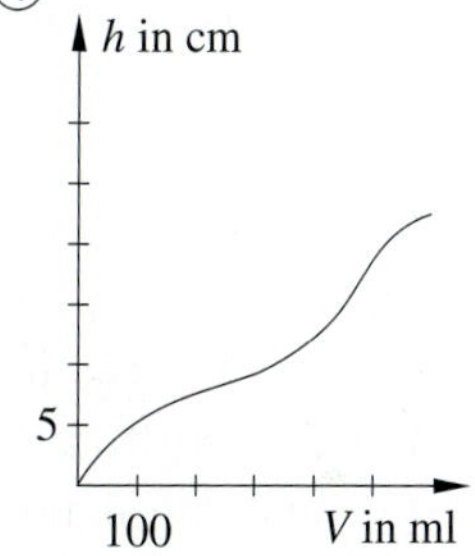

Ⓐ
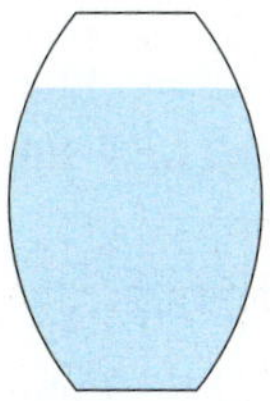

Ⓑ
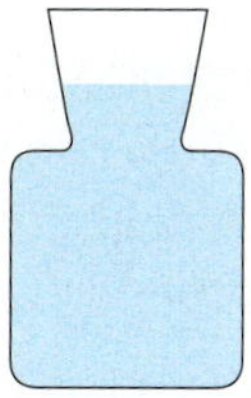

Ⓒ

Ⓓ
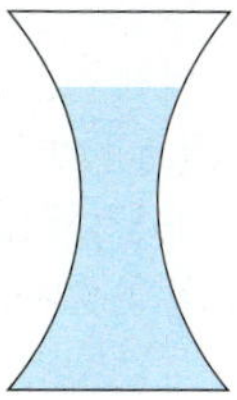

a) Fertige zu den einzelnen Diagrammen Wertetabellen an.
b) Beschreibe die Verläufe der Graphen möglichst kurz und präzise.
c) Was bedeutet es für die Form des Gefäßes, wenn der Graph steiler ansteigt?
d) Ordne den Diagrammen die entsprechenden Vasen zu.
e) Erfinde eigene Gefäße und skizziere dazu die Füllgraphen.

HINWEIS
*In den nebenstehenden Bildern ①–④ sind die geschwungenen Linien die **Graphen** der Zuordnungen.*

Lesen und Verstehen

Eine Vase hat die Form einer quadratischen Säule. Es werden mehrmals 50 ml Wasser eingefüllt. Die Wassersäule steigt jeweils um 3 cm.
Stelle diese Zuordnung auf verschiedene Arten dar.

HINWEIS
Wird jedem Element oder jedem Wert aus einem vorgegebenen Bereich genau ein Element oder Wert aus einem anderen Bereich zugeordnet, so spricht man von einer „eindeutigen Zuordnung". Eine „eindeutige Zuordnung" nennt man in der Mathematik auch „Funktion".

Zuordnungen
Bei Zuordnungen wird jedem Element oder jedem Wert aus einem vorgegebenen Bereich (z. B. der Füllmenge) ein oder mehrere Elemente oder Werte aus einem anderen Bereich (z. B. der Höhe der Wassersäule) zugeordnet.

Eine Zuordnung zwischen zwei Größen wird häufig dargestellt durch (siehe rechts):
- einen **Text**,
- eine **Tabelle** oder
- ein **Diagramm**.

Text Werden mehrmals 50 ml Wasser in die Vase gefüllt, steigt die Höhe der Wassersäule um jeweils 3 cm.

Tabelle

Füllmenge (in ml)	0	50	100	150
Höhe der Wassersäule (in cm)	0	3	6	9

Diagramm

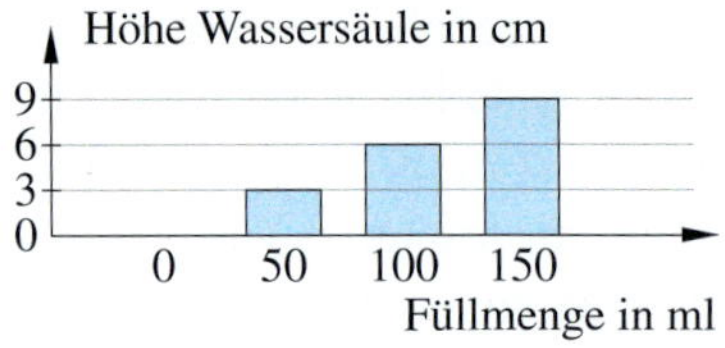

Üben und Anwenden

1 Welche Größen sind einander zugeordnet?

a) Über- und Untergewicht werden heute mit dem Körpermassenindex (BMI) erfasst, dem Quotienten aus Körpergewicht (in kg) und Quadrat der Körpergröße (in m).

b) Preise von Telefonanbietern

Mo - Fr	ct	FERN	Sa + Fr
07 - 18	2,7	01081	07 - 20
	< 3	01077	
18 - 20	2,5	01078	20 - 07
20 - 07	1,5	01070	

c) Wettervorhersage

d) Fieberkurve

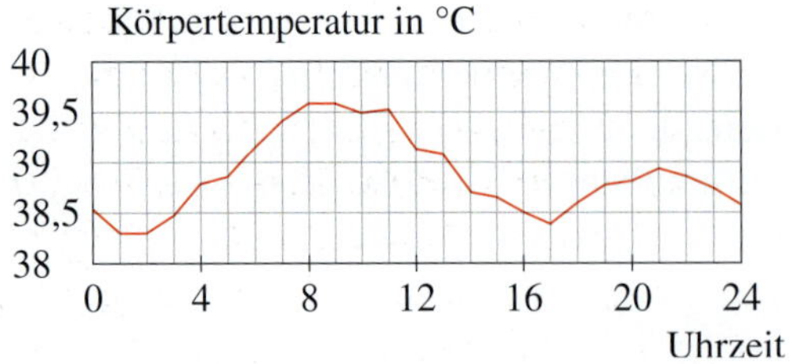

2 Ergänze die folgenden Aussagen. Findest du mehrere Lösungen?

a) Jedem Kind kann … zugeordnet werden.

b) Jedem … kann seine Einwohnerzahl zugeordnet werden.

c) Jedem Auto kann … zugeordnet werden.

d) Jedem … kann seine Höhe zugeordnet werden.

3 Sören, Mona und Lars spielen „Stadt, Land, Fluss". Ihre Ergebnisse bei „R" sind:

	Stadt	Land	Fluss
Sören	Rom	Russland	Rhein
Mona	Remscheid	Rumänien	Ruhr
Lars	Rio de J.	Ruanda	Rhône

a) Handelt es sich bei dem Spiel um eine Zuordnung? Begründe.

b) Ordne jeder Stadt der Tabelle das zugehörige Land und jedem Land der Tabelle seine Hauptstadt zu.

c) Ordne jedem Fluss der Tabelle die Länder zu, durch die er fließt.

Proportionale Zuordnungen

Erforschen und Entdecken

1 Familie Koenen möchte ihren Urlaub in London verbringen.
In Großbritannien bezahlt man mit britischen Pfund (£). 1 £ hat einen Wert von 1,48 €.
Um die Preise leichter umrechnen zu können, hat Herr Koenen eine Umrechnungstabelle angelegt.

£	1	2	3	4	5	6	7	8	9	10	20	30	50	100
€	1,48				7,40									

097-1

a) Übertrage die Tabelle in dein Heft und vervollständige sie.
b) Stelle die Umrechnungstabelle (bis 10 £) in einem Diagramm dar.
Dürfen die Punkte miteinander verbunden werden? Begründe.
c) Eine Jeanshose kostet in England 59 £. Gib den Preis in € an.
d) Gib die folgenden Beträge in € an: 60 £; 26 £; 137 £; 206 £. Erkläre, wie du vorgegangen bist und vergleiche die Vorgehensweise mit denen deiner Mitschüler.

HINWEIS
Erkundige dich im Internet nach den aktuellen Umrechnungskursen.

2 Tropfende Wasserhähne kosten Geld. Aber wie viel? Stelle einen Messbecher unter einen tropfenden Wasserhahn und miss, wie viel Wasser in einer Stunde aufgefangen wird.
a) Ergänze die folgende Wertetabelle und stelle die Zuordnung *Zeit* → *Wassermenge* grafisch dar.

Zeit (in h)	1	2	3	4	5	6	7	8	9	10	11	12
Wassermenge (in ml)												

b) Vergleiche deine Werte mit denen deiner Mitschüler. Worin unterscheiden sich die Diagramme? Warum?
c) Wie viel Wasser tropft an einem Tag (in einer Woche; einem Monat; einem Jahr) aus dem Wasserhahn?
d) 1 000 Liter (= 1 m³) Wasser kosten etwa 1,75 €.
Wie hoch sind die Kosten, die für einen tropfenden Wasserhahn im Jahr anfallen?
e) Gibt es einen Zusammenhang zwischen der vergangenen Zeit und der Wassermenge?

Informationen zu Wasserpreisen und Wasserverbrauch findest du unter
097-2

3 Arbeitet in Kleingruppen zu zwei bis fünf Schülerinnen und Schülern.
Jede Kleingruppe benötigt:
eine Briefwaage
zehn 1-ct-Münzen
zehn 2-ct-Münzen
zehn 5-ct-Münzen.
a) Ermittelt das Gewicht von 1 (2, 3, 4, …, 10) 1-ct-Münzen (2-ct-, 5-ct-Münzen) und tragt die Ergebnisse in eine Tabelle ein.
b) Stellt die Messergebnisse in einem Diagramm dar. Warum sollte man die Punkte nicht miteinander verbinden?
c) Was stellt das rechts abgebildete Diagramm dar?

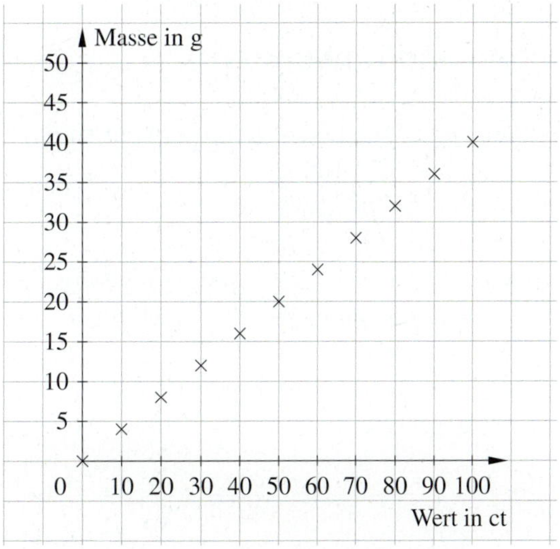

Lesen und Verstehen

In einem Schülercafé kosten alle Getränke 0,80 €.
Als Hilfe für die Abrechnung hängt an der Kasse eine Liste mit der Zuordnung
Anzahl der Getränke → Preis.

Diese Zuordnung hat eine besondere Eigenschaft:
Die einander zugeordneten Größen ändern sich im gleichen Verhältnis.

Führt eine Verdopplung (Verdreifachung, Vervierfachung, …) der vorgegebenen Größe zur Verdopplung (Verdreifachung, Vervierfachung, …) der zugeordneten Größe, so handelt es sich um eine **proportionale Zuordnung**.

BEISPIEL

Anzahl der Getränke	1	2	3	4	5	6
Preis (in €)	0,80	1,60	2,40	3,20	4	4,80

$\frac{0,8}{1} = \frac{1,6}{2} = \frac{2,4}{3} = \ldots = \frac{4,8}{6} = 0,8$

HINWEIS
Der Quotient der Zahlenpaare bei proportionalen Zuordnungen wird als ***Proportionalitätsfaktor*** *bezeichnet.*

Der Quotient aus zugeordnetem Wert y und vorgegebenem Wert x ist – abgesehen vom Wertepaar $(0|0)$ – immer gleich.
Man nennt die Zahlenpaare deshalb **quotientengleich**.

Bei der grafischen Darstellung einer proportionalen Zuordnung liegen alle Punkte auf einem Strahl, der im Ursprung beginnt.

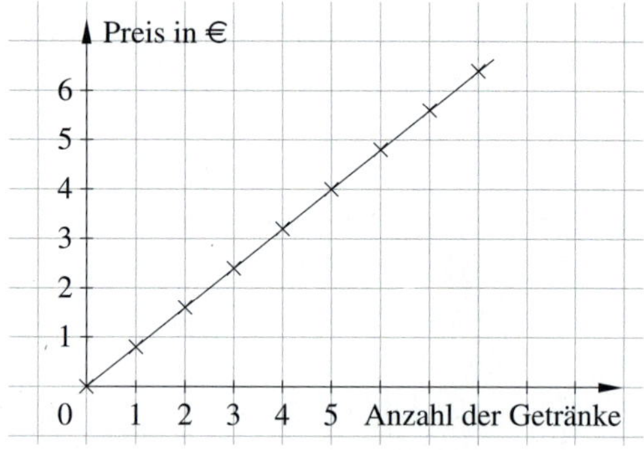

Üben und Anwenden

1 Welche der folgenden Zuordnungen sind proportional? Begründe.
a) *Alter → Körpergröße*
b) *Anzahl der Eiskugeln → Preis*
c) *Seitenlänge eines Quadrats → Umfang*
d) *Kantenlänge eines Würfels → Volumen*

2 Ist diese Zuordnung proportional oder nicht? Begründe.

x	0	1	2	3	4
y	0	3	6	9	12

BEACHTE
Die Masse wird umgangssprachlich meistens Gewicht genannt.

3 Unter welchen Bedingungen sind die folgenden Zuordnungen proportional?
a) *Anzahl der Pizzabeläge → Preis*
b) *Anzahl der Bananen → Masse*
c) *Zeit im Internet → Kosten*
d) *Anzahl der Bäume → Waldgröße*

4 Ist diese Zuordnung proportional?

Anzahl der Getränke	1	2	4	8
Preis (in €)	1,20	2,40	4,80	9,60

5 Welche der folgenden in Tabellenform gegebenen Zuordnungen sind proportional? Begründe.

a)

x	0	1	2	3	4
y	0	3,5	7	10,5	14

b)

x	0	1	2	3	4
y	2	4	6	8	10

c)

x	1	2	3	4	5
y	2	5	8	11	14

d)

x	2	4	6	8	10
y	6	7	8	9	10

e)

x	1	3	5	6	8
y	2,5	7,5	12,5	15	20

6 Welches der folgenden Diagramme stellt eine proportionale Zuordnung dar? Begründe und erkläre deinen Lösungsweg im Lerntagebuch.

a)

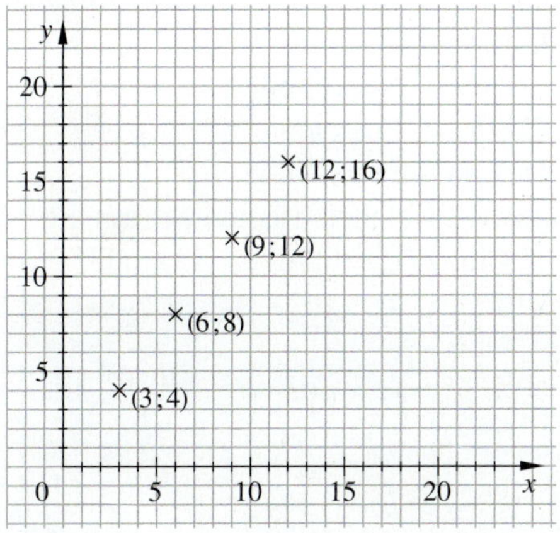

b)

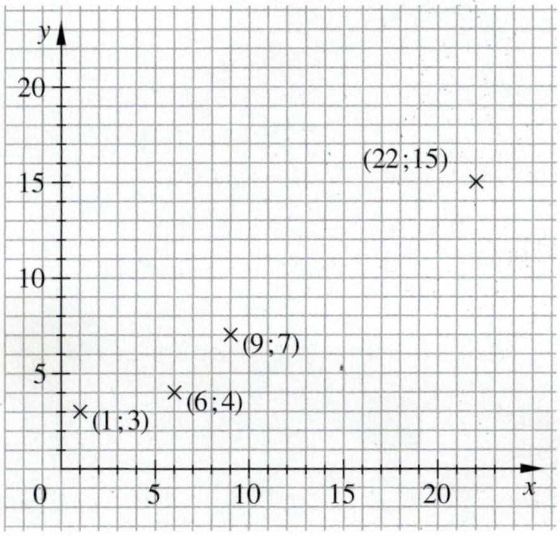

7 Ergänze die Tabellen so, dass eine proportionale Zuordnung vorliegt.

a)

x	1	2	3	4	5
y	6				

b)

x	1	2	3	4	5
y	$\frac{3}{4}$				

c)

x	$\frac{1}{2}$	1	$1\frac{1}{2}$	2	$2\frac{1}{2}$
y		4			

d)

x	1	3	5	9	20
y	$1\frac{1}{2}$				

e)

x	4	6	10	14	16
y	6				

f)

x	2	6	8	10	16
y		18			

g)

x		3			
y	$1\frac{1}{4}$	$3\frac{3}{4}$	5	10	$13\frac{3}{4}$

8 Maximilian ist an einer in Tabellenform gegebenen proportionalen Zuordnung etwas aufgefallen.

+ = + =

x	1	3	4	7	11	18
y	17	51	68	119	187	306

+ = + =

a) Beschreibe die Beobachtung, die Maximilian gemacht hat, mit eigenen Worten.

b) Ergänze mit dieser Hilfe die folgenden Tabellen so, dass eine proportionale Zuordnung vorliegt.

x	2	4	6	9	11	20
y	14	28		63	77	

x	3	4	7	10	11	17
y	36	48				

x	6	8	14	20	28	48
y	204	272				

x	3	7	10	17	20	30
y	72	168				

HINWEIS
Ein Glas Gurken kostet 1,29 €. Wie viel kosten zwei Gläser Gurken?

9 Übertrage die folgenden Diagramme in dein Heft.
Ergänze sie um mindestens drei weitere Punkte, sodass sie proportionale Zuordnungen darstellen.

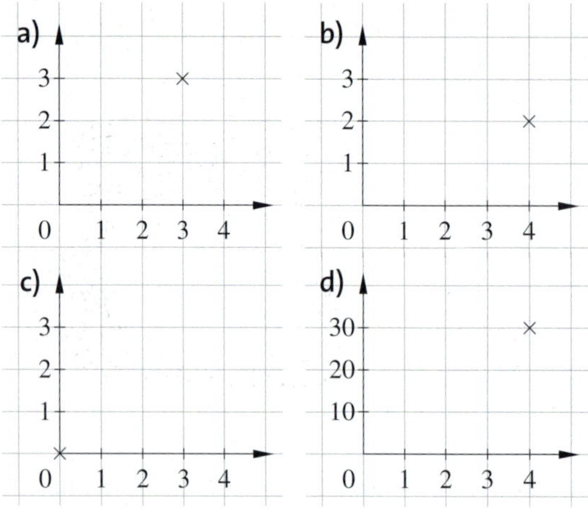

10 Ist die Zuordnung *Anzahl der Brötchen → Preis* proportional? Begründe.

11 Übertrage die Tabellen in dein Heft und trage die fehlenden Größen der proportionalen Zuordnung ein.

a) *Gewicht in kg → Preis in €*

kg	1	2	3	4	5	6
€	1,90	3,80				

b) *Anzahl → Preis in €*

Anzahl	1	2	3	4	5	6
€	1,50	3,80				

c) *Preis in € → Anzahl*

€	1	2	3	6	10	12
Anzahl	2	6				

d) *Füllmenge in l → Preis in €*

l	10	5	1	20	30	17
€	13,20					

HINWEIS
Das Thema Rabatt wird im Kapitel Prozentrechnung erläutert (z. B. auf S. 135).

12 Ergänze die folgenden Aussagen.
a) Bei proportionalen Zuordnungen führt eine Verdoppelung des *x*-Wertes zu …
b) Bei proportionalen Zuordnungen führt eine Halbierung des *x*-Wertes zu …
c) Um zu überprüfen, ob eine Zuordnung proportional ist, …
d) Jeder Graph einer proportionalen Zuordnung ist …
e) Eine Zuordnung nennt man proportional, wenn …

13 Der Maßstab des Kartenausschnitts beträgt 1 : 3 000 000.
a) Begründe, warum die Zuordnung *Entfernung in der Realität → Entfernung auf der Karte* proportional ist.
b) Bewerte die folgende Aussage:
Der Maßstab eines Kartenausschnittes kann als Proportionalitätsfaktor bezeichnet werden.
c) Miss die Abstände zwischen den folgenden Städten und gib die Entfernung (Luftlinie) in km an.
1. Leipzig – Neuruppin
2. Cottbus – Potsdam
3. Dessau – Eberswalde
d) Zwischen welchen Städten beträgt die Entfernung (Luftlinie) ca. 33 km (170 km)?

Dreisatz bei proportionalen Zuordnungen

Erforschen und Entdecken

1 Für den folgenden Versuch benötigt ihr eine Brief- oder Haushaltswaage, eine Tüte Gummibärchen oder eine Packung Schokolinsen.
Wie kann man die Anzahl der Gummibärchen (Schokolinsen) in einer Packung ermitteln, ohne alle Gummibärchen (Schokolinsen) abzuzählen?

a) Entwickelt ein Verfahren, wie man mit Hilfe der Waage die Anzahl der Gummibärchen (Schokolinsen) in einer Tüte möglichst genau ermitteln kann.
b) Berechnet mit Hilfe des entwickelten Verfahrens die Anzahl der Gummibärchen (Schokolinsen) in einer Verpackung und vergleicht eure Ergebnisse mit denen eurer Mitschüler.

2 Der Papierstapel in dem Notizpapierhalter ist 9 cm hoch.

a) Wie viele Notizzettel wurden mit dem Halter verkauft? Beschreibe, wie du bei der Lösung des Problems vorgegangen bist. Vergleicht eure Lösungen und Lösungswege.
b) Eine Firma bietet einen Notizzettelhalter mit 400 Blatt Papier an. Wie hoch ist der Halter?
c) Aus wie vielen Blättern besteht ein Papierstapel, der so groß ist wie du?
Erstellt in der Klasse eine Tabelle, in der jeder Körpergröße eines Schülers die entsprechende Anzahl Blätter zugeordnet wird.

Notizpapierhalter

3 In einem Kochbuch steht ein Rezept für Erdbeer-Orangen-Grütze.

a) Welche Mengen benötigt man, wenn man für 8 (2; 24) Personen Erdbeer-Orangen-Grütze herstellen möchte?
b) Welche Zutaten benötigst du, wenn du die Erdbeer-Orangen-Grütze für dich alleine kochst?
c) Bestimme die notwendigen Mengen, wenn der Nachtisch für 3 (5; 17) Personen gemacht werden soll.
Erkläre dein Vorgehen beim Lösen dieser Aufgabe.

Erdbeer-Orangen-Grütze

Zutaten für 4 Personen
2 Orangen
500 g Erdbeeren
$\frac{3}{4}$ *l Orangensaft*
75 g Zucker
1 Päckchen Vanillezucker
60 g Speisestärke

Zubereitung
Das Obst waschen und in kleine Stücke schneiden. Saft, Zucker und Vanillezucker in einen Topf geben und aufkochen lassen.
Obst zufügen und ca. 5 Minuten darin dünsten. Speisestärke mit wenig kaltem Wasser anrühren und die Grütze damit binden.

Lesen und Verstehen

Zwei Kugeln Eis kosten 1,20 €. Wie viel kosten 5 Kugeln Eis?

Aufgaben dieses Typs können mit Hilfe des Dreisatz-Schemas für proportionale Zuordnungen gelöst werden.

Das Dreisatz-Schema für proportionale Zuordnungen

1. Das gegebene Wertepaar aufschreiben
2. Schluss auf die Einheit
3. Schluss auf das Gesuchte

BEISPIEL

die gesuchte Größe steht rechts

	Eiskugeln	Preis in €	
	2	1,20	
: 2	1	0,60	: 2
· 5	5	3,00	· 5

5 Kugeln Eis kosten 3 €.

auf beiden Seiten die gleiche Rechenoperation

HINWEIS

Wenn die gesuchte Größe ein Vielfaches des gegebenen Wertes ist, kann der Schluss auf die Einheit entfallen.

	Eiskugeln	*Preis in €*	
	2	*1,20*	
· 2	*4*	*2,40*	· 2

Üben und Anwenden

1 Übertrage die Tabellen in dein Heft und vervollständige sie. Die Zuordnungen sind proportional.

a)

Gewicht (in kg)	Preis (in €)
2	4
1	2
5	

b)

Anzahl	Preis (in €)
3	4,50
1	
10	

c)

Länge (in m)	Preis (in €)
3	24
1	
5	

d)

Fahrstrecke (in km)	Verbrauch (in l)
100	8
1	
750	

e)

Anzahl	Masse (in g)
7	245
1	
5	

2 Berechne und erkläre, wie du vorgegangen bist.

a) Ein Heft kostet 0,24 €. Wie viel kosten 8 Hefte?

b) Eine Tube Klebstoff kostet 1,53 €. Wie viel kosten 3 Tuben?

c) Eine Packung Bleistifte kostet 1,75 €. Wie viel kosten 3 Packungen?

d) Ein Radiergummi kostet 0,89 €. Wie viel kosten 5 Radiergummis? Wie viel kosten 10 Radiergummis?

3 Übertrage die Tabellen in dein Heft und ergänze sie so, dass eine proportionale Zuordnung vorliegt.

a)

x	1	2	3	4	5
y	4				

b)

x	1	2	3	4	10
y		4			

c)

x	1	2,5	5	10	12,5
y			10		

d)

x	$\frac{1}{4}$	$\frac{1}{2}$	1	$1\frac{3}{4}$	$2\frac{1}{2}$
y	2				

4 Kannst du die Tabellen zu proportionalen Zuordnungen ergänzen, ohne auf die Einheit zu schließen?

a)

x	2	4	10	14	20
y	3,50				

b)

x	4	5	9	13	14
y	9	11,25			

c)

x	3	7	10	13	14
y		$16\frac{1}{3}$	$23\frac{1}{3}$		

5 Jonas hat in den Sommerferien in einem Werk drei Wochen lang gearbeitet und dafür 298,50 € erhalten.
Wie viel Geld bekam er pro Woche?

6 Zwei Brötchen kosten 40 ct.
Wie viel kosten fünf Brötchen?

7 Drei Schalen Erdbeeren kosten 4,50 €. Wie viel kosten zwei Schalen Erdbeeren?

8 Zum Belegen einer Fläche von 4 m² benötigt ein Fliesenleger 20 Platten.
Wie viele Platten benötigt er für 25 m²?
Berechne mit dem Dreisatz.

Fläche in m²	Anzahl der Platten
4	
1	
25	

9 Familie Eckardt zahlt für ihre 60-m²-Wohnung 348 € Miete. Familie Moustafa wohnt im gleichen Haus in einer 75-m²-Wohnung. Wie hoch ist ihre Miete?

Fläche in m²	Miete in €
60	
1	
75	

10 Um ein Ei hart zu kochen, benötigt man 10 Minuten. Wie lange benötigt man für sechs Eier?

11 Jonathan ist 24 Monate alt und 86 cm groß. Wie groß ist er, wenn er vier Jahre alt wird?

12 Ganz schön haarig!
Barthaare wachsen in einer Woche ca. 3 mm, das Kopfhaar wächst etwa 12 cm im Jahr.

a) Bestimme das Barthaarwachstum an einem Tag (in einem Monat; in einem Jahr).
b) Berechne das Wachstum des Kopfhaares an einem Tag (in einer Woche; in einem Monat).
c) Hans Langseth aus Norwegen hatte eine Bartlänge von 5,33 m. Wie lange dauerte es, bis der Bart diese Länge erreicht hatte?
d) Swami Pandarasandhi aus Indien soll Berichten zufolge Kopfhaar mit einer Länge von 7,93 m besessen haben. Ist das möglich?
e) Suche im Guinnessbuch der Rekorde oder im Internet nach „haarigen Rekorden". Berechne jeweils, wie lange man benötigt, bis die Haare so lang gewachsen sind.

103-1

13 Mit 10 m Anlauf springt Svenja 3,40 m weit.

a) Wie weit springt sie mit 5 m (20 m; 25 m) Anlauf?
b) Wie lang muss Svenjas Anlauf sein, damit sie den Weltrekord (7,52 m) bricht?

NACHGEDACHT
Wenn du Hochsprung übst, kannst du dann mit doppelt so viel Anlauf auch doppelt so hoch springen?

14 In einer Stunde geht ein Wanderer 4,5 km. Wie weit geht er in 12 Minuten (in 45 min)?

15 Fünf Tafeln Schokolade kosten 2,75 €. Maja kauft drei Tafeln. Wie viel kosten drei Tafeln Schokolade?

HINWEIS
Denke daran, dass bei proportionaler Zuordnung auf beiden Seiten die gleiche Rechenoperation durchgeführt wird.

16 Übertrage in dein Heft und berechne mit dem Dreisatz.

a)

Masse (in kg)	Preis (in €)
2,5	1,75
1	
3	

b)

Fahrtdauer (in min)	Strecke (in km)
30	12
1	
80	

c)

Länge (in m)	Preis (in €)
1,60	4,48
1	
5	

d)

Anzahl	Preis (in €)
7	0,98
1	
10	

e)

Masse (in kg)	Preis (in €)
1,2	3,60
1	
5	

f)

Arbeitszeit (in h)	Lohn (in €)
8	128

17 In einem Haus wohnen vier Familien. Die Miete pro Quadratmeter ist in jeder Wohnung gleich. Ergänze die Tabelle.

Familie	Größe der Wohnung (in m^2)	Miete in €
Diehl	72	374,40
Heps	117	
Klein	89	
Luther		494

18 Messing besteht aus Kupfer und Zink. Für 100 kg Messing sind 60 kg Kupfer und 40 kg Zink notwendig.

a) Wie viel Kupfer und Zink sind zur Herstellung von 150 g Messing notwendig?
b) Wie viel benötigt man für 66,5 kg Messing?

19 Für Pfannkuchen mit Pilzfüllung benötigt man 4 Eier, $\frac{1}{8}$ l Milch, 100 g Mehl, 500 g Champignons, eine Zwiebel und 150 g Schinken (und außerdem Salz, Pfeffer, Butter und Öl). Aus diesen Zutaten lassen sich 5 Pfannkuchen herstellen.
Berechne die Mengen, wenn 2 (8, 10, 12, 15) Pfannkuchen gebacken werden sollen.

20 Ein Bauplatz von 625 m^2 kostet 101 250 €. Wie teuer wäre ein Bauplatz der Größe 725 m^2 bei gleichem Quadratmeterpreis?

21 Familie Becker hat drei Kinder.
Zu Schuljahresbeginn kaufen sie neue Hefte und Stifte. Wie viel Geld hat jedes der Kinder ausgegeben, wenn 3 Hefte 0,57 € und 5 Stifte 2,75 € kosten?

Name	Anzahl der Hefte	Anzahl der Stifte
Lisa	4	3
Tim	2	4
Nico	5	6

22 Alina und Dennis haben 450 g Paprika gekauft und dafür 1,71 € bezahlt.
Was kostet 1 kg Paprika?

23 Ein Mieter muss für seinen Verbrauch von 20 m^3 Wasser 42,20 € bezahlen.
Wie viel zahlt ein anderer Hausbewohner für 22 m^3 Wasser?

24 Ein Hausbesitzer musste für den Bezug von 4 967 kWh Strom im Jahr 1063,18 € bezahlen. Im nächsten Jahr hatte er bei gleichem Strompreis einen Verbrauch von 5 638 kWh. Wie viel Geld musste er jetzt bezahlen?

25 Herr Kaltenhof hat 16 m² Wandfläche in seinem Bad gekachelt und dafür insgesamt 720 Kacheln benötigt.
In der Küche möchte er auf einer insgesamt 2,4 m² großen Wandfläche die gleiche Kachelsorte verwenden.

26 Welches Angebot ist jeweils günstiger?

a) 2 l Orangensaft für 1,89 € oder 1,5 l für 1,49 €.

b) 1,5 kg Waschpulver für 4,44 € oder 2,5 kg Waschpulver für 8,49 €.

c) 100 g Kekse für 0,89 € oder 125 g Kekse für 0,99 €.

d) 0,7 l Mineralwasser für 0,39 € oder 0,75 l Mineralwasser für 0,45 €.

27 In einer Woche beträgt die Arbeitszeit 40 Stunden. Wie viel wird jeweils pro Woche hergestellt?

a) In einer Kerzenfabrik stellt eine Gießmaschine in drei Stunden etwa 30 000 Kerzen her.

b) Mit einer Maschine für Eis am Stiel können in drei Stunden 108 000 Stück hergestellt werden.

c) Zuckerwattemaschinen können in drei Stunden etwa 1 110 Portionen herstellen.

28 Jana hat auf der Klassenfahrt Fotos gemacht, die ihre Mitschüler jetzt bei ihr nachbestellen können. Für 36 Abzüge hat sie 2,88 € bezahlt. Was kosten die Bestellungen der Mitschüler?

Name	Anzahl der Bilder	Preis in €
Martin	13	
Tim	7	
Hanna	10	
Nils	4	
Line	14	

29 Drei Tulpen kosten 1,65 €.
Wie viel kosten 13 Tulpen?
Lukas überlegt: Die Anzahl der Tulpen ist um 10 größer, also muss auch der Preis um 10 größer sein. 13 Tulpen kosten also 11,65 €.
Was meinst du dazu?

30 Butter wird aus Milch hergestellt.
Im Graphen kann man ablesen, wie viel Milch für die Herstellung von Butter benötigt wird.

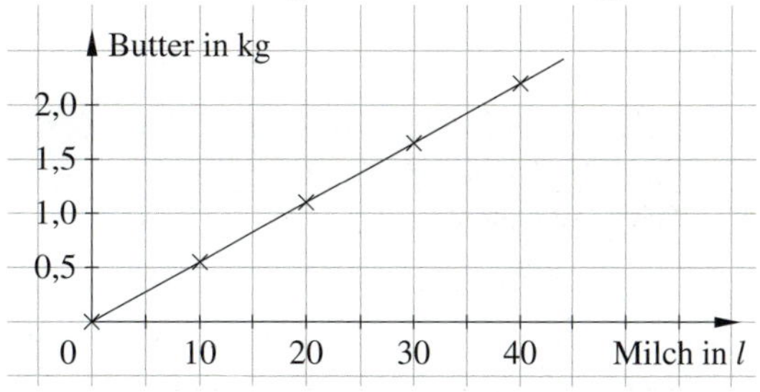

a) Begründe, warum die Zuordnung proportional ist. Erstelle mit Hilfe des Graphen eine Wertetabelle.

b) Wie viel Butter lässt sich aus 10 l Milch herstellen?

c) Wie viel Milch braucht man für 5 kg Butter?

31 Milch hat durchschnittlich 289 kJ pro 100 ml. Müsli hat durchschnittlich 1 450 kJ pro 100 g.
Wie viel kJ enthält eine Mahlzeit aus 30 g Müsli und 125 ml Milch?

32 Formuliere selbst Aufgaben.

33 Auf einer Wanderkarte ist eine Strecke 64 mm lang. In Wirklichkeit ist die Strecke 320 m lang. Eine andere Strecke ist in der Zeichnung 175 mm lang.
Wie lang ist sie in Wirklichkeit?

NACHGEDACHT
Im Kopierladen kosten 10 Kopien 0,50 €, aber 100 Kopien kosten 4,50 €. Warum wohl?

HINWEIS
KJ (Kilojoule) ist die Einheit der Energie von Nahrung.

Antiproportionale Zuordnungen

Erforschen und Entdecken

1 Pflasterarbeiten

a) Vorbereitung:
Zeichne in dein Heft ein großes Rechteck mit den Seitenlängen 10 cm × 12 cm.
Schneide aus unterschiedlich farbigem Papier
je 30 Rechtecke mit den Seitenlängen 2 cm × 2 cm; 2 cm × 2,5 cm; 2 cm × 3 cm
je 15 Rechtecke mit den Seitenlängen 2 cm × 4 cm; 2 cm × 5 cm
je 10 Rechtecke mit den Seitenlängen 3 cm × 4 cm; 3 cm × 5 cm; 4 cm × 5 cm.

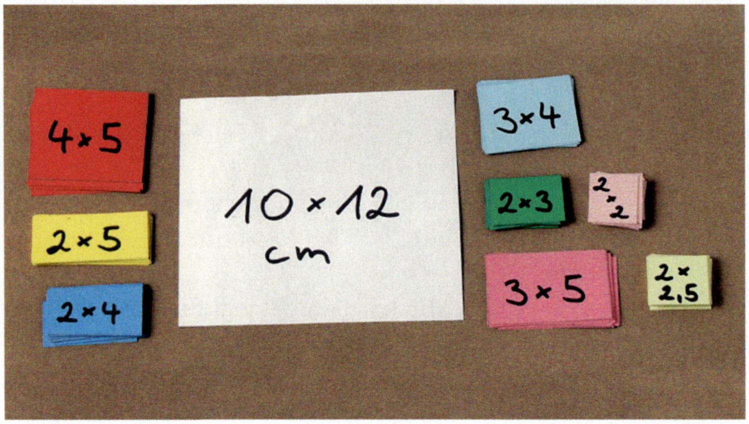

b) Durchführung:
Lege das Rechteck in deinem Heft nacheinander vollständig mit Rechtecken einer Größe aus und ergänze die folgenden Tabellen in deinem Heft.

Rechteck	Fläche eines Rechtecks	Anzahl
2 cm × 2 cm	4 cm²	
2 cm × 2,5 cm		
2 cm × 3 cm		
2 cm × 4 cm		

Rechteck	Fläche eines Rechtecks	Anzahl
2 cm × 5 cm		
3 cm × 4 cm		
3 cm × 5 cm		
4 cm × 5 cm		

c) Stelle die Zuordnung *Fläche eines Rechtecks → Anzahl der Rechtecke* grafisch dar.

d) Wie viele Rechtecke der Größe 5 cm × 6 cm $\left(6\,\text{cm} \times 10\,\text{cm};\ \frac{1}{2}\,\text{cm} \times \frac{1}{2}\,\text{cm}\right)$ wären notwendig gewesen, um das Rechteck vollständig zu „pflastern“?

e) Ergänze die folgenden Sätze: Verdoppelt sich der Flächeninhalt der Rechtecke, so …
Halbiert sich der Flächeninhalt der Rechtecke, so …

HINWEIS
Um Mandalas zu zeichnen, werden Kreise häufig in gleich große Kreissegmente unterteilt.

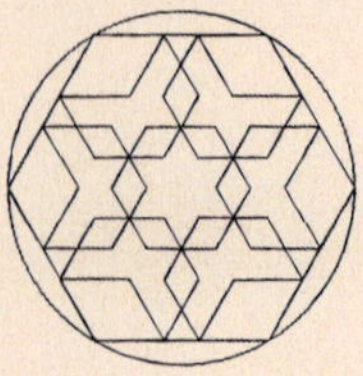

2 Kreise kann man in gleich große „Tortenstücke“ unterteilen, so genannte Kreissegmente.

a) Bestimme die Größe der Winkel am Kreismittelpunkt bei einer Unterteilung in zwei (drei, …, zehn) Kreissegmente. Ergänze dazu die folgende Tabelle in deinem Heft.

Anzahl	2	3	4	5	6	7	8	9	10
Winkelgröße	180°								

b) Stelle die Zuordnung *Anzahl der Kreissegmente → Winkelgröße* grafisch dar.

c) Multipliziere die einander zugeordneten Werte. Was fällt dir auf?

3 Öffne an einem Computer ein Schreibprogramm, zum Beispiel Word.
Im Menü „Datei“ gibt es den Punkt „Seite einrichten“.

Richte die Seite wie folgt ein:
Rand oben: 2,5 cm
Rand unten: 1,8 cm
Hochformat

Wähle im Menü „Format“ den Punkt „Absatz“ aus und stelle den Zeilenabstand auf „Einfach“.

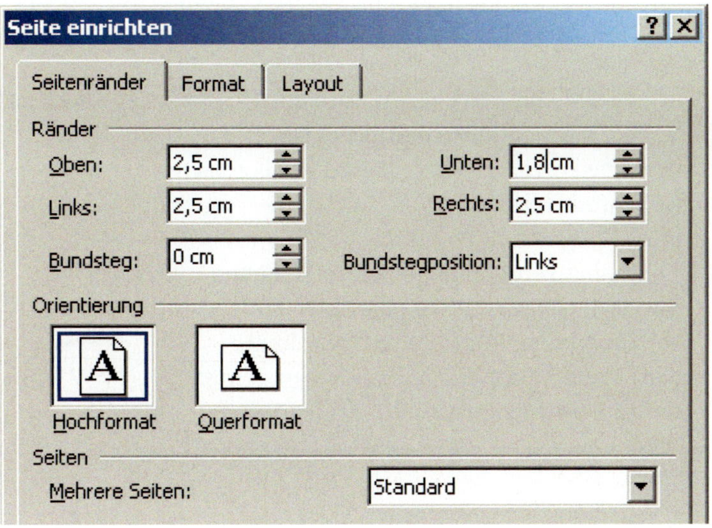

HINWEIS
Um die Anzahl der Zeilen auszuprobieren, brauchst du keinen Text zu schreiben. Eine Aneinanderreihung von Buchstaben oder Zahlen reicht aus.

a) Wie viele Zeilen lassen sich auf einer Seite schreiben, wenn man die Schriftgröße 12 (8; 16; 24; 26; 48) wählt?
b) Stelle die Zuordnung *Schriftgröße* → *Anzahl der Zeilen* grafisch dar.
c) Überlege, wie viele Zeilen bei Schriftgröße 10 (14; 18; 20; 36) auf eine Seite passen.

4 In die 7 a gehen 23 Schülerinnen und Schüler. Ihr Klassenraum soll gestrichen werden. Die Klassenlehrerin meint, dass sie ungefähr 12 Stunden benötigt, wenn sie den Raum alleine streicht.

a) Erstelle für die Zuordnung *Anzahl der Personen* → *Zeit* eine Wertetabelle.
b) Unter welchen Voraussetzungen hat die in Aufgabenteil a) angefertigte Tabelle nur Gültigkeit?
c) Stelle die Zuordnung grafisch dar. Dürfen die Punkte miteinander verbunden werden? Begründe.
d) Wie stehst du zu dem Vorschlag, dass die ganze Klasse beim Streichen helfen sollte?

Lesen und Verstehen

Bei einem Schulfest wurde ein Gewinn von 600 € erzielt. Der Erlös soll gespendet werden. Die Schülervertretung überlegt nun, wie viel Geld für die einzelnen Projekte zur Verfügung steht, wenn man das Geld mehreren Organisationen spendet.

Anders als bei proportionalen Zuordnungen ändern sich bei antiproportionalen Zuordnungen die einander zugeordneten Größen im umgekehrten Verhältnis.

> Führt eine Verdopplung (Verdreifachung; Vervierfachung) der vorgegebenen Größe zur Halbierung (Drittelung; Viertelung) der zugeordneten Größe, handelt es sich um eine **antiproportionale Zuordnung**.

Das Produkt aus zugeordnetem Wert und vorgegebenem Wert ist immer gleich. Man nennt die Zahlenpaare deshalb **produktgleich**.

Bei der grafischen Darstellung einer antiproportionalen Zuordnung liegen alle Punkte auf einer Kurve.

BEISPIEL

$\cdot 3$ (1 → 3); $\cdot 2$ (1 → 2); $\cdot 2$ (3 → 6)

Anzahl der Projekte	1	2	3	4	5	6
Geld pro Projekt (in €)	600	300	200	150	120	100

$: 2$ (600 → 300); $: 3$ (600 → 200); $: 2$ (200 → 100)

$1 \cdot 600 = 2 \cdot 300 = \ldots = 6 \cdot 100 = 600$

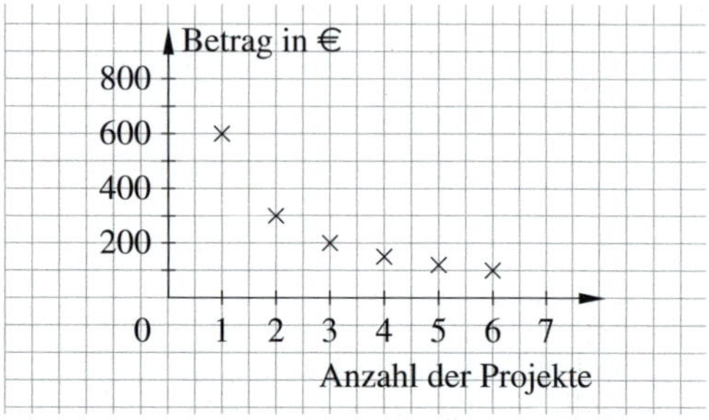

HINWEIS
Antiproportional bedeutet soviel wie umgekehrt proportional.

BEACHTE
Die proportionale Zuordnung könnte man mit „je mehr, desto mehr" oder „je weniger, desto weniger" beschreiben. Die antiproportionale Zuordnung könnte man dagegen mit „je mehr, desto weniger" oder „je weniger, desto mehr" beschreiben.

Üben und Anwenden

1 Welche der folgenden Zuordnungen können antiproportional sein?
Begründe und gib gegebenenfalls notwendige Bedingungen an.

a) *Anzahl der LKW → Zeit, um 50 m³ Sand zu liefern*
b) *Alter eines Computers → Preis*
c) *Anzahl der Pumpen → Dauer, bis ein Teich leer gepumpt ist*
d) *Anzahl der Rasenmäher → Zeit, um die Rasenplätze von Energie Cottbus zu mähen*
e) *Höhe eines Baumes → Anzahl der Blätter*
f) *Größe der Pflastersteine → Anzahl der Pflastersteine, um einen Weg zu pflastern*
g) *Anzahl der CD-Rohlinge → Preis*
h) *Fliesengröße → Anzahl der Fliesen*

2 Welche der Zuordnungen sind antiproportional? Begründe.

a)

x	1	2	3	4	5
y	60	30	20	15	12

b)

x	1	2	3	4	5
y	60	50	40	30	20

c)

x	0	1	2	3	4
y	15	11	8	6	5

d)

x	1	2	3	4	5
y	50	25	$16\frac{2}{3}$	12,5	10

e)

x	1	2	3	4	5
y	18	9	6	4,5	3,6

3 Zeichne die antiproportionalen Zuordnungen als Diagramme.

a)

x	1	2	3	5	6
y	30	15	10	6	5

b)

x	1	2	3	4	6
y	24	12	8	6	4

4 Welche der folgenden Diagramme stellen antiproportionale Zuordnungen dar?

a)
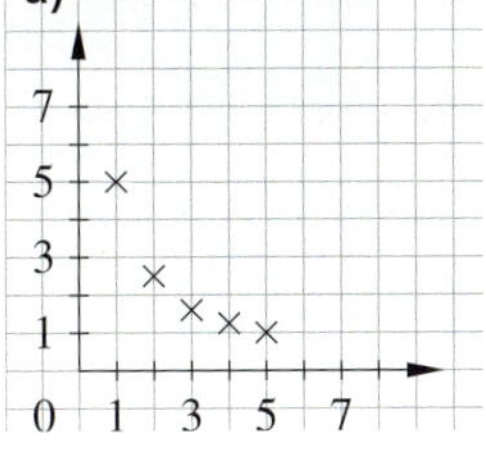

b)
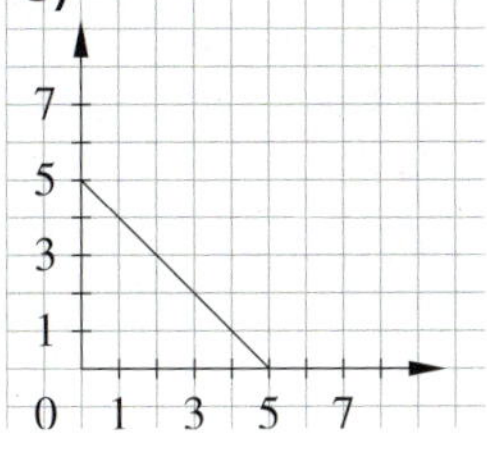

c)
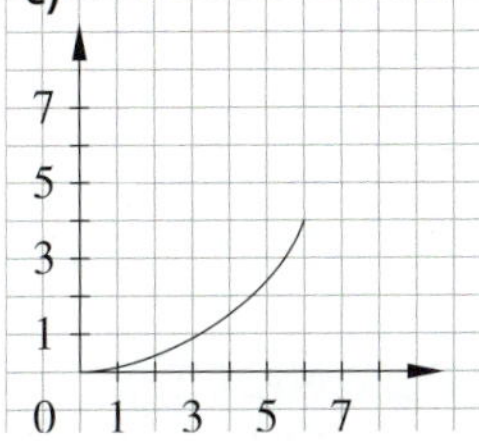

d)
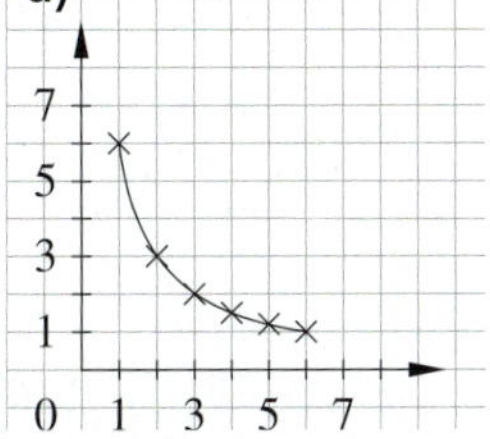

5 Ergänze die Tabellen im Heft so, dass eine antiproportionale Zuordnung vorliegt.

a)

x	1	2	3	4	5
y	1 200	600			

b)

x	1	2	3	4	5
y	224				

c)

x	1	2	3	4	5
y	$\frac{1}{2}$				

d)

x	1	2	4	8	10
y		20	10		

e)

x	2	3	6	8	9
y		2,4	1,2		

f)

x		5	6		
y	$3\frac{3}{4}$	$1\frac{1}{2}$	$1\frac{1}{4}$	$\frac{3}{4}$	$\frac{1}{2}$

g)

x	2	1		4	
y		$2\frac{4}{5}$	$5\frac{3}{5}$		$\frac{7}{25}$

6 Ein Industrieroboter benötigt für die Fertigung von 100 Werkstücken 50 Tage.

a) Wie viele Stunden benötigt ein Industrieroboter, um 100 Werkstücke zu fertigen?

b) Übertrage die Tabelle in dein Heft und berechne die fehlenden Zeitangaben für die Herstellung von 100 Werkstücken.

Anzahl der Roboter	1	2	3	4	5	6
Zeit (in h)						

c) Übertrage die Tabelle ebenfalls in dein Heft und berechne die Anzahl der benötigten Roboter für die angegebene Zeit zur Herstellung von 100 Werkstücken.

Zeit (in h)	1 200	150	120	100	80	75
Anzahl der Roboter						

BEACHTE
Der Roboter arbeitet durchgehend Tag und Nacht.

7 Vervollständige im Heft die Tabelle so, dass die Zuordnung antiproportional ist.

a) *Anzahl der Arbeiter → Zeit in h*

Anzahl	4	1	2	5	6	8
Zeit (in h)	6					

b) *Anzahl der Teilnehmer → Preis pro Teilnehmer in €*

Anzahl	2	3		5		12
Preis (in €)	480		240		48	

c) *Geschwindigkeit in km/h → Fahrzeit in h*

Geschwindigkeit (in km/h)	160		100		80	
Fahrzeit (in h)	3	4		5		8

SCHON GEWUSST?
„Stunde" wird oft mit h abgekürzt. Das ist der Anfangsbuchstabe des lateinischen Wortes für Stunde, hora.

8 Max überlegt, wie er sein Taschengeld für eine Radtour so einteilen kann, dass er jeden Tag den gleichen Betrag zur Verfügung hat. Ist er 12 Tage unterwegs, kann er 11 € pro Tag ausgeben.

a) Wie viel Taschengeld hat Max?

b) Vervollständige die Tabelle im Heft.

Anzahl der Tage	12	10	15	6	8	16
Geld pro Tag (in €)	11					

110-1

NACHGEDACHT
Paul braucht zur Lösung einer Mathematikaufgabe 6 Minuten. Wie lange brauchen Paul, Felix und Julian zusammen?

9 Je höher der Benzinverbrauch eines Fahrzeugs ist, desto kürzer ist die Strecke, die mit einer Tankfüllung gefahren werden kann.

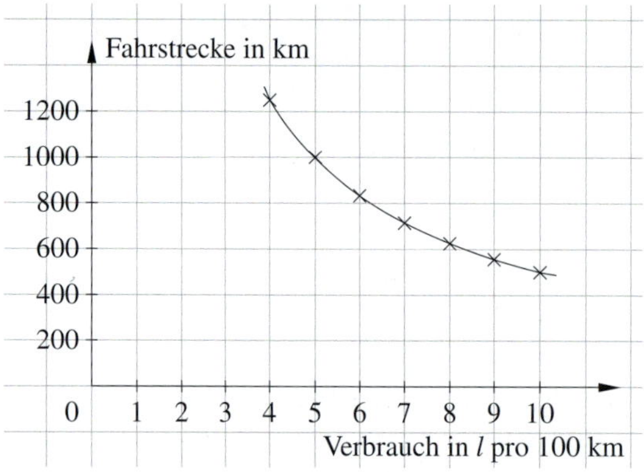

a) Begründe, ob die Zuordnung *Verbrauch* → *Streckenlänge* antiproportional ist. Erstelle eine Wertetabelle.

b) Im Graphen sind sieben Fahrzeuge dargestellt. Wie groß ist ihr jeweiliges Tankvolumen?

c) Erstelle für Autos mit einem Tankvolumen von 60 l eine Wertetabelle und einen Graphen für die Zuordnung *Verbrauch* → *Streckenlänge*.

10 Übertrage die Tabelle ins Heft. Ergänze sie so, dass die Zuordnung antiproportional ist.

a)

18	9	3	1	6	7	21	54
21							

b)

5	1	4	8	10	16	20	25
32							

c)

15	1		5	10	20		25
8		1				30	

d)

1	2	3			9	15	18
		6	3	12			

e)

	60	15		12		20	
1		2	6		4		120

f)

24		3				15	
	6	32	8	1	30		60

g)

1	2	3				7	8
			9	$7\frac{1}{5}$	6	$5\frac{1}{7}$	

11 Ein Flughafen wird ausgebaut und erweitert. Setzt man 6 Walzen an den Flugzeuglandebahnen ein, können die Arbeiten in 30 Tagen abgeschlossen sein.

Wie viele Tage würden 3 (2, 1, 5 oder 4) Walzen benötigen? Ergänze die Tabelle im Heft.

Anzahl der Walzen	6	3	2	1	5	4
Anzahl der Tage	30					

12 Der Schotter für den Grund eines Teilstücks der Startbahn wurde mit 4 Lkws in 24 Fahrten gebracht. Wie oft hätte man mit anderen Anzahlen von Lkws fahren müssen? Vervollständige dazu die Tabelle im Heft.

Anzahl der Lkws	4	2	1	3	6	8
Anzahl der Fahrten	24					

13 In der Baugrube für die neue Eingangshalle hat sich Sickerwasser angesammelt. Vier Pumpen mit gleicher Leistung leeren die Baugrube in drei Stunden.
Vervollständige die Tabellen im Heft.

Anzahl der Pumpen	1	2	3	4	6	8
Zeit (in h)				3		

Zeit (in h)	1	2	3	4	6	8
Anzahl der Pumpen			4			

Dreisatz bei antiproportionalen Zuordnungen

Erforschen und Entdecken

1 Bildet Gruppen zu je vier Personen. Jede Gruppe benötigt
vier Strohhalme,
ein großes Glas,
genügend Wasser oder Saft, um das Glas drei Mal füllen zu können, und
eine Stoppuhr.

Füllt das Glas genau bis zu einer markierten Höhe mit dem Getränk.
Drei Personen trinken das Glas gleichzeitig mit Strohhalmen vollständig aus.
Die vierte Person der Gruppe stoppt die Zeit.

a) Wie lange würden zwei (vier) Personen benötigen, um das Glas zu leeren?
b) Legt eine Wertetabelle an und zeichnet einen Graphen, der den Zusammenhang *Anzahl der Personen* → *Zeit* darstellt.
c) Erläutert, wie ihr bei den Berechnungen vorgegangen seid.
d) Überprüft eure Berechnungen, indem zwei (vier) Personen das Glas mit Strohhalmen leeren. Gibt es Abweichungen? Wie könnte man sie erklären?
e) Präsentiert eure Überlegungen und vergleicht sie mit denen eurer Mitschülerinnen und Mitschüler.

HINWEIS
Viele Gläser haben eine Markierung bei 0,3 l, 0,4 l oder 0,5 l. Solche Gläser eignen sich besonders gut für den Versuch. Ansonsten könnte mit wasserlöslichem Filzstift eine Füllhöhe markiert werden.

2 Züge erreichen immer höhere Geschwindigkeiten und ermöglichen dadurch immer kürzere Reisezeiten. Für die 80 km lange Strecke von Dortmund nach Düsseldorf benötigt ein Zug, der mit einer durchschnittlichen Geschwindigkeit von 80 $\frac{km}{h}$ fährt, eine Stunde.

a) Die Tabelle zeigt den Zusammenhang zwischen der Geschwindigkeit des Zuges und der benötigten Zeit für die Strecke Dortmund – Düsseldorf.
Ergänze sie in deinem Heft.

Geschwindigkeit (in $\frac{km}{h}$)	80	10	40	120	160	240	300
Zeit (in min)	60	480					

b) Hochgeschwindigkeitszüge fahren mit einer Geschwindigkeit von bis zu 300 $\frac{km}{h}$, Flugzeuge verbinden Städte mit einer Geschwindigkeit von ca. 800 $\frac{km}{h}$. Der Transrapid, eine Magnetschwebebahn, erreicht Geschwindigkeiten bis zu 500 $\frac{km}{h}$.
Finde Argumente für und gegen den Bau einer Transrapid-Trasse zwischen Dortmund und Düsseldorf (Hamburg und Berlin; Entfernung ca. 300 km).

Lesen und Verstehen

Christina betreut drei Pferde.
Der Futtervorrat reicht für die drei Pferde noch 20 Tage.
Wie lange reicht der Futtervorrat, wenn sie ein zusätzliches Pferd betreuen muss?

Aufgaben dieses Typs kann man mit Hilfe des Dreisatz-Schemas für antiproportionale Zuordnungen wie folgt lösen.

Das Dreisatz-Schema für antiproportionale Zuordnungen

1. Gegebenes Wertepaar aufschreiben
2. Schluss auf die Einheit
3. Schluss auf das Gesuchte

BEISPIEL

die gesuchte Größe steht rechts

	Pferde	Tage	
	3	20	
: 3	1	60	· 3
· 4	4	15	: 4

Umkehr-operation

Der Futtervorrat reicht für 15 Tage.

Es ist sehr wichtig, vor der Anwendung des Dreisatzes zu überlegen, ob eine proportionale oder antiproportionale Zuordnung vorliegt.

BEACHTE
Je mehr Pferde gefüttert werden, desto weniger lange reicht das Futter.

Üben und Anwenden

1 Vervollständige die Tabellen in deinem Heft. Die Zuordnungen sind antiproportional.

a)

Zahl der Lkws	Zeit (in h)
1	220
4	

b)

Zeit (in h)	Zahl der Lkws
4	3
1	

c)

Zahl der Arbeiter	Zeit (in h)
5	8
1	

d)

Zeit (in h)	Zahl der Arbeiter
8	2
1	
4	

e)

Zeit (in h)	Zahl der Arbeiter
5	8
1	
8	

2 Übertrage die Tabellen in dein Heft und ergänze sie so, dass eine antiproportionale Zuordnung vorliegt.

a)

x	1	2	3	4	5
y	36	18			

b)

x	1	2	3	4	5
y	60				

c)

x	1	2	4	5	8
y				16	

d)

x	1	4	5	8	10
y		$2\frac{1}{2}$			

e)

x	$\frac{1}{4}$	$\frac{1}{2}$	1	$1\frac{3}{4}$	$2\frac{1}{2}$
y	2				

f)

x	1	2	3	6	12
y					1

g)

x	1	2	4	6	8
y				8	

3 Übertrage die Tabellen in dein Heft und ergänze sie so, dass eine antiproportionale Zuordnung vorliegt. Kannst du die Tabellen ergänzen, ohne auf die Einheit zu schließen?

x	2	4	6	16	24
y	96				

x	$1\frac{1}{4}$	$2\frac{1}{2}$	5	10	50
y			20		

x	$\frac{1}{4}$	$\frac{3}{4}$	$1\frac{1}{2}$	3	6
y					3

4 Der Fußboden eines Zimmers soll mit Teppichboden belegt werden. Wählt man Teppichboden von 2 m Breite, braucht man 22,5 m. Wie viel m braucht man, wenn der Teppichboden nur 1,5 m breit ist und zerschnitten werden darf?

5 Frau Hansen will eine Wand mit Holz verkleiden. Dazu benötigt sie 28 Bretter mit 15 cm Breite. Im Baumarkt erhält sie 21 cm breite Bretter. Wie viele benötigt sie davon?

6 Ein Landwirt überschlägt den Futtervorrat für seine Schweine.
Nach den Angaben des Herstellers reicht der Sack Futter für 20 Schweine 11 Tage.
Der Landwirt hat 55 Schweine.
Wie lange kommt er mit dem Vorrat aus?

7 Bei einer Feuerwehrübung wurde ein Teich mit vier Pumpen in 3 Stunden leer gepumpt. Wie lange hätte dies mit 3 (5; 6) Pumpen gedauert?

8 An das Löschfahrzeug der Feuerwehr wird zum Löschen das C-Rohr angeschlossen und die Spritzdüse so eingestellt, dass pro Minute 100 Liter Wasser durch das Rohr strömen. So kann aus dem Wassertank 24 Minuten lang gelöscht werden.
Wie lange reicht der Wasservorrat, wenn die Spritzdüse auf 120 Liter pro Minute eingestellt ist?

9 Die Vogelfluglinie ist die kürzeste Verkehrsverbindung zwischen Kopenhagen und Hamburg. Sie wurde benannt nach der Flugroute der Zugvögel.

Zwischen Puttgarden auf Fehmarn und Rødby Havn in Dänemark verkehren Fähren, die neben Pkws auch ganze Eisenbahnzüge transportieren.
Eine Fähre braucht bei einer durchschnittlichen Geschwindigkeit von $20\,\frac{\text{km}}{\text{h}}$ für eine Überfahrt 55 Minuten.
Wie lange braucht eine Fähre mit einer Geschwindigkeit von 25 (22) $\frac{\text{km}}{\text{h}}$?

SCHON GEWUSST?
Die Vogelfluglinie verkürzt die Strecke Hamburg–Kopenhagen gegenüber der Strecke über den großen Belt um etwa 160 km.

10 Bauunternehmer Reichelt hat für den Ausbau einer Straße die Arbeitszeit berechnet: 18 Arbeiter brauchen 30 Tage. Nun werden zu Beginn der Arbeit 3 Arbeiter für eine andere Baustelle gebraucht.
Wie lange brauchen die Arbeiter jetzt, um die Straße fertigzustellen?

11 Um Bauschutt von einer Baustelle abzufahren, müssen 8 Lkws fünfmal fahren. Wie oft müssen 5 Lkws fahren?

Im Sommerurlaub auf Mallorca

SCHON GEWUSST?
Mallorca ist eine Insel, die zu Spanien gehört. In jedem Jahr fahren ungefähr 4 Millionen Deutsche in den Urlaub nach Mallorca.

Bis zu 850 Personen können in unserem Hotel ihren Urlaub genießen. Die Zimmer, alle ausgestattet mit Kühlschrank, Klimaanlage und Farbfernsehgerät, werden von unseren zwölf Reinigungskräften an sechs Tagen in der Woche gereinigt. Sechs Waschmaschinen sind täglich zwölf Stunden im Einsatz, damit Ihre Wäsche ebenso strahlt wie Sie.

Um die Außenanlagen kümmern sich unsere beiden Gärtner, die zusammen 48 Stunden in der Woche benötigen, um die großen Außenflächen des Hotels zu pflegen.
Unsere acht Animateure sind außer sonntags täglich für Sie da. Neben Spiel, Spaß und Spannung im Hotelbereich werden für Sie auch Wanderungen und Schiffstouren angeboten.

Noch ein Wort zu unserem kulinarischen Angebot:
Unser Küchenchef verarbeitet in der Hauptsaison pro Woche 4000 kg Obst, 2500 kg Gemüse, 10000 Eier, 1000 kg Fleisch und 600 kg Fisch, um Sie in unseren Restaurants verwöhnen zu können. In den Hotelbars schenken wir täglich bis zu 900 Liter Getränke aus.

Der Prospekt hat Familie Wencker gut gefallen, deshalb buchten sie eine Reise nach Mallorca.

1 Familie Wencker fliegt von Düsseldorf nach Mallorca.
Die Reisegeschwindigkeit einer Boeing 737-800 beträgt 850 km/h, die einer Boeing 737-400 liegt bei 900 km/h. In welcher Zeit kann die Familie das Flugziel Palma de Mallorca von Düsseldorf aus im schnellstmöglichen Fall erreichen (Entfernung Düsseldorf – Palma: 1 700 km)?

2 Während des Urlaubs von Familie Wencker ist das Hotel „Playa“ voll belegt.
a) Wie viel Obst verbrauchen die Gäste des Hotels in einem Monat (30 Tage), wenn das Hotel ausgebucht ist?
b) In der Nebensaison wird das Hotel lediglich von 500 Gästen besucht. Bestimme die Obst-, Gemüse-, Eier-, Fleisch-, Fisch- und Getränkemenge, die dann pro Woche benötigt wird.

3 Lena Wencker liest jeden Tag am Strand in einem langen Roman. Nach 7 Tagen hat sie schon 210 Seiten gelesen. Wie viele Seiten hat sie nach 10 Tagen gelesen, wenn sie jeden Tag gleich viel liest?

4 Arbeit im Hotel
a) Die Zimmer sollen in Zukunft täglich gereinigt werden. Wie viele Reinigungskräfte müssen zusätzlich eingestellt werden, damit für die bisher angestellten Reinigungskräfte keine Mehrarbeit entsteht?
b) Wie lange müssen die Waschmaschinen täglich laufen, wenn eine Waschmaschine ausfällt?
c) Wie lange benötigen drei Gärtner, um die Außenflächen zu pflegen?

5 Ausflüge und Unterhaltung
a) Die Animateure bieten jeden Freitag einen Marktbesuch an. In der vergangenen Woche wurde das Angebot von 25 Gästen angenommen. Die von Animateuren geführte Wanderung vom Hotel zum Marktplatz dauerte an diesem Tag 50 Minuten. Heute nehmen 30 Gäste am Marktbesuch teil. Wie lange wird die Wanderung dauern?
b) Neben dem Ausflug zum Markt bietet der Reiseanbieter auch Schiffstouren an. Für eine dreiköpfige Familie kostet der halbtägige Ausflug 117 €. Unter welchen Bedingungen ist die Zuordnung *Anzahl der Personen* → *Preis* proportional? Wie teuer ist in diesem Fall der Ausflug für die vierköpfige Familie Wencker?

Vermischte Übungen

NACHGEDACHT
Gib zu einer proportionalen und einer antiproportionalen Zuordnung eine passende Realsituation an.

1 Entscheide, ob die Werte zu einer proportionalen oder antiproportionalen Zuordnung gehören.
Aber Vorsicht! Einige Zuordnungen sind weder proportional noch antiproportional.

a)

x	1	2	3	4	5
y	60	30	20	15	12

b)

x	1	2	3	4	5
y	32	16	8	4	2

c)

x	1	2	3	4	5
y	6	8	10	12	14

d)

x	1	2	3	4	5
y	1	2	4	8	16

e)

x	1	2	3	4	5
y	4	8	12	16	20

f)

x	1	3	4	7	10
y	3	9	12	21	30

g)

x	1	2	6	9	10
y	90	45	15	10	9

h)

x	2	4	5	12	15
y	1	2	$2\frac{1}{2}$	6	$7\frac{1}{2}$

2 Überlege, ob die Wertetabelle zu einer proportionalen oder antiproportionalen Zuordnung gehört und ergänze sie entsprechend in deinem Heft.

a)

x	4	6	8	10	
y	14	21			56

b)

x	3	8	11	14	
y	$12\frac{3}{4}$	34			85

c)

x	6	2	8		16
y	20	60		10	

d)

x	5	8	2		$17\frac{1}{3}$
y	20,8	13		$1\frac{5}{8}$	

e)

x	3		10	13	
y	13	$21\frac{2}{3}$	$43\frac{1}{3}$		$73\frac{2}{3}$

3 Erstelle eine Zuordnungstabelle, in der man für 1 bis 10 Eintrittskarten den zu bezahlenden Preis ablesen kann.

4 Berechne.
a) 5 Flaschen Saft kosten 3,95 €.
Wie viel kostet 1 Flasche Saft?
b) 1,5 kg Äpfel kosten 2,97 €.
Wie viel kostet 1 kg Äpfel?
c) 2,5 m Stoff kosten 12,45 €.
Wie viel kostet 1 m Stoff?
d) 750 g Tomaten kosten 1,35 €.
Wie viel kosten 100 g?

5 3 kg Weintrauben kosten 7,77 €.
Wie viel kosten 2 kg (1,4 kg; 1,2 kg; 0,5 kg) Weintrauben derselben Sorte?
Runde, wenn nötig.

6 Ein alter Kühlschrank hat einen jährlichen Energieverbrauch von 370 kWh. Dadurch entstehen Stromkosten von 66,60 € pro Jahr. Neugeräte haben lediglich einen Stromverbrauch von 240 kWh.
a) Berechne die Stromkosten für das Neugerät.
b) Wie viel Geld lässt sich durch die Neuanschaffung des Kühlschranks pro Jahr einsparen? Finde verschiedene Rechenwege und präsentiere sie.
c) Ein alter Fernseher hat einen Energieverbrauch von 170 kWh, ein neuer Fernseher benötigt lediglich 100 kWh. Wie groß sind die Einsparmöglichkeiten hier?
d) Recherchiere den Energieverbrauch von Elektrogeräten. Wie hoch sind die jährlichen Energiekosten für die Geräte?

7 Finn kauft 40 Briefmarken zu je 0,55 €.
a) Wie viele Briefmarken zu je 0,40 € kann er zum selben Gesamtpreis erhalten?
b) Welche Briefmarken bekommt Finn, wenn er für den Gesamtpreis 20 Marken gleicher Sorte kauft?

8 Gib Beispiele aus dem Alltag an.
a) Je größer …, desto größer …
b) Je größer …, desto kleiner …
c) Verdoppelt sich …, so verdoppelt sich …
d) Wenn sich … halbiert, so verdoppelt sich …

9 Ordne die folgenden Eigenschaften und Beispiele und erstelle daraus eine Mindmap zum Thema „Proportionale und antiproportionale Zuordnungen". Präsentiere deine Mindmap vor der Klasse.

produktgleich

Dem Doppelten der Ausgangsgröße wird die Hälfte der zugeordneten Größe zugeordnet.

Punkte auf einer Kurve

quotientengleich

x	1	2	5
y	2	4	10

x	1	2	5
y	10	5	2

Dem Doppelten der Ausgangsgröße wird das Doppelte der zugeordneten Größe zugeordnet.

Strahl durch Ursprung

20 Pflücker benötigen jeweils 8 Stunden, um ein Erdbeerfeld abzuernten.

500 g Erdbeeren kosten 1,95 €.

10 Herr Zimmer benötigt für seine Küche zwei verschiedene Arbeitsplatten von je 60 cm Breite aus dem gleichen Material. Für eine Platte von 2,70 m Länge bezahlt er im Baumarkt 79,65 €.
Was kostet eine 1,30 m lange Platte (eine 2 m lange Platte)?

11 Für einen Verlag sollen 15 000 Bücher verschickt werden. Welche Möglichkeiten gibt es, die 15 000 Bücher gleichmäßig auf Transporter zu verteilen? Erstelle eine Zuordnungstabelle für einen bis sechs Transporter.

12 Tippgemeinschaften erhalten ihren Lottogewinn gemeinsam ausgezahlt.
Ergänze die Tabelle in deinem Heft. Die Gewinnsumme beträgt 18 144 €.

Anzahl der Mitglieder	4	7	9	15
Gewinnsumme pro Mitglied				

13 An einer Autobahntankstelle wird getankt. Berechne die fehlenden Werte.

Benzin (in l)	38,50	25,70			36
Preis (in €)			21,32	18,45	29,52

14 Die Sonne ist rund 150 Mio. km von der Erde entfernt. Ein Lichtstrahl benötigt für diese Entfernung 8 min 20 s.
a) Zum Planeten Mars braucht ein Lichtstrahl von der Sonne bereits etwa 12 min 40 s. Wie viel km ist der Mars von der Sonne entfernt?
b) Zum Jupiter benötigt das Sonnenlicht etwa 43 min 13 s. Wie groß ist seine Entfernung von der Sonne?

15 Beim Einkaufen geht man in der Regel davon aus, dass große Packungen günstiger sind als kleine.
Die folgende Tabelle gibt für einige Produkte verschiedene Packungsgrößen und den jeweiligen Preis an. Überprüfe.

Produkte	Packungsgröße	Preis (in €)
Duschgel	250 g 2 × 250 g	1,25 2,65
Lollipop	1 Stück 6 Stück	0,55 3,79
Schokolade	100 g 4 × 100 g	0,75 3,48
Pralinen	200 g 250 g	2,59 3,49
Bonbons	125 g 400 g	0,93 2,99
DVD-Rohlinge	25 Stück 50 Stück	16,99 34,99
Brezel	klein 95 g groß 170 g	0,49 1,49
Kekse	237 g 310 g	1,80 2,69

NACHGEDACHT
Wie viel kostet eine Kugel Eis?

a) Bei welchen Produkten lassen sich die Preise relativ einfach vergleichen?
b) Wie teuer müssten die Großpackungen sein, wenn man das Preisniveau der kleinen Packung nicht verändern will?
c) Berechne für jedes Produkt die Mehrkosten für die Großpackung.
d) Durch welche Maßnahmen lässt sich eine bessere Vergleichbarkeit der Produkte herstellen?
e) Vergleiche in einem Supermarkt deiner Wahl die Preise von Klein- und Großpackungen.
Dokumentiere, ob man in dem Supermarkt beim Kauf von Großpackungen sparen kann oder ob man auch hier in Einkaufsfallen tappt.
Präsentiere deine Ergebnisse.

ERINNERE DICH
Der Quotient der Zahlenpaare bei proportionalen Zuordnungen wird als Proportionalitätsfaktor bezeichnet.

16 An einem Februartag wurde um 6 Uhr eine Temperatur von 3 °C gemessen.
Bis 8 Uhr stieg die Temperatur auf 4 °C.
a) Bestimme die Temperatur um 12 Uhr.
b) Bestimme die Temperatur um 22 Uhr.

17 Das Bild zeigt die Kosten für ein Fahrgeschäft auf einer Kirmes.
Für 4 € erhält man vier Chips, für 1,20 € einen Chip.

a) Bewerte die Preisgestaltung und entwickle gegebenenfalls Verbesserungsvorschläge.
b) Du erhältst von deinen Eltern 8 € (10 €, 11 €, 12 €).
Wie oft kannst Du maximal fahren?
c) Deine Eltern erlauben dir, fünfmal zu fahren. Kannst Du sie davon überzeugen, dich öfter fahren zu lassen?

18 Zeichne zwei Koordinatensysteme in dein Heft (*x*-Achse mindestens 6 Einheiten; *y*-Achse mindestens 10 Einheiten).
a) Zeichne in das erste Koordinatensystem die Graphen von zwei proportionalen Zuordnungen und bestimme den jeweiligen Proportionalitätsfaktor (siehe Randspalte).
b) Zeichne in das gleiche Koordinatensystem in roter Farbe den Graphen einer Zuordnung, die einen ähnlichen Verlauf hat, aber nicht proportional ist.
Begründe, warum bei diesem Graphen keine Proportionalität vorliegt.
c) Zeichne in das zweite Koordinatensystem die Graphen von zwei antiproportionalen Zuordnungen.
d) Zeichne in das gleiche Koordinatensystem in roter Farbe den Graphen einer Zuordnung, die einen ähnlichen Verlauf hat, aber nicht antiproportional ist. Begründe, warum bei diesem Graphen keine Proportionalität vorliegt.
e) Überlege dir eine geeignete Form der Darstellung und präsentiere deine Lösung.

Teste dich!

a

1 Ergänze so, dass die Zuordnung …

a) … proportional ist.

x	1	2	3	4	5
y	1,40				

b) … antiproportional ist.

x	1	2	3	4	5
y	30				

b

1 Ergänze so, dass die Zuordnung …

a) … proportional ist.

x	1	2	3	5	7
y			$4\frac{1}{2}$		

b) … antiproportional ist.

x	1	2	4	6	10
y			12		

2 Welcher Funktionsgraph gehört zu einer proportionalen/antiproportionalen Zuordnung?

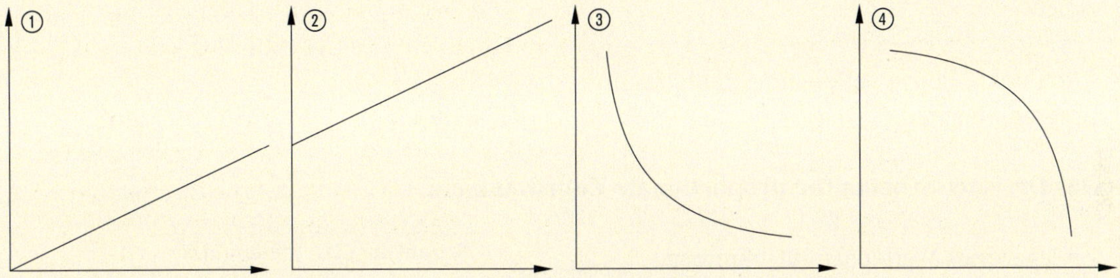

3 Familie Bohm und Familie Berger sind mit ihren Autos jeweils 720 km in den Urlaub gefahren. Familie Bohm hat 54 l Benzin verbraucht, Familie Berger 63 l.
Berechne den Benzinverbrauch beider Autos auf 100 km.

4 (a) 20 Eier kosten 2,80 €.
Wie viel kosten 12 Eier?

4 (b) 250 Taschenrechner kosten 2 722,50 €.
Wie viel kosten 264 Taschenrechner?

5 Sofie hat bei einem Gewinnspiel 5 kg Gummibärchen gewonnen.
Sie teilt ihren Gewinn mit ihren Freundinnen.

a) Wie viel bekommt jede?

Anzahl der Personen	1	2	4	5	8	10	25
Gummibärchen (in g)	5 000						

b) Ist diese Zuordnung proportional oder antiproportional?

6 Ein Futtervorrat reicht sechs Wochen für 26 Kühe.

(a) Wie lange würden 13 Kühe mit dem Vorrat auskommen?

(b) Wie lange würden 24 (40) Kühe damit auskommen?

7 Birgül und Aylin machen eine Radtour.
Wenn sie täglich 20 € ausgeben, reicht ihre Reisekasse für 12 Tage. Sie wollen aber 16 Tage bleiben.
Wie viel Geld dürfen sie täglich ausgeben?

Welche Graphen sind steigend, welche fallend? Was gilt für ihre Werte?

HINWEIS

Brauchst du noch Hilfe, so findest du auf den angegebenen Seiten ein Beispiel oder eine Anregung zum Lösen der Aufgaben. Überprüfe deine Ergebnisse mit den Lösungen auf Seite 245.

Aufgabe	Seite
1	98, 108
2	98, 108
3	102
4	102
5	108
6	112
7	112

Zusammenfassung

→ Seite 96

Zuordnungen

Jedem Element aus einem vorgegebenen Bereich wird ein oder mehrere Elemente aus einem anderen Bereich zugeordnet.

Ort → Temperatur
London: 6 °C Berlin: 8 °C
Paris: 9 °C

→ Seite 98, 102

Proportionale Zuordnungen

Eine Zuordnung ist proportional, wenn aus der Verdopplung (Verdreifachung, Vervierfachung, …) einer Größe die Verdopplung (Verdreifachung, Vervierfachung, …) der zugeordneten Größe folgt.

x	0	1	2	3	4	5
y	0	2	4	6	8	10

Proportionale Zuordnungen sind quotientengleich.

1 : 2
= 2 : 4
= 3 : 6
= 4 : 8
= 5 : 10
= 0,5

Alle Punkte liegen auf einem Strahl, der im Ursprung beginnt.

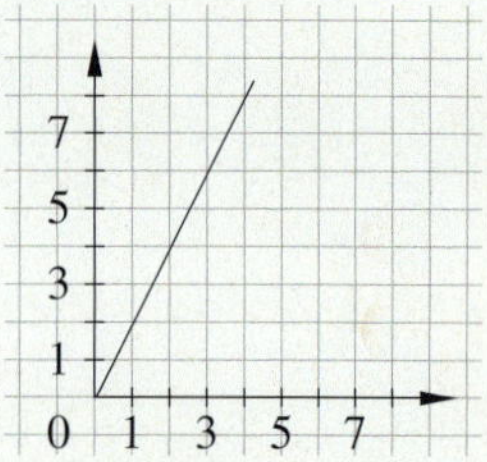

Das Dreisatz-Schema für proportionale Zuordnungen:

1. Gegebenes Wertepaar aufschreiben
2. Schluss auf die Einheit
3. Schluss auf das Gesuchte

Anzahl der CDs	Preis (in €)
5	64,95
1	12,99
6	77,94

→ Seite 108, 112

Antiproportionale Zuordnungen

Eine Zuordnung ist antiproportional, wenn aus der Verdopplung (Verdreifachung, Vervierfachung, …) einer Größe die Halbierung (Drittelung, Viertelung, …) der zugeordneten Größe folgt.

x	1	2	3	4	5
y	6	3	2	1,5	1,2

Antiproportionale Zuordnungen sind produktgleich.

1 · 6
= 2 · 3
= 3 · 2
= 4 · 1,5
= 5 · 1,2
= 6

Alle Punkte liegen auf einer Kurve.

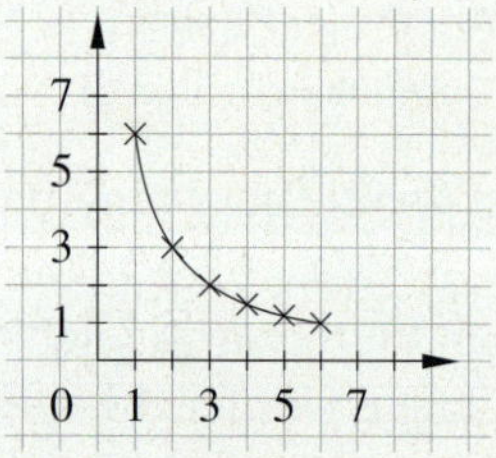

Das Dreisatz-Schema für antiproportionale Zuordnungen:

1. Gegebenes Wertepaar aufschreiben
2. Schluss auf die Einheit
3. Schluss auf das Gesuchte

Anzahl der Arbeiter	Zeit (in h)
3	16
1	48
4	12

Prozentrechnung

Prozentangaben kennst du sicher
aus vielen Bereichen.
Beim Einkaufen beispielsweise wird häufig
mit Prozentangaben geworben.
Das Wort Prozent kommt vom italienischen
„pro cento“ (von Hundert).
„pro cento“ wurde später abgekürzt mit cto.
Daraus entstand mit der Zeit die Schreibweise %.

Noch fit?

1 Addiere schriftlich. Überprüfe deine Ergebnisse mit Hilfe einer Überschlagsrechnung.

a) 1244 + 1708 + 1928 + 1804 + 2004 **b)** 3067 + 4809 + 5340 + 1324 + 47
c) 8197 + 3241 + 5674 + 2001 + 347 **d)** 5768 + 5009 + 4758 + 3847 + 3070

2 Subtrahiere schriftlich. Schätze vorher, welche Teilaufgabe das größte Ergebnis hat.

a) 40856 – 5263 – 593 **b)** 5698 – 562 – 136 **c)** 78953 – 7410 – 543
d) 3698 – 369 – 329 – 345 **e)** 63980 – 24001 – 979 **f)** 2587 – 258 – 329 – 111

3 Rechne schriftlich. Überschlage vorher das Ergebnis.

a) 756 · 26 **b)** 35 · 921 **c)** 517 · 309 **d)** 1195 · 36
e) 4082 · 339 **f)** 5781 · 6068 **g)** 28495 · 19 **h)** 20487 · 6984

4 Überschlage, dividiere schriftlich und mache die Probe.

a) 4104 : 6 **b)** 4795 : 7 **c)** 2058 : 3 **d)** 6183 : 9
e) 66660 : 12 **f)** 48884 : 11 **g)** 74070 : 6 **h)** 79008 : 8

5 Ordne die Tunnel nach ihrer Länge und stelle dies in einem Säulendiagramm dar.

Simplon-Tunnel (Verbindung Schweiz–Italien)	19804 m
Arlberg-Tunnel in Österreich	10250 m
Gleisberg-Tunnel bei Glashütte in Thüringen	539 m
Tauern-Tunnel in Österreich	8600 m
St.-Gotthard-Tunnel (Schweiz)	14984 m
Brandleite-Tunnel bei Oberhof in Thüringen	3039 m
Seikan-Tunnel (Japan, Unterwassertunnel)	rd. 54000 m

6 Rechne in die in Klammern angegebene Einheit um.

a) 5 cm (mm) **b)** 700 mm (cm) **c)** 8 m (cm) **d)** 10000 m (km)
e) 3 kg (g) **f)** 5 t (kg) **g)** 6500 g (kg) **h)** 500 kg (t)
i) 2,35 € (ct) **j)** 12345 ct (€) **k)** 3 h (min) **l)** 30 min (h)

7 Zeichne drei Rechtecke mit den Seitenlängen 3 cm und 5 cm. Färbe im ersten Rechteck die Hälfte, im zweiten $\frac{3}{4}$ und im dritten $\frac{1}{10}$ der Fläche ein.

8 Gib den Anteil der rot und der blau gefärbten Fläche als Bruch an.

a) 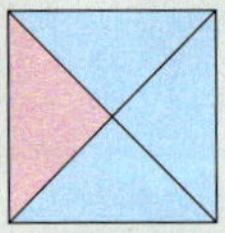 **b)**  **c)** 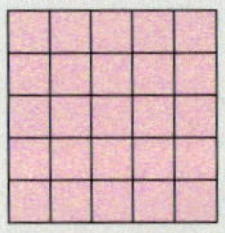 **d)** 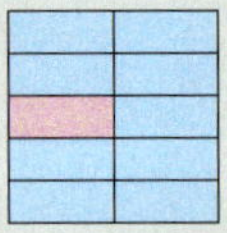 **e)** 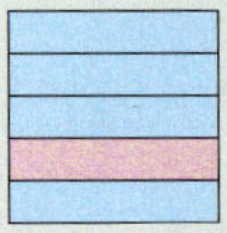 **f)** 

9 Multipliziere.

a) $\frac{2}{10}$ mit 2; 5 und 10 **b)** $\frac{15}{3}$ mit 7; 21 und 45 **c)** $2\frac{3}{4}$ mit 2; 5 und 10

Kurz und knapp

1. Erläutere in eigenen Worten, wie Brüche und Dezimalbrüche zusammenhängen.
2. Wie viel sind die Hälfte von 200 und $\frac{1}{10}$ von 50? Begründe.
3. In welchen Zusammenhängen begegnen dir Brüche im Alltag?

Anteile

Erforschen und Entdecken

1 Lara sagt zu Jacob:
„Unsere Klasse war beim Sportfest besser. Wir haben 18 Urkunden geholt, aber ihr nur 16.“
Jacob antwortet ihr:
„Wir sind ja auch weniger Schülerinnen und Schüler als ihr.“

Welche Klasse war wirklich besser?

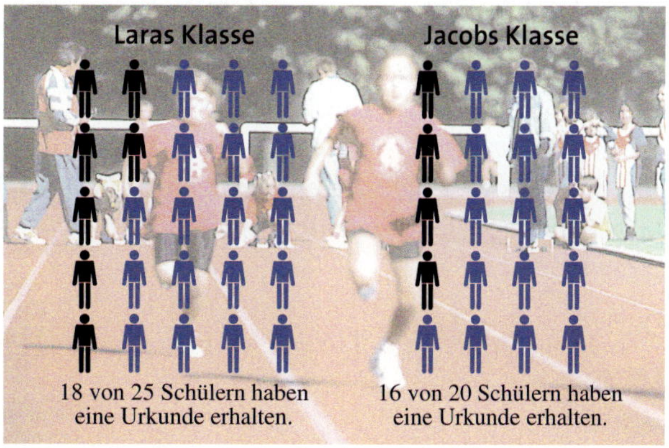

2 An welchem Losstand würdest du deine Lose kaufen?
Erkläre, auf welche Weise du die Angebote vergleichst.

3 Anke, Peter und Felix stehen zur Wahl als Klassensprecher.
In einer Strichliste wurden ihre Ergebnisse festgehalten.

a) Wer wird Klassensprecher?
b) Insgesamt haben 30 Schüler ihre Stimme abgegeben.
Gib die Anteile der Stimmen als Bruch an.

4 Von 100 Erwachsenen in Deutschland haben 65 Zugang zum Internet.
Das sind 65 %. Unter den jungen Erwachsenen bis 25 Jahre haben sogar 87 von 100, also 87 % Zugang zum Internet.

a) Was bedeutet das Zeichen % (sprich: Prozent)?
b) Wo hast du das Zeichen % schon einmal gesehen?

5 Arbeitet in Kleingruppen von 2 bis 4 Personen. Ihr braucht für jede Person eine (ältere) Tageszeitung.

a) Sucht Artikel heraus, in denen Anteile vorkommen.
b) Sortiert die Angaben nach gemeinen Brüchen, Dezimalbrüchen und Prozentzahlen.
c) Stellt eure Ergebnisse der Klasse vor.

NACHGEDACHT
Was bedeuten die Prozentzahlen hier?

Lesen und Verstehen

Wer soll beim Fußballspiel der Heine-Mittelschule gegen die Lessingschule im Tor stehen?
Olga hat im Training 8 von 20 Elfmetern gehalten, Jakob hat 9 von 25 Elfmetern gehalten.
Um ihre Leistungen vergleichen zu können, vergleicht man die Anteile der gehaltenen Elfmeter miteinander.

Olga: $\frac{8}{20} = \frac{40}{100} = 40\,\%$

Jakob: $\frac{9}{25} = \frac{36}{100} = 36\,\%$.

Olga hat 40 % der Bälle gehalten, Jakob 36 %. Olga sollte besser im Tor stehen.

ERINNERE DICH

$0{,}3 = \frac{3}{10}$

$0{,}41 = \frac{41}{100}$

$0{,}934 = \frac{934}{1000}$

Die erste Stelle hinter dem Komma entspricht Zehnteln, die zweite entspricht Hundertsteln, die dritte Tausendsteln und so weiter.

HINWEIS

*Die **Anzahl** der gehaltenen Elfmeter nennt man auch die **absolute Häufigkeit**. Der **Anteil** der gehaltenen Elfmeter ist die **relative Häufigkeit**.*

Um Anteile zu vergleichen, braucht man eine gemeinsame Grundlage.
Man kann den gemeinsamen Nenner 100 verwenden.

Anteile gibt man häufig in Prozent an. Das Zeichen % bedeutet „pro hundert".

1 % von etwas ist 1 Hundertstel davon: $1\,\% = \frac{1}{100}$.

$p\,\%$ von etwas ist p Hundertstel davon: $p\,\% = \frac{p}{100}$.

BEISPIEL 1

$25\,\% = \frac{25}{100}$

$8\,\% = \frac{8}{100}$

In Prozent angegebene Anteile lassen sich leicht vergleichen.

Alle **Prozentangaben** kann man als **gemeine Brüche** oder als **Dezimalbrüche** schreiben.

BEISPIEL 2

$38\,\% = \frac{38}{100} = 0{,}38$

$70\,\% = \frac{70}{100} = 0{,}7$

Für Überschläge, Schätzungen und das Kopfrechnen sind die häufig auftretenden bequemen Prozentsätze wie 10 % oder 25 % sehr nützlich.

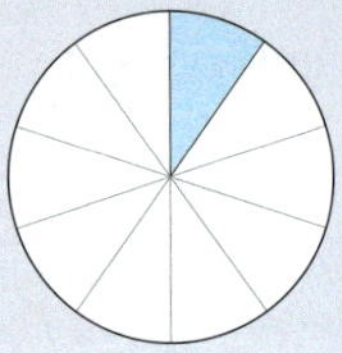

$\frac{1}{10} = \frac{10}{100} = 0{,}1 = 10\,\%$

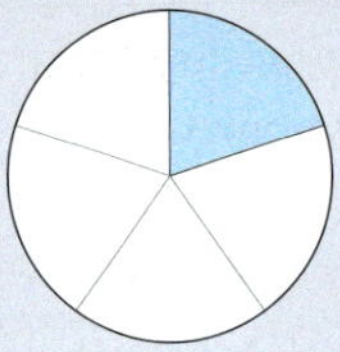

$\frac{1}{5} = \frac{20}{100} = 0{,}2 = 20\,\%$

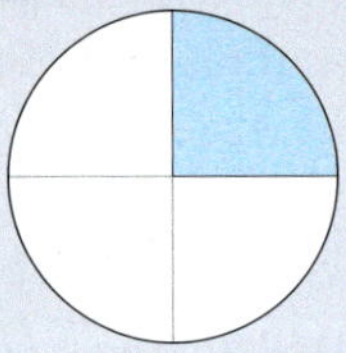

$\frac{1}{4} = \frac{25}{100} = 0{,}25 = 25\,\%$

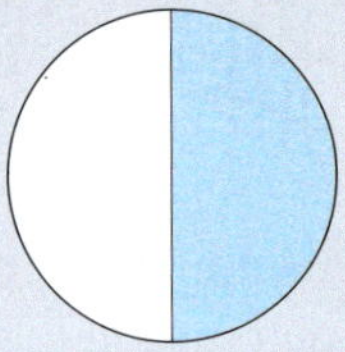

$\frac{1}{2} = \frac{50}{100} = 0{,}5 = 50\,\%$

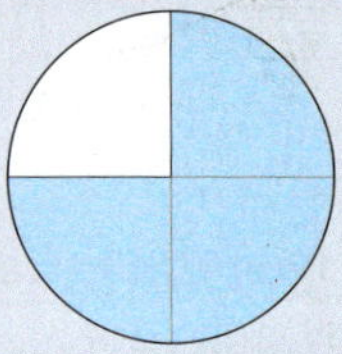

$\frac{3}{4} = \frac{75}{100} = 0{,}75 = 75\,\%$

Diese **bequemen Prozentsätze** solltest du dir einprägen.

Prozentsatz p	1 %	10 %	20 %	25 %	$33\frac{1}{3}\,\%$	50 %	$66\frac{2}{3}\,\%$	75 %	100 %
Bruch	$\frac{1}{100}$	$\frac{1}{10}$	$\frac{1}{5}$	$\frac{1}{4}$	$\frac{1}{3}$	$\frac{1}{2}$	$\frac{2}{3}$	$\frac{3}{4}$	1

Üben und Anwenden

1 Gib die Anteile in Prozent an.

a) $\frac{1}{100}$; $\frac{12}{100}$; $\frac{35}{100}$; $\frac{60}{100}$; $\frac{85}{100}$

b) $\frac{52}{100}$; $\frac{59}{100}$; $\frac{73}{100}$; $\frac{84}{100}$; $\frac{99}{100}$

c) $\frac{1}{2}$; $\frac{1}{10}$; $\frac{1}{4}$; $\frac{1}{5}$; $\frac{3}{5}$; $\frac{7}{20}$; $\frac{25}{50}$; $\frac{14}{40}$

d) $\frac{3}{4}$; $\frac{3}{25}$; $\frac{8}{40}$; $\frac{15}{60}$; $\frac{6}{20}$; $\frac{4}{25}$; $\frac{3}{75}$

2 Gib den Prozentsatz jeweils als (gekürzten) Bruch und als Dezimalbruch an.

a) 23 % b) 11 % c) 50 %
d) 75 % e) 30 % f) 19 %
g) 8 % h) 99 % i) 15 %
j) 3 % k) 80 % l) 25 %

3 Gib den Anteil der gefärbten Fläche an der Gesamtfläche in Prozent an.

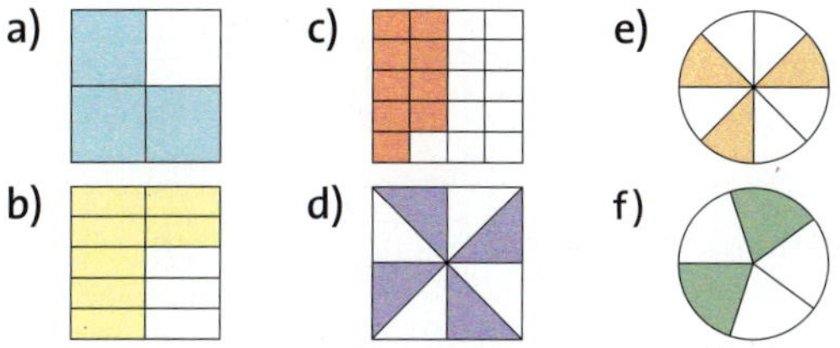

4 Wandle um in Prozentsätze.

a) 0,37 b) 0,5 c) 0,59
d) 0,61 e) 0,7 f) 0,07
g) 0,63 h) 0,27 i) 0,1
j) 0,01 k) 0,25 l) 1,24

5 Ergänze die Tabelle im Heft.

	Prozentsatz *p*	Gemeiner Bruch	Dezimalbruch
a)	33 %		
b)		$\frac{47}{100}$	
c)	60 %		
d)		$\frac{31}{100}$	
e)		$\frac{1}{4}$	
f)			0,45
g)	77 %		
h)	$33\frac{1}{3}$ %		
i)			0,62
j)		$\frac{1}{5}$	

6 Erweitere oder kürze die Brüche auf den Nenner 100. Schreibe sie dann als Prozent.

a) $\frac{3}{4}$; $\frac{9}{20}$; $\frac{7}{50}$; $\frac{3}{25}$; $\frac{3}{10}$; $\frac{1}{4}$; $\frac{4}{5}$

b) $\frac{21}{25}$; $\frac{154}{200}$; $\frac{81}{900}$; $\frac{2}{5}$; $\frac{480}{600}$

c) $\frac{13}{50}$; $\frac{7}{20}$; $\frac{3}{5}$; $\frac{9}{10}$; $\frac{45}{300}$; $\frac{75}{150}$

d) $\frac{2}{5}$; $\frac{1}{2}$; $\frac{7}{10}$; $\frac{10}{10}$; $\frac{16}{300}$; $\frac{7}{100}$

7 Auf der Kirmes gibt es eine Losbude. Alina hat 20 Lose gekauft. Darunter waren 3 Gewinne. Jasmin hat 25 Lose gekauft und 4 Gewinne gezogen.
Wer hat den größeren Anteil an Gewinnen? Gib als Bruch und als Prozentzahl an.

8 In einem Fernsehquiz raten 3 Kandidaten gegeneinander. Frau Schilling hat 68 % der Fragen richtig beantwortet, Frau Penny hat von 50 Fragen 33 richtig beantwortet und Herr Thaler hat $\frac{3}{5}$ richtige Antworten gegeben. Wer hat gewonnen?

9 Schreibe den Anteil der gefärbten Flächen als Prozentzahl.

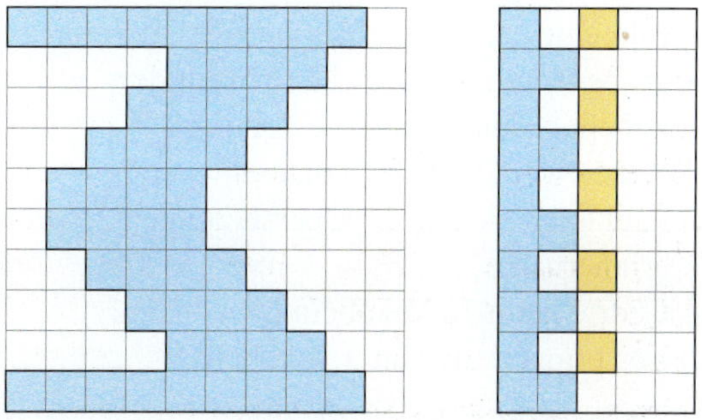

ZUM KNOBELN
In einem Fernsehquiz wurde folgende Frage gestellt:
„Sortieren Sie folgende Länder nach ihrer Fläche, beginnend mit dem kleinsten.
a) Russland
b) Luxemburg
c) Deutschland
d) Brasilien"
Findest du die Lösung?

10 Wie viel Prozent der Fläche ist gefärbt?

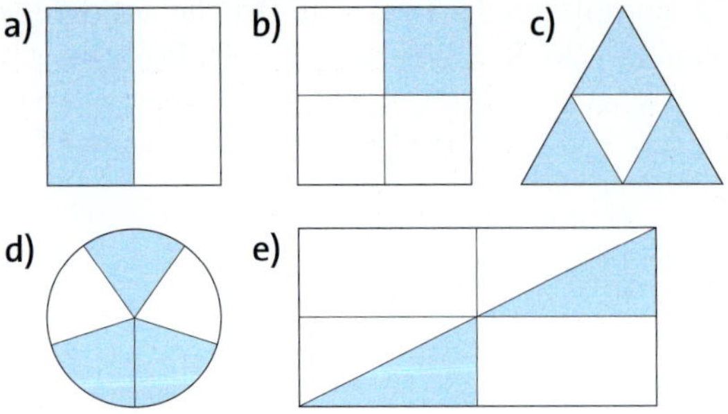

11 Welcher Anteil ist gefärbt?
Schätze die Prozentzahl.

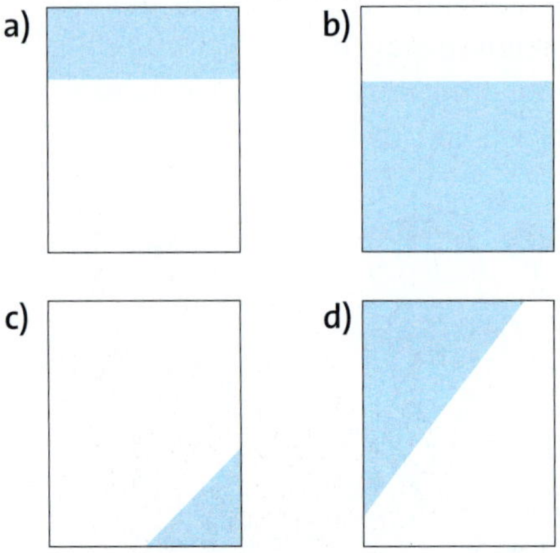

12 Zeichne ein Quadrat aus 10 mal 10 Kästchen. Markiere darin farbig

a) 10 %	b) 20 %	c) 50 %
d) 60 %	e) 25 %	f) 75 %
g) 90 %	h) 12,5 %	i) 1 %
j) 45 %	k) 30 %	l) 15 %.

13 Zeichne mit einem Zirkel einen Kreis mit dem Radius 4 cm. Wie kannst du darin 25 % rot und 10 % blau markieren?
Erkläre, wie du vorgehst.

14 In einer Klassenarbeit werden 20 Vokabeln abgefragt. An wie viel Prozent der Vokabeln erinnern sich die Schüler?

a) Katrin weiß noch 17 Vokabeln.
b) Paul kann sich an 15 Übersetzungen erinnern.
c) Cedric kann 12 Vokabeln übersetzen.
d) Lea erinnert sich an 9 Vokabeln.

WUSSTEST DU SCHON?
Schon im Mittelalter haben italienische Kaufleute die Prozentschreibweise benutzt. „Pro cento" bedeutete soviel wie „für hundert".

15 Bei einem Basketballspiel erzielte Lukas mit 10 Würfen 4 Treffer, Amelie mit 20 Würfen 9 Treffer und Kevin mit 25 Würfen 11 Treffer. Wer hat den größten, wer den kleinsten Trefferanteil?
Gib die relativen Häufigkeiten als Bruch und als Prozentsatz an.

16 Welchem prozentualen Anteil entspricht das? Berechne die relative Häufigkeit.

a) Von 200 Teilnehmern eines Marathonlaufs gaben 28 vor Erreichen des Zieles auf.
b) Von den 200 Teilnehmern erreichten 6 das Ziel in weniger als 3 Stunden.

17 Immer zwei Angaben gehören zusammen. Es ergibt sich ein Lösungswort.

a) 25 %
b) 33 %
c) 70 %
d) 75 %
e) 8 %
f) 20 %
g) 47 %

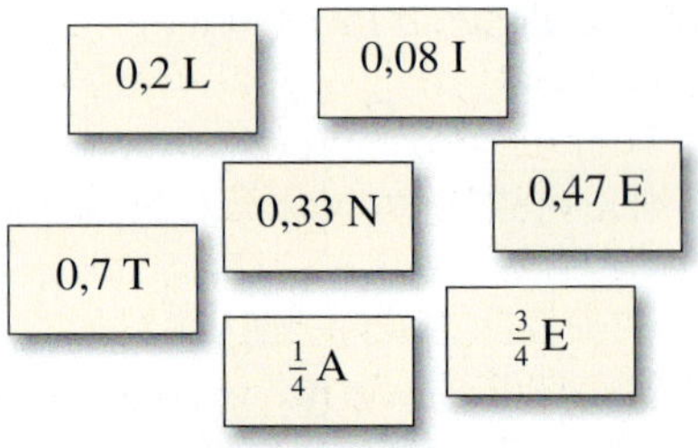

18 Um eine Regierung bilden zu können, brauchen Parteien mehr als 50 % der Sitze im Parlament. Meistens schließen sich mehrere Parteien zusammen, sie bilden eine Koalition. Welche der Parteien A, B, C und D haben zusammen mehr als 50 % der Sitze?

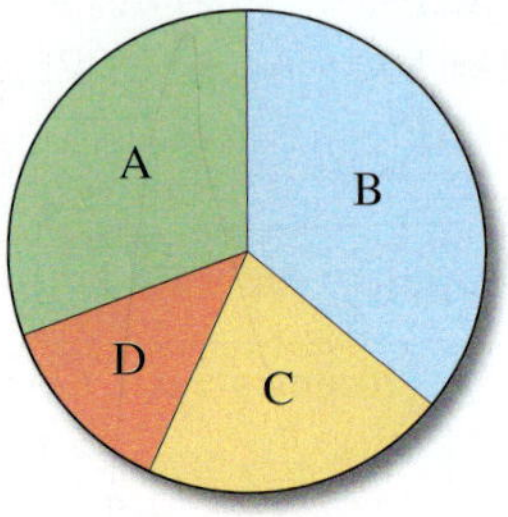

19 Wandle auch diese Brüche in Prozentzahlen um. Runde auf zwei Stellen nach dem Komma und schreibe dann in Prozent.

BEISPIEL $\frac{1}{3} = 1 : 3 = 0,\overline{3} \approx 0,33 = 33\,\%$

a) $\frac{2}{3}$; $\frac{1}{6}$; $\frac{2}{6}$	b) $\frac{1}{8}$; $\frac{3}{8}$; $\frac{5}{8}$
c) $\frac{1}{9}$; $\frac{2}{9}$; $\frac{5}{9}$	d) $\frac{1}{7}$; $\frac{3}{7}$; $\frac{4}{7}$
e) $\frac{1}{12}$; $\frac{7}{12}$; $\frac{11}{12}$	f) $\frac{2}{15}$; $\frac{7}{15}$; $\frac{11}{15}$

Prozentsatz und Prozentwert

Erforschen und Entdecken

1 Zeichne im Heft fünf Quadrate mit jeweils 10 × 10 Kästchen Länge.
Berechne den Flächeninhalt eines Quadrates in cm^2.

a) Färbe in je einem Quadrat den angegebenen Anteil:
① 50 % ② 25 % ③ 10 % ④ 30 % ⑤ 22,5 %

b) Vergleiche mit deinem Nachbarn.
Diskutiere Vorgehen und Schwierigkeiten.

c) Ermittle den Flächeninhalt jedes gefärbten Anteils.

d) Übertrage die Tabelle rechts ins Heft und fülle sie aus.
Stelle die prozentualen Anteile der Flächen ihrem Flächeninhalt gegenüber. Was fällt dir auf?

e) Wie sieht es aus, wenn die Quadrate nur 6 × 6 Kästchen haben? Färbe diese Quadrate wie in a). Ist diese Aufgabe für alle Prozentangaben zeichnerisch lösbar?

Anteil (Prozentsatz)	Fläche in cm^2 (Prozentwert)
10 %	
22,5 %	
25 %	
30 %	
50 %	

TIPP
Trage die Werte der Tabelle aus Aufgabe 1d) in ein Koordinatensystem ein, wobei x der Anteil und y die Fläche in cm^2 ist.

2 Stelle dir ein Hunderterfeld mit Schälchen vor, in denen 360 Euro gleichmäßig verteilt liegen.

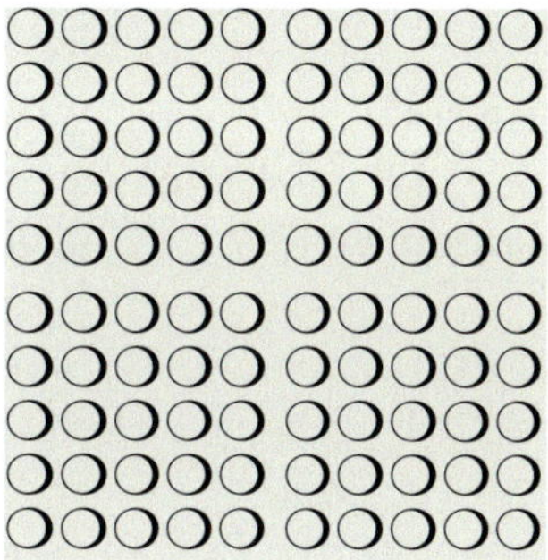

a) Wie viel Geld liegt in einem Schälchen?
Wie viel Prozent des gesamten Betrags sind das?

b) Wie viel Geld enthalten 12 Schälchen?
Wie viel Prozent von den 360 € sind das?

c) Wie viel Geld sind 40 % des Gesamtbetrags?

d) Beschreibe, wie man den Anteil in Prozent des Gesamtbetrags berechnen kann.

e) Wie viel Geld sind 23,47 % des Gesamtbetrags?

3 Die folgende Zuordnungstabelle berechnet den Prozentwert. Erkläre sie.
Beschreibe, wie man die Zuordnungstabelle für die Aufgaben a) bis c) nutzen kann.
Berechne anschließend die Aufgaben.

	Anteil	Anzahl der Schüler	
	100 %	1 200	
: 100 ↓			↓ : 100
	1 %	$\frac{1200}{100} = 12$	
· 45 ↓			↓ · 45
	45 %	540	

a) In einer Schule sind 900 Schülerinnen und Schüler. 35 % von ihnen lernen zwei Fremdsprachen. Wie viele sind das?

b) 80 % von 12 € Taschengeld wurden für Süßes ausgegeben. Wie viel Geld ist das?

c) 67 % der 120 m^2 Wohnfläche sind mit Fliesen ausgelegt. Um wie viele m^2 handelt es sich?

4 Mit einer Zuordnungstabelle ist es ebenfalls möglich, den Prozentsatz zu berechnen.
Gib zu der Tabelle eine passende Aufgabe an.

	Anzahl der Schüler	Anteil	
	1 200	100 %	
: 1200 ↓			↓ : 1200
	1	$\frac{100}{1200}$ %	
· 750 ↓			↓ · 750
	750	62,5 %	

a) Welche Gemeinsamkeiten bzw. Unterschiede gibt es zu der Tabelle aus Nr. 3? Beschreibe.

b) Wie viel Prozent sind 36 € von 200 €?

c) 70 der 120 Stimmberechtigten wählten Henrik Meyer als Vorsitzenden aus.

d) Björn holte 45 von 55 Punkten.

Lesen und Verstehen

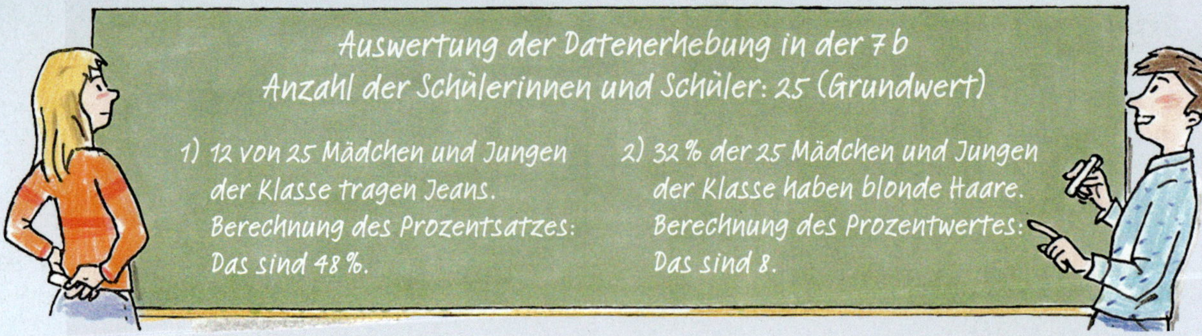

Der **Grundwert (*G*)** ist die Bezugsgröße, das Ganze. Er entspricht 100 %.
Der Prozentwert (*W*) ist ein Teil der Gesamtmenge, also ein Teil des Grundwertes.
Der **Prozentsatz (*p* %)** gibt den Anteil am Grundwert in Prozentschreibweise an. Er wird dem Prozentwert zugeordnet.

BEISPIEL 1

12 von den 25 Mädchen und Jungen der Klasse tragen Jeans. Das sind 48 %.

12: Prozentwert *W* – 25: Grundwert *G* – 48 %: Prozentsatz *p* %

Sind zwei der drei Größen Prozentsatz, Prozentwert und Grundwert gegeben, dann kann man die dritte berechnen, da Folgendes gilt:

Prozentsatz und Prozentwert sind proportional zueinander.
Steht zu einem gegebenen Prozentsatz der zugehörige Prozentwert fest oder umgekehrt, so lassen sich daraus weitere Prozentsätze und -werte mit dem Dreisatz berechnen.

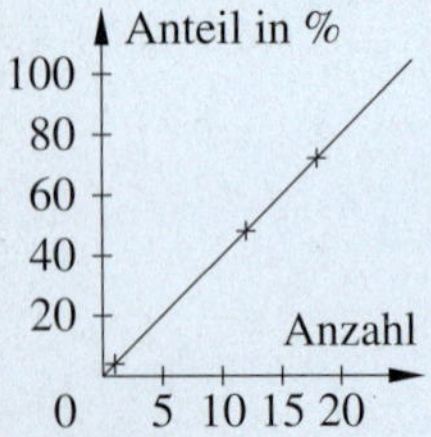

BEISPIEL 2

12 Jugendliche sind 48 %, dann sind
1 Jugendlicher 4 % und
18 Jugendliche 72 %.

	Anzahl	Anteil	
	12	48 %	
: 12	1	4 %	: 12
· 18	18	72 %	· 18

Berechnung des Prozentsatzes
Sind Grundwert und Prozentwert bekannt, kann der Prozentsatz mit dem Dreisatz berechnet werden.

BEISPIEL 3

	Anzahl	Anteil	
	25	100 %	
: 25	1	4 %	: 25
· 12	12	48 %	· 12

48 % tragen Jeans.

Berechnung des Prozentwertes
Sind Grundwert und Prozentsatz bekannt, kann der Prozentwert mit dem Dreisatz berechnet werden.

BEISPIEL 4

	Anteil	Anzahl	
	100 %	25	
: 100	1 %	0,25	: 100
· 32	32 %	8	· 32

8 Jungen und Mädchen sind blond.

HINWEIS
Der Grundwert G entspricht 100 % und der Prozentwert W entspricht dem Prozentsatz p. Es kann eine Verhältnisgleichung $\frac{G}{W} = \frac{100}{p}$ *aufgestellt werden.*

Üben und Anwenden

1 Ordne die Begriffe Prozentsatz, Prozentwert und Grundwert zu.

a) 315 der 500 Angestellten sind unter 40 Jahre alt. Das sind 63 %.

b) Von 260 Liegestühlen sind 35 %, also 91, nach der Saison defekt.

c) 2 % von 600 Autos sind lila gespritzt.

d) Von fünfmal Würfeln habe ich zweimal eine Sechs gewürfelt.

e) Bei einem Krankenstand von 4 % in der Firma sind 5 Mitarbeiter krank.

2 Berechne den Prozentsatz. Ordne vorher Prozentwert und Grundwert zu.

a) Wie viel Prozent von 560 t sind 28 t?

b) Wie viel Prozent sind 27 kg von 450 kg?

c) Wie viel Prozent sind 6 € von 200 €?

d) Wie viel Prozent von 400 m sind 30 m?

3 Wie viel Prozent sind …

a) 498 t von 8300 t,
b) 17,5 g von 437,5 g,
c) 99,9 l von 555 l,
d) 28 m von 112 m,
e) 638 € von 1305 €,
f) 24 cm von 3 dm?

4 Berechne den Prozentsatz.

a)

5 € von				
10 €	20 €	50 €	100 €	200 €

b)

6 min von				
1 h	2 h	4 h	5 h	10 h

c)

5 cm von				
5 cm	8 cm	50 cm	80 cm	100 cm

5 Gib in Prozent an.

a)

2 €	20 €	25 €	50 €	75 €
von 200 €				

b)

1 m	5 m	10 m	20 m	40 m
von 200 m				

c) Trage die Zuordnung
Prozentsatz → Prozentwert
in ein Koordinatensystem ein.
Lies daraus ab, wie viel Euro 37 % sind und wie viel Prozent 168 m sind.

6 Ein ausgewachsener Elefant wiegt ungefähr sechs Tonnen. Ein gerade geborenes Elefantenbaby wiegt ca. 100 kg.

a) Wie viel Prozent nimmt das Gewicht eines Elefantenbabys im Verhältnis zum Gewicht der Elefantenmutter ein?

b) Bearbeitet zu zweit: In welchem Verhältnis steht bei Menschen das Gewicht eines Babys zur Mutter?

7 Um in die Lise-Meitner-Schule zu kommen, nutzen von den insgesamt 720 Schülerinnen und Schülern 180 den Bus, 468 das Fahrrad und die restlichen Schülerinnen und Schüler die Straßenbahn.

a) Wie viele Schülerinnen und Schüler fahren mit der Straßenbahn zur Schule?

b) Wie viel Prozent fahren jeweils mit Bus, Fahrrad oder Straßenbahn zur Lise-Meitner-Schule?

8 Die Klassenarbeit in Mathematik ist in der 7 a und 7 b wie folgt ausgefallen:

7 a	1	2	3	4	5	6
	1	4	8	6	5	3
7 b	1	2	3	4	5	6
	5	8	12	3	2	2

a) Berechne die Prozentsätze der Noten 1 bis 6 für beide Klassen und vergleiche die Klassen miteinander.

b) In welcher Klasse war der Prozentsatz für die Note 3 am größten?

c) Wie viel Prozent haben jeweils die Arbeit schlechter als 4 geschrieben?

9 Auf einem Plakat steht: „Alle Waren um 30 % reduziert." Überlege, welchem Prozentsatz die neuen Preise entsprechen müssen. Wurden die Angebote richtig reduziert?

a) Herrenanzug von 499,00 € auf 349,30 €

b) T-Shirt: 39,00 €, jetzt 29,99 €

c) Freizeitjacke: 199,00 € auf 139,30 €

d) Turnschuhe: bisher 159,00 €, jetzt 90 €

TIPP
Den Prozentsatz kannst du berechnen wie Anteile. Das Ergebnis musst du dann in Prozentschreibweise umwandeln.
Wie viel Prozent sind 12 von 25?
$p\,\% = \frac{12}{25} = \frac{48}{100} = 48\,\%$
oder
$p\,\% = \frac{12}{25} = 12 : 25$
$= 0{,}48 = 48\,\%.$

10 Berechne 1 % (25 %, 12,5 %) von …
a) 50 €, 80 €, 150 €, 200 €, 500 €
b) 75 m, 98 m, 112 m, 156 m, 210 m
c) 12 kg, 54 kg, 612 kg, 305 kg, 440 kg

11 Berechne den Prozentwert.

1 %	2 %	5 %	10 %	25 %	50 %	75 %
von 100 €						

HINWEIS
Spielkarten, mit denen ihr zu zweit weiterüben könnt, findet ihr unter
www 130-1

12 Berechne den Prozentwert aus einem Prozentsatz des linken Kastens und einem Grundwert aus dem rechten Kasten.

20 %, 50 %, 40 %, 25 %, 30 %, 80 %

64 €, 90 €, 75 €, 50 €, 250 €, 120 €

13 Berechne.
a) 6 % von 50 kg
b) 9 % von 100 kg
c) 5 % von 80 l
d) 4 % von 75 l
e) 25 % von 98 m
f) 45 % von 85 m
g) 60 % von 90 cm
h) 75 % von 12 cm
i) 12 % von 3 km
j) 89 % von 720 km

14 Kartoffeln bestehen zu 76 % aus Wasser, zu 21 % aus Kohlenhydraten und zu 3 % aus anderen Bestandteilen.
a) Tom isst zum Mittag 250 g Kartoffeln. Wie viel g der einzelnen Bestandteile sind darin enthalten?
b) Recherchiere im Internet, wie viel Prozent des täglichen Bedarfs an Kohlenhydraten er mit dem Essen gedeckt hat.

15 Der Sportverein zählt 640 Mitglieder. 20 % aller Mitglieder des Sportvereins gehören der Fußballabteilung an, 30 % aller Mitglieder gehören der Basketballabteilung an, 40 % aller Mitglieder sind Leichtathleten und 10 % aller Mitglieder sind Schwimmer.
Berechne die Anzahl der Mitglieder in jeder Abteilung. Zeichne ein Kreisdiagramm.

16 Zeichne vier identische Quadrate mit der Seitenlänge 4 cm, also mit $A = 16\,\text{cm}^2$. Schraffiere folgende Flächen: 25 %, 50 %, 75 % und 100 %. Berechne, wie viel cm^2 die schraffierte Fläche einnimmt.

17 Ein Paar Turnschuhe kostet 69 €. Vereinsmitglieder erhalten 8 % Preisnachlass.

a) Wie viel € beträgt der Preisnachlass für Vereinsmitglieder?
b) Wie viel € müsste ein Vereinsmitglied für dieses Paar Turnschuhe bezahlen?

18 Beim Einkauf in einem Elektrogroßhandel sind zusätzlich zum angegebenen Preis 19 % Mehrwertsteuer zu zahlen. Berechne die Mehrwertsteuer bei folgenden Artikeln.
a) Staubsauger 140 €
b) Radio 101 €
c) DVD-Player 199 €
d) CD-Player 152 €

19 Ein Pulli kostet 25 €. Er wird um 30 % auf 70 % reduziert. Wie viel kostet er dann?

20 Ein MP3-Player kostete 150 €. Zunächst wurde er auf 120 €, dann auf 109 € und dann noch einmal um 10 € reduziert.
a) Auf wie viel Prozent des ursprünglichen Preises wurde der MP3-Player insgesamt reduziert?
b) Um wie viel Prozent wurde er reduziert?

21 Zum Frühstück isst Marissa anderthalb Brötchen mit Schinken.
a) Ein Brötchen wiegt 45 g und enthält 7,8 % Eiweiß, 1,4 % Fett und 50,7 % Kohlenhydrate. Wie viel Gramm nimmt Marissa von jedem Nährstoff zu sich?
b) Marissa isst insgesamt 60 g Schinken. Darin sind 2,9 g Eiweiß, 2,3 g Fett und 0,5 g Kohlenhydrate enthalten. Welchen Prozentsätzen entsprechen die Angaben?
c) Wie viel Gramm sind von jedem Nährstoff in den anderthalb Brötchen mit Schinken enthalten? Wie viel Prozent entsprechen die Grammangaben?

Grundwert

Erforschen und Entdecken

1 Bei der folgenden Aufgabe ist der Grundwert nicht bekannt.
30 der befragten Schülerinnen und Schüler gaben an, für die Hausaufgaben weniger als 60 Minuten zu benötigen. Das entspricht einem Prozentsatz von 15 %.

a) Warum muss dem Grundwert der Prozentsatz 100 % zugeordnet werden?

	Anteil	Anzahl der Schüler	
	100 %	200	
: 100	1 %	2	: 100
· 15	15 %	30	· 15

b) Links siehst du eine zu der Aufgabe passende Zuordnungstabelle. Sie ist so angeordnet, dass von oben nach unten gelesen der Prozentwert berechnet wird und der Grundwert schon bekannt ist.
Wie müsstest du die Zuordnungstabelle verändern, damit der Grundwert berechnet werden kann?

c) Erstelle zu der oben beschriebenen Aufgabe eine Zuordnungstabelle, mit der du den Grundwert berechnen kannst.

d) Überprüfe deine Anordnung mit folgender Aufgabe:
70 der befragten Schülerinnen und Schüler gaben an, für die Hausaufgaben durchschnittlich 60 Minuten zu benötigen. Das entspricht einem Prozentsatz von 35 %.

2 Die folgenden Zuordnungstabellen berechnen alle den Grundwert, allerdings sind dort Fehler unterlaufen.
Übertrage die Tabellen ins Heft, berichtige dabei den jeweiligen Fehler.
Ergänze dann die fehlenden Werte.

	Anteil	Betrag (in €)	
	50 %	75	
: 50	1 %	$\frac{50}{75}$	: 50
· 100	100 %	■	· 100

	Anteil	Fläche (in m²)	
	5 %	20	
: 100	1 %	4	: 5
· 5	100 %	■	· 100

	Anteil	Anzahl	
	20 %	47	
: 20	1 %	$\frac{47}{20}$	: 47
· 100	■	■	· 100

3 In der Randspalte findest du Werte aus zwei Zuordnungstabellen, bei denen der Grundwert fehlt. Sie sind durcheinandergeraten. Sortiere die Werte und erstelle daraus die beiden Zuordnungstabellen. Berechne anschließend den fehlenden Grundwert.

1 % 50 %
32,5 € 1 % 27 m²
100 % 30 %
0,65 € 0,9 m² 100 %

4 Übertrage die unten abgebildeten Vierecke in dein Heft und ergänze sie, bis 100 % erreicht sind.

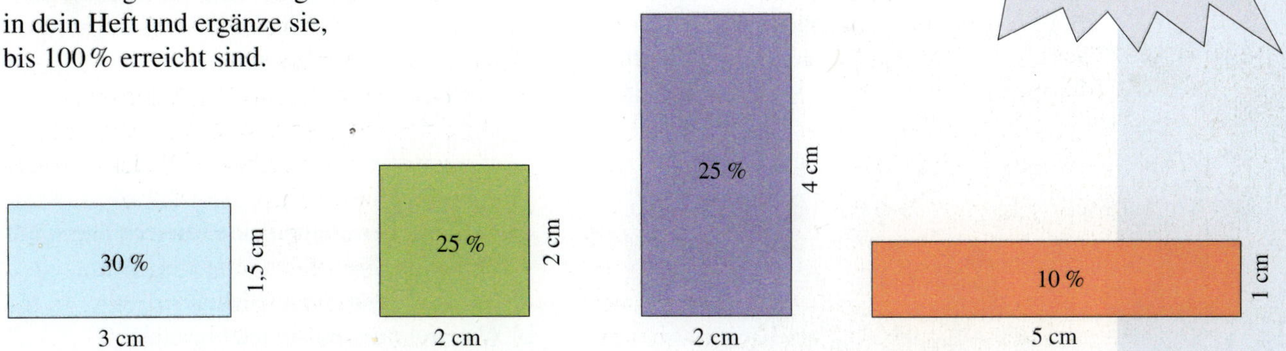

Lesen und Verstehen

Am Montagmorgen fängt der Direktor vor der Schule die Schülerinnen und Schüler ab, die zu spät zum Unterricht kommen. 21 hat er erwischt. In seinen Notizen schreibt er, dass 5 % zu spät kamen. Wie viele Schülerinnen und Schüler gehen auf die Schule?

Berechnung des Grundwertes
Sind Prozentsatz und Prozentwert bekannt, kann der Grundwert über den Dreisatz berechnet werden.

Der Grundwert entspricht dem Prozentwert, der dem Prozentsatz 100 % zugeordnet ist.

BEISPIEL

	Anteil	Anzahl	
	5 %	21	
:5	1%	$\frac{21}{5} = 4{,}2$	:5
· 100	100 %	420	· 100

Es sind 420 Schülerinnen und Schüler.

TIPP
Du musst nicht immer auf 1% herunterrechnen. Sind die Zahlen günstig, wie im Beispiel, kann man manchen Schritt auch weglassen, z. B.:

	Anteil	Anzahl	
	5 %	21	
· 20	100 %	420	· 20

Üben und Anwenden

1 Berechne den Grundwert im Kopf.
a) 1 % sind 20 g
b) 50 % sind 120 ha
c) 25 % sind 360 s
d) 10 % sind 60 m
e) 75 % sind 150 g
f) 99 % sind 2,97 cm

2 Berechne den Grundwert.
a) Prozentsatz 1 %
Prozentwert 20 €
b) Prozentsatz 3 %
Prozentwert 12 t
c) Prozentsatz 5 %
Prozentwert 15 kg
d) Prozentsatz 2 %
Prozentwert 6 m
e) Prozentsatz 4 %
Prozentwert 68 g
f) Prozentsatz 6 %
Prozentwert 24 €

3 Berechne den Grundwert. Der Prozentwert beträgt jeweils 10 €.

	a)	b)	c)	d)	e)
Prozentsatz	4 %	10 %	25 %	50 %	80 %

4 Lisa ist schon 3 km gegangen und hat 75 % ihres Weges zurückgelegt. Wie weit ist ihr Weg insgesamt?

5 Welcher Grundwert liegt zu Grunde?

a) 120 Teilnehmer

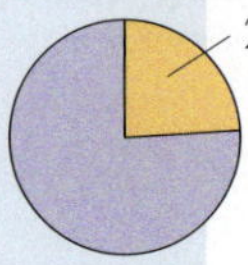

b) 7930 km²

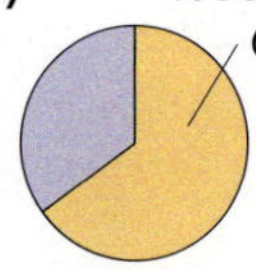

c) 18612 Jugendliche

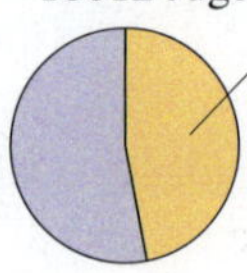

6 Ergänze den Streifen im Heft zu 100 %.

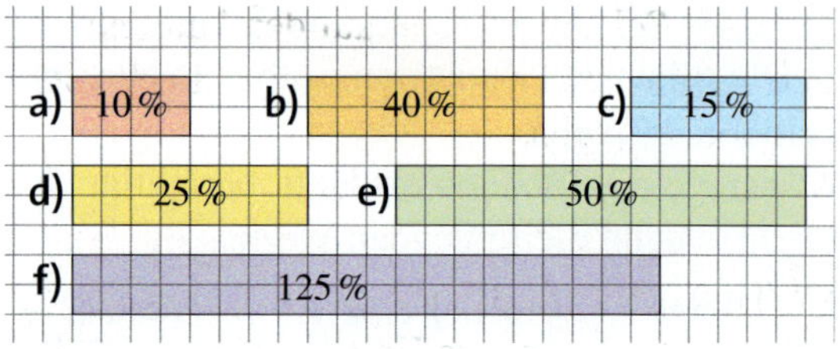

7 Berechne den Grundwert.

Prozentsatz	5 %	10 %	20 %	50 %
Prozentwert (in €)	30	86	35	230

8 Berechne den Grundwert. Der Prozentwert beträgt jeweils 5 €.

	a)	b)	c)	d)	e)
Prozentsatz	4 %	10 %	25 %	50 %	80 %

9 Ermittle den Grundwert.

Prozentsatz	15 %	32 %	55 %	90 %
Prozentwert (in €)	123	45	67	62

10 Lillis Eltern haben eine Mieterhöhung um 4 % erhalten. Sie zahlen jetzt 34 € mehr.
a) Wie hoch war die alte Miete?
b) Wie viel müssen sie jetzt bezahlen?

11 Das Wohnzimmer von Familie Reimer hat eine Fläche von $32\,m^2$. Das sind 25 % der gesamten Wohnfläche.
Wie groß ist die Wohnfläche?

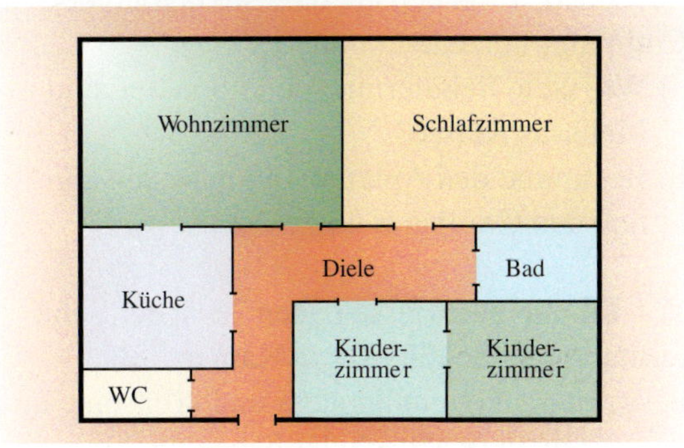

12 Lastwagenfahrer dürfen nicht länger als 4,5 Stunden ohne Pause fahren. Zur Kontrolle ist in Lkws ein Fahrtenschreiber eingebaut, der die Fahrzeit registriert.
Bei einer Polizeikontrolle auf der Autobahn hatten 1,2 %, das waren 6 Fahrer, die erlaubte Zeit überschritten.
Wie viele Fahrer wurden überprüft?

13 Tina fährt seit 3 Stunden Zug. Sie ist froh, dass sie schon über die Hälfte, nämlich 60 %, ihres Weges zurückgelegt hat.
Wie viele Stunden muss sie insgesamt fahren?

14 An einer kleinen Gesamtschule überprüfte die Polizei die Verkehrssicherheit der Fahrräder.
Nicht verkehrssicher waren 6 Fahrräder, das sind 20 % der untersuchten Räder.
Wie viele Fahrräder wurden durch die Polizei überprüft?

15 Onkel Willi möchte sich ein neues Auto kaufen.
Händler A reduziert den Autopreis um 1 200 € auf 95 % des Listenpreises. Händler B bietet einen Preisabschlag von 1 450 € an und verlangt 92,5 % des Listenpreises.
a) Wie teuer wären die beiden Autos ohne Preisnachlass?
b) Für welchen Händler sollte er sich entscheiden?

16 An einer Tankstelle erhöhte sich der Preis für Superbenzin um ca. 1,6 %. Das entsprach einer Preiserhöhung von 2 Cent.
a) Wie teuer war das Benzin vorher?
b) Wie teuer war das Benzin nach der Preiserhöhung?

17 Mark hat ein Sparbuch eingerichtet. Er bekommt im Jahr 1,7 % Zinsen. Nach dem ersten Jahr sind es 2,55 €.
a) Wie viel € hatte er eingezahlt.
b) Wie viel Geld hat er nach einem Jahr auf seinem Sparbuch?

18 Beim Ratenkauf eines Autos verteuert sich das Auto um 11 %.
Berechne den ursprünglichen Preis des Autos, wenn die Verteuerung 1375 € beträgt.

19 Herr Bonner zahlt monatlich 467,50 € Lohnsteuer, das sind 22 % seines Gehalts.
Wie viel € verdient Herr Bonner monatlich?

20 Die Salami enthält 20,4 g Eiweiß, das sind 17 %. Wie viel Prozent entsprechen 48 g Fett, die in der Salami enthalten sind?

21 Joghurt aus Vollmilch enthält 3,4 % Eiweiß. Das sind pro Becher 17 g. Zudem enthält er 4,8 % Fett und 16 % Kohlenhydrate.
Gib an, wie viel Gramm Fett und Kohlenhydrate jeweils in dem Becher vorhanden sind.
Berechne mit dem Dreisatz.

HINWEIS
Unter www 133-1 *findet ihr Spielkarten, mit denen ihr zu zweit weiterüben könnt.*

22 An einer Losbude stehen rechts und links zwei große Schilder, auf denen steht:
„35 % Gewinne!“
„140 Lose sind Gewinne!“

a) Wie viele Lose gibt es insgesamt?
b) Wie viele Nieten sind vorhanden?

ERINNERE DICH
Ein Vollkreis besteht aus 360°, er entspricht 100 %. Also entspricht 1 % einem Winkel von 3,6°. 35 % Prozent entsprechen 126°, da 35 · 3,6° = 126°.

23 In einem Einkaufszentrum befinden sich Geschäfte unterschiedlicher Branchen. 56 % (das sind 28 Geschäfte) von ihnen verkaufen Mode, 8 % Schuhe und Lederwaren, 14 % Haushaltswaren und 22 % Elektroartikel.
a) Berechne die Zahl der Geschäfte in jeder Branche sowie die Gesamtzahl aller Geschäfte im Einkaufszentrum.
b) Stelle die Aufteilung der Geschäfte im Einkaufszentrum in einem Kreisdiagramm dar (siehe Randspalte).

24 In der Zeitung steht, dass bei einem Zugunglück 57 Menschen nur leicht verletzt wurden. Mehr als die Hälfte der Reisenden haben keine Verletzungen.
Wie viele Menschen haben sich mindestens im Zug befunden?

BEISPIEL
In Sachsen-Anhalt gibt es 51 Ganztagsschulen, das sind 2 % aller allgemein bildenden Schulen.

	Anteil	Anzahl	
·50	2 %	51	·50
	100 %	2550	

In Sachsen-Anhalt gibt es 2550 allgemein bildende Schulen.

25 Frau Heinrichs möchte einen Werbeprospekt erstellen. Es soll ein Foto ihres Hotels zu sehen sein.
Die Seitenlängen eines Fotos hat sie dafür auf 70 % verkleinert, damit es nur noch 10,5 cm breit und 7 cm hoch ist.
a) Wie groß ist das Ursprungsfoto?
b) Ein anderes Foto ist 20 cm hoch und 30 cm breit und soll auf dieselbe Größe verkleinert werden. Auf wie viel Prozent wird sie es verkleinern?

26 Melissas Klasse führt eine Befragung zum Fernsehverhalten und zur Computernutzung in ihrer Klasse durch. Von den Befragten gaben 7 an, also 28 %, dass sie nicht täglich fernsehen, 19 gaben an, dass sie täglich den Computer nutzen.
a) Wie viele Schülerinnen und Schüler sind in Melissas Klasse?
b) Bestimme den Anteil derjenigen, die täglich den Computer nutzen.

27 In einer Klasse haben 30 % der Schülerinnen und Schüler keine Kamera. 50 % besitzen eine Digitalkamera und 40 % eine andere Kamera. 9 Mitschüler haben nur eine Digitalkamera.
a) Skizziere die Anteile in einem Quadrat mit 10 × 10 Kästchen. Beachte, dass sich die Prozente derjenigen, die eine Digitalkamera haben, mit denen, die eine andere Kamera besitzen, überschneiden.
b) Wie viel Prozent besitzen beide Kameratypen? Wie viele Schüler sind das?
c) Wie viele Schülerinnen und Schüler besitzen nur eine Kamera?

28 Berechne für jedes Bundesland die Anzahl der allgemein bildenden Schulen. Runde das Ergebnis. Ein Beispiel, wie du vorgehen kannst, findest du in der Randspalte.

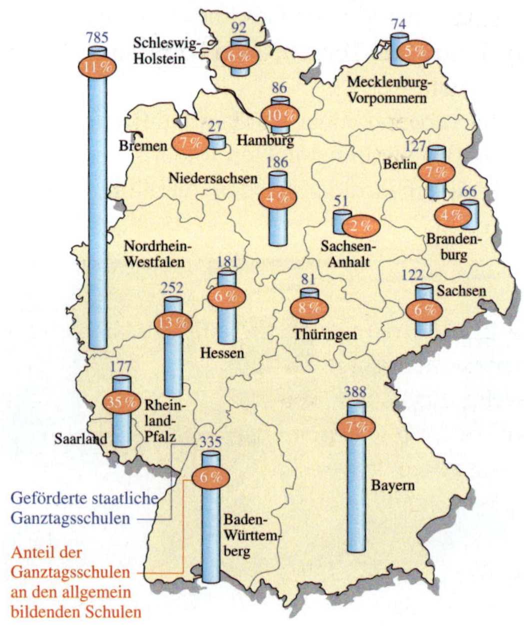

Grundwert vermehren und vermindern

Erforschen und Entdecken

1 Zeichne in dein Heft untereinander fünf Quadrate mit jeweils 10 × 10 Kästchen Länge. Erweitere das erste Quadrat um 20 Kästchen, das zweite um 30 Kästchen, das dritte um 78 Kästchen, das vierte um 130 und das fünfte um $22\frac{1}{2}$ Kästchen.

a) Wie viel Prozent entsprechen die veränderten Quadrate, wenn das ursprüngliche Quadrat 100 % entspricht? Lege eine Tabelle nach folgendem Muster an:

Anzahl der Kästchen	Flächeninhalt (in cm^2)	Anteil
100	25	100 %
120		
…		

b) Tina hat ihr Ursprungsquadrat so ergänzt, dass das entstandene Rechteck nun einen Flächeninhalt von 35 cm^2 besitzt. Wie viel Prozent sind das?

c) Tom meint, die Größe seines ergänzten Ursprungsquadrats beträgt 32 cm^2 und somit 160 %. Kann das stimmen? Überprüfe zeichnerisch, ob es das Ursprungsquadrat mit 25 cm^2 Flächeninhalt sein kann. Finde rechnerisch die Größe in cm^2 von Toms Ursprungsquadrat heraus.

2 Um Kunden zu werben, locken Geschäfte oft mit Preisnachlässen. Sie geben Rabatte. Eine Hörbuchausgabe von Harry Potter wird beispielsweise bei einer Internetbuchhandlung folgendermaßen angeboten:

Harry Potter und der Halbblutprinz. Band 6.
Audio-CD von Joanne K. Rowling und Rufus Beck
von Dhv der Hörverlag (Audio-CD – 17. Februar 2006)
Unverb. Preisempfehlung ~~EUR 89,95~~
Preis: EUR 53,97
Sie sparen: EUR 35,98 (40 %) [Auf Lager]

a) Klärt untereinander die Angaben, die für euch unverständlich sind.

b) Helena und Tom wollen überprüfen, ob der reduzierte Preis wirklich den 40 % Rabatt entspricht. Helena berechnet 40 % von 35,98 €: Und dann: 35,98 + 14,39 = ?

	Betrag (in €)	Anteil	
	35,98	100 %	
: 100	0,3598	1 %	: 100
· 40	14,39	40 %	· 40

Tom rechnet so:

	Betrag (in €)	Anteil	
	35,98	40 %	
: 40	0,8995	1 %	: 40
· 100	?	100 %	· 100

Wie kommen die Unterschiede bei den Rechnungen zustande?

3 Ein Fahrrad kostet im Laden 500 €. Stefan und Sabina bekommen 15 % Rabatt. Sie berechnen auf unterschiedliche Weise den neuen Preis.

a) Erkläre bei beiden, wie sie vorgegangen sind. Wo sind die Unterschiede?

b) Wie würdest du vorgehen? Begründe.

Stefan:

	Anteil	Betrag (in €)	
	100 %	500	
: 100	1 %	5	: 100
· 15	15 %	75	· 15

500 € – 75 € = 425 €

Sabina:

	Anteil	Betrag (in €)	
	100 %	500	
: 100	1 %	5	: 100
· 85	85 %	425	· 85

ZUM WEITERARBEITEN

Nach Abzug von 40 % Rabatt kostet eine DVD nur noch 9 Euro.

a) *Welcher Prozentsatz wird den 9 Euro zugeordnet?*

b) *Berechne den ursprünglichen Preis.*

c) *Wie hoch war der Preisnachlass in Euro?*

Lesen und Verstehen

HINWEIS
Der Nettopreis ist ein Preis ohne Mehrwertsteuer. Der Bruttopreis ist ein Preis, der die Mehrwertsteuer enthält.

Ein Sporthaus verkauft seine Turnschuhe für 53,55 € (Bruttopreis), nachdem es einen Rabatt von 30 % gegeben hat. Wie hoch ist der Preis ohne die Mehrwertsteuer von 19 % (Nettopreis)? Wie teuer waren die Turnschuhe zuvor?

Bei der **Vermehrung des Grundwerts** wird eine Größe um p % erhöht und entspricht dann einer Größe von mehr als 100 %. Die Größe wird **vermehrt** auf $(100 + p)$ %.

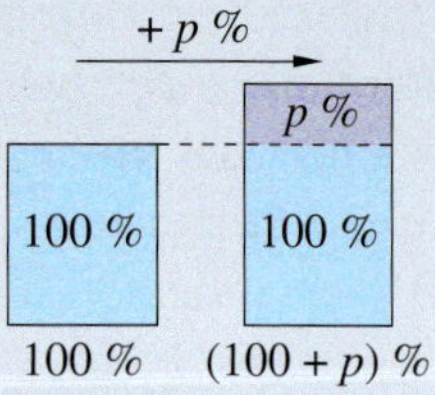

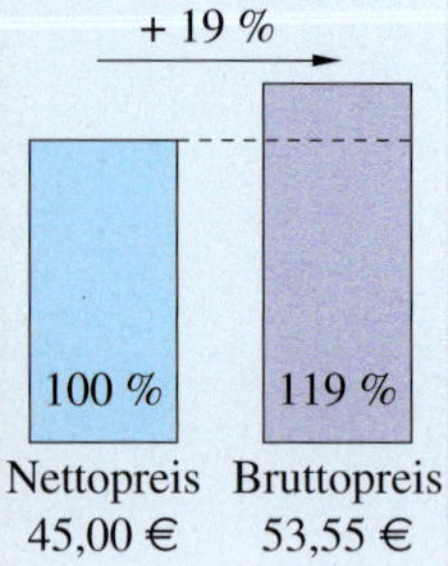

BEISPIEL 1

53,55 € enthalten die Mehrwertsteuer von 19 %. Der Nettopreis wurde **um** 19 % erhöht, **auf** (100 + 19) % = 119 %.
53,55 € entsprechen dem vermehrten Grundwert von 119 %.
Der Nettopreis beträgt 45,00 €.

	Preis (in €)	Anteil	
:119	53,55	119 %	:119
·100	0,45	1 %	·100
	45,00	100 %	

Bei der **Verminderung des Grundwerts** wird eine Größe um p % reduziert und entspricht dann einer Größe von weniger als 100 %. Die Größe wird **vermindert** auf $(100 - p)$ %.

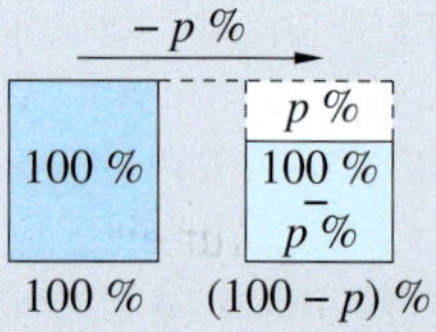

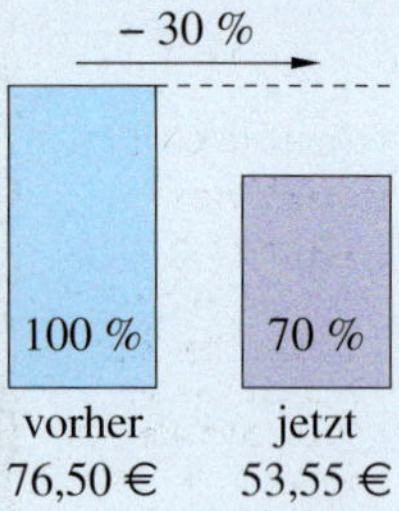

BEISPIEL 2

Die Turnschuhe wurden **um** 30 % reduziert **auf** 53,55 €.
Der Grundwert wird vermindert: (100 – 30) % = 70 %.
53,55 € entsprechen nur noch 70 % des Grundpreises.
Die Turnschuhe kosteten vorher 76,50 €.

	Preis (in €)	Anteil	
:7	53,55	70 %	:7
·10	7,65	10 %	·10
	76,50	100 %	

Üben und Anwenden

ERINNERE DICH
Du musst nicht immer auf 1 % herunterrechnen. Stimmen die Zahlen, kannst du auch größere Rechenschritte machen, wie in Beispiel 1.

1 Handelt es sich um einen Grundwert, der vermehrt oder vermindert wird? Begründe.
a) Herr Lohn muss zu den Preisen im Großhandel die Mehrwertsteuer dazurechnen.
b) Alle Preise wurden um 10 % reduziert.
c) Die Mitgliederzahl ist im Gegensatz zum Vorjahr um 3 % gesunken.
d) Die Mitgliederzahl stieg um 2 %.

2 Der Verkaufspreis eines Pullis beträgt 35,70 €. Wie hoch ist der Nettopreis?

3 In dieser Saison wurde eine Tageskarte im Skigebiet um 3 % teurer und kostet nun 45 €. Was zahlte man die letzte Saison?

4 Steigerungen von Mitgliederzahlen
a) Die Mitgliederzahl stieg um 10 % (20 %, 15 %, 12,5 %). Auf das Wievielfache stieg die Anzahl?
b) Die Anzahl erhöhte sich um das 1,5-Fache (2,5-Fache). Um wie viel Prozent stieg die Anzahl?
c) Die Mitgliederzahl im Basketballverein ist in diesem Jahr um 12 % gestiegen. Es gibt nun 1 232 Mitglieder.
Wie viele waren letztes Jahr im Verein?

5 Der Preis für einen DVD-Player ist um 10 % gestiegen und kostet im Kaufhaus jetzt 242 €. Wie hoch war der alte Preis?

6 Ein Geschäft hat zum Neujahr alle seine Preise um 5 % erhöht. Gib an, was die einzelnen Dinge vorher gekostet haben. Runde auf Cent.

7 Ermittle den alten Preis. Runde auf Cent.

	a)	b)	c)	d)
neuer Preis	675 €	460 €	1 200 €	81,25 €
Erhöhung	20 %	15 %	10 %	25 %

8 Die Miete wurde um 4 % erhöht. Berechne die neue Miete, wenn die alte Miete
a) 412 €, b) 675 €, c) 866 € betrug.

9 Die Miete für ein Bekleidungsgeschäft soll nach Ablauf des bisher gültigen Mietvertrages erhöht werden. Bisher wurden monatlich 50 € pro m^2 gezahlt.
Zukünftig soll die Miete 80 € betragen.
a) Auf wie viel Prozent wird die Miete erhöht?
b) Wie viel muss künftig mehr bezahlt werden, wenn das Geschäft 47 m^2 groß ist?

10 Till soll von einem Preis von 83,30 € den Nettopreis bestimmen, also 19 % Mehrwertsteuer abrechnen.
Er meint: „Der Preis entspricht dem Nettopreis von 119 %. Also muss ich von 86 € 19 % abziehen."
Hat Till Recht? Begründe.

11 Eine Videothek plant ihr Sortiment für das nächste Jahr.
a) Der Bestand von 600 Videos soll um 1,5 % steigen. Wie viele Videos gibt es dann?
b) Durch Zukäufe sollen statt bisher 850 dann 1105 DVDs vorhanden sein.
Auf wie viel Prozent der ursprünglichen Anzahl wird der Bestand steigen?
c) Um wie viel Prozent stieg in der Videothek der Bestand an Videos und DVDs insgesamt?

12 Ermittle den neuen Preis. Runde auf Cent.

	a)	b)	c)	d)
alter Preis	675 €	460 €	1 200 €	81,25 €
Rabatt	30 %	15 %	12,5 %	33 %

13 Alle Preise wurden um 12 % reduziert. Berechne die neuen Preise, wenn die alten
a) 412 €, b) 675 €, c) 86,5 € betrugen.

14 Der Preis für eine Jeanshose wird um 20 % auf 50 € reduziert.
a) Auf wie viel Prozent wurde reduziert?
b) Wie viel kostete die Jeans vorher?

15 Die Mitgliederzahl des Fußballvereins ist um 10 % auf 290 gesunken.
Wie viele Mitglieder waren es vorher?

16 Eine Rose kostet nur noch 1,70 €.
Sie wurde um 15 % reduziert.
a) Was kostete sie vorher?
b) Um wie viel Prozent reduziert sich der Gesamtpreis, wenn man 4 Rosen kauft?

17 Die Verbraucherzentrale NRW berichtet über den Benzinverbrauch (Randspalte). Wieviel Liter Benzin kann Herr Grat maximal sparen, wenn sein Auto laut Hersteller durchschnittliche 7,5 l pro 100 km verbraucht?

18 Stimmen die Rechnungen? Wie kommt man auf die Zahlen 1,19; 0,65 und 0,85?
a) Bruttopreis: 25 €
Nettopreis?
$25 : 1{,}19 = 21{,}01$
b) Nettopreis: 42 €
Bruttopreis?
$42 \cdot 1{,}19 = 49{,}98$
c) Preis: 40 €
Rabatt auf 65 %
$40 \cdot 0{,}65 = 26$
d) Preis: 32 €
reduziert um 15 %
$32 \cdot 0{,}85 = 27{,}20$

So senken Sie den Benzinverbrauch
Weit über 60 Milliarden Liter Kraftstoff schlucken Deutschlands Automobile Jahr für Jahr.
Doch je nach Fahrzeug und Fahrverhalten können bis zu 40 Prozent Kraftstoff eingespart werden. Frühzeitig Schalten und Fahren im höchstmöglichen Gang senkt den Verbrauch.

HINWEIS
*1,19 nennt man **Steigerungsfaktor**, 0,65 und 0,85 **Verminderungsfaktor**.*

BEACHTE
Skonto ist ein Preisnachlass auf den Rechnungsbetrag oder bei Barzahlung. Die Höhe beträgt üblicherweise 2–3 %. Skonto wird gewährt, wenn der Kunde in einer bestimmten Frist bezahlt.

19 Vervollständige die Rechnung im Heft. Berechne auch den Preis bei Barzahlung.

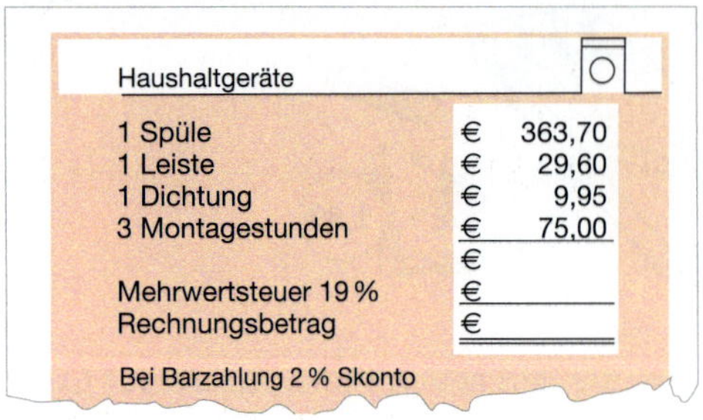

Haushaltgeräte

1 Spüle	€	363,70
1 Leiste	€	29,60
1 Dichtung	€	9,95
3 Montagestunden	€	75,00
	€	
Mehrwertsteuer 19 %	€	
Rechnungsbetrag	€	

Bei Barzahlung 2 % Skonto

20 Ein Tankstellenpächter reduziert den Benzinpreis um 2,3 % auf 1,30 € je Liter. Was kostete das Benzin vorher? Runde.

21 Frau Seiler kauft eine Waschmaschine mit Lackschäden. Sie erhält 20 % Rabatt und zahlt 572 €. Wie hoch war der Preis vorher?

22 Der Preis für ein Fahrradschloss beträgt 30 €. Zu Weihnachten wird er um 5 % reduziert. Vor Ostern wird er nochmals um 15 % reduziert.

a) Was kostet das Schloss Weihnachten und was Ostern?

b) Gib den gesamten Rabatt zu Ostern an.

23 Von Autoversicherungen werden den Kunden Schadensfreiheitsrabatte eingeräumt, wenn sie eine bestimmte Zeit in keinen Unfall verwickelt waren.
Der Kunde kann den reduzierten Betrag, den er zu zahlen hat, einer Übersicht entnehmen. Ergänze für die Kunden die Tabelle im Heft.

	Prämie (100 %)	Rabatt	zu zahlen
a)	345,00 €	20 %	
b)	399,00 €	35 %	
c)	437,50 €	40 %	
d)	515,35 €	55 %	

BEACHTE
Hier musst du zuerst den Prozentsatz berechnen. Überlege dir vorher genau, welche Größe du durch die andere teilst.

24 Im Sommerschlussverkauf wurden die Preise gesenkt. Berechne den Preisnachlass für jeden Artikel in Prozent.

Preis	Jeans	T-Shirt	Rock	Jacke
alt	49,00 €	29,00 €	63,00 €	124,00 €
neu	39,20 €	14,50 €	42,84 €	34,72 €

25 Eine Stereo-Anlage kostete 299,00 €. Sie wurde um 20 % reduziert und später nochmals um 35 %. Wird die Ware bar bezahlt, kann der Kunde 2 % Skonto abziehen.
Wie viel müsste Paul für die Anlage jetzt bezahlen, wenn er bar zahlen würde?

26 Aus einer offenen 0,7-l-Flasche Wasser verdunsten jeden Tag 10 % des vorhandenen Wassers. Berechne, nach wie vielen Tagen die Flasche leer ist. Stelle den Vorgang in einem Diagramm dar.

27 Formuliere zu jeder Zeichnung eine Aufgabe mit Fragestellung aus dem Alltag.

a) Löse dann deine Aufgabe.

b) Lest euch eure Aufgaben gegenseitig vor.

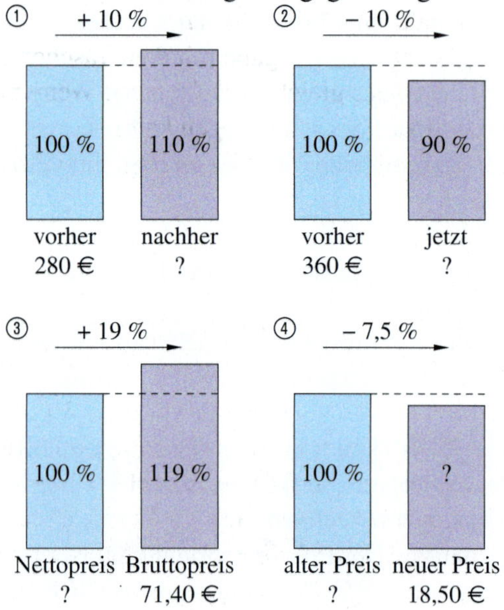

28 Erläutere die Unterschiede zwischen den folgenden Aufgaben. Handelt es sich am Ende der beiden Rechnungen um den gleichen Rechnungsbetrag? Begründe.

(1) Die Hose kostete 45 € und wird um 25 % reduziert. Was kostet sie jetzt?

(2) Die Hose wird um 25 % teurer und kostet dann 45 €. Was kostet sie vorher?

29 Zu Beginn des Jahres 2007 wurde die Mehrwertsteuer von 16 % auf 19 % erhöht. Sind demnach die Preise um 3 % gestiegen? Diskutiert und argumentiert in der Klasse.

Den Taschenrechner benutzen

Erforschen und Entdecken

1 Mit dem Taschenrechner kann man Wörter schreiben.
Gib die Zahlen ein und drehe den Taschenrechner auf den Kopf. Wie heißen die Wörter?
a) 432 **b)** 343 **c)** 3553 **d)** 3713 **e)** 73 834 **f)** 55 134 **g)** 0,5 **h)** 7 391 335

2 Lies die Geschichte, indem du die Aufgaben mit dem Taschenrechner löst und die Ergebnisse auf den Kopf drehst.

a) Ein Besuch im 97,02 – 97
18 536 – 3 021 und 79 360 – 44 043 hatten heute
23 930 263,5 + 7 976 754,5. Der Tag war
137,18 + 0,82 – 32 + 49 127,27 + 6 000 – 99,27.
Am Abend gingen 4 312 – 3 045,78 – 951,22 in den
9,98 – 9,96.

b) Berechne 34 · 5 + 435 : 3 ohne Taschenrechner.
Worauf musst du achten?
Löse nun die Aufgabe mit dem Taschenrechner.
Gibt er das gleiche Ergebnis an? Wenn nicht, diskutiert darüber, woran das liegen kann und wie ihr mit dem Taschenrechner auf das richtige Ergebnis kommt.

Dort fütterten 34 · 5 + 435 : 3 den 405 – 12 · 9 : 3 + 6 984, streichelten die 3 · 2 · 2 + 300 · 30 + 300 + 1 500 · 20 und beobachteten einen 4 · 62 · 25 + 397 · 3, der wieder 6 883,75 · 8 + 5 · 1,6 in seiner 8,5 · 125 + 3 658 · 102,2 – 606,1 schlief. Die beiden Freundinnen wollen 35 · 1 500 000 – 20 592 998 oder 9 664 907 + 9 652 842 + 4 196 423 · 3 oder aber 500 · 66 732,004 – 600 · 2 431,605 studieren.

c) Lass den Taschenrechner für dich Brüche berechnen.
Die Eingabe von Brüchen erfolgt mit: Zähler → a b/c → Nenner.
BEISPIEL 3 → a b/c → 4 ergibt $\frac{3}{4}$.
Gemischte Zahlen gibst du so ein: ganze Zahl → a b/c → Zähler → a b/c → Nenner.
BEISPIEL 3 → a b/c → 4 → a b/c → 5 ergibt $3\frac{4}{5}$.

Doch plötzlich $(2621 + 2827) : 4 : \frac{3}{2}$ $\frac{46850}{5}$ um die Ecke. Er trug eine $\frac{85}{3} \cdot 1020 + \frac{2940}{14} : \frac{15}{631}$; $\frac{2682}{298} \cdot (5841 - 4870 - \frac{2}{27}) + 30000\frac{2}{3}$
$60 \cdot 60 - 56\left(\frac{17}{14} + \frac{1}{2}\right)$, die Haare voller $42016584 : 69 : \frac{21424}{26}$ und hatte ein $\frac{686220 + 201000}{2 \cdot 6}$ unterm Arm. $1625 \cdot (5 + 3) + 503 \cdot (\frac{2}{3} + 4\frac{1}{3})$ fragte: „Was willst du denn damit im $\frac{9}{25} : 18$? $500 + \frac{14}{2}$ – fahr damit an die $\frac{8157 + 807 + 2386 - 4650}{5 \cdot 2 \cdot 2}$, um auch noch die $\frac{19415}{5}$ zu sehen!“

HINWEIS
Mit Hilfe der Tasten (und) lassen sich Klammern eingeben. Die Taste = schließt alle geöffneten Klammern.

3 Berechne 5 : 3 und 2 : 3 schriftlich. Wie nennt sich jeweils der entstandene Dezimalbruch? Dividiere nun 5 : 3 und 2 : 3 mit dem Taschenrechner. Vergleicht die Ergebnisse der Taschenrechner untereinander. Ergeben sich Unterschiede im Ergebnis? Wie kommen sie zustande?

4 Auf dem Taschenrechner gibt es eine %-Taste. Probiere an den Aufgaben 10 % von 50 und 2 % von 135 aus, wie du sie benutzen kannst. Besprecht untereinander eure Vorgehensweisen und Lösungen.

Lesen und Verstehen

Nicht alle Taschenrechner arbeiten gleich. In diesem Buch werden zwei handelsübliche Taschenrechnermodelle vorgestellt. Die Bedienungsanleitung jedes Taschenrechners gibt genauere Hinweise für das jeweilige Modell.

WUSSTEST DU SCHON?
Die Tastenbezeichnungen sind häufig Abkürzungen.
STO: to store = speichern
RCL: to recall = zurückrufen
M1, M2, M3: Memory = Gedächtnis

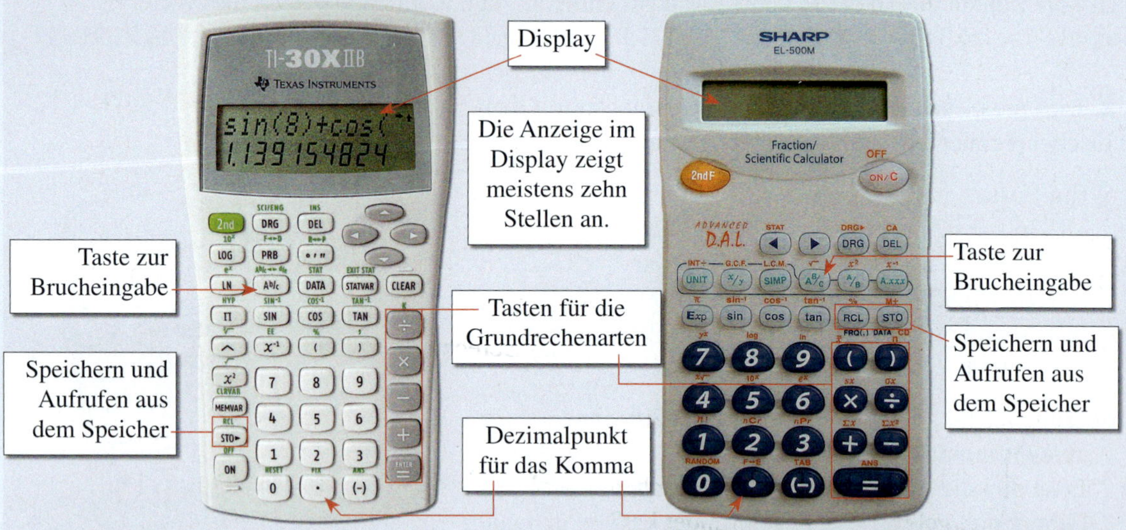

HINWEIS
Statt der Taste STO *haben manche Rechner die Taste(n)* Min, M+ *oder* MR. *Lies in diesem Fall in deiner Anleitung nach, wie du den Speicher benutzt.*

Julia soll mit dem Taschenrechner 5 – 1,325 : 3 berechnen. Ihr Rechner ermittelt 1,225. Der Taschenrechner von Hannes zeigt als Ergebnis 5,441666667 an. Wie kommt das? Julias Taschenrechner beherrscht nicht die Regel Punkt vor Strich, während Hannes' Rechner sie kennt.

Taschenrechner besitzen **Speicher**.
Zum Speichern einer Zahl drückt man meistens die Taste STO und dann 1, 2 oder 3. So wählt man einen der drei Speicherplätze M1, M2 und M3 an. Um die Zahl wieder aus dem Speicher aufzurufen, drückt man RCL und dann die Nummer (1, 2 oder 3) des Speicherplatzes.

Taschenrechner können **runden**.
Wenn das Ergebnis einer Rechnung mehr Stellen hat, als das Taschenrechner-Display anzeigen kann, wird es gerundet. Je nach Taschenrechnermodell geschieht das Runden unterschiedlich und teilweise nicht korrekt.

Taschenrechner haben eine Taste zur **Prozentrechnung**. Bei vielen Modellen bewirkt die Prozenttaste % das gleiche wie : 100, denn Prozent bedeutet Hundertstel.

BEACHTE
Statt der Taste 2nd *haben manche Taschenrechner die Taste* Shift *oder* INV.

BEISPIEL 1
Julia muss erst 1,325 : 3 berechnen und das Ergebnis speichern. Dann zieht sie es von 5 ab.
Eingabe in den Taschenrechner:
1,325 : 3 = STO 1 CE/C
5 – RCL 1 = 5,441666667

BEISPIEL 2
① 7 : 9 = 0,777777777
Die Anzeige wurde nicht korrekt gerundet, die Zahl wurde abgeschnitten.
② 5 – 1,325 : 3 = 5,441666667
Die Anzeige wurde korrekt gerundet.

BEISPIEL 3
Berechnung des Prozentwertes:
2 % von 98 — 98 · 2 2nd % → 1,96
Berechnung des Grundwertes:
45 sind 15 % — 45 : 15 2nd % → 300
Berechnung des Prozentsatzes:
35 von 200 — 35 : 200 2nd % → 17,5 %

$\frac{x+y}{2}$

Üben und Anwenden

1 Überschlage, rechne schriftlich und dann mit dem Taschenrechner.
Rundet dein Taschenrechner korrekt?
a) 45,123 456 78 + 100,45
b) 45,123 456 78 + 1 000,3
c) 987 – 45,123 456 78
d) 9 632 – 45,123 456 78
e) 121,234 567 8 + 1 001,234 56
f) 2,123 456 78 – 0,000 000 009
g) 345 678 · 0,123
h) 123 · 0,001 23
i) 45,123 456 · 123
j) 36 278 · 45,8946
k) 12 315 387 : 87 654

2 Teile nacheinander die Zahlen 1 bis 20 durch 7. Was fällt dir auf?
Kannst du jeweils angeben, ob dein Taschenrechner die Ergebnisse richtig gerundet hat?

3 Schreibe einen Eingabeplan für den Taschenrechner (Randspalte) und rechne aus.
a) $8 - 3{,}263 : 2 + 0{,}6315$
b) $\frac{3}{8} + (9 + 13 : 3) \cdot 3$
c) $12 \cdot 8\frac{1}{4} + 9 - 85 : 5$
d) $[(97 + 98) : 15 + 26] : \frac{1}{2}$
e) $\frac{3}{4} \cdot [(122 + 17) \cdot (\frac{9}{10} - \frac{4}{5})]$

4 Berechne mit dem Taschenrechner.
a) $\frac{3}{8} + 6\frac{2}{7}$
b) $1\frac{5}{6} + 7\frac{11}{30}$
c) $5\frac{2}{5} - 3\frac{5}{6}$
d) $2\frac{5}{8} - 2\frac{3}{5}$
e) $\frac{2}{3} \cdot \frac{4}{5}$
f) $9\frac{3}{5} \cdot \frac{5}{6}$
g) $\frac{9}{25} : \frac{18}{35}$
h) $3\frac{7}{9} : 5\frac{2}{3}$

5 Berechne mit dem Taschenrechner.
a) $(\frac{5}{16} + \frac{3}{8}) : \frac{2}{3}$
b) $1\frac{7}{9} \cdot 4\frac{1}{2}$
c) $(\frac{3}{5} - \frac{11}{15}) \cdot 3\frac{1}{3}$
d) $(9\frac{1}{2} - 4\frac{5}{6}) : 3\frac{4}{5}$
e) $17\frac{3}{10} - 8\frac{4}{15}$
f) $(\frac{2}{5} + \frac{3}{4}) : (3\frac{1}{3} \cdot 9)$

6 ➡ Berechne und gib mindestens zwei verschiedene Eingabepläne an.
a) $\frac{7}{5} \cdot 4$
b) $5 - \frac{0{,}875}{6{,}25} \cdot 3{,}2$
c) $3{,}8 + \frac{0{,}28}{9{,}6} \cdot 2{,}5$
d) $0{,}33 \cdot \frac{1{,}8}{1{,}32} \cdot 6{,}4$

7 Überprüfe deinen Taschenrechner.
a) Gib ein: 3 %
Wenn dein Taschenrechner 0,03 angibt, rechnet er bei Druck auf die Prozenttaste % „: 100".
b) Berechne den Prozentwert:
15,4 % von 400. Gib ein: 400 · 15,4 %.
Im Display müsste 61,6 stehen.
c) Berechne den Prozentwert: 5 % von 60.
Notiere deine Eingaben.
d) Berechne den Grundwert:
16,2 sind 20 %. Gib ein: 16,2 : 20 %.
Im Display müsste 81 stehen.
e) Berechne den Grundwert: 2,3 sind 4 %.

8 Berechne die Prozentwerte.
BEISPIEL 25 · 5 % = 1,25
a) 5 % von 25; 35; 80; 120; 330; 400
b) 7,5 % von 789; 564; 352; 3 215
c) 16 % von 63; 180; 246; 333; 1 851
d) 29 % von 17; 261; 378; 3 492; 6 209
e) 32,5 % von 603; 970; 10 540; 23 344
f) 42 % von 5 778; 13 359; 24 943; 59 872

9 Berechne mit Hilfe des Speichers.
BEISPIEL 8 % von 32, 44, 92
Eingabe in den Taschenrechner:
[0] [.] [0] [8] [STO] [1] [×] [3] [2] [=] 2,56
[RCL] [1] [×] [4] [4] [=] 3,52
[RCL] [1] [×] [9] [2] [=] 7,36
a) Erkläre die einzelnen Schritte im Beispiel.
b) Berechne 8 % von 60; 95; 108; 121; 220
c) 19 % von 45; 76; 83; 91; 144; 213
d) 32 % von 70; 99; 312; 424; 724; 1 030
e) 59 % von 18; 27; 29; 148; 193; 293; 500
f) 72 % von 37; 283; 382; 391; 401; 862

10 Berechne mit dem Taschenrechner.
a) Ein Fahrrad kostet 868 €. Dazu kommen noch 19 % Mehrwertsteuer.
Wie hoch ist der Betrag für die Mehrwertsteuer? Wie hoch ist der Endpreis?
b) Beim Kauf eines Heimtrainers wird der Verkaufspreis von 219 € um 3,5 % verringert. Um wie viel € ist dadurch der Preis gesenkt worden?

BEACHTE
Zeigt dein Taschenrechner nicht diese Ergebnisse an, ist er anders programmiert. Lies in der Bedienungsanleitung nach, wie man mit der Prozenttaste umgeht.

TIPP
Auch ohne Prozenttaste lässt sich der Prozentwert leicht berechnen. Gib einfach für 5 % von 25 ein:
25 · 0,05,
da 5 % = 0,05.
Das gilt auch für einen Prozentsatz über Hundert.
Gib für 119 % von 25 € ein:
25 · 1,19, da
119 % = 1,19.

HINWEIS
Ein Eingabeplan zeigt, welche Tasten gedrückt werden.
BEISPIEL
Ein Eingabeplan zu $3 + \frac{2}{5}$ = ist
[3] [+] [2] [a b/c] [5] [=]

Diagramme

Prozentangaben werden häufig durch Diagramme veranschaulicht. Die Daten ordnet man meistens zuerst in einer Tabelle. Dann erstellt man daraus Diagramme.
Es gibt verschiedene Arten von Diagrammen, zum Beispiel Balkendiagramme, Säulendiagramme, Streifendiagramme und Kreisdiagramme.

Im Kreisdiagramm werden die prozentualen Anteile so angegeben: 100 % entsprechen dem Vollwinkel mit 360°. Die prozentualen Anteile werden durch Bruchteile des Vollwinkels dargestellt. 1 % entspricht also 3,6°, 10 % entspricht einem Winkel von 36°.

Videoclip des Monats

Zuschauerinnen und Zuschauer können per Anruf bei einem Musiksender entscheiden, welches Musikvideo der Videoclip des Monats wird.

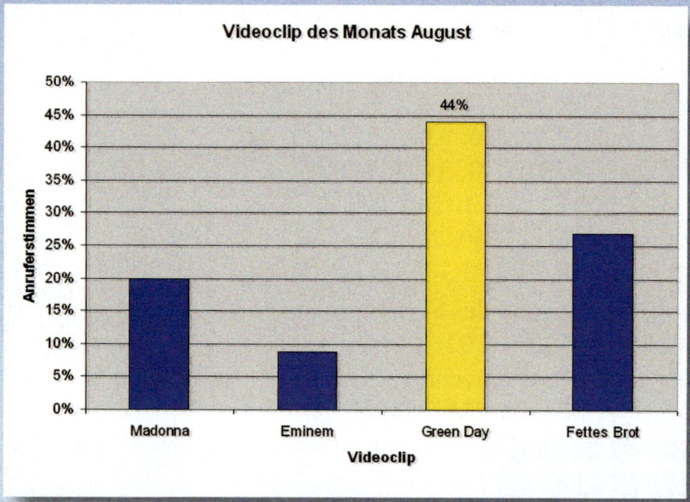

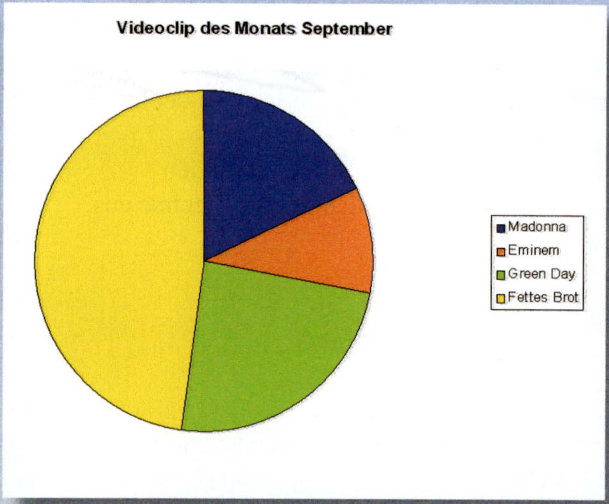

AUFGEPASST
Anrufe bei Fernsehsendern sind sehr teuer. Häufig kostet jeder Anruf 49 Cent.
Die Fernsehsender verdienen damit viel Geld.

- Welcher Videoclip wurde Clip des Monats August (des Monats September)?
- Welcher Videoclip hat im August (im September) die wenigsten Stimmen erhalten?
- Lies aus dem Säulendiagramm für jeden Videoclip ab, wie viel Prozent der Zuschauer sich ungefähr für ihn entschieden haben.
- Ermittle aus dem Kreisdiagramm die Prozentsätze für die jeweiligen Videoclips. Übertrage dazu das Kreisdiagramm auf Transparentpapier. Verlängere die Schenkel, damit du die Winkel mit dem Geodreieck messen kannst. Berechne die Anteile der farbigen Flächen in Prozent.
  BEISPIEL Der Winkel des blauen Bruchteils des Kreises beträgt 72°, das sind ($\frac{72}{360} = 0{,}20$) 20 % des Vollwinkels.
- Diskutiert über Vor- und Nachteile der beiden Diagrammarten.

Für die Schülerzeitung einer Oberschule wurde in einer Umfrage nach den Lieblingsfächern der Schülerinnen und Schüler gefragt.

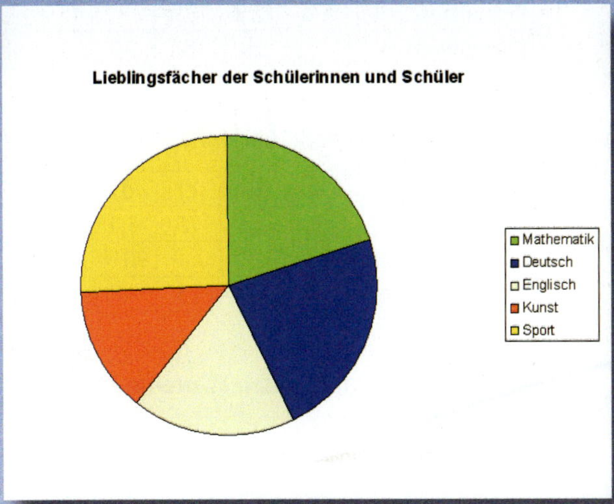

- Welches Schulfach haben die meisten Schülerinnen und Schüler als Lieblingsfach gewählt?
- Miss die Winkelgrößen und berechne den jeweiligen prozentualen Anteil der Fächer an allen Lieblingsfächern.
- Macht selbst eine Umfrage an eurer Schule und erstellt jeweils ein Kreisdiagramm. Rechnet dazu die prozentualen Anteile der Antworten aus und berechnet die Winkelgröße im Kreisdiagramm.
  BEISPIEL 1 % entspricht im Kreisdiagramm 3,6°.
  8 % entspricht $8 \cdot 3{,}6° = 28{,}8°$. Wenn also 8 % der Schüler in der Umfrage Englisch als Lieblingsfach nennen, muss der zugehörige Kreisanteil einen Winkel von etwa 29° haben.
- Ihr könnt in eurer Umfrage auch andere Fragen stellen, Anregungen findet ihr in den Kästchen.

> Wie viele Mitschüler mögen das Fach Mathematik sehr gern; gern; weniger gern oder überhaupt nicht?

> Wie viele Mitschüler sind zur Zeit Single, frisch verliebt oder schon länger in einer Beziehung?

> Wer ist der schönste Lehrer an unserer Schule?

> Wie viele Mitschüler brauchen für ihren Schulweg weniger als 10 min, 10 min bis 30 min, 30 min bis 60 min oder mehr als 60 min?

> Wie viele Mitschüler…?

- Schreibe für die Schülerzeitung einen kurzen Bericht über die Umfrage.
  BEISPIEL „Das meistgewählte Lieblingsfach ist…“; „Mathematik ist das Lieblingsfach von … % der Schüler unserer Schule.“; „Als Lieblingsfach gar nicht genannt wurde …“

Vermischte Übungen

1 Berechne. Wie viel Prozent sind …
a) 28 t von 560 t?
b) 6 Stunden von 24 Stunden?
c) 27 Minuten von einer Stunde?
d) 120 kg von 1,5 t?

2 In Karls Klasse haben 15 von 32 Schülerinnen und Schülern keinen Taschenrechner. Wie viel Prozent sind das?

3 Berechne jeweils den Prozentsatz der grau gefärbten Flächen. Gib an, wie du hierbei vorgegangen bist.

a)
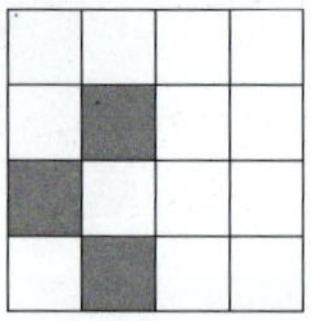

b)
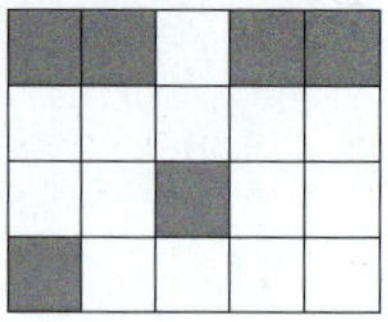

c)
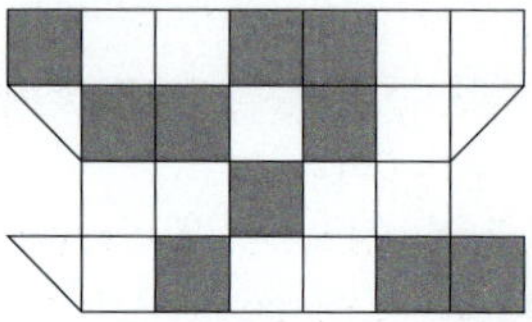

4 Welche Zahlen sind gleich?

64 % | $\frac{16}{25}$ | $\frac{7}{50}$ | 0,5 | $\frac{6}{5}$ | 50 % | 0,85 | 14 % | 0,7 | $\frac{1}{2}$ | $\frac{17}{20}$ | 0,64 | $\frac{12}{48}$ | 0,25 | 25 % | 120 % | 0,14 | $\frac{175}{250}$ | 85 % | 1,2

5 Fülle die Tabelle im Heft aus.

Grundwert	Prozentsatz	Prozentwert
1 100	35 %	
	72 %	153
820		451
3	66 %	
	12 %	45
8		0,08

6 Berechne den fehlenden Wert.

	a)	b)	c)	d)	e)
Grundwert *G*	80			120	26
Prozentsatz *p* %	5 %	12 %	20 %		45 %
Prozentwert *W*		24	5	36	

7 Ergänze die Tabelle im Heft.

	a)	b)	c)	d)	e)
Grundwert *G*		35	75	4,4	3,8
Prozentsatz *p* %	8 %	62 %		90 %	
Prozentwert *W*	24		15		1,52

8 Berechne die fehlenden Werte im Heft.

G	12 €		2,041		39	140
p %	12 %	2,4 %		0,2 %	17 %	
W		4,8 m	0,1 l	1,2 ha		22,4

9 Übertrage die Tabelle ins Heft und fülle sie aus. Runde auf Hundertstel.

a)

W	47 m	■ €	93 g	54 m	■ ha
p %	34,7 %	26,5 %			8,1 %
G	■ m	542 €	442 g	223 m	54 ha

b)

W	42 ha	54 min	■ m^2	142 cm^2
p %			12,5 %	83,5 %
G	17 km^2	23 h	142 a	■ m^2

c)

W	350 kg	■ kg	25 m	17,5 ha
p %		42,8 %	8,2 %	
G	2,7 t	358 t	■ km	3 km^2

10 Ein Würfel hat eine Seitenlänge von 2 cm.
a) Berechne die gesamte Oberfläche und das Volumen des Würfels. Gib den Prozentanteil einer Seite an der Oberfläche an.
b) Um wie viel Prozent ändert sich die Oberfläche des Würfels, wenn sich die Seitenlänge verdoppelt (verdreifacht, halbiert, um 50 % verlängert)?
c) Um wie viel Prozent ändert sich das Volumen des Würfels, wenn sich die Seitenlänge verdoppelt (halbiert, um 50 % vergrößert)?

$\frac{x+y}{2}$

11 In der letzten Mathematikarbeit wurden folgende Noten vergeben:

Note	1	2	3	4	5	6
Schüler	2	5	12	8	4	2

a) Berechne, wie viel Prozent der Schüler eine 1 geschrieben haben.
b) Ermittle, wie viel Prozent der Schüler eine Note von 1 bis 3 hatten.

12 Ein Aquarium ist 60 cm lang, 20 cm breit und 30 cm hoch. Es wurden 27 l Wasser eingefüllt.
Welcher Prozentsatz des Gesamtvolumens ist das?

13 Bei der Bürgermeisterwahl 2004 in Langenfelde kam es zu folgenden Ergebnissen:

Kandidaten	Anteile
Staehler (CDU)	70,5 %
Rau (SPD)	19,1 %
Hirsch-Biermann (Grüne)	5,8 %
Gassen (FDP)	4,6 %

Die Wahlbeteiligung lag bei 59,5 %.
Von den 46 275 Wahlberechtigten sind 27 523 weiblich.
Insgesamt verteilten sich 27 002 Stimmen auf die Kandidaten.
a) Wie viel Prozent der Wahlberechtigten waren weiblich?
b) Wie viele Stimmen erhielt jeder einzelne Kandidat?
c) Wie kann es sein, dass die Wahlbeteiligung bei 59,5 % lag?
Stelle Vermutungen auf.
d) Stelle die Ergebnisse der Kandidaten in einem Kreisdiagramm dar.

14 Veranschauliche die prozentualen Anteile der folgenden Angaben in einem geeigneten Diagramm. Begründe deine Auswahl des Diagramms.
a) Ein Zoo hat 500 Tiere.
125 von ihnen sind Fische, 250 Vögel, der Rest andere Tiere.
b) Die Klasse 7 a hat 32 Schülerinnen und Schüler.
18 von ihnen sind Mädchen.
Die Klasse 7 b hat 25 Schülerinnen und Schüler, 21 davon sind Jungen.
Vergleiche die Anteile.

15 Die Stadt A hat 25 000 Einwohner, die Stadt B 45 000 Einwohner.
In der Stadt A fahren täglich 12 000 Menschen mit dem Auto zur Arbeitsstätte, in Stadt B 16 000.
a) Wie viele Prozent Einwohner hat Stadt B mehr als Stadt A?
b) In welcher Stadt fährt ein höherer Prozentsatz mit dem Auto zur Arbeit?
c) Wie viele Einwohner leben in 5 Jahren in A und B, wenn die Einwohnerzahl in A mit 3 % und die von B mit 7 % je Jahr zunimmt?

16 Ein Orangengetränk hat einen Fruchtgehalt von 35 %.
Vom Orangengetränk werden 600 ml mit 800 ml Wasser verdünnt.
Berechne den Fruchtsaftgehalt des verdünnten Getränkes.

17 Bei einem Poker-Spiel gibt es 2 598 960 verschiedene Kombinationsmöglichkeiten.
Wie hoch ist die Wahrscheinlichkeit (der Prozentsatz) folgender Kombinationen beim Pokern?
a) Zwei Karten gleichen Wertes (Paar): 1 098 240 Möglichkeiten
b) 5 Karten in einer Reihe (Straße): 10 200 Möglichkeiten
c) Vier Karten mit gleichem Wert (Poker): 624 Möglichkeiten
d) Straße in einer Farbe bis As (Royal Flush): 4 Möglichkeiten

NACHGEDACHT
Wie viel Prozent der Eiskugeln haben Schokoladengeschmack?

HINWEIS
In einem Streifendiagramm werden alle prozentualen Anteile nebeneinander dargestellt. Der Streifen stellt insgesamt 100 % dar.

BEISPIEL

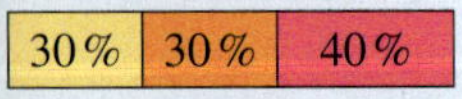

18 Zu den Verletzungsarten beim Windsurfen wurden ein Kreis- und eine Streifendiagramm erstellt.

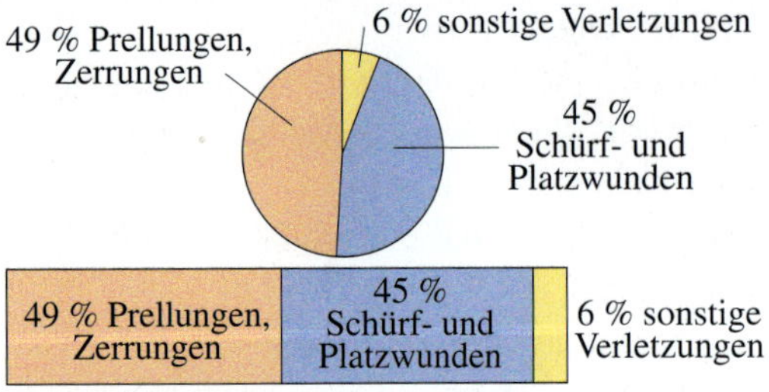

a) Vergleiche das Kreisdiagramm mit dem Streifendiagramm. Was fällt dir auf?

b) Zeichne zu dem Kreisdiagramm ein passendes Streifendiagramm.

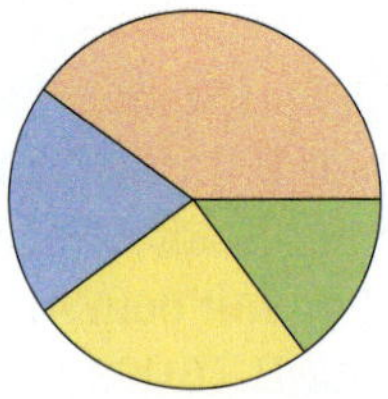

c) Zeichne zu dem Streifendiagramm ein passendes Kreisdiagramm.

19 Überprüfe Melissas Behauptungen und begründe.

a) Aus jedem Kreisdiagramm kann man problemlos ein Streifendiagramm machen (siehe Randspalte oben).

b) Addiert man die Zahlenwerte eines Streifendiagramms, so erhält man 100 %.

c) Die prozentualen Anteile von Meinungsumfragen, z. B. „Welche Hobbys hast du?“, bei denen jeder mehrere Antwortmöglichkeiten hat, kann man in einem Kreisdiagramm darstellen.

d) Absolute Häufigkeiten müssen zur Darstellung in Diagrammen in relative Häufigkeiten umgerechnet werden.

ERINNERE DICH
Die absoluten Häufigkeiten sind die gegebenen Anzahlen. Zum Vergleichen von Ergebnissen berechnet man die relativen Häufigkeiten. Man dividiert die absolute Häufigkeit eines Ergebnisses durch die Gesamtzahl aller Ergebnisse.

20 Im Supermarkt wird geworben: „Nussnougat-Creme um 20 % reduziert! Sie kostet nur 1,32 €.“

a) Was kostet die Nussnougat-Creme sonst?

b) Nach der Werbewoche gilt wieder der alte Preis. Um wie viel Prozent wurde dann der Angebotspreis erhöht?

c) Erkläre die Unterschiede, die sich bei a) und b) ergeben.

21 Auf dem deutschen Lehrstellenmarkt wurden 2007 insgesamt 625 914 Ausbildungsverträge abgeschlossen. Diese verteilten sich auf folgende Bereiche:

Bereich	Anzahl der Verträge
Industrie und Handel	367 484
Handwerk	179 698
Landwirtschaft	15 902
Öffentlicher Dienst	13 412
freie Berufe	44 556
Hauswirtschaft	4474
Seeschifffahrt	388
insgesamt	625 914

a) Wie hoch war der Prozentsatz der Verträge im Bereich Industrie und Handel?

b) Erstelle aus den vorgegebenen Angaben ein Diagramm. Überlege zunächst, ob hier ein Kreis- oder Balkendiagramm sinnvoll ist. Beschreibe schriftlich deine Vorgehensweise.

c) In einem Zeitungsbericht steht, dass 2007 genau 9,1 % mehr Ausbildungsverträge im Bereich Industrie und Handel und 4,8 % weniger im Bereich des öffentlichen Diensts abgeschlossen wurden.
Berechne die beiden Zahlen für das Jahr 2006.

22 In der Jahrgangsstufe 7 wird darüber abgestimmt, wohin der nächste Ausflug gehen soll. Das Abstimmungsergebnis liegt in Form einer Tabelle vor.

Ausflugsziele	7a	7b	7c
Berlin	22	15	12
Potsdam	5	21	5
Uckermark	2	0	9
Hamburg	1	0	5

a) Berechne die absoluten und die relativen Häufigkeiten, mit denen die Schülerinnen und Schüler zu den Ausflugszielen fahren möchten. Vergleiche. Gibt es Unterschiede?

b) Stelle alle Angaben in einem geeigneten Diagramm dar, sodass man die Klassen miteinander vergleichen kann.

c) Stelle das Ergebnis für die gesamte Jahrgangsstufe in einem Diagramm dar.

Teste dich!

a | b

1 Gib als gekürzten Bruch und als Dezimalbruch an oder wandle in Prozentschreibweise um.

a
a) 99 % b) 68 %
c) 24 % d) 2 %
e) 0,23 f) 0,86
g) $\frac{1}{2}$ h) $\frac{1}{4}$

b
a) 2,5 % b) 6,3 %
c) 0,8 % d) 1,3 %
e) 0,03 f) 1,55
g) $\frac{1}{5}$ h) $\frac{6}{8}$

2 Berechne den Prozentsatz.

a
a) 30 € von 120 € b) 735 m von 980 m
c) 294 l von 420 l d) 35 s von 35 s

b
a) 1,5 € von 5 € b) 36,8 m von 320 m
c) 1 l von 1 000 l d) 35 s von 40,25 s

3 Berechne den Prozentwert. Runde gegebenenfalls.

a
a) 20 % von 120 € b) 7 % von 900 m
c) 30 % von 420 l d) 35 % von 20 s

b
a) 10,1 % von 12 € b) 0,8 % von 30 m
c) 1,2 % von 1,5 l d) 9,9 % von 0,1 s

4 Berechne den Grundwert. Runde gegebenenfalls.

a
a) 20 % sind 120 € b) 6 % sind 90 m
c) 30 % sind 42 l d) 35 % sind 7 s

b
a) 2 % sind 12,5 € b) 3,75 % sind 3 m
c) 12,25 % sind 4,9 l d) 3,5 % sind 7,6 s

5 Übertrage die Tabelle in dein Heft und bestimme die fehlenden Werte.

a

	G	*p* %	*W*
a)	30 cm	5 %	
b)		15 %	200 kg
c)	1 200 h		450 h

b

	G	*p* %	*W*
a)	40 cm	5,1 %	
b)		15 %	21,6 kg
c)	12,5 s		4,5 s

6 Bestimme aus der Aufgabe die Größen *G*, *p* % und *W*. Berechne die fehlende Größe.

a
a) Die Fußballmannschaft verlor in der vergangenen Saison von 34 Spielen 12 Spiele. Berechne den Anteil in Prozent.
b) Ein Motorroller wurde für 1902 € verkauft. Das waren 60 % seines Neuwertes. Wie viel kostete der Motorroller neu?

b
a) Herr Wirt legte letzte Woche mit seinem Auto 183,8 km zurück. 41,5 % davon waren Dienstweg. Wie viele km waren das?
b) Die Kalkschale eines Hühnereis wiegt 7,15 g, das sind 11 % seines Gesamtgewichts. Wie schwer ist das Ei?

7 Gib jeweils an, ob es sich um einen Grundwert handelt, der vermehrt oder vermindert wurde. Ordne dann den gegebenen Größen entsprechende Prozente zu und berechne die fehlende Größe.

a
a) Der Preis für eine Hose wurde um 20 % reduziert und beträgt jetzt 20 €. Wie viel kostete sie vorher?
b) Im neuen Schuljahr gibt es insgesamt 1 100 Schülerinnen und Schüler. Das sind 125 % von der Anzahl bisher. Wie viele Schülerinnen und Schüler waren bisher auf der Schule?

b
a) Der Benzinpreis je Liter ist um 2 % gesunken und beträgt jetzt 1,19 €. Wie viel kostete ein Liter vorher? Runde auf Cent.
b) Im neuen Schuljahr kommen 198 Schülerinnen und Schüler neu hinzu. Das sind 22,5 %. Wie viele Schülerinnen und Schüler gehen nun auf die Schule?

HINWEIS
Brauchst du noch Hilfe, so findest du auf den angegebenen Seiten ein Beispiel oder eine Anregung zum Lösen der Aufgaben. Überprüfe deine Ergebnisse mit den Lösungen auf Seite 246.

Aufgabe	Seite
1	124
2	128
3	128
4	132
5	128, 132
6	132
7	136

Zusammenfassung

→ Seite 128

Begriffe der Prozentrechnung

Der **Grundwert** (*G*) ist die Bezugsgröße, das Ganze. Er entspricht 100 %.
Der **Prozentwert** (*W*) ist ein Teil der Gesamtmenge, also ein Teil des Grundwertes.
Der **Prozentsatz** (*p* %) gibt den Anteil am Grundwert in Prozentschreibweise an.
Er wird dem Prozentwert zugeordnet.

12 von den 25 Mädchen und Jungen
(12: Prozentwert *W*; 25: Grundwert *G*)
der Klasse tragen Jeans. Das sind 48 %.
(48 %: Prozentsatz *p* %)

→ Seiten 128, 132

Berechnung von Prozentsatz, Prozentwert und Grundwert

Berechnung des Prozentsatzes
Sind Grundwert und Prozentwert bekannt, kann der Prozentsatz mit dem Dreisatz berechnet werden oder mit der Formel:
$p = \frac{W \cdot 100}{G}$

12 von 25 Schülern der Klasse tragen Jeans. Wie viel Prozent sind das?

	Anzahl	Anteil	
	25	100 %	
: 25	1	4 %	: 25
· 12	12	48 %	· 12

Es sind 48 %.

Berechnung des Prozentwertes
Sind Grundwert und Prozentsatz bekannt, kann der Prozentwert mit dem Dreisatz berechnet werden oder mit der Formel:
$W = \frac{G \cdot p}{100}$

32 % der 25 Schüler haben blonde Haare. Wie viele sind das?

	Anteil	Anzahl	
	100 %	25	
: 100	1 %	0,25	: 100
· 32	32 %	8	· 32

Es sind 8 Schüler.

Berechnung des Grundwertes
Sind Prozentsatz und Prozentwert bekannt, kann der Grundwert über den Dreisatz berechnet werden oder mit der Formel:
$G = \frac{W \cdot 100}{p}$

21 Schüler, also 5 %, kamen zu spät zur Schule. Wie viele Schüler sind es insgesamt?

	Anteil	Anzahl	
	5 %	21	
: 5	1 %	$\frac{21}{5} = 4{,}2$	: 5
· 100	100 %	420	· 100

420 Schüler kamen zu spät.

→ Seite 138

Grundwert vermehren und vermindern

Bei der **Vermehrung des Grundwerts** wird eine Größe um *p* % erhöht und entspricht dann einer Größe von mehr als 100 %. Die Größe wird vermehrt auf (100 + *p*) %.

53,55 € enthalten 19 % Mehrwertsteuer. Wie hoch ist der Nettopreis?

	Anteil	Preis (in €)	
	119 %	53,55	
: 119	1 %	0,45	: 119
· 100	100 %	45,00	· 100

Der Nettopreis beträgt 45 €.

Bei der **Verminderung des Grundwerts** wird eine Größe um *p* % reduziert und entspricht dann einer Größe von weniger als 100 %. Die Größe wird vermindert auf (100 – *p*) %.

Schuhe wurden um 30 % reduziert auf 53,55 €. Wie viel kosteten sie vorher?

	Anteil	Preis (in €)	
	70 %	53,55	
: 7	10 %	7,65	: 7
· 10	100 %	76,50	· 10

Sie kosteten 76,50 €.

Ebene Figuren: Kreise

Die Gondeln von Riesenrädern bewegen sich auf Kreisbahnen. Je nach Durchmesser des Riesenrades legen sie bei einer Umdrehung unterschiedliche Streckenlängen zurück. Das derzeit größte Riesenrad ist das „London Eye“. Es steht am Südufer der Themse im Zentrum von London und ist 135,36 m hoch. Das Rad braucht für eine Umdrehung 30 min.

Noch fit?

1 Berechne Umfang und Flächeninhalt der angegebenen Figuren.

a) Rechteck mit Länge $a = 5\,\text{cm}$ und Breite $b = 3\,\text{cm}$

b) Quadrat mit Seitenlänge $s = 4{,}5$ cm

c) Dreieck mit den Seitenlängen $a = 3{,}5$ cm; $b = 5{,}2$ cm; $c = 6$ cm und der Höhe $h_c = 3{,}1$ cm

d) Parallelogramm mit den Seitenlängen $a = 4{,}5$ cm; $b = 3{,}4$ cm und der Höhe $h_a = 2{,}8$ cm

e) Trapez mit $a = 2{,}5$ cm; $b = 3{,}6$ cm; $c = 5{,}1$ cm; $d = 3{,}3$ cm und $h = 3{,}2$ cm

2 Rechne die Angaben in die Einheit um, die in Klammern steht.

a) 17 cm (dm) **b)** 5,1 m (cm) **c)** 0,99 mm (dm) **d)** 470 m (km)

e) $17\,\text{cm}^2$ (dm^2) **f)** $5{,}1\,\text{m}^2$ (cm^2) **g)** $0{,}99\,\text{mm}^2$ (dm^2) **h)** $470\,\text{m}^2$ (km^2)

3 Zeichne die Figur rechts ab.

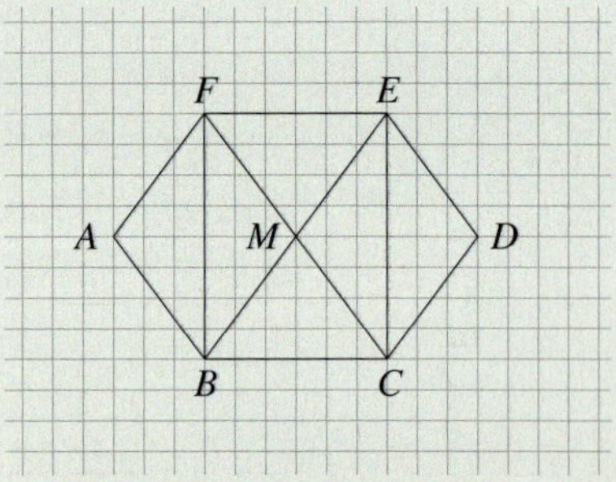

a) Gib alle Strecken an, die parallel zueinander sind.
Schreibe $\overline{AB} \parallel \ldots$

b) Gib alle Strecken an, die senkrecht zueinander stehen.
Schreibe: $\overline{BC} \perp \ldots$

c) Gib alle Strecken an, die gleich lang sind.
Schreibe: $\overline{AB} = \ldots = \ldots$

d) Bestimme den Abstand des Punktes B zur Strecke $\overline{CF}$ und zur Strecke $\overline{DE}$.

4 Schätze zunächst die Größe der Winkel.
Miss dann genau und gib die Winkelart an.

Winkel	Winkelart	geschätzt	gemessen
α	spitzer Winkel		
β			
…			

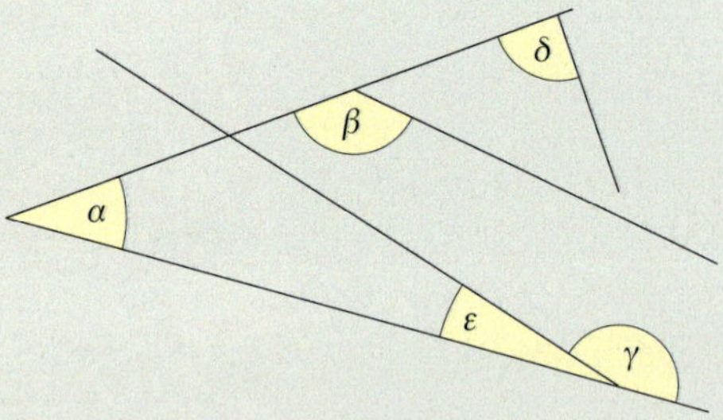

5 Zeichne die folgenden Winkel und gib jeweils die Winkelart an.

a) $\alpha = 58°$ **b)** $\beta = 148°$ **c)** $\gamma = 222°$ **d)** $\delta = 17°$ **e)** $\varepsilon = 172°$

6 Berechne die folgenden Quadratzahlen. Erinnere dich: $5^2 = 5 \cdot 5$

a) 5^2 **b)** 9^2 **c)** 12^2 **d)** 15^2 **e)** 22^2

7 Runde die Zahlen auf Zehntel und auf Hundertstel.

a) 0,34872 **b)** 9,806 **c)** 38,0405 **d)** 99,991 **e)** 7,390

Kurz und knapp

1. Welche Seitenlänge hat ein Quadrat mit einem Flächeninhalt von $36\,\text{cm}^2$?
2. Berechne den Flächeninhalt dieser Buchseite.
3. Ein rechter Winkel hat …
4. Eine halbe Drehung beträgt …
5. Bei einem gleichseitigen Dreieck sind …
6. Bei einem gleichschenkligen Dreieck sind …

Kreisumfang

Erforschen und Entdecken

1 Miss an mindestens fünf verschiedenen kreisförmigen Gegenständen (z. B. CD, Bierdeckel, etc.) zunächst den Durchmesser *d*. Bestimme dann mit Hilfe eines Maßbandes oder eines Fadens, der um den Gegenstand gespannt wird, den Umfang *u*.
Trage die Messergebnisse in eine Tabelle ein und berechne den Quotienten *u* : *d*.
Was fällt dir auf? Diskutiere mit deinem Nachbarn.

151-1

ZUM WEITERARBEITEN
Unter diesem Webcode befindet sich ein Arbeitsblatt mit Kreismustern zum Zeichnen und Ausmalen.

2 Zeichnet in Kleingruppen auf Pappe Kreise mit einem Radius von 3 cm (4 cm; 5 cm; …; 10 cm) und schneidet die Kreise aus. Markiert je eine Stelle am Rand der Pappkreise und rollt die Kreise auf einem nicht zu glatten Untergrund ab.
Messt die Strecke, die bei einer Umdrehung des Kreises zurückgelegt wird, und ergänzt die folgende Tabelle im Heft.

Radius *r* des Kreises	Durchmesser *d* des Kreises	Umfang *u* des Kreises	Quotient *u* : *d*
$r = 3\,cm$	$d = 6\,cm$	$u =$	
$r = 4\,cm$	$d =$		
$r = 5\,cm$			
$r = 6\,cm$			
$r = 7\,cm$			
$r = 8\,cm$			
$r = 9\,cm$			
$r = 10\,cm$			

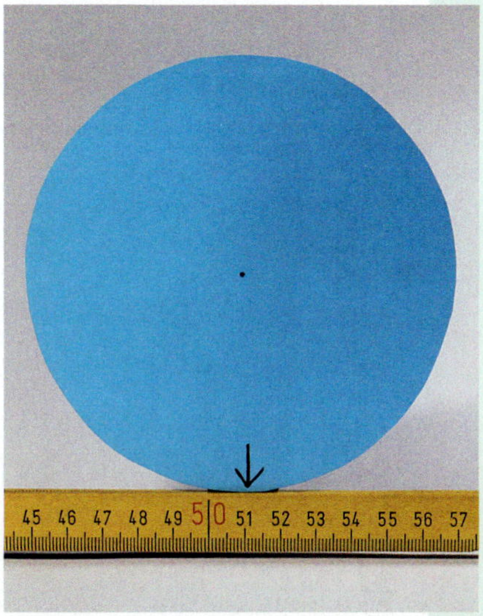

a) Was fällt euch auf?
b) Wie groß ist der Umfang eines Kreises mit $r = 2\,cm$ ($r = 12\,cm$)? Begründet.
c) Entwickelt eine Formel für die Berechnung des Kreisumfangs. Vergleicht eure Ergebnisse im Klassenverband.

3 Von Archimedes (282 v. Chr. – 212 v. Chr.) ist das folgende Verfahren zur Bestimmung des Kreisumfanges bekannt. Es beruht auf der Betrachtung von regelmäßigen Vielecken, die dem Kreis einbeschrieben und umbeschrieben werden.

HINWEIS
Weitere Informationen zu Archimedes von Syrakus findest du unter

151-2

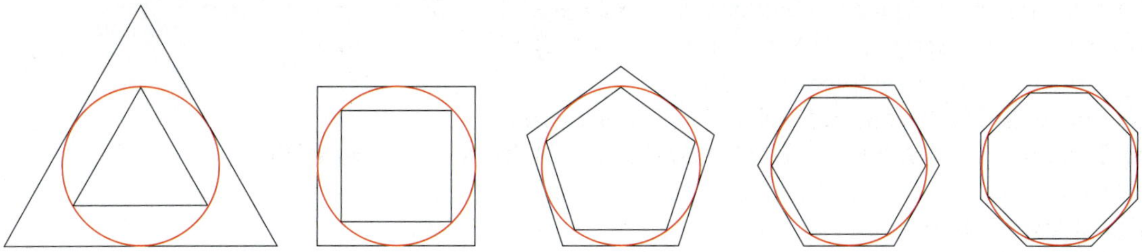

a) Maja meint, dass der Kreisumfang größer als der Umfang des einbeschriebenen Vielecks und kleiner als der Umfang des umbeschriebenen Vielecks ist. Hat Maja Recht?
b) Zeichne einen Kreis mit $r = 3\,cm$. Konstruiere ein umbeschriebenes und ein einbeschriebenes Vieleck mit möglichst vielen Ecken. Miss jeweils eine Seite der beiden Vielecke und bestimme deren Umfänge.
Was bedeutet dies für den Umfang des Kreises?

Lesen und Verstehen

Jakob möchte um eine zylinderförmige Geschenkverpackung eine Schleife binden. Die Dose hat einen Durchmesser von $d = 11{,}5\,\text{cm}$. Jakob hat noch ein Reststück Schleifenband, das 40 cm lang ist. Reicht das Schleifenband aus?
Das gebundene Schleifenband hat die Form eines Kreises.
Ein **Kreis** besteht aus allen Punkten, die von einem Punkt (dem Mittelpunkt) gleich weit entfernt liegen.

Für jeden Kreis ist das Verhältnis des Umfangs zu seinem Durchmesser gleich (konstant). Diese Konstante heißt **Kreiskonstante** oder **Kreiszahl** und wird mit dem kleinen griechischen Buchstaben $\boldsymbol{\pi}$ (lies „Pi“) bezeichnet. Es gilt: $\frac{u}{d} = \pi$

Der **Umfang *u* eines Kreises** lässt sich mit Hilfe des Radius *r* oder des Durchmessers *d* berechnen. Es gilt:
$u = \pi \cdot d$ bzw. $u = 2 \cdot \pi \cdot r$

Für Berechnungen verwendet man einen sinnvollen Näherungswert für π,

z. B.: 3,14 oder 3,141 592 oder $\frac{22}{7}$.

BEISPIEL
Mit dem Näherungswert 3,14 für π erhält man bei einem Durchmesser von $d = 11{,}5\,\text{cm}$ den Umfang $u = \pi \cdot 11{,}5\,\text{cm} \approx 36{,}13\,\text{cm}$.

Das Schleifenband reicht für die Geschenkverpackung aus, jedoch nicht um eine Schleife zu binden.

ZUR INFORMATION
Die Zahl π ist eine nicht abbrechende nichtperiodische Dezimalzahl. Sie ist keine rationale Zahl und lässt sich nicht als Bruch darstellen. Archimedes näherte mit seinem Verfahren π mit $\frac{22}{7}$ an. Der Taschenrechner besitzt eine Taste π und rechnet mit dem Näherungswert 3,141592654.

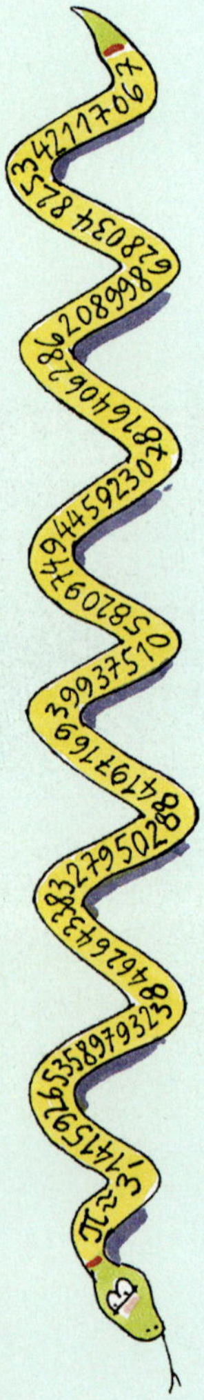

Üben und Anwenden

1 Einem Kreis mit dem Radius $r = 5\,\text{cm}$ wird je ein Quadrat einbeschrieben und umbeschrieben.
a) Bestimme über die Umfänge der Quadrate eine Näherung für den Kreisumfang.
b) Zeichne zwischen das einbeschriebene und umbeschriebene Quadrat ein weiteres Quadrat und bestimme dessen Umfang.
c) Verfahre ebenso mit einem Sechseck.

2 Berechne den Umfang des Kreises.

a) $d = 7{,}4\,\text{cm}$ b) $r = 2{,}5\,\text{dm}$
c) $d = 2{,}5\,\text{cm}$ d) $r = 1{,}8\,\text{cm}$
e) $d = 12{,}3\,\text{cm}$ f) $r = 3{,}1\,\text{m}$

3 Berechne den Umfang des Kreises.

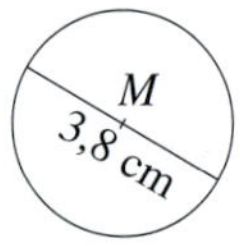

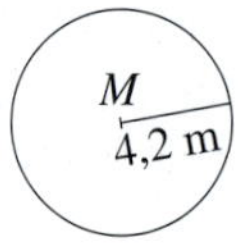

4 Ergänze die folgende Tabelle im Heft.

	r	*d*	*u*
a)	3 cm		
b)	4,8 dm		
c)		3 m	
d)			175,9 m
e)			22 mm
f)		5,9 km	

5 Wie groß ist der Radius *r*?
a) $u = 6{,}5\,\text{cm}$
b) $u = 24\,\text{m}$
c) $u = 40\,074\,\text{km}$ (Erdumfang)
d) $u = 10\,920\,\text{km}$ (Mondumfang)

6 Berechne den Durchmesser des Kreises.

a) $u = 11\,\text{cm}$ b) $u = 8{,}6\,\text{dm}$
c) $u = 5\,\text{m}$ d) $u = 255\,\text{m}$
e) $u = 9\,\text{dm}$ f) $u = 390\,\text{km}$

7 Zeichne einen Kreis mit dem Umfang
a) $u = 10\,\text{cm}$, b) $u = 15\,\text{cm}$, c) $u = 2\,\text{dm}$.

8 Überprüfe, ob die Zuordnung *Kreisradius* → *Kreisumfang* proportional ist.

9 Baumrekorde

Die mexikanische Sumpfzypresse „El Arbol del Tule“ im mexikanischen Bundesstaat Oaxaca hat mit 14,05 m weltweit den größten Stammdurchmesser. Der Afrikanische Affenbrotbaum erreicht mit bis zu 43 m üblicherweise den größten Stammumfang.

a) Bestimme den Stammumfang der Zypresse „El Arbol del Tule“.
b) Wie viele Menschen benötigt man ungefähr, damit diese den Baum Hand in Hand umringen?
c) Bestimme den üblichen Durchmesser eines Affenbrotbaums.
d) Recherchiere im Internet nach den üblichen Durchmessern und Umfängen von Baumarten und erstelle Sachaufgaben.

10 Berechne die Äquatorlängen der Planeten anhand der Durchmesser am Äquator.

11 Um einen Fußballplatz soll eine Laufbahn errichtet werden.

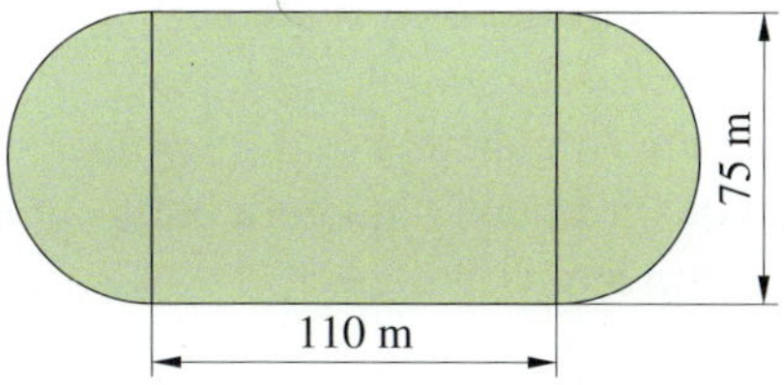

a) Bestimme die Länge der Innenbahn.
b) Welche Abmessungen könnte der Fußballplatz haben, wenn die Innenbahn eine Länge von 400 m besitzen soll? Findest du mehrere Möglichkeiten?

12 Eine kreisförmige Fläche mit einem Durchmesser von 70 m soll eingezäunt werden.
a) Wie viel Meter Zaun sind dazu nötig? Runde das Ergebnis auf Meter.
b) Der Besitzer möchte im Abstand von drei Metern Pfähle setzen, an denen der Zaun befestigt werden soll. Begründe, warum dies nicht sinnvoll ist und mache einen Gegenvorschlag. Vergleiche mit deinem Nachbarn.

13 Ein Wahrzeichen der Stadt Wien ist das Riesenrad im Prater.
Das Riesenrad wurde 1897 erbaut und nach dem Krieg wieder rekonstruiert. Der Durchmesser des Riesenrades beträgt 61 m.

a) Bestimme die Strecke, die eine Gondel bei einer Umdrehung zurücklegt.
b) Das Riesenrad befördert 15 Gondeln. Bestimme den Abstand zwischen den Aufhängungen der Gondeln und fertige eine maßstäbliche Zeichnung des Riesenrades an.
c) Das Riesenrad bewegt sich mit einer Geschwindigkeit von $2{,}7\,\frac{\text{km}}{\text{h}}$. Wie lange dauert eine Runde mit dem Riesenrad?

HINWEIS
Für das Spielfeld gelten beim Fußball die folgenden Regeln: Die Länge der kurzen Seiten (Torlinie) sollte zwischen 45 und 90 Meter, die der langen Seiten (Seitenlinie) zwischen 90 und 120 Meter betragen (üblich sind 68 auf 105 Meter). Bei Länderspielen muss das Feld in der Länge zwischen 100 und 110 Meter, in der Breite zwischen 64 und 75 Meter sein.

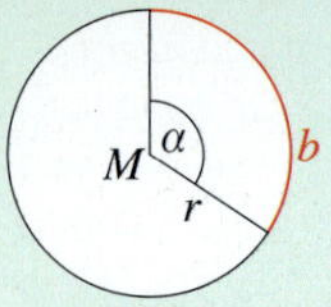

HINWEIS
*Schneidet man einen Teil eines Kreises ähnlich einem Tortenstück aus, bezeichnet man diesen als **Kreisausschnitt** oder **Kreissektor**.*

14 Angelina möchte die Länge des Kreisbogens b ausrechnen. Sie behauptet, dass für die Länge des **Kreisbogens b** folgende Formel gilt: $b = \frac{\alpha}{360°} \cdot 2 \cdot \pi \cdot r$
Begründe, warum Angelinas Formel richtig ist, indem du die grün und blau gefärbten Teile des Terms näher erläuterst.

15 Welche Bogenlänge (Länge des Kreisbogens) hat der Kreisausschnitt?
a) $r = 2\,\text{cm}$; $\alpha = 70°$
b) $r = 4{,}6\,\text{cm}$; $\alpha = 113°$
c) $r = 7{,}2\,\text{cm}$; $\alpha = 190°$

16 Berechne die fehlenden Größen.

	r	*a*	*b*
a)	6 cm	45°	
b)	67 mm	150°	
c)		210°	25 cm
d)	7,5 dm		30 dm
e)	10 cm		10 cm
f)		78°	1 m

17 Zeichne die folgenden Muster in dein Heft und berechne die Umfänge der rot eingefärbten Figuren. Die Seitenlänge der Quadrate beträgt jeweils 8 cm.

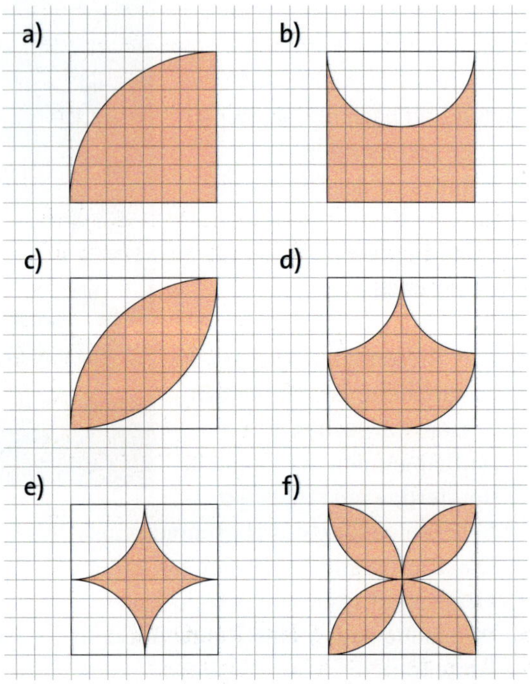

18 Denke dir selbst ein Muster aus (wie in Aufgabe 17). Bestimme den Umfang der Flächen.

19 Die Spirale ist durch die Aneinanderreihung von Halbkreisen entstanden, wobei sich der Kreisradius stets verdoppelt hat. Der größte Halbkreis hat einen Radius von 4 cm. Zeichne die Spirale in dein Heft und berechne ihre Länge.

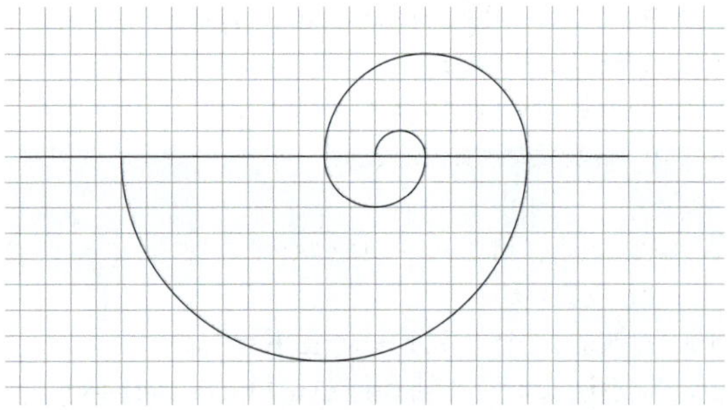

20 Will man eine Modellbahn-Anlage ausbauen, so findet man im Prospekt des Herstellers u. a. Informationen zum Gleissystem. Die Angaben über gebogene Gleise erleichtern die Planung. Dabei ist wichtig zu wissen, dass die Länge eines gebogenen Gleises die Länge seiner Mittellinie ist und sein Radius bis zur Mittellinie gemessen wird.

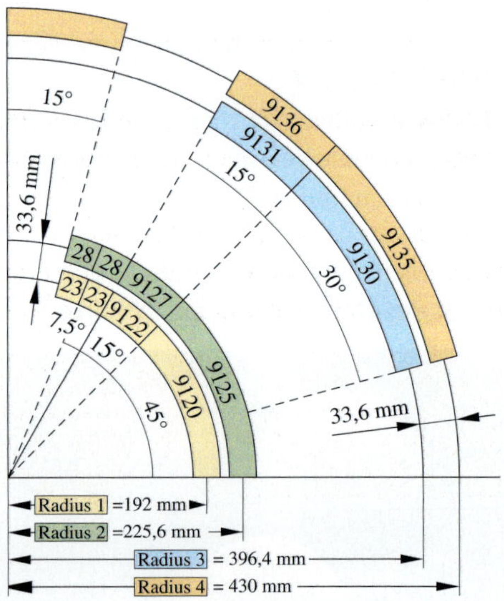

Wie lang ist Gleis
a) 9120; 9122; 9123,
b) 9125; 9127; 9128,
c) 9130; 9131,
d) 9135; 9136?

Flächeninhalt des Kreises

Erforschen und Entdecken

1 Zeichne auf Millimeterpapier einen Kreis mit dem Radius $r = 5\,\text{cm}$. Markiere alle Kästchen, die vollständig in dem Kreis liegen mit einem roten Punkt und alle Kästchen, die sowohl innerhalb als auch außerhalb des Kreises liegen mit einem blauen Punkt. Schätze nun die Größe der Kreisfläche ab. Erkläre deinem Nachbarn, wie du vorgegangen bist.

ZUM KNOBELN
Wie viele Käseecken fehlen?

2 Für den folgenden Versuch benötigst du:

- eine Brief- oder Haushaltswaage
- Knete oder Teig
- runde Formen zum Ausstechen
- Geodreieck und Messer.

Walze zunächst die Knete oder den Teig gleichmäßig aus.
Steche danach verschiedene Kreise aus und bestimme die Größe des Durchmessers und des Radius.
Schneide mit Hilfe des Geodreiecks zu jedem Kreis ein Quadrat aus, dessen Seitenlänge gleich dem Radius des Kreises ist. Wiege nun den Kreis und das zugehörige Quadrat (Seitenlänge des Quadrats = Radius des Kreises).

HINWEIS
Statt aus Knete oder Teig können die Kreise und Quadrate auch aus dicker Pappe geschnitten werden.

a) Übertrage die Messergebnisse in die folgende Tabelle und berechne den Quotienten Masse des Kreises durch Masse des Quadrats.

Radius des Kreises bzw. Seitenlänge des Quadrats	Masse des Kreises (m_K)	Masse des Quadrats (m_Q)	$m_K : m_Q$

b) Was fällt dir auf?

c) Entwickle eine Formel für die Berechnung der Kreisfläche. Überprüfe mit Hilfe von Aufgabe 1, ob die Formel richtig sein kann.

3 Zeichne einen Kreis mit Radius $r = 5\,\text{cm}$. Unterteile den Kreis in zwölf gleich große Kreisausschnitte und male je sechs Ausschnitte in der gleichen Farbe aus. Schneide nun die zwölf Kreisausschnitte aus und lege sie wie rechts gezeigt zusammen.

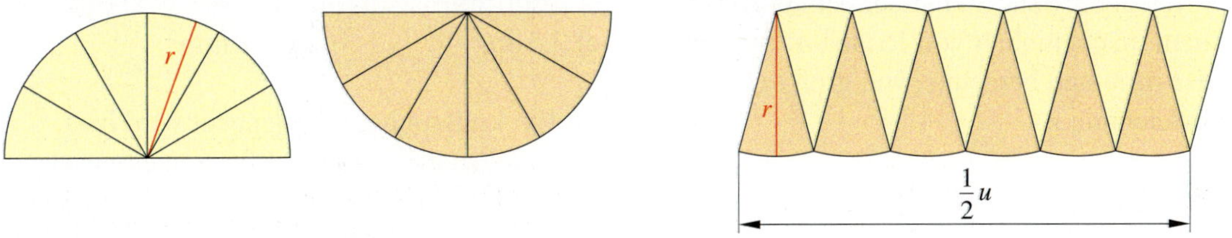

a) Welches Viereck ist annähernd entstanden?

b) Berechne den Flächeninhalt des entstandenen Vierecks.

c) Entwickle aus deinen Überlegungen eine Formel zur Bestimmung der Kreisfläche. Überprüfe mit Hilfe von Aufgabe 1, ob die entwickelte Formel richtig sein kann.

Lesen und Verstehen

Ein Gärtner möchte ein kreisrundes Blumenbeet mit Riesenanemonen bepflanzen. Das Blumenbeet hat einen Radius von 3 m. Wie groß ist das Blumenbeet?

Der Flächeninhalt eines Kreises lässt sich mit Hilfe des Radius r berechnen.

Flächeninhalt des Kreises: $A = \pi \cdot r^2$.

BEISPIEL 1
Das Blumenbeet hat eine Größe von $A = \pi \cdot r^2 = \pi \cdot 3^2\,\text{m}^2 \approx 28{,}3\,\text{m}^2$.

Üben und Anwenden

HINWEIS
Ist d der Durchmesser eines Kreises, so beträgt sein Radius $r = d : 2$.

BEACHTE
*Wie erhalte ich r, wenn r^2 gegeben ist?
Dazu hilft das Wurzelzeichen √ des Taschenrechners.
Ist $r^2 = 9$, dann wird die Zahl gesucht, die mit sich selbst multipliziert 9 ergibt.*

BEISPIEL
9 √ = 3, denn $3 \cdot 3 = 9$
3,89 √ = 1,7, denn $1{,}7 \cdot 1{,}7 = 3{,}89$

1 Berechne den Flächeninhalt des Kreises.
a) $r = 3{,}7\,\text{cm}$ b) $r = 4{,}9\,\text{mm}$
c) $r = 6{,}5\,\text{cm}$ d) $d = 0{,}7\,\text{m}$
e) $d = 8{,}9\,\text{dm}$ f) $d = 10{,}1\,\text{km}$
g) $r = 2{,}2\,\text{cm}$ h) $r = 4{,}1\,\text{cm}$

2 Berechne den Flächeninhalt des Kreises.
a)
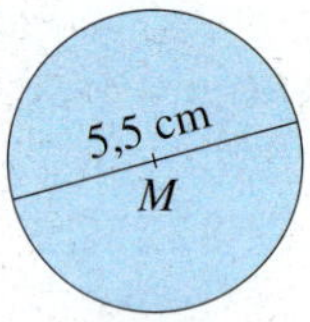

b)
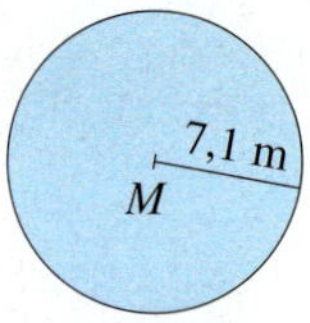

3 Wie groß ist der Radius des Kreises?
a) $A = 18\,\text{cm}^2$ b) $A = 0{,}94\,\text{m}^2$
c) $A = 6{,}6\,\text{dm}^2$ d) $A = 4{,}98\,\text{km}^2$
e) $A = 0{,}8\,\text{cm}^2$ f) $A = 27\,\text{a}$
g) $A = 38{,}48\,\text{cm}^2$ h) $A = 113{,}09\,\text{cm}^2$

4 Versuche, ohne zu messen, einen Kreis mit einem Flächeninhalt von $15\,\text{cm}^2$ zu zeichnen. Miss nach und berechne, wie groß deine Abweichung ist.

5 Berechne den Flächeninhalt des Kreises.
a) $u = 15\,\text{cm}$ b) $u = 1{,}7\,\text{dm}$
c) $u = 24{,}3\,\text{mm}$ d) $u = 15\,\text{km}$
e) $u = 6{,}5\,\text{m}$ f) $u = 8{,}6\,\text{dm}$
g) $u = 3{,}2\,\text{dm}$ h) $u = 2{,}7\,\text{cm}$

6 Berechne den Radius des Kreises.
a) $d = 12\,\text{cm}$ b) $d = 5\,\text{cm}$ c) $d = 2{,}5\,\text{m}$

7 Ergänze die Tabelle in deinem Heft.

	r	d	u	A
a)	3 cm			
b)		4,5 dm		
c)			53,4 m	
d)				$78{,}5\,\text{m}^2$
e)				1 ha
f)			1 m	
g)				10 a

Füge drei Zeilen unten an die Tabelle an. Fülle die neuen Zeilen selbst aus.

8 Zeichne einen Kreis mit folgendem Flächeninhalt.
a) $50{,}3\,\text{cm}^2$ b) $25\,\text{cm}^2$
c) $2\,800\,\text{mm}^2$ d) $2\,\text{dm}^2$
e) $3{,}5\,\text{dm}^2$ f) $98\,\text{mm}^2$

9 Ein kreisrundes Blumenbeet wird bepflanzt. Pro m^2 sollen 20 Pflanzen eingesetzt werden. Wie viele Pflanzen werden für den folgenden Radius benötigt?
a) 60 cm b) 1 m
c) 1,2 m d) 8 dm
e) 75 cm f) 1,35 m

10 Ein Kreis k_1 hat den Radius $r_1 = 3\,cm$. Die Fläche des Kreises k_2 soll
a) doppelt, b) dreimal,
c) fünfmal, d) zehnmal
so groß sein wie die Fläche von k_1.
Wie groß ist der Radius r_2 des Kreises k_2?

11 Überprüfe, ob die Zuordnung *Kreisradius* → *Kreisfläche* proportional ist. Gilt dasselbe für die Zuordnung *Kreisradius* → *Kreisumfang*?

12 Die Abbildung zeigt den Tomatenverbrauch in Italien, Spanien, Frankreich, Belgien und Deutschland im Jahr 2000.

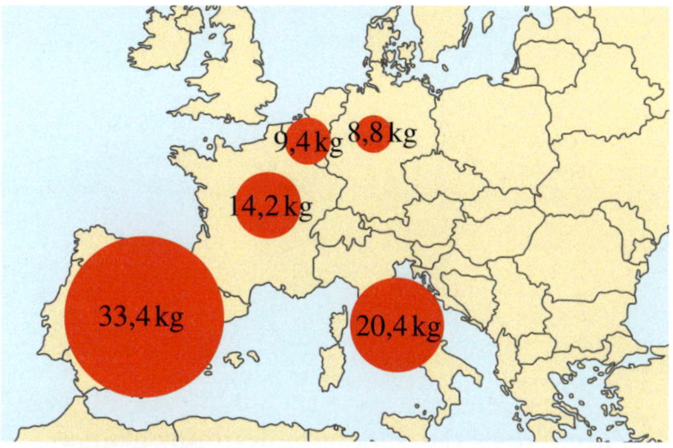

a) Welches der dargestellten Länder hat den höchsten Pro-Kopf-Verbrauch? Welches den geringsten?
b) Überprüfe, ob die folgenden Zuordnungen proportional sind:
Verbrauch → *Radius*
Verbrauch → *Fläche*
c) Wozu führt deine Beobachtung beim Betrachter der Grafik?
d) Zeichne ein „faires" Diagramm.

13 Den Bereich, für den eine Basisstation für Handys zuständig ist, nennt man „Funkzelle". Handys senden und empfangen Wellen an Empfangsstationen in ganz Deutschland. Die Reichweite einer Empfangsstation liegt bei 500 m im städtischen und 10 km im ländlichen Raum. Berechne die Größe einer Funkzelle
a) im städtischen Raum.
b) im ländlichen Raum.

14 Die Pizzeria „Bella Italia" verkauft Pizzen in drei verschiedenen Größen.

	Durchmesser der Pizzen		
	26 cm	30 cm	32 cm
Margherita	2,00 €	3,00 €	4,00 €
Piccata	3,50 €	5,00 €	6,00 €
Marina	5,00 €	6,00 €	7,00 €
Salami	4,00 €	5,00 €	5,50 €

a) Um den Preis zu vergleichen, untersucht Uli die Zuordnung *Durchmesser* → *Preis*. Alex schlägt vor, die Zuordnung *Fläche* → *Preis* zu betrachten. Welches Vorgehen ist sinnvoller? Begründe.
b) Welche Pizza ist jeweils die günstigste? Begründe deine Meinung rechnerisch.
c) Wie teuer müsste die Pizza Salami mit 30 cm Durchmesser sein? Der Preis pro cm^2 soll wie bei der kleineren Pizza sein.

15 Die Karte zeigt den Victoriasee im Maßstab 1 : 5 000 000.

Übertrage den Umriss des Sees auf Transparentpapier. Bestimme seine Größe, indem du die Fläche durch einen Kreis annäherst. Vergleiche mit deinen Mitschülern.

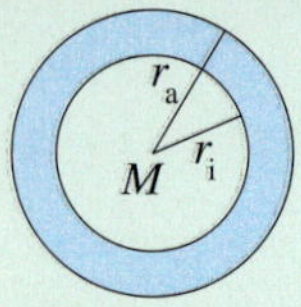

HINWEIS
Für den Flächeninhalt eines Kreisrings gilt:
$A = \pi \cdot r_a^2 - \pi \cdot r_i^2$
$= \pi \cdot (r_a^2 - r_i^2)$

16 Welchen Flächeninhalt hat der Kreisring?

a) $r_a = 16\,\text{cm}$; $r_i = 10\,\text{cm}$
b) $r_a = 4\,\text{m}$; $r_i = 3\,\text{m}$
c) $r_a = 6{,}4\,\text{m}$; $r_i = 2{,}9\,\text{m}$
d) $r_a = 1{,}69\,\text{dm}$; $r_i = 0{,}35\,\text{dm}$
e) $r_a = 6{,}5\,\text{cm}$; $r_i = 27\,\text{mm}$

17 Berechne den Flächeninhalt einer roten Fläche im inneren (äußeren) Ring.

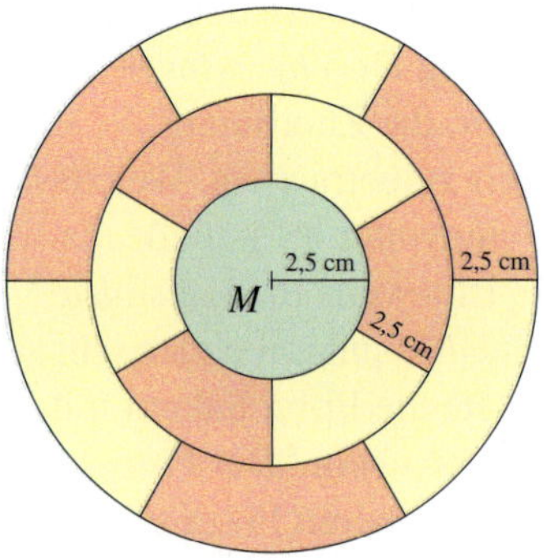

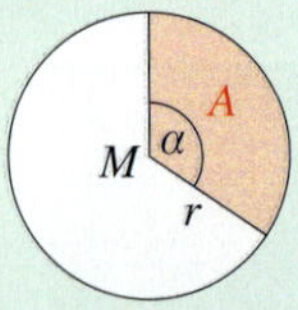

18 Überprüfe die folgenden Aussagen.

a) Die Fläche eines Kreisausschnitts (Kreissektors) ist abhängig vom Radius.
b) Die Fläche eines Kreisausschnitts ist abhängig vom Mittelpunktswinkel α.
c) Bei konstantem Winkel ist die Zuordnung *Radius → Fläche des Kreissektors* proportional.
d) Bei konstantem Radius ist die Zuordnung *Mittelpunktswinkel → Fläche des Kreissektors* proportional.
e) Für den Flächeninhalt eines Kreisausschnitts gilt: $A = \frac{\alpha}{360} \cdot \pi \cdot r^2$.

ERINNERE DICH
Konstant bedeutet gleichbleibend.

19 Welchen Flächeninhalt hat der Kreisausschnitt?

a) $r = 2\,\text{cm}$; $\alpha = 70°$
b) $r = 6\,\text{cm}$; $\alpha = 120°$
c) $r = 7{,}2\,\text{cm}$; $\alpha = 225°$
d) $r = 9{,}5\,\text{cm}$; $\alpha = 160°$
e) $r = 0{,}3\,\text{dm}$; $\alpha = 95°$
f) $r = 170\,\text{mm}$; $\alpha = 8°$

20 Berechne die fehlende Größe des Kreisausschnitts.

	a)	b)	c)	d)
r	7 dm	7 m	100 m	1 km
α	120°			30°
A		25,7 m²	1 ha	

21 Bestimme den Flächeninhalt.

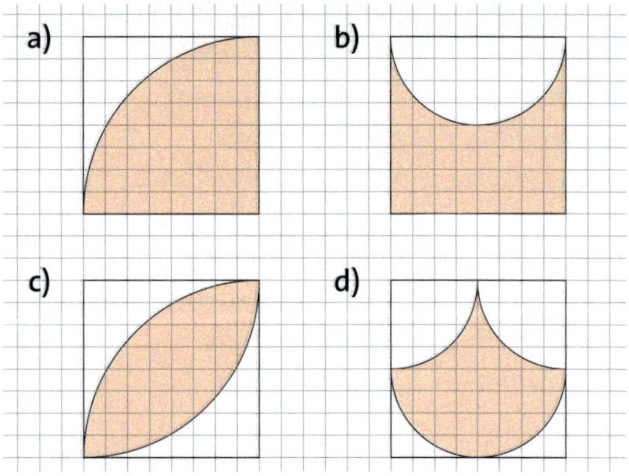

22 Übertrage die Abbildung in dein Heft.

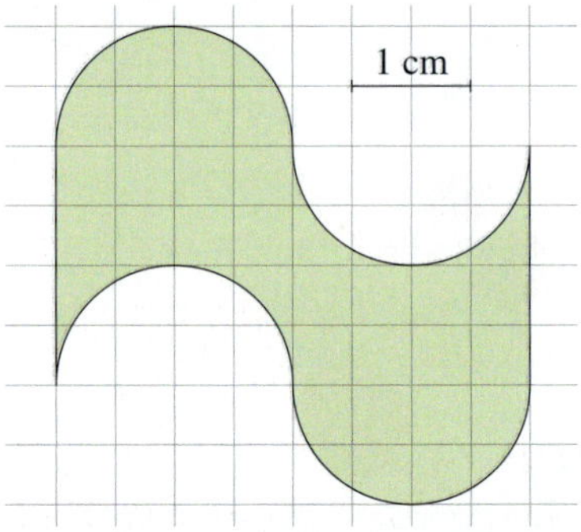

a) Zeige, dass der Flächeninhalt der grünen Fläche $8\,\text{cm}^2$ beträgt. Vergleiche deinen Lösungsweg mit dem deiner Mitschüler.
b) Bestimme den Umfang der grünen Fläche.

23 Die rechts abgebildete Figur soll gepflastert werden.

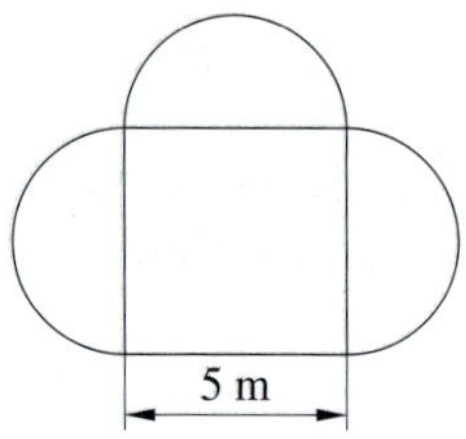

a) Bestimme den Flächeninhalt und den Umfang der Figur.
b) Es sollen Pflastersteine mit einer Länge von 24 cm und einer Breite von 16 cm eingesetzt werden. Wie viele Pflastersteine müssen ungefähr bestellt werden?
c) Für die Pflasterarbeiten liegen zwei Angebote vor:

Angebot	Materialkosten	Arbeitskosten
A	12,50 €/m²	39 €/m²
B	11,95 €/m²	pauschal: 995 €

Welches Angebot ist günstiger?

Lagebeziehungen von Kreis und Gerade

Erforschen und Entdecken

1 Betrachte die folgenden Geraden.

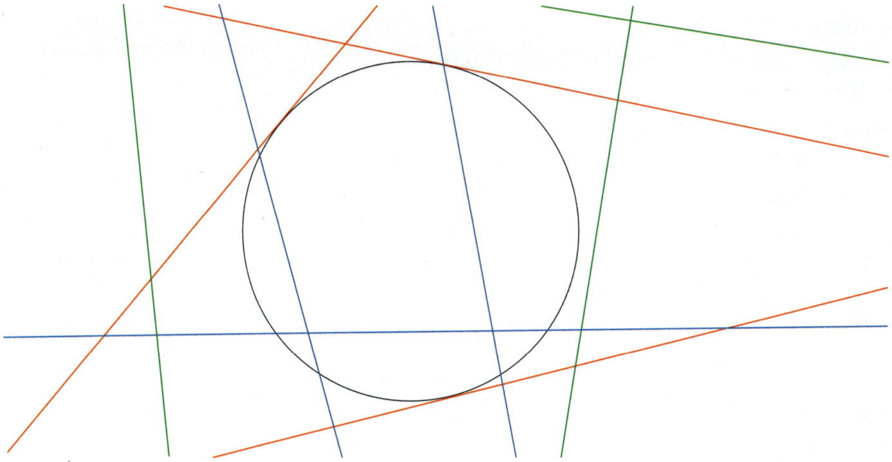

Welche Gemeinsamkeiten haben die roten (grünen, blauen) Geraden?

2 Zeichne ein Koordinatensystem mit $0 \le x \le 12$ und $0 \le y \le 12$.

a) Zeichne um $M(6|5)$ einen Kreis mit Radius $r = 5\,\text{cm}$.

b) Übertrage die folgenden Punkte in das Koordinatensystem: $A(1|7)$; $B(10|10)$; $C(12|0)$ und $D(0|0)$.

c) Zeichne die Geraden durch die Strecken $\overline{AB}$; $\overline{BC}$; $\overline{CD}$; $\overline{AD}$; $\overline{AC}$ und $\overline{BD}$.

d) Betrachte die Lage der Geraden zum Kreis. Kannst du Gemeinsamkeiten entdecken? Vergleicht zu zweit eure Ergebnisse.

3 Zeichne um den Kreismittelpunkt M einen Kreis mit Radius $r = 3\,\text{cm}$ und wähle einen beliebigen Punkt S, der außerhalb des Kreises liegt.

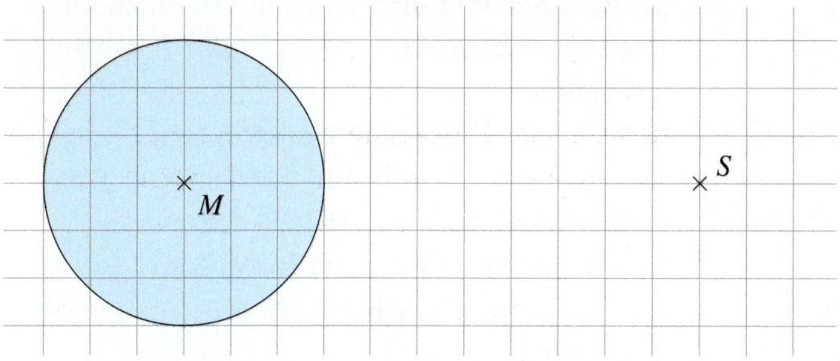

a) Miss die Länge der Strecke $\overline{MS}$ und bestimme den Mittelpunkt P der Strecke $\overline{MS}$.

b) Zeichne um P einen Kreis mit Radius $r = \frac{1}{2} \cdot \overline{MS}$.

c) Die beiden Kreise schneiden sich in zwei Punkten. Bezeichne die Punkte mit T_1 und T_2.

d) Zeichne die Strecken $\overline{MT_1}$ und $\overline{MT_2}$ sowie die Geraden ST_1 und ST_2.

e) Welche Eigenschaft hat das Dreieck MST_1? Begründe deine Meinung.

ZUM WEITERARBEITEN
Wie würdest du den Durchmesser dieses Kreises messen? Würden dir dabei rote, grüne oder blaue Geraden nützlich sein?

Lesen und Verstehen

Geraden unterscheiden sich in ihrer Lage zum Kreis. Wie viele Punkte können ein Kreis und eine Gerade gemeinsam haben?

KURZ GESAGT
Tangente: Berührende
Sekante: Schneidende
Passante: Vorübergehende

Berührt eine Gerade t den Kreis in einem Punkt T, so nennt man die Gerade t **Tangente**. Der Radius zwischen dem **Berührungspunkt** T und dem Kreismittelpunkt M heißt **Berührungsradius**. Der Berührungsradius und die Tangente stehen senkrecht aufeinander.
Eine Gerade s, die den Kreis in zwei Punkten schneidet, nennt man **Sekante**.
Die Strecke zwischen zwei Punkten des Kreises heißt **Sehne**.
Geraden, die den Kreis weder berühren noch schneiden heißen **Passanten.**

BEISPIEL

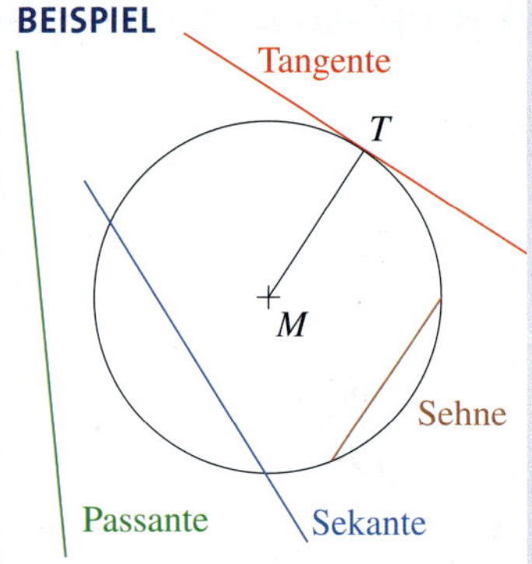

HINWEIS
So konstruiert man eine Tangente in einem Punkt T auf dem Kreis:
1. Verbinde T mit M.
2. Zeichne die Senkrechte zu $\overline{MT}$ durch T.

Konstruktion einer Tangente von einem Punkt an einen Kreis
Um die Tangenten von einem Punkt S an einen Kreis k zu zeichnen, benötigt man die Berührungspunkte T_1 und T_2. Diese werden folgendermaßen konstruiert:

1. Verbinde den Punkt S mit dem Kreismittelpunkt M.
2. Bestimme den Mittelpunkt M_T der Strecke $\overline{MS}$.
3. Zeichne um M_T den Thaleskreis mit dem Radius $\overline{M_T S}$ und markiere die Schnittpunkte der beiden Kreise.
4. Zeichne die Geraden von S durch T_1 und von S durch T_2.

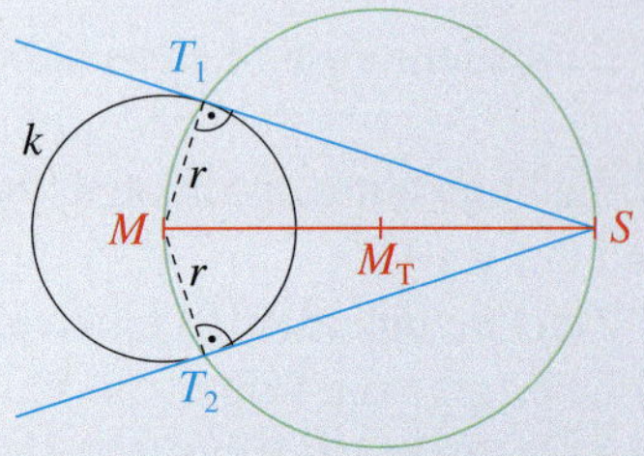

Weil die Geraden ST_1 und ST_2 senkrecht zu den Radien $\overline{MT_1}$ und $\overline{MT_2}$ stehen, sind diese Tangenten.

Üben und Anwenden

1 Welche der folgenden Geraden sind Tangenten (Sekanten, Passanten)?

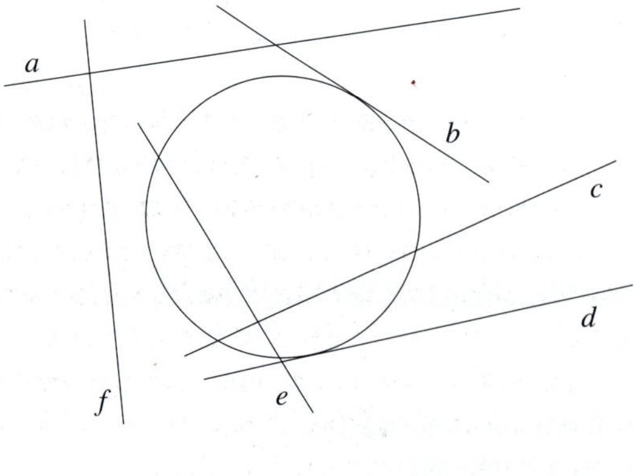

2 Konstruiere einen Kreis mit dem Radius r. Wähle auf dem Kreis einen Punkt T. Verbinde T mit Mittelpunkt M und zeichne die Tangente in T. Beschreibe deine Konstruktion.

a) $r = 3\,\text{cm}$ **b)** $r = 4\,\text{cm}$
c) $r = 5\,\text{cm}$ **d)** $r = 5{,}2\,\text{cm}$
e) $r = 2{,}5\,\text{cm}$ **f)** $r = 4{,}7\,\text{cm}$

3 Zeichne den Kreis mit $r = 3\,\text{cm}$. Konstruiere die Tangenten in den markierten Punkten.

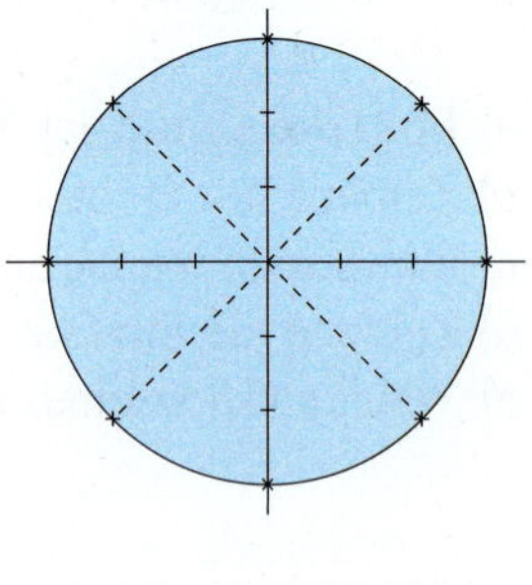

4 Die Tangenten t_1 und t_2 bilden den Winkel α. Zeichne die Geraden in dein Heft und markiere T_1 und T_2. Bestimme den Mittelpunkt M und zeichne den Kreis.

a) $\alpha = 90°$;
$\overline{ST_1} = 5\,\text{cm}$

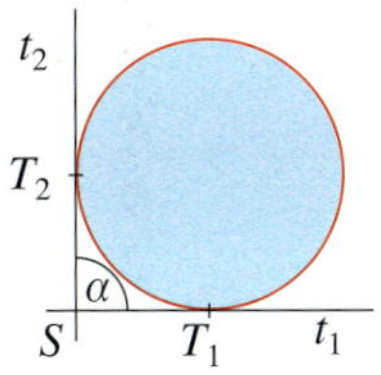

b) $\alpha = 60°$;
$\overline{ST_1} = 5\,\text{cm}$

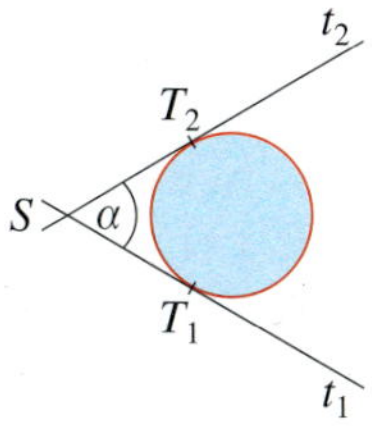

c) $\alpha = 120°$;
$\overline{ST_1} = 5\,\text{cm}$

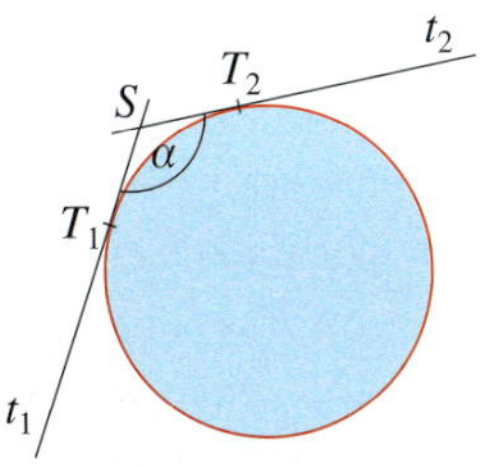

d) Besteht ein Zusammenhang zwischen der Winkelgröße α und der Größe des Kreisradius?

5 Übertrage das folgende Koordinatensystem und den Kreis in dein Heft.

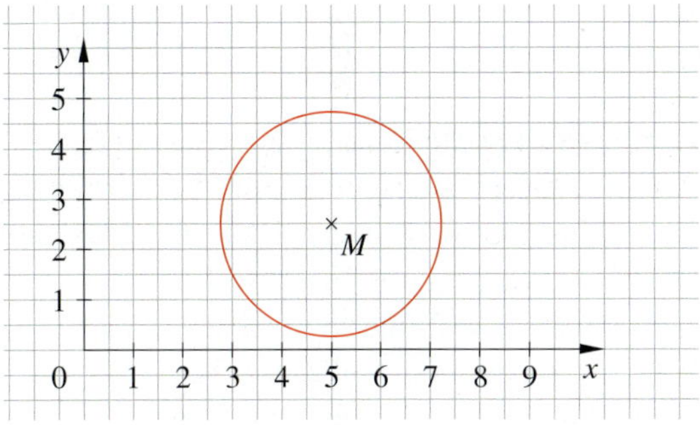

a) Konstruiere in den Kreispunkten $T_1(3|1{,}5)$, $T_2(7|1{,}5)$ und $T_3(3|3{,}5)$ die Tangenten t_1, t_2 und t_3 an den Kreis.

b) Zeichne in ein anderes Koordinatensystem einen Kreis um $M(2{,}5|2{,}5)$ und konstruiere in den Kreispunkten $T_1(4{,}5|2)$ und $T_2(2|4{,}5)$ die Tangenten an diesen Kreis.

6 Zeichne in ein Koordinatensystem den Kreis um $M(4|2{,}5)$ mit dem Radius $r = 2{,}5\,\text{cm}$. Konstruiere die Tangenten, die den Kreis in den Punkten $A(2|4)$ und $B(6|4)$ berühren.

7 Zeichne einen Kreis mit $r = 2{,}5\,\text{cm}$ und in ihm zwei Radien $\overline{MA}$ und $\overline{MB}$ so, dass sie einen Winkel von 50° einschließen. Konstruiere in den Punkten A und B die Tangenten an den Kreis und bestimme den Winkel, den sie einschließen.

8 In einem Park nähern sich zwei Wege im Winkel von 20°. Ein Weg führt zu einer Akazie A, der andere führt zu einer Birke B. Die Bäume haben 35 m Abstand und sind vom Schnittpunkt der Wegverlängerungen gleich weit entfernt. Von A nach B sollen die Wege mit einem Kreisbogen verbunden werden. Zeichne im Maßstab 1 : 500.

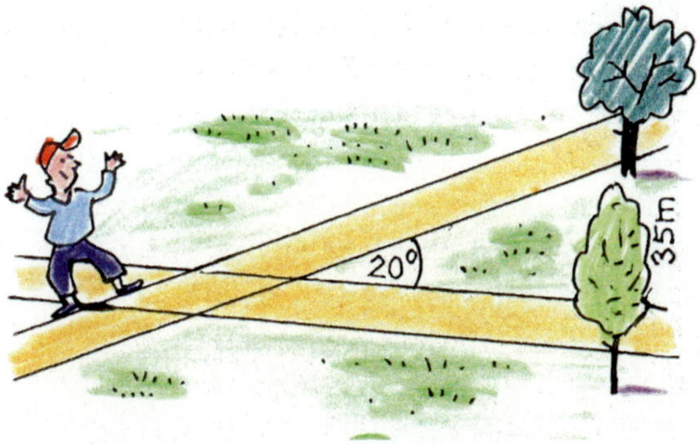

9 Betrachte die Abbildung rechts.

a) Konstruiere ein gleichseitiges Dreieck ABC nach folgender Konstruktionsbeschreibung:
1. Zeichne einen Kreis mit dem Radius $r = 2{,}5\,\text{cm}$.
2. Zeichne in den Kreis drei Radien mit einem Zwischenwinkel von $\alpha = 120°$ ein.
3. Die Radien berühren den Kreis in den Punkten T_1, T_2 und T_3. Konstruiere in diesen Punkten die Tangenten an den Kreis.
4. Ergänze die Figur zum Dreieck ABC.

b) Konstruiere auf ähnliche Weise ein regelmäßiges Fünfeck (Sechseck) und gib die Konstruktionsbeschreibung an. Vergleiche mit deinem Nachbarn.

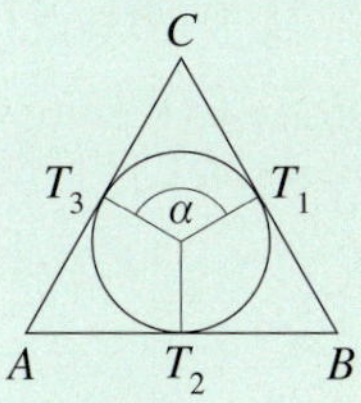

ZUM WEITERARBEITEN
Zeichne auf ein Blatt Papier einen Kreis. Zeichne dann mehrere Tangenten, Passanten und Sekanten. Tauscht zu zweit eure Blätter aus. Markiert die Tangenten rot, die Sekanten blau und die Passanten grün.

10 An den Kreuzungsstellen der Bundesautobahn wird eine Fahrbahn über die andere hinweggeführt, sodass der unmittelbare Übergang von der einen Fahrbahn zur anderen ausgeschlossen ist. Durch Einbahnstraßen wird der kreuzungs- und stoppfreie Übergang ermöglicht.

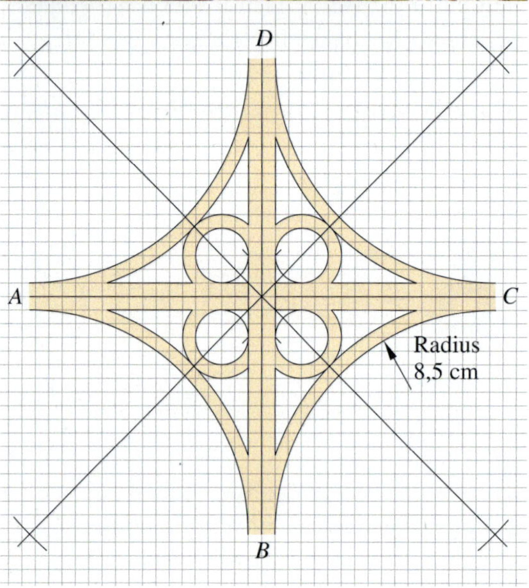

a) Übertrage diese Zeichnung in dein Heft. Beginne mit dem Straßenkreuz.

b) Zeige, wie ein Auto, das von A nach C fährt, in Richtung D (in Richtung B) wechselt.

c) Zeige, wie das Auto das Autobahnkreuz zum Umkehren benutzen kann.

11 Zeichne einen Kreis mit dem Radius $r = 2{,}6\,\text{cm}$. Konstruiere an diesen Kreis zwei Tangenten t_1 und t_2 so, dass sie einen Winkel von 30° einschließen.

ZUM WEITERARBEITEN
Zeichne einen Kreis um M und trage einen Durchmesser $\overline{AB}$ ein. Zeichne durch A und B Tangenten an den Kreis. Begründe, dass die beiden Tangenten parallel zueinander sind.

12 Zeichne die Tangenten von Punkt P an den Kreis k mit $r = 2{,}2\,\text{cm}$.

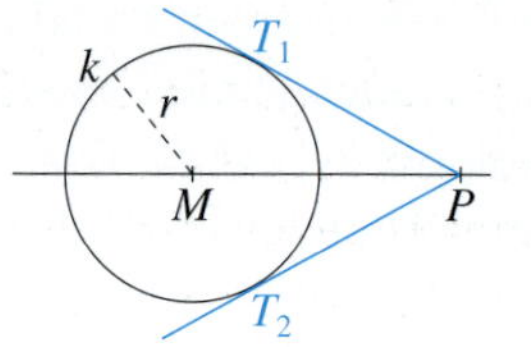

a) $\overline{MP} = 6{,}4\,\text{cm}$
b) $\overline{MP} = 3{,}3\,\text{cm}$

13 Zeichne von den Punkten P und Q die Tangenten an den Kreis mit dem Radius r.

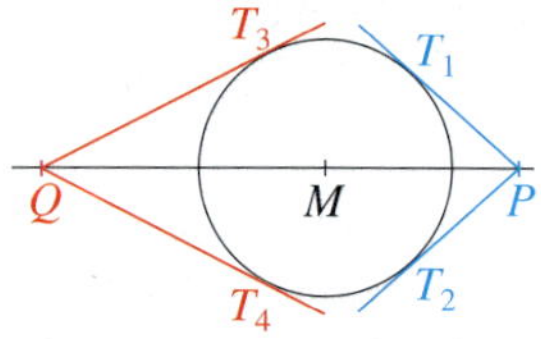

a) $r = 2\,\text{cm}$; $\overline{MP} = 6\,\text{cm}$; $\overline{MQ} = 4\,\text{cm}$
b) $r = 2{,}8\,\text{cm}$; $\overline{MP} = 6{,}3\,\text{cm}$; $\overline{MQ} = 4{,}7\,\text{cm}$
c) $r = 1{,}8\,\text{cm}$; $\overline{MP} = 4{,}9\,\text{cm}$; $\overline{MQ} = 5{,}8\,\text{cm}$
d) $r = 2{,}3\,\text{cm}$; $\overline{MP} = 5\,\text{cm}$; $\overline{MQ} = 5\,\text{cm}$
e) $r = 1{,}5\,\text{cm}$; $\overline{MP} = 3{,}7\,\text{cm}$; $\overline{MQ} = 3{,}7\,\text{cm}$

14 Markiere die Punkte M und P in einem Koordinatensystem (1 Einheit = 1 cm). Zeichne um M den Kreis mit dem Radius r. Konstruiere von P aus die Tangenten an den Kreis.

a) $M(4|4)$; $P(10|4)$; $r = 2\,\text{cm}$
b) $M(4|4)$; $P(4|10)$; $r = 2\,\text{cm}$
c) $M(3|3)$; $P(8|8)$; $r = 3\,\text{cm}$
d) $M(5|4)$; $P(12|9)$; $r = 2\,\text{cm}$

15 Konstruiere vom Punkt Q aus die Tangenten an jeden der beiden Kreise.

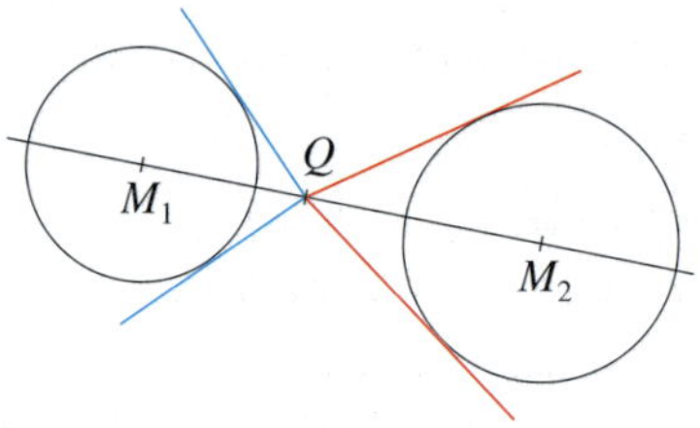

a) $r_1 = 3\,\text{cm}$; $r_2 = 2\,\text{cm}$; $\overline{M_1M_2} = 8\,\text{cm}$; $\overline{M_1Q} = 5\,\text{cm}$
b) $r_1 = 1{,}5\,\text{cm}$; $r_2 = 3{,}5\,\text{cm}$; $\overline{M_1M_2} = 7{,}5\,\text{cm}$; $\overline{M_1Q} = 3\,\text{cm}$
c) $r_1 = 2\,\text{cm}$; $r_2 = 3\,\text{cm}$; $\overline{M_1M_2} = 9\,\text{cm}$; $\overline{M_1Q} = 4{,}5\,\text{cm}$
d) $r_1 = 2{,}5\,\text{cm}$; $r_2 = 2{,}5\,\text{cm}$; $\overline{M_1M_2} = 9\,\text{cm}$; $\overline{M_1Q} = 4{,}5\,\text{cm}$
e) $r_1 = 1\,\text{cm}$; $r_2 = 3{,}5\,\text{cm}$; $\overline{M_1M_2} = 9\,\text{cm}$; $\overline{M_1Q} = 4{,}5\,\text{cm}$

Methode: Beweisen durch logisches Folgern – Satz des Thales

Wer in der Mathematik **Behauptungen** aufstellt, sucht zunächst oft Beispiele, die die Behauptung stützen sollen. Eine Behauptung muss aber noch nicht wahr sein, wenn mehrere zutreffende Beispiele gefunden wurden.
Es muss vielmehr gezeigt werden, dass die Behauptung grundsätzlich richtig ist.
Dies ist der Fall, wenn sie bewiesen werden kann.

ZUR INFORMATION
*Ein Satz ist in der Mathematik eine neue **Erkenntnis**, die ausgehend von bereits bekannten wahren Aussagen formuliert wird.*

Für den **Beweis** werden geeignete Argumente gesucht und in eine logische Reihenfolge gebracht. Dabei wird auf Aussagen zurückgegriffen, die bereits bewiesen sind.

Die Methode „Beweisen durch logisches Folgern" wird im folgenden am Beispiel des „**Satzes des Thales**" näher erläutert:

Satz des Thales:
Konstruiert man ein Dreieck aus den beiden Endpunkten des Durchmessers eines Halbkreises (dem Thaleskreis) und einem weiteren Punkt dieses Halbkreises, so erhält man immer ein rechtwinkliges Dreieck.

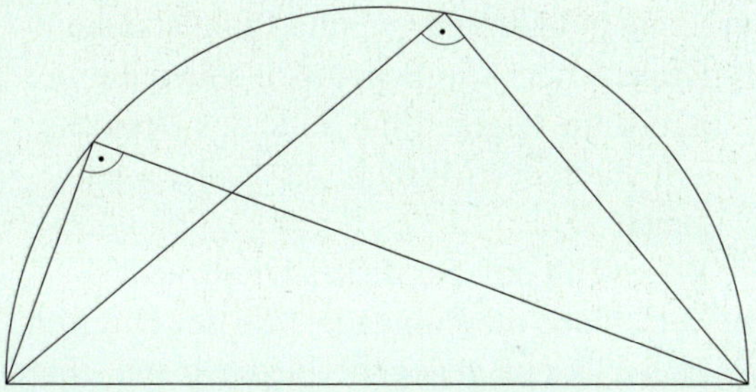

Thales von Milet (624 bis 547 v. Chr.)

Um den Satz des Thales zu beweisen, werden zwei bereits bekannte Sätze benötigt:
1. Die beiden Winkel an der Grundseite (Basiswinkel) eines gleichschenkligen Dreiecks sind gleich groß.
2. Die Innenwinkelsumme im Dreieck beträgt 180°.

Beweis:

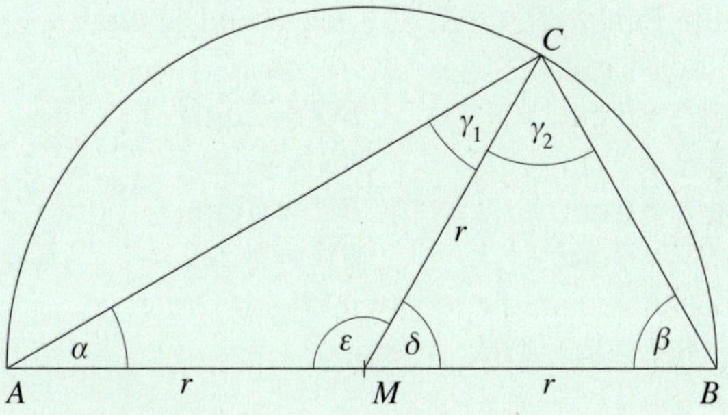

① Um den Satz zu beweisen können, wird zunächst die Hilfslinie $\overline{MC}$ eingezeichnet.
Die Hilfslinie teilt den Winkel γ in ___ und ___.
Es entstehen die beiden Teildreiecke _____ und _____.

② Weil die Strecken _____ und _____ Radien des Kreises sind, ist das Dreieck *AMC* ___________________.
Da die Strecken _____ und ____ ebenfalls Radien des Kreises sind, ist das Dreieck *BMC* auch ___________________.

③ In ___________ Dreiecken sind die Basiswinkel gleich groß.
Deshalb gilt: _____ = _____ und _____ = _____.

④ Die Innenwinkelsumme eines Dreiecks beträgt ___.
Es gilt deshalb in Dreieck *ABC*: $\alpha + \beta + \gamma_1 + \gamma_2 =$ ______.

⑤ Weil $\alpha =$ _____ und $\beta =$ _____ ist, gilt: $\gamma_1 +$ ___ $+ \gamma_1 + \gamma_2 =$ _____

⑥ Also ist 2 · (_____ + _____) = _______ und somit ist ____ + ____ $= \gamma = 90°$.
Damit ist bewiesen, dass der Winkel γ des Dreiecks *ABC* rechtwinklig ist.

HINWEIS
Unter
WWW 163-1
findest du einen weiteren Beweis zum Satz des Thales.

164-1

HINWEIS
Unter diesem Webcode findest du zum Thema Thaleskreis zwei passende Dateien eines Geometrieprogramms.

16 Bastle einen Thaleskreis.
Du brauchst
- dicke Pappe
- 1 Gummiring
- 3 Pinnnadeln

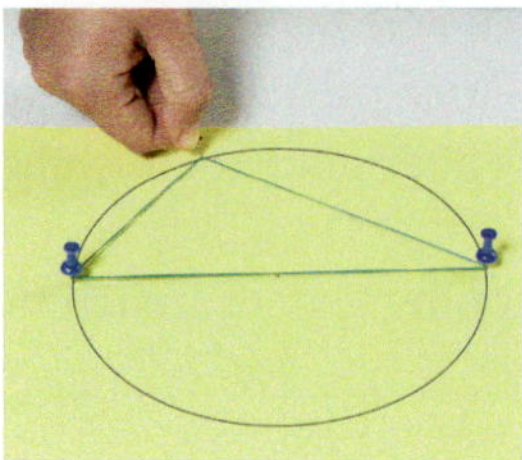

Zeichne mit dem Zirkel einen Kreis.
Der Durchmesser des Kreises sollte etwa so lang sein wie dein Gummiring, wenn du ihn locker um Daumen und Zeigefinger spannst. Markiere den Kreismittelpunkt.

a) Stelle mit Gummiring und Pinnnadeln ein Dreieck her. Alle Eckpunkte sollen auf der Kreislinie liegen. Eine Seite des Dreiecks soll durch den Mittelpunkt des Kreises gehen.
Was weißt du über dieses Dreieck?

b) Verschiebe die Pinnnadel, die der längsten Dreiecksseite gegenüberliegt. So entstehen weitere Dreiecke.
Welche Winkel sind gleich groß?

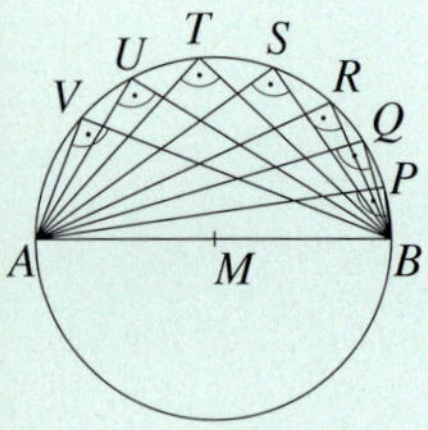

17 Zeichne einen Kreis mit 5 cm Radius. Zeichne die Kreissehne $\overline{AB}$ durch den Kreismittelpunkt M ein. Trage auf der Kreislinie die Punkte P, Q, R, S, T, U, V und W ein, sodass gilt

$\overline{BP} = 1\,\text{cm}$, $\overline{BQ} = 2\,\text{cm}$,
$\overline{BR} = 3\,\text{cm}$, $\overline{BS} = 4\,\text{cm}$,
$\overline{BT} = 5\,\text{cm}$, $\overline{BU} = 6\,\text{cm}$,
$\overline{BV} = 7\,\text{cm}$, $\overline{BW} = 8\,\text{cm}$

Zeichne nun die rechtwinkligen Dreiecke ABP, ABQ, ABR, … ein.

18 Zeichne einen Kreis mit 4 cm Radius. Zeichne in den Kreis ein rechtwinkliges Dreieck. Die längste Seite des Dreiecks soll 8 cm lang sein. Außerdem soll für eine andere Seite gelten:

a) $\overline{BC} = 3\,\text{cm}$ b) $\overline{BC} = 2{,}5\,\text{cm}$
c) $\overline{BC} = 0{,}7\,\text{dm}$ d) $\overline{BC} = 4{,}6\,\text{cm}$
e) $\overline{AC} = 4\,\text{cm}$ f) $\overline{AC} = 6{,}5\,\text{cm}$
g) $\overline{AC} = 10\,\text{cm}$ h) $\overline{AC} = 0{,}55\,\text{dm}$

19 Zeichne mit Hilfe eines Thaleskreises ein rechtwinkliges Dreieck. Die längste Dreiecksseite soll 6,8 cm lang sein, die kürzeste 2,4 cm.

20 Zeichne ein rechtwinkliges Dreieck. Nutze dazu einen Thaleskreis.

a) Die längste Seite des Dreiecks soll 7 cm lang sein. Wie lang muss der Radius des Kreises sein? Konstruiere.
b) Wie viele solcher Dreiecke gibt es? Begründe.
c) Wie viele solcher Dreiecke gibt es, wenn eine weitere Seite 3,7 cm lang sein soll?

21 Zeichne einen Kreis mit 9 cm Durchmesser. Konstruiere ein rechtwinkliges Dreieck wie in der Zeichnung.

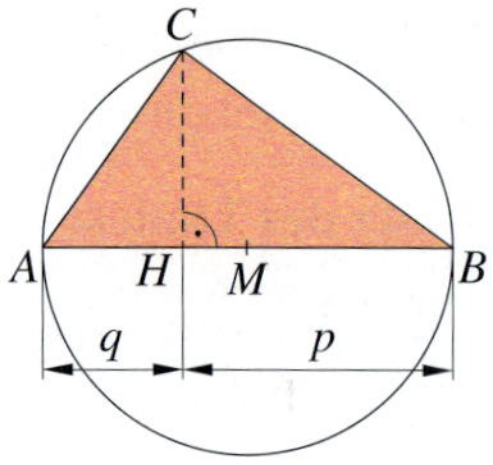

a) $q = 3\,\text{cm}$ b) $q = 5\,\text{cm}$
c) $q = 2{,}9\,\text{cm}$ d) $q = 4{,}5\,\text{cm}$
e) $p = 0{,}4\,\text{dm}$ f) $p = 7\,\text{cm}$
g) $p = 6{,}7\,\text{cm}$ h) $p = 0{,}35\,\text{dm}$

22 Wie groß sind die fehlenden Winkel?
Erinnere dich:
Wie groß ist die Winkelsumme im Dreieck?

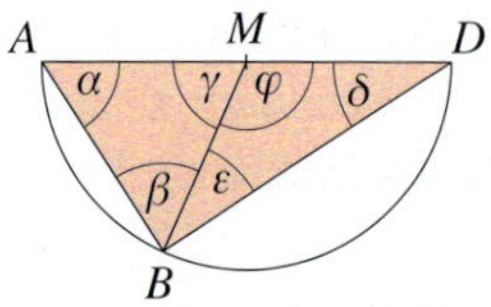

a) $\alpha = 30°$ b) $\beta = 70°$
c) $\gamma = 75°$ d) $\varphi = 50°$
e) $\delta = 25°$ f) $\varepsilon = 20°$

23 Punkt C hat vom Durchmesser c den Abstand h_c.
Dieser Abstand wird auch **Höhe** auf c genannt.

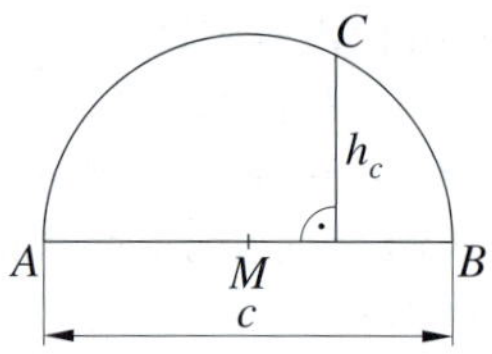

Konstruiere ein rechtwinkliges Dreieck.

a) $c = 10\,\text{cm}$; $h_c = 3\,\text{cm}$
b) $c = 7\,\text{cm}$; $h_c = 3\,\text{cm}$
c) $c = 8{,}6\,\text{cm}$; $h_c = 2{,}5\,\text{cm}$
d) $c = 9{,}2\,\text{cm}$; $h_c = 4{,}6\,\text{cm}$

24 Konstruiere mit Hilfe eines Halbkreises (Durchmesser $\overline{AB} = 8\,\text{cm}$) rechtwinklige Dreiecke. Der dritte Eckpunkt C soll jeweils 2 cm von der Strecke $\overline{AB}$ entfernt sein.

Peripherie- und Zentriwinkel

Erforschen und Entdecken

1 Beim Fußballtraining sollen sich fünf Spieler im Kreis vorm Tor aufstellen, um Torschüsse zu üben. Ali steht ganz links außen und beklagt sich, dass er den kleinsten Schusswinkel hat.
Stimmt das?

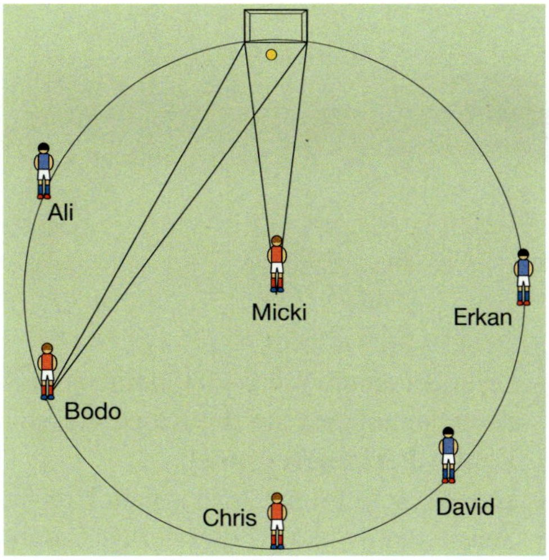

Übertrage die Zeichnung in dein Heft und miss für jeden Spieler die Größe seines Schusswinkels.

Micki kommt etwas verspätet zum Training und soll sich selbst einen Platz aussuchen. „Ich stelle mich im Kreismittelpunkt auf", sagt er schnell.

Zeichne auch diesen Schusswinkel ein und überprüfe die folgende Behauptung:
Der Schusswinkel vom Mittelpunkt des Kreises ist doppelt so groß wie von jedem Punkt des Kreisbogens.

2 Zeichne mit Hilfe einer dynamischen Geometrie-Software einen Kreis mit Mittelpunkt M. Markiere zwei feste Punkte A und B auf der Kreislinie. Wähle einen dritten Punkt C auf der Kreislinie.

Verbinde die Punkte A und C sowie B und C. Am Punkt C entsteht so der Winkel γ. Miss die Größe des Winkels γ mit Hilfe des Werkzeugs *Winkel messen* . Bewege nun Punkt C auf der Kreislinie und beobachte, wie sich die Winkelgröße von γ ändert.

Verbinde jeweils Punkt A und Punkt B mit dem Kreismittelpunkt M. Am Punkt M entsteht so der Winkel ε. Miss die Größe des Winkels ε. Vergleiche die Größe des Winkels ε mit der Größe des Winkels γ.

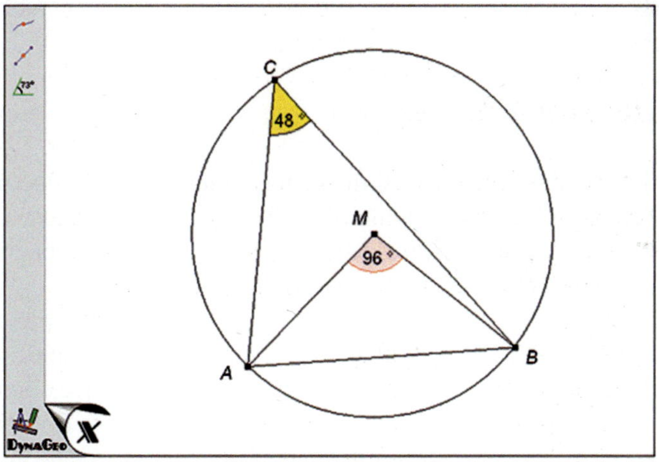

HINWEIS
Eine Vorlage für diese Zeichnung findest du unter
165-1

Lesen und Verstehen

Lea und Jakob proben für eine Szene für das Schülertheater.
Die übrigen Schülerinnen und Schüler setzen sich im Kreis davor und schauen zu.
Wer hat den besten Blickwinkel auf die Szene?

Liegt bei einem Winkel über einem Kreisbogen $\widehat{AB}$ der Scheitelpunkt auf der Kreislinie, so nennt man diesen Winkel **Peripheriewinkel**.
Ist bei einem Winkel über einem Kreisbogen $\widehat{AB}$ der Scheitelpunkt gleichzeitig der Kreismittelpunkt, so nennt man diesen Winkel **Zentriwinkel**.
Statt „Winkel über dem Kreisbogen $\widehat{AB}$“ kann man auch „Winkel über der Sehne $\overline{AB}$“ schreiben.

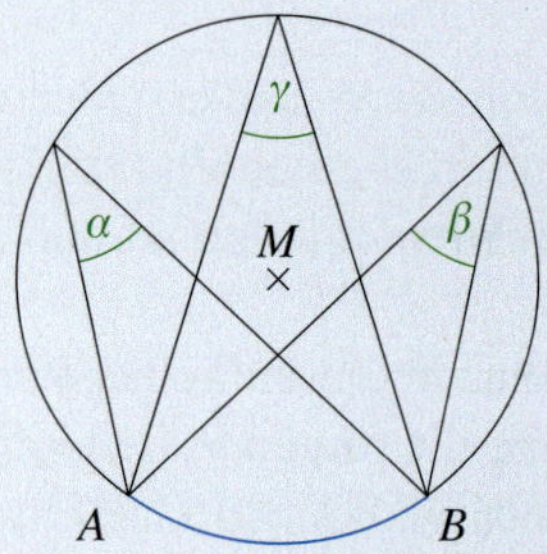

Peripheriewinkelsatz: Über jedem Bogen eines Kreises gibt es beliebig viele Peripheriewinkel. Sie sind alle gleich groß.

Zentriwinkelsatz: Der Zentriwinkel über einem Kreisbogen ist doppelt so groß wie ein Peripheriewinkel über demselben Kreisbogen.

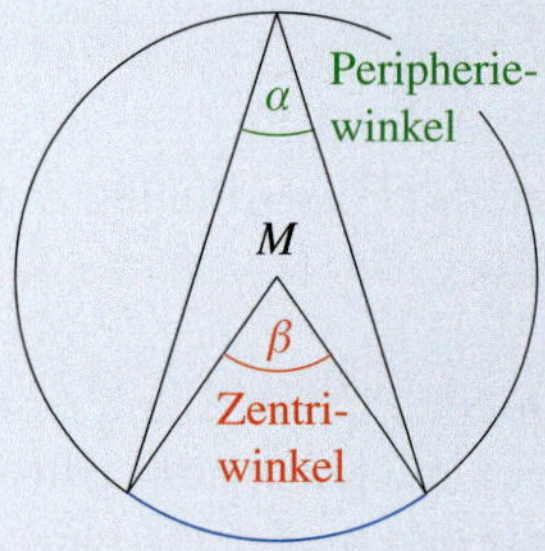

Üben und Anwenden

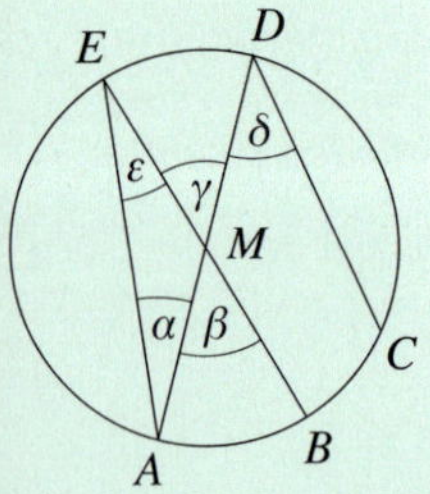

1 Wie heißen die Winkel in der folgenden Zeichnung? Finde gleich große Winkel. Welcher Winkel ist am größten?

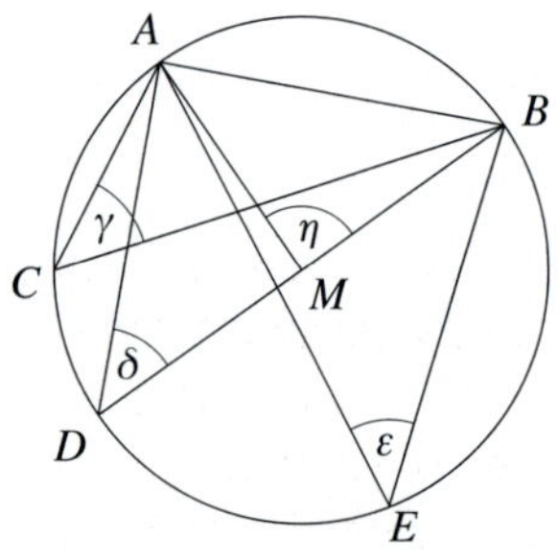

2 Übertrage die Zeichnung ganz links in der Randspalte in dein Heft. Markiere alle Peripheriewinkel rot.

3 Zeichne einen Kreis mit Radius 4 cm. Wähle zwei Punkte A und B auf der Kreislinie. Trage den Zentriwinkel und drei Peripheriewinkel über der Sehne $\overline{AB}$ ein. Trage auch zwei Winkel ein, die weder Zentri- noch Peripheriewinkel sind. Gib die Zeichnung deinem Nachbarn oder deiner Nachbarin. Er oder sie soll alle Winkel benennen.

4 Übertrage die Tabelle in dein Heft und berechne die fehlenden Winkelgrößen.

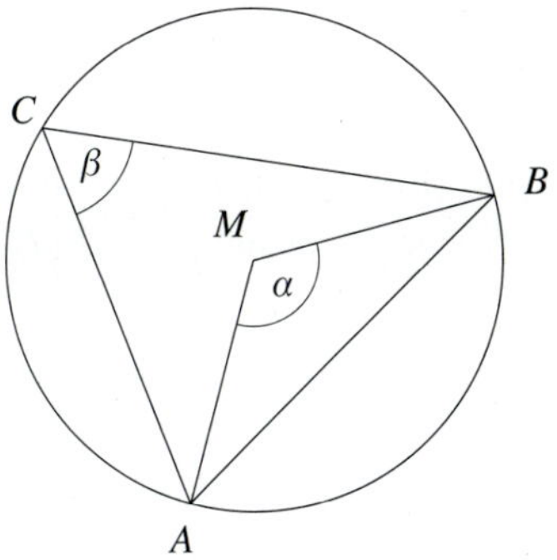

	a)	b)	c)	d)	e)
Winkel α	120°		84°	99°	
Winkel β		75°			45°

5 Zeichne einen Kreis mit Radius 4 cm und eine Sehne $\overline{AB}$ mit der Länge 6 cm. Zeichne den Zentriwinkel und zwei Peripheriewinkel ein. Gib deren Größe an. Miss dazu so wenig Winkel wie möglich.

6 Zeichne einen Kreis mit einem Durchmesser von 7 cm und wähle zwei Punkte A und B auf der Kreislinie.
a) Trage den Zentriwinkel über $\overline{AB}$ ein. Konstruiere die Winkelhalbierende des Zentriwinkels. Welche Lage hat diese Winkelhalbierende bezüglich der Sehne $\overline{AB}$?
b) Trage einen Peripheriewinkel über dem Kreisbogen $\widehat{AB}$ ein. Konstruiere die Winkelhalbierende dieses Peripheriewinkels. Gilt dasselbe wie in Teilaufgabe a)?
c) Finde eine Begründung für die Beobachtungen, die du in den letzten beiden Teilaufgaben gemacht hast. Beachte, welche Art von Dreieck jeweils entstanden ist.

7 Zeichne ein Quadrat $ABCD$ mit $s = 5{,}2$ cm. Trage die Diagonalen und den Umkreis ein. Beantworte folgende Fragen:
a) Wie groß ist der Zentriwinkel über dem Kreisbogen $\widehat{AB}$?
b) Wie groß ist der Peripheriewinkel über dem Kreisbogen $\widehat{BD}$?
c) Warum ist der Winkel unter a) nicht doppelt so groß wie der Winkel unter b)?

8 Berechne die Größe aller Winkel.

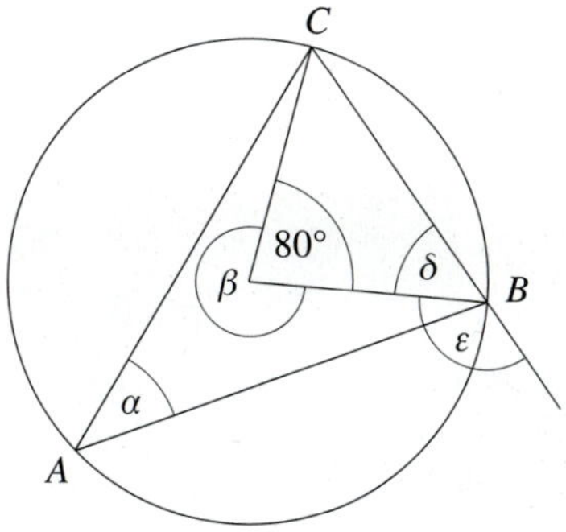

9 Zeichne ein Rechteck $ABCD$ mit der Länge $a = 6$ cm und der Breite $b = 4$ cm. Finde den Mittelpunkt M des Umkreises, indem du die Diagonalen des Rechtecks einzeichnest. Zeichne den Umkreis. Markiere in deiner Zeichnung alle Zentriwinkel mit rot und alle Peripheriewinkel mit grün. Benenne sie mit griechischen Buchstaben.
Welche Winkel sind gleich groß?

10 Zeichne ein Dreieck ABC mit $c = 4$ cm; $\alpha = 50°$ und $\beta = 70°$.
Finde den Mittelpunkt M des Umkreises, indem du die Mittelsenkrechten des Dreiecks ABC konstruierst.
Zeichne den Umkreis und verbinde den Mittelpunkt M mit A, B und C.
Benenne alle Peripherie- und Zentriwinkel mit griechischen Buchstaben. Gib jeweils an, über welcher Sehne der Winkel liegt.
Welche Winkel sind gleich groß?

11 Zeichne einen Kreis und markiere den Mittelpunkt M.
Wie groß ist der Zentriwinkel über dem Halbkreisbogen?
Wie groß ist jeder Peripheriewinkel über dem Halbkreisbogen?

12 Welchen Zusammenhang zwischen den Sätzen zu Peripherie- und Zentriwinkel und dem Satz des Thales gibt es? Erläutere und begründe mit Hilfe einer Zeichnung.
Formuliere den Satz des Thales mit Hilfe des Begriffs „Peripheriewinkel".

Rund ums Fahrrad

Die Größe von Fahrradreifen wird meistens in Zoll angegeben: 1 Zoll = 2,54 cm.
Der Reifen eines 12-Zoll-Kinderfahrrads hat einen Durchmesser von ca. 30,5 cm (12 · 2,54 cm).

1 Bestimme den Durchmesser eines 18-Zoll-Klapprades, eines 26-Zoll-Triathlonrades und eines 28-Zoll-Rennrades. Welchen Weg legt man bei einer Radumdrehung jeweils zurück?

Die Tour de France gilt als das wichtigste Radrennen der Welt. Sie hat jedes Jahr einen anderen Streckenverlauf. In der Tabelle unten ist der Tourverlauf von Straßburg nach Paris dargestellt.

2 Wie viele Umdrehungen führte der Reifen eines Rennrades auf der 6. (17.; längsten; kürzesten) Etappe aus? Wie viele Umdrehungen macht der Reifen auf der gesamten Tour?

168-1
HINWEIS
Unter diesem Webcode findest du weitere Informationen zur Tour.

Etappe	Tag		Start	Ziel	km
Prolog	01.07.	EZ	Straßburg	Straßburg	7
1.	02.07.	RR	Straßburg	Straßburg	185
2.	03.07.	RR	Obernai	Esch-sur-Alzette	229
3.	04.07.	RR	Esch-sur-Alzette	Valkenburg	217
4.	05.07.	RR	Huy	Saint-Quentin	207
5.	06.07.	RR	Beauvais	Caen	225
6.	07.07.	RR	Lisieux	Vitré	189
7.	08.07.	EZ	Saint-Grégoire	Rennes	52
8.	09.07.	RR	Saint-Méen-le-Grand	Lorient	181
9.	11.07.	RR	Bordeaux	Dax	170
10.	12.07.	RR	Cambo-les-Bains	Pau	191
11.	13.07.	RR	Tarbes	Pla de Beret	207
12.	14.07.	RR	Bagnères-de-Luchon	Carcassonne	212
13.	15.07.	RR	Béziers	Montélimar	230
14.	16.07.	RR	Montélimar	Gap	181
15.	18.07.	RR	Gap	L'Alpe-d'Huez	187
16.	19.07.	RR	Le Bourg-d'Oisans	La Toussuire	182
17.	20.07.	RR	Saint-Jean-de-Maurienne	Morzine	201
18.	21.07.	RR	Morzine	Mâcon	197
19.	22.07.	EZ	Le Creusot	Montceau-les-Mines	57
20.	23.07.	RR	Antony	Paris	155

3 Den Prolog der Tour gewann der Norweger Thor Hushovd in 8:17 min.
Mit welcher Durchschnittsgeschwindigkeit wurde der Prolog gewonnen?

4 Der Sieger der Tour benötigte für die Gesamtstrecke ca. 89:40 h, der Letzte hatte einen Rückstand von ca. 4 Stunden. Bestimme ihre Durchschnittsgeschwindigkeiten.

5 Wer beim Radfahren nicht sonderlich trainiert ist, schafft ca. 15 $\frac{km}{h}$. Wie lange hätte demnach ein Untrainierter für den Prolog (die Gesamtstrecke) benötigt?

An der Tretkurbel von Rennrädern befinden sich meist ein 53er- und ein 39er-Kettenblatt. Kombinierbar sind die Kettenblätter mit der häufig verwendeten 10-fach-Kassette mit Ritzeln von 11 bis 21. Wählt man am vorderen Kettenblatt 53 Zähne und bei der hinteren Kassette 17 Zähne, so erhält man ein Übersetzungsverhältnis von $\frac{53}{17} = 3{,}1$.
Bei einer Drehung der Tretkurbel würde sich das Hinterrad demnach ca. 3,1-mal drehen.

6 Übertrage die folgende Tabelle in dein Heft und vervollständige sie. Z_K steht für die Zähnezahl des Kettenblatts und Z_R für die Zähnezahl der hinteren Kassette.

	Zähne am Hinterrad									
Z_K \ Z_R	11	12	13	14	15	16	17	18	19	21
53							3,1			
39										

7 Wie viele unterschiedliche Übersetzungen stehen einem Rennfahrer zur Verfügung?
Zur Bestimmung der Strecke, die man mit einer Kurbelumdrehung zurücklegt, muss die Ablauflänge berechnet werden. Diese berechnet sich wie folgt:

$L = u \cdot \frac{Z_K}{Z_R}$

wobei u der Umfang des Hinterrades ist.

8 Berechne die maximale und die minimale Strecke, die ein Radrennfahrer bei einer Kurbelumdrehung zurücklegt.

9 Wie häufig musste ein Radrennfahrer die Kurbel bei der dargestellten Tour de France mindestens (höchstens) treten?

Vermischte Übungen

ZUM KNOBELN
Ein Kreis wird von drei Sekanten geschnitten. Wie viele Teilflächen entstehen mindestens? Wie viele Teilflächen können maximal entstehen?

1 Ergänze die folgende Tabelle in deinem Heft.

	r	*d*	*u*	*A*
a)	4 cm			
b)		4 dm		
c)			10,7 m	
d)				$1075\,m^2$
e)				2 a

2 Der Umfang eines Fußballs beträgt laut Regelwerk mindestens 68 cm und höchstens 70 cm.

a) Berechne den Durchmesser eines Fußballs.

b) Im Jahr 2005 wurde das 68 m × 105 m große Spielfeld eines Stadions aus Werbezwecken mit Bällen ausgelegt.

Wie viele Bälle wurden für diese Aktion benötigt?

c) Wie groß ist die Fläche, die von den Bällen verdeckt wurde?

d) Wie groß ist die Fläche, die zwischen vier Bällen noch sichtbar ist?

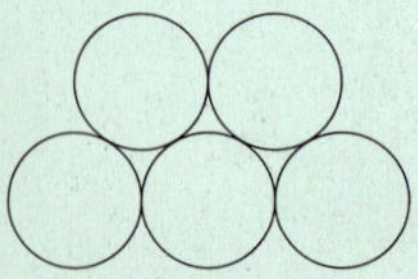

e) Justin schlägt vor, die Bälle wie in der Abbildung links zu legen.
Werden in diesem Fall für die Aktion mehr Bälle benötigt? Diskutiere mit deinem Nachbarn.

3 Zeichne einen Kreis mit $r = 2{,}5$ cm. Lege zwei Punkte *P* und *Q* so fest, dass die Tangenten an den Kreis eine Raute bilden.

4 Um 1870 erfand James Starley das Hochrad. Das riesige Vorderrad hatte einen Durchmesser von ca. 2 m, das Hinterrad einen Durchmesser von ca. 50–70 cm.

a) Bestimme den Umfang des Vorder- und des Hinterrades.

b) Wie oft dreht sich das Hinterrad bei einer Umdrehung des Vorderrades?

5 Überprüfe die folgenden Aussagen.

a) Ein Quadrat mit der Seitenlänge $a = 5$ cm hat einen größeren Flächeninhalt als ein Kreis mit dem Radius $r = 5$ cm.

b) Ein Quadrat mit der Seitenlänge $a = 6$ cm hat einen größeren Flächeninhalt als ein Kreis mit dem Durchmesser $d = 6$ cm.

6 Kreisverkehr

> Kleine Kreisverkehre haben einen Durchmesser von 26 bis 35 m. Große Kreisverkehre haben Durchmesser von mehr als 40 m. In Ausnahmefällen können sie bis zu 120 m Durchmesser aufweisen. In der Schweiz findet man sogar Kreisverkehre auf Autobahnen mit einem Durchmesser von 450 m.

a) Bestimme den Flächenverbrauch eines Kreisverkehrs mit einem Durchmesser von 26 m (35 m).

b) Welchen Umfang hat der genannte Schweizer Autobahnkreisverkehr?

7 Bestimme die Speicherkapazität einer CD-Rom in MB pro cm^2.

8 Berechne den Flächeninhalt.

a)

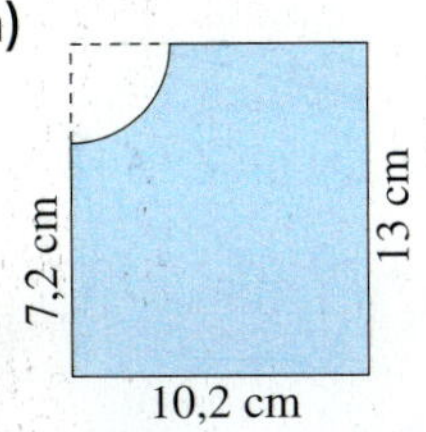

b)

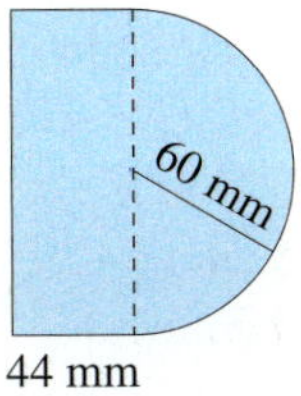

c)

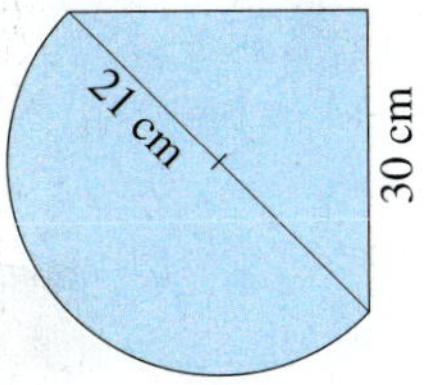

d)

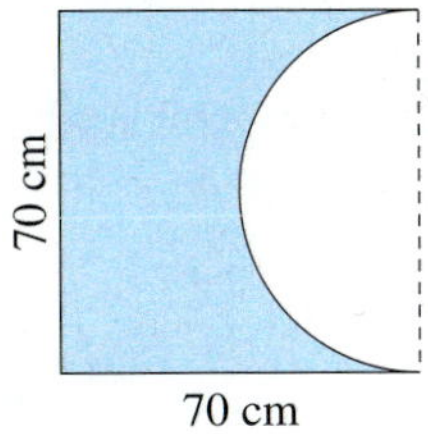

e) Entwirf selbst eine einfache Zeichnung aus Rechtecken, Quadraten und Kreisen. Dein Banknachbar soll den Flächeninhalt berechnen.

9 Betrachte die folgende Abbildung.

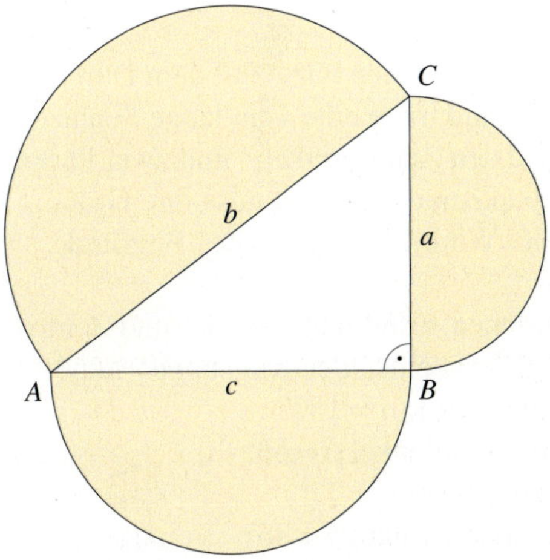

a) Zeichne das Dreieck mit $a = 8\,\text{cm}$; $b = 6\,\text{cm}$ und $c = 10\,\text{cm}$.

b) Berechne die Flächeninhalte der drei Halbkreise.

c) Zeichne ein beliebiges rechtwinkliges Dreieck mit anliegenden Halbkreisen. Miss die Größe des Durchmessers der Halbkreise und bestimme deren Flächeninhalte. Addiere die Flächeninhalte der beiden kleineren Halbkreise. Was fällt dir auf?

10 Betrachte die Abbildung rechts.

a) Berechne jeweils den Flächeninhalt der blauen, roten und gelben Fläche.

b) Vergleiche die Flächeninhalte der blauen und roten Fläche miteinander.

11 Betrachte die Abbildung unten.

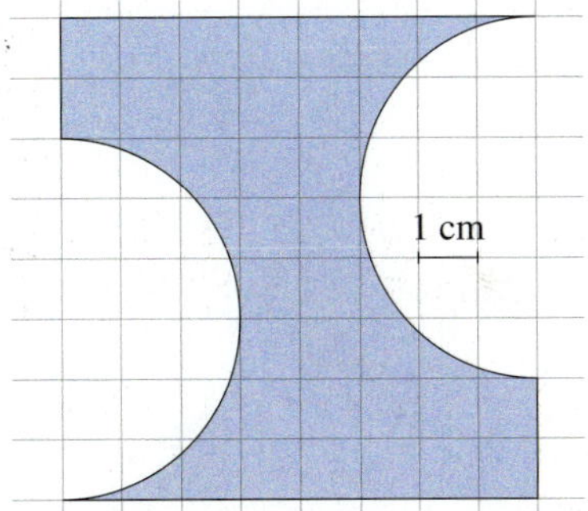

a) Bestimme den Flächeninhalt und den Umfang der blauen Fläche.

b) Gib je einen Rechenausdruck an, mit dem der Flächeninhalt und der Umfang der blauen Figur bestimmt werden kann. Die Kantenlänge des kleinen Quadrats soll dabei veränderlich sein. Benutze den Buchstaben k als Platzhalter für diese Kantenlänge.

12 Das Wahrzeichen von Chicago sind die beiden 60-stöckigen Turmhäuser (twin tower). Die Turmhäuser bestehen aus 12 m dicken Stahlbetonkernen mit daran aufgehängten Wohnungen. Der Durchmesser der Türme ist 30 m. Jede Etage kann in 16 gleich große Wohneinheiten aufgeteilt werden. Berechne die Fläche einer Wohneinheit.

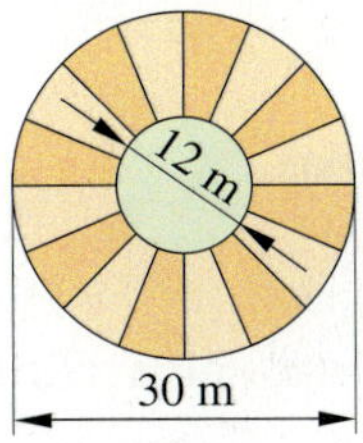

13 Zeichne von jedem Punkt die Tangenten an den Kreis mit dem Radius $r = 2\,\text{cm}$.

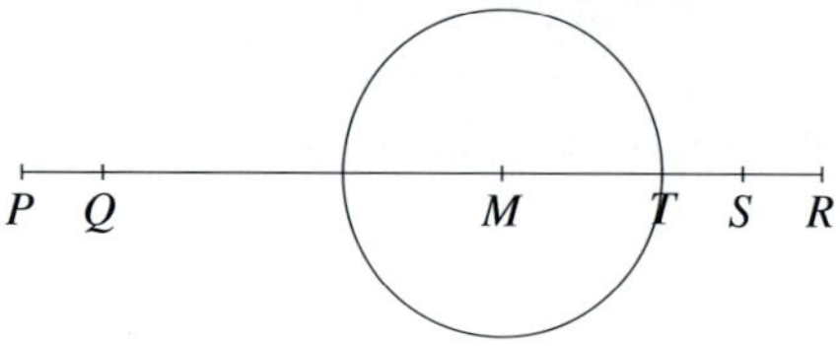

$\overline{MP} = 6\,\text{cm}$; $\overline{MQ} = 5\,\text{cm}$; $\overline{MR} = 4\,\text{cm}$; $\overline{MS} = 3\,\text{cm}$; $\overline{MT} = 2\,\text{cm}$

14 Zeichne die Figur in dein Heft. Konstruiere von jedem Eckpunkt des Sechsecks die Tangenten an den inneren Kreis.

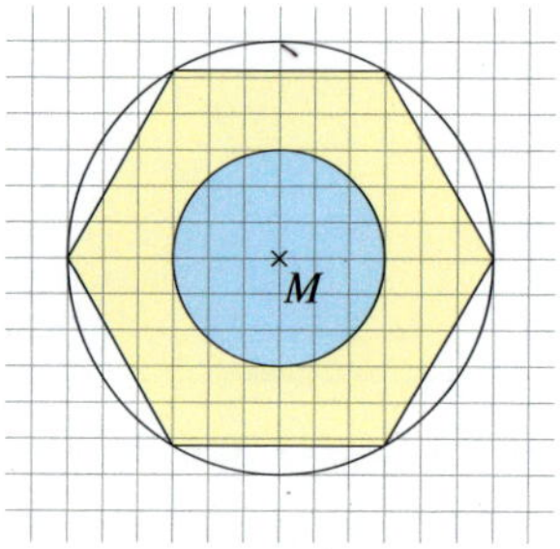

15 Der Radius des Kreises ist $r = 2\,\text{cm}$. Jeder der Punkte A bis F liegt $4\,\text{cm}$ von M entfernt. Konstruiere wie in der Zeichnung alle Tangenten von jedem Punkt an den Kreis.

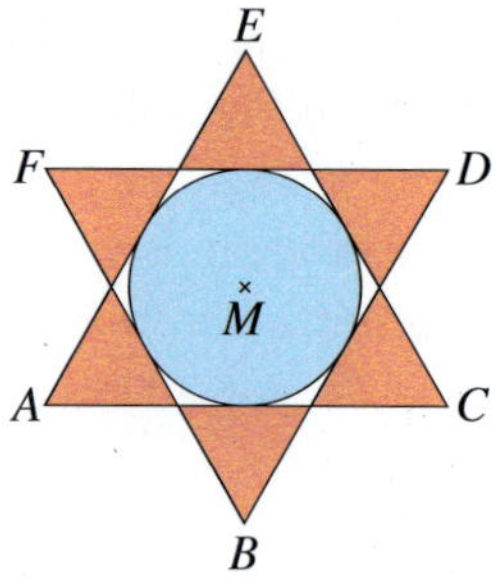

16 Es gibt drei Satelliten, die es ermöglichen, über die ganze Erde Nachrichten mitzuteilen. Sie sind in der geostationären Bahn so postiert, dass ihre Verbindungen mit dem Mittelpunkt M der Erde einen Winkel von 120° bilden.

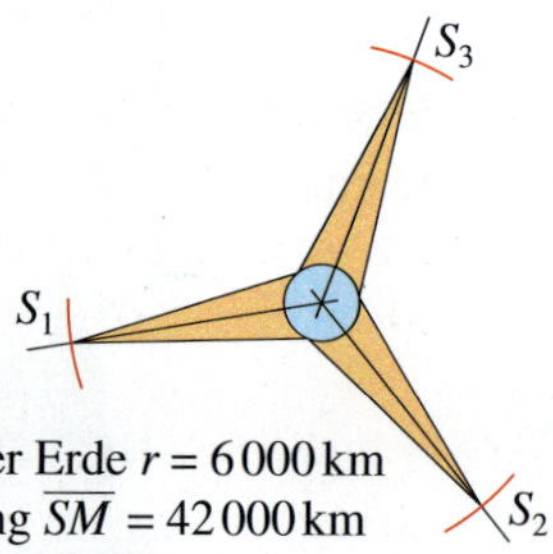

Radius der Erde $r = 6\,000\,\text{km}$
Entfernung $\overline{SM} = 42\,000\,\text{km}$

Zeichne die Figur im Maßstab 1 : 600 000 000 (1 cm = 6 000 km).

17 Konstruiere ein rechtwinkliges Dreieck mit Hilfe eines Thaleskreises.
Die Dreiecksseite c, die dem rechten Winkel gegenüberliegt, soll 9 cm lang sein.
Für die Höhe h_c soll gelten:

a) $h_c = 3\,\text{cm}$ **b)** $h_c = 3{,}8\,\text{cm}$
c) $h_c = 4{,}5\,\text{cm}$ **d)** $h_c = 5\,\text{cm}$

Eines dieser Dreiecke ist nicht konstruierbar. Welches ist es? Begründe.

18 Wie groß sind die Winkel α, ε, γ und δ?

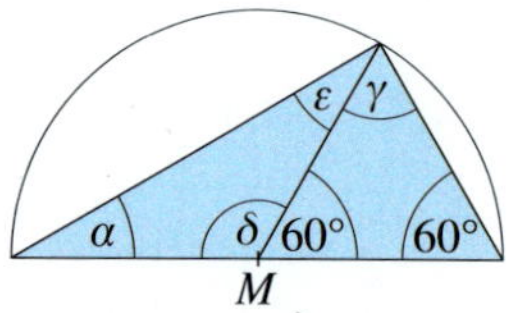

19 Zeichne eine Strecke $\overline{AB}$ mit einer Länge von 7,8 cm.
Zeichne eine dazu parallele Gerade g im Abstand von 3 cm.
Finde die Punkte auf g, deren Verbindungslinien zum Punkt A und zum Punkt B einen rechten Winkel bilden.

20 Zeichne einen Kreis mit dem Durchmesser 7 cm und trage eine 4 cm lange Sehne ein. Zeichne den Zentriwinkel α und zwei Peripheriewinkel β und γ ein und miss ihre Größe. Welcher Winkel ist der größte? Begründe.

21 Können α und β Peripherie- und Zentriwinkel über demselben Kreisbogen sein?

a) Zentriwinkel $\alpha = 130°$
Peripheriewinkel $\beta = 65°$
b) Zentriwinkel $\alpha = 72°$
Peripheriewinkel $\beta = 36°$
c) Zentriwinkel $\alpha = 170°$
Peripheriewinkel $\beta = 75°$
d) Zentriwinkel $\alpha = 68°$
Peripheriewinkel $\beta = 34°$
e) Zentriwinkel $\alpha = 19{,}5°$
Peripheriewinkel $\beta = 39°$

22 Zeichne ein beliebiges Dreieck ABC und konstruiere den Umkreis mit Mittelpunkt M. Verbinde alle Eckpunkte mit M.
Markiere alle Zentriwinkel mit rot und alle Peripheriewinkel mit grün.

Teste dich!

a

1 Berechne die fehlenden Größen des Kreises.

	r	*d*	*u*	*A*
a)	6 cm			
b)		6 dm		
c)			697,4 m	
d)				1520,5 m²
e)	4,5 cm			
f)		6,5 dm		

2 Ein Baum hat einen Umfang von 15 m. Bestimme seinen Radius und den Inhalt der Querschnittsfläche.

3 Bestimme Flächeninhalt und Umfang des Kreises und des Halbkreises.

a)

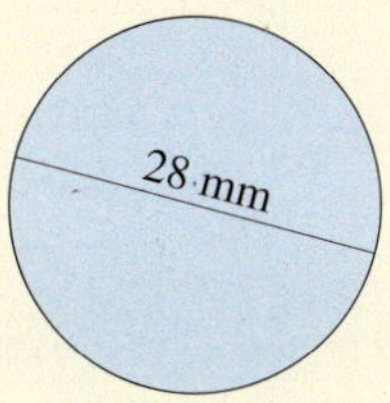

b)

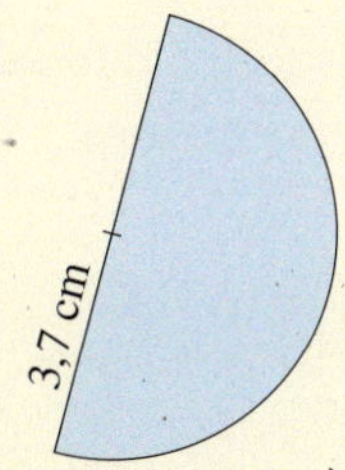

b

1 Berechne die fehlenden Größen des Kreises.

	r	*d*	*u*	*A*
a)	3,9 cm			
b)		2,1 dm		
c)			0,1 m	
d)				5 ha
e)	7,1 cm			
f)		30 mm		

2 Das kreisförmige Sendegebiet eines Fernsehsenders hat eine Größe von 7 854 km². Bestimme die Reichweite des Fernsehsenders.

3 Bestimme den Flächeninhalt und den Umfang der blauen Flächen.

a)

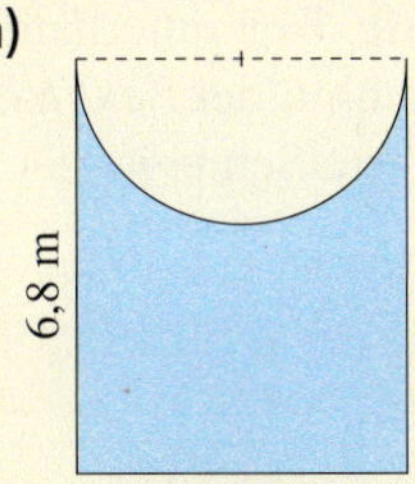

b)

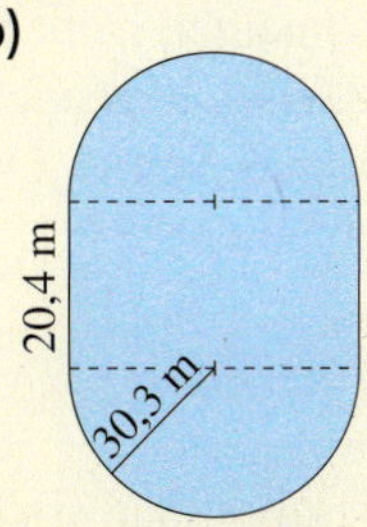

4 Zeichne einen Kreis mit Radius $r = 5$ cm. Trage an diesem Kreis eine Sekante s mit roter Farbe, eine Passante p mit grüner Farbe und eine Tangente t mit blauer Farbe ein.

a

5 Konstruiere zwei rechtwinklige Dreiecke. Nutze dazu einen Halbkreis mit Durchmesser 7 cm. Der dritte Eckpunkt in jedem Dreieck soll einen Abstand von 2 cm von der Grundseite haben.

6 Zeichne einen Kreis mit Radius 3 cm und eine Sehne $\overline{AB}$ mit der Länge 4,2 cm. Zeichne den Zentriwinkel und zwei Peripheriewinkel ein. Gib deren Größe an. Beschreibe, welcher Zusammenhang zwischen den gemessenen Winkelgrößen besteht.

b

5 Konstruiere rechtwinklige Dreiecke mit Hilfe eines Kreises (Durchmesser 9 cm). Der dritte Eckpunkt jedes Dreiecks soll einen Abstand von 3,4 cm von der Grundseite haben.
Wie viele solche Dreiecke gibt es? Begründe.

6 Zeichne einen Kreis mit Radius 4,2 cm. Trage darin einen Mittelpunktswinkel von 140° ab.
Wie lang ist die dazugehörige Kreissehne?
Wie groß ist jeder Peripheriewinkel über derselben Kreissehne?
Zeichne einen solchen Peripheriewinkel ein.

HINWEIS

Brauchst du noch Hilfe, so findest du auf den angegebenen Seiten ein Beispiel oder eine Anregung zum Lösen der Aufgaben. Überprüfe deine Ergebnisse mit den Lösungen auf Seite 247.

Aufgabe	Seite
1	152, 156
2	152, 156
3	152, 156
4	160
5	163
6	166

Zusammenfassung

→ Seite 152, 156

Kreisumfang und Kreisfläche

Der **Umfang *u* eines Kreises** lässt sich wie folgt berechnen:
$u = \pi \cdot d$ oder
$u = 2 \cdot \pi \cdot r$

Zur Berechnung des Flächeninhalts benutzt man die folgende Formel:
$A = \pi \cdot r^2$.

Die kreisrunden Flächen haben einen Radius von 200 m.

Für ein Feld ist
$u = 2 \cdot \pi \cdot 200\,\text{m} \approx 1257\,\text{m}$ und
$A = \pi \cdot (200\,\text{m})^2 \approx 125\,664\,\text{m}^2$.

→ Seite 160

Lagebeziehung von Kreis und Gerade

Eine **Tangente** berührt den Kreis in einem Punkt *T*. Der Radius zwischen Berührungspunkt *T* und Mittelpunkt *M* heißt **Berührungsradius**. Berührungsradius und Tangente stehen senkrecht aufeinander.

Eine Gerade *s*, die den Kreis in zwei Punkten schneidet, heißt **Sekante**. Den innerhalb des Kreises liegenden Abschnitt der Sekante nennt man **Sehne**. Die längste Sehne ist der Durchmesser.

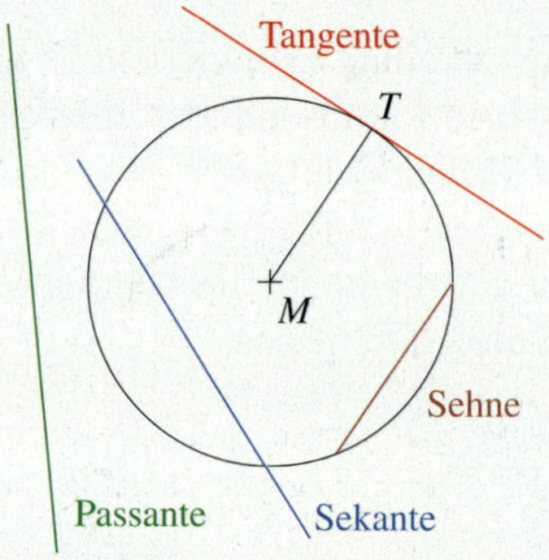

→ Seite 163

Satz des Thales

Konstruiert man ein Dreieck aus den beiden Endpunkten des Durchmessers eines Halbkreises und einem weiteren Punkt dieses Halbkreises, so erhält man immer ein rechtwinkliges Dreieck. *Oder:*
Jeder Peripheriewinkel über dem Kreisdurchmesser ist ein rechter Winkel.

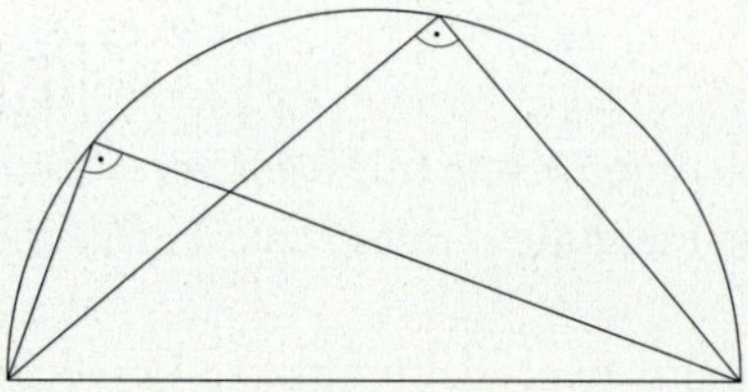

→ Seite 166

Peripherie- und Zentriwinkel

Winkel über einem Kreisbogen nennt man
- **Peripheriewinkel**, wenn der Scheitelpunkt auf der Kreislinie liegt.
- **Zentriwinkel**, wenn der Scheitelpunkt Kreismittelpunkt ist.

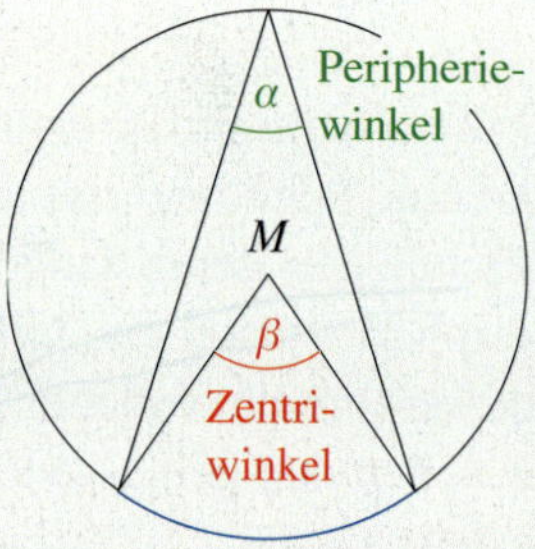

Peripheriewinkelsatz: Peripheriewinkel über demselben Kreisbogen sind gleich groß.
Zentriwinkelsatz: Der Zentriwinkel über einem Kreisbogen ist doppelt so groß wie ein Peripheriewinkel über demselben Kreisbogen.

Terme und Gleichungen

Die Waage zeigt deutlich an, dass die kleine Katze schwerer ist als die zwei Gewichtsstücke zusammen. Was könnte man tun, um die Waage ins Gleichgewicht zu bringen?

Noch fit?

1 Ergänze die Zahlenfolgen um drei weitere Zahlen. Formuliere eine Regel.

a) 17, 34, 51, 68, …
b) 1, 3, 5, 7, 9, …
c) 200, 195, 190, …
d) 4, 9, 14, 19, 24, …
e) 1, 4, 9, 16, 25, …
f) 1, 3, 6, 10, 15, …
g) $\frac{1}{2}, \frac{1}{4}, \frac{1}{8}, \frac{1}{16}, \ldots$
h) $\frac{1}{4}, \frac{1}{2}, 1, 2, \ldots$

2 Setze eine geeignete Zahl ein.

a) $15 \cdot ■ = 105$
b) $14 + 2 \cdot ■ = 24$
c) $121 = ■ \cdot ■$
d) $121 - ■ = 89$
e) $5 \cdot ■ - 12 = 13$
f) $125 = 75 + 10 \cdot ■$
g) $63 : ■ = 7$
h) $47 - 3 \cdot ■ = 41$
i) $■ \cdot 8 = 56$
j) $12 + ■ : 6 = 21$

3 Ergänze die Regeln zum Rechnen mit Brüchen.

a) Brüche werden addiert oder subtrahiert, indem man …
b) Zwei Brüche werden multipliziert, indem man …
c) Man dividiert durch einen Bruch, indem man mit dem __________ multipliziert.

4 Berechne.

a) $\frac{2}{3} + \frac{4}{5}$
b) $3 - \frac{2}{7}$
c) $-\frac{3}{5} - \frac{5}{6}$
d) $\frac{5}{6} \cdot \frac{18}{25}$
e) $\frac{3}{4} \cdot \left(-\frac{5}{6}\right)$
f) $\frac{12}{7} : \frac{36}{77}$
g) $\frac{8}{5} : \frac{12}{15}$
h) $\frac{2}{3} + \frac{4}{7} \cdot \frac{14}{8}$
i) $\frac{9}{8} - \frac{3}{4} : \frac{1}{2}$
j) $\frac{1}{3} : \frac{1}{4} \cdot \frac{4}{6}$
k) $\frac{4}{3} - \frac{2}{3} \cdot \frac{7}{4}$
l) $\frac{7}{5} : \frac{2}{3} \cdot \frac{1}{4}$

5 Übertrage in dein Heft und ergänze die Fachausdrücke.

14	+	6,3	= 20,3
Summand	+	■■■	
Summe			

89,5	–	17,4	= 72,1
■■■	–	Subtrahend	
■■■			

Wie lauten die Fachausdrücke für Multiplikation und Division? Finde Beispiele.

WUSSTEST DU SCHON?
1202 formulierte Leonardo Fibonacci das „Kaninchenproblem“: Am Anfang des Jahres gibt es ein Kaninchenpaar, das im nächsten Monat fruchtbar wird. Wie viele Kaninchenpaare gibt es am Ende eines Jahres, wenn folgende Vermehrungsregeln gelten?
• Jedes Paar fruchtbarer Kaninchen bekommt jeden Monat ein Nachkommenpaar.
• Kaninchen werden in ihrem zweiten Lebensmonat fruchtbar.
• Alte Kaninchen sterben nie.

ZUM KNOBELN
☺ steht für eine beliebige Zahl. Welche Zahl gehört jeweils in das Kästchen?
☺ · ■ = 0;
☺ · ■ = ☺;
☺ + ■ = ☺;
☺ – ☺ = ■;
☺ : ■ = 1

KURZ UND KNAPP

1. Die Winkelsumme im Dreieck beträgt ___.
2. Welchen Winkel bilden der große und kleine Zeiger auf einer Uhr um 8 Uhr?
3. Rechne vorteilhaft im Kopf: 1 + 2 + 3 + 4 + 5 + … + 50.
4. Das Produkt aus der Summe und der Differenz zweier einstelliger Zahlen ist 24. Bestimme die Zahlen durch sinnvolles Probieren.
5. 75 % von 360 € sind ___.
6. Der Preis für eine Jeans wird um 12 € gesenkt. Das entspricht einer Preissenkung von 25 %. Wie teuer war die Jeans vor der Preissenkung?
7. Wie verläuft der Graph einer proportionalen Zuordnung?
8. Wenn 5 Arbeiter 12 Stunden zum Pflastern eines Platzes benötigen, wie viel Zeit brauchen dann 4 Arbeiter?

$\frac{x+y}{2}$

Terme aufstellen

Erforschen und Entdecken

1 Einem Fotoversand liegen mehrere Bestellungen vor.

Preisliste für Fotoabzüge

Format	Preis
9 × 13	0,19 €
10 × 15	0,25 €
13 × 18	0,39 €

Filialabholung: 0,69 €
Bearbeitungsgebühr
Postversand: 2,85 €
für Verpackung & Versand
Lieferzeit: Je nach Bestellung 2–5 Arbeitstage

Preise gelten nur bei Online-Bestellung!

a) Übertrage die Tabelle in dein Heft und berechne den Gesamtpreis.

	Anzahl 9 × 13	Anzahl 10 × 15	Anzahl 13 × 18	Versandart	Gesamtpreis
①	15			Post	
②		20		Post	
③	12	14		Filiale	
④	25			Filiale	
⑤	15	10	5	Post	

b) Ein Computerprogramm benutzt für die Anzahl der 9er Fotos **die Variable *x***, für die Anzahl der 10er Fotos **die Variable *y*** und für die Anzahl der 13er Fotos **die Variable *z***.
Was berechnet das Programm mit der Berechnungsvorschrift: $0{,}25y + 2{,}85$?

c) Gib allgemeine Berechnungsvorschriften für folgende Bestellungen an:
① x 9er Fotos, y 10er Fotos, Filialabholung
② y 10er Fotos, z 13er Fotos, Postversand
③ x 9er Fotos, z 13er Fotos, Filialabholung

d) Überprüfe, ob der Preis für die folgende Bestellung stimmen kann. Korrigiere gegebenenfalls den Fehler: 50 Fotos 9 × 13 und 40 Fotos 10 × 15; Kosten nur für die Fotos 20 €.

2 Streichholzketten

① Stufe 1 Stufe 2 Stufe 3 Stufe 4

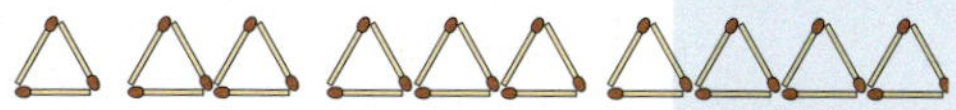

② Stufe 1 Stufe 2 Stufe 3 Stufe 4

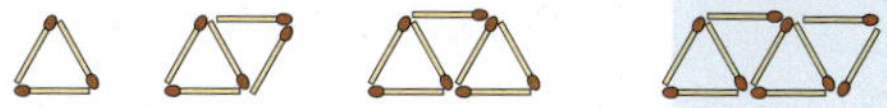

a) Lege die folgenden Streichholzmuster nach.

b) Bestimme die Anzahl der Streichhölzer, die man jeweils für die 1., 2., 3., 4. und 5. Stufe beider Ketten benötigt.

c) Kannst du eine Gesetzmäßigkeit erkennen, wie sich die Anzahl der benötigten Hölzer entwickelt?

d) Bestimme jeweils die Anzahl der Hölzer für die 10. und 20. Stufe der Kette.

e) In einem Knobelbuch wird als Lösung für die Berechnung der für die x. Stufe benötigten Hölzchen der Kette ③ der **Term** $3x + 1$ angegeben. Das bedeutet, dass man z. B. für die 2. Stufe $3 \cdot 2 + 1 = 7$ Hölzchen braucht.
Überprüfe, ob man mit dem Term die Hölzchen der 4. und 5. Stufe richtig berechnen kann. Wie viele Hölzchen enthält die 10. Stufe der Kette?
Erkläre mit Hilfe der Zeichnung, warum die Zahlen 3 und 1 im Term $3x + 1$ vorkommen.

③ Stufe 1 Stufe 2 Stufe 3 Stufe 4

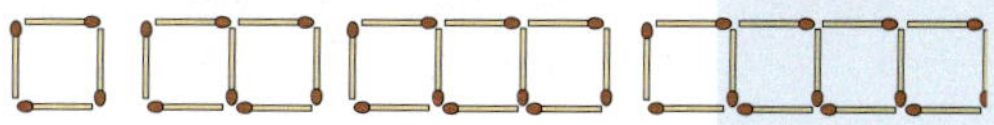

f) Bestimme für die Streichholzketten ① und ② ebenfalls einen Term, wobei x die Anzahl der Stufen angeben soll. Überprüfe, ob dir dein Term für alle Stufen der Streichholzkette die richtigen Lösungen angibt.

Lesen und Verstehen

BEISPIEL 1

Ein Taxiunternehmen verlangt 2,80 € Grundgebühr und pro gefahrenem Kilometer 1,40 €. Die Kosten für x Kilometer können durch den Term $1{,}40x + 2{,}80$ berechnet werden. Für 15 km Fahrt kann man den Fahrpreis berechnen, indem man $x = 15$ in den Term einsetzt.

$1{,}40 \cdot 15 + 2{,}80 = 23{,}80$

Man muss 23,80 € für die Fahrt bezahlen.

BEISPIEL 2

Julian möchte aus Draht Rechtecke biegen.

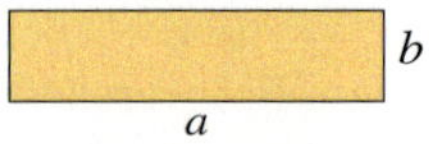

Mit dem Term $2a + 2b$ kann er ausrechnen, wie viel Draht er für ein Rechteck mit der Länge a und der Breite b benötigt.

Bei einer Länge von $a = 12$ cm und $b = 5$ cm benötigt er $2 \cdot 12\,\text{cm} + 2 \cdot 5\,\text{cm} = 34\,\text{cm}$ Draht.

HINWEIS
Der Malpunkt zwischen einer Zahl und einer Variablen wird häufig weggelassen:
$3 \cdot a = 3a$.
Außerdem vereinfacht man
$1 \cdot a = a$
$-1 \cdot a = -a$.

Ausdrücke mit Variablen, Zahlen und deren Verbindungen mit Rechenzeichen nennt man **Terme**. Wenn man in den Termen die Variablen durch Zahlen ersetzt, kann man den **Wert des Terms** bestimmen.

Üben und Anwenden

1 Wofür steht die Variable x in den Termen? Was gibt der Term an?

a) Paul ist zwei Jahre jünger als Max. $x + 2$

b) Meine Katze ist 5 Jahre älter als mein Hund. $x + 5$

c) Evas Fahrrad kostet doppelt so viel wie das Fahrrad von Sandra. $x : 2$

d) Tina hat zu den Aussagen a) – c) die Terme: $y - 2$, $y - 5$, $y \cdot 2$ notiert. Hat sie Recht? Begründe und gib an, wofür die Variable y steht.

2 Klaus bastelt Figuren aus Hölzchen in drei verschiedenen Längen, wie du sie in der Randspalte siehst.

a) Gib jeweils einen Term für die Gesamtlänge der verwendeten Hölzchen an.

b) Ist es bei einigen Figuren möglich, verschiedene Terme anzugeben? Welche Vereinbarungen muss man treffen, damit es für jede Figur nur einen Term gibt?

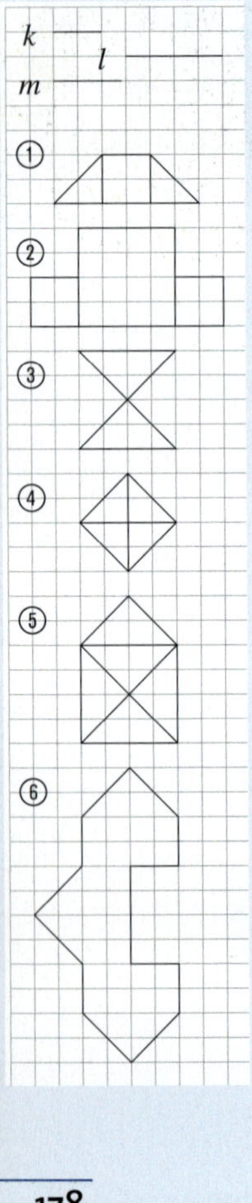

3 Zeichne selbst Figuren zu den Termen.

a) $4 \cdot l + 4 \cdot k$

b) $6 \cdot k + 2 \cdot m + 2 \cdot l$

c) $4 \cdot m + 2 \cdot k$

d) $2 \cdot l + 4 \cdot k + 2 \cdot m$

e) $2 \cdot m + 4 \cdot l + k$

f) $2 \cdot m + 6 \cdot k$

4 Ein Freizeitpark kostet 5 € Eintritt. Für jede Karussellfahrt zahlt man zusätzlich 1,20 €.

a) Gib einen Term an, mit dem man die Gesamtkosten für x Karussellfahrten berechnen kann.

b) Berechne mit dem Term aus a), was die Kinder insgesamt ausgegeben haben.
Aileen: 6 Fahrten, Moritz: 12 Fahrten,
Nicole: 8 Fahrten, Sabine: 10 Fahrten

5 Ein Baum ist 2,20 m hoch. Er wächst jedes Jahr um weitere 5 cm.

a) Gib einen Term an, mit dem man die Höhe des Baums nach n Jahren berechnet.

b) Berechne mit dem Term, wie hoch der Baum nach 3, 7, 12 und 15 Jahren ist.

c) Nach wie vielen Jahren ist der Baum 3,50 m hoch?

6 Ein Quadrat hat die Seitenlänge a.

a) Gib einen Term für die Umfangsberechnung sowie für die Flächeninhaltsberechnung des Quadrates an.

b) Berechne mit Hilfe der Terme den Umfang und den Flächeninhalt für ein Quadrat mit der Seitenlänge $a = 4$ cm.

7 Finde zu jeder Aussage einen passenden Term. Wofür stehen in dem Term die jeweiligen Variablen?

$2{,}2 + 0{,}39 \cdot x$

$12 \cdot a$

$3{,}5 \cdot x + 2{,}5$

$1{,}4x + 2{,}2 \cdot y$

$1{,}4 \cdot a + 2{,}2$

$0{,}19x + 0{,}39y$

$x - 100$

a) Die Grundgebühr für eine Taxifahrt beträgt 2,20 €. Man zahlt 1,40 € pro km.
b) Eine SMS kostet 0,19 € und ein Anruf 0,39 € pro Minute.
c) Eine kleine Pizza kostet 3,50 €. Für die Fahrt des Pizzataxis werden 2,50 € berechnet.
d) Das Kantenmodell eines Würfels lässt sich aus 12 gleich langen Drahtstücken bauen.
e) Eine Eintrittskarte für das Schwimmbad kostet für Kinder 1,40 € und für Erwachsene 2,20 €.
f) Ein Foto im Format 13 cm × 18 cm kostet 0,39 €. Für den Versand werden 2,20 € berechnet.
g) Wenn man von der Körpergröße (in cm) 100 abzieht, so erhält man das Normalgewicht.

8 Frau Knobel liebt es, über ihre Familie in Rätseln zu sprechen. Für ihr eigenes Alter benutzt sie die Variable x.

a) Übersetze ihre Aussagen in Terme:
① Mein Mann ist 6 Jahre älter als ich.
② Meine Mutter ist doppelt so alt wie ich.
③ Meine Tochter ist halb so alt wie ich.
④ Mein Sohn ist 26 Jahre jünger als ich.
⑤ Das Alter meines Hundes ist nur ein Zehntel meines Alters.
⑥ Wenn ich mein Alter verdoppele und 5 addiere, so erhalte ich das Alter meines Vaters.

b) Gib das Alter von Frau Knobel und ihren Familienangehörigen an.

9 Betrachte die beiden Musterfolgen.

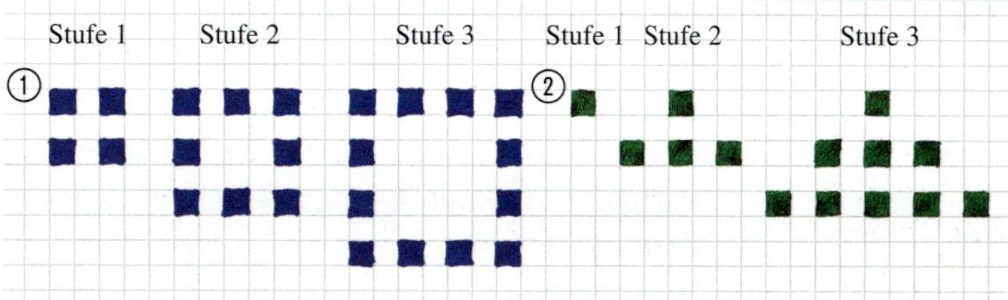

a) Zeichne die nächsten 3 Figuren der Musterfolgen in dein Heft.
b) Gib jeweils einen Term an, mit dem man die Zahl der Quadrate in jeder Stufe berechnen kann.
c) Überprüfe bei beiden Mustern, ob es eine Stufe gibt, in der man 36, 60 oder 100 Quadrate erhält.

10 Paket A wiegt a kg. Paket B wiegt b kg. Was bedeuten dann die folgenden Aussagen?

a) $b + 2\,\text{kg} = a$
b) $b = 2 \cdot a$
c) $a + b = 15\,\text{kg}$
d) $2 \cdot b - 2\,\text{kg} = a$

11 Was bedeuten die folgenden Aussagen, wenn das Taschengeld der drei Geschwister mit x (Sandy), y (Tim) und z (Lea) bezeichnet wird?

① $2x = y$
② $x + y + z = 22$
③ $x + y = z$
④ $y + 2 = z$
⑤ $z - 6 = x$
⑥ $x = y - 2$

Finde heraus, wie viel Taschengeld die drei Geschwister jeweils erhalten.
Erläutere deine Vorgehensweise.

12 In einem kleinen Zirkus hat die erste Reihe 10 Plätze, die zweite Reihe hat 12 Plätze, die dritte Reihe hat 14 Plätze usw.

a) Wie viele Sitzplätze befinden sich in Reihe 7?
b) Jana und ihre 27 Klassenkameraden passen genau in eine Sitzreihe. Welche Reihe ist das?
c) Die Anzahl der Plätze in der Reihe x kann man mit einem Term bestimmen.
Welcher der Terme ist richtig?
① $10x + 2$
② $2x + 10$
③ $2x + 8$
④ $10x + 8$
d) Gibt es eine Reihe mit 35 Plätzen? Begründe.

Methode: Tabellenkalkulation und Termwerte

Janina soll für das Grillfest ihres Vereins den Einkauf erledigen. Jedes Vereinsmitglied bestellt für sich und seine Familie Getränke in 0,5 l Flaschen und Bratwurst oder Fleisch.
Janina trägt die Bestellungen in ein **Tabellenblatt** eines Tabellenkalkulationsprogramms ein. Dieses Blatt ist wie ein Koordinatensystem aufgebaut. Die Spalten werden mit Großbuchstaben und die Zeilen mit Zahlen bezeichnet. Jedes einzelne Feld der Tabelle, man sagt auch **Zelle**, kann durch den Spaltennamen und die Zeilennummer genau angegeben werden.

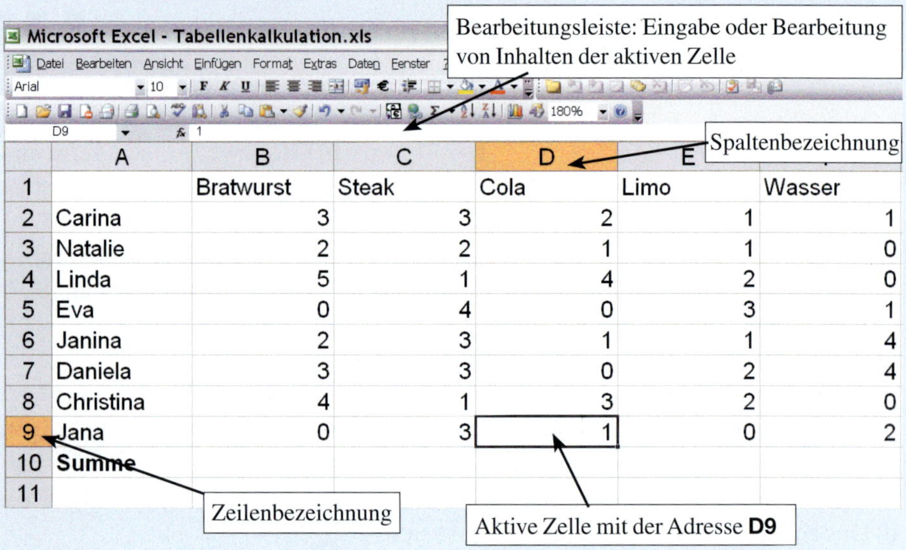

	A	B	C	D	E	F
1		Bratwurst	Steak	Cola	Limo	Wasser
2	Carina	3	3	2	1	1
3	Natalie	2	2	1	1	0
4	Linda	5	1	4	2	0
5	Eva	0	4	0	3	1
6	Janina	2	3	1	1	4
7	Daniela	3	3	0	2	4
8	Christina	4	1	3	2	0
9	Jana	0	3	1	0	2
10	**Summe**					
11						

1 Anlegen einer Tabelle

a) Lege in einem Tabellenkalkulationsprogramm eine neue Datei an und speichere sie unter dem Namen „Grillfest".

b) Übertrage die Bestellungen genau in die entsprechenden Felder. Dazu musst du die entsprechende Zelle mit der linken Maustaste anklicken. Dann kannst du in der Eingabezeile das Wort oder die Zahl eingeben.

2 Rechnen in der Tabelle

Janina möchte nun ausrechnen, wie viele Getränke und Fleisch insgesamt eingekauft werden müssen. Dazu klickt sie die Zelle **B10** an und gibt in der Eingabezeile die Formel „**=B2+B3+B4+B5+B6+B7+B8+B9**" ein.

a) Gib die Formel in das Feld **B10** ein. Sobald du die Return-Taste gedrückt hast, berechnet das Programm die Summe der bestellten Bratwürste.

b) Um die Summe der anderen Spalten zu berechnen, kannst du genauso vorgehen (du musst aber beachten, dass die Zellen anders heißen).
Es geht aber auch einfacher:
Klicke auf das Feld **B10**. Es zeigt einen Rahmen mit einer „Ecke" unten rechts. Wenn man diese „Ecke" mit der linken Maustaste anfasst und nach rechts in die Felder **C10** bis **F10** zieht, werden diese Felder automatisch mit der zugehörigen Formel ausgefüllt.
Überprüfe, ob du alles richtig gemacht hast, indem du selbst die Spaltensumme einer Spalte berechnest.

c) Christina möchte ihre Bestellung ändern, weil ihr Bruder krank ist. Sie bestellt nun nur 2 Bratwürste, 1 Steak, 1 Cola und 2 Limos.
Ändere ihre Bestellung in der Tabelle. Was passiert in Zeile 10?

HINWEIS
Noch schneller lässt sich die Summe wie folgt bestimmen: Klicke die Zelle B10 an und klicke dann auf das Summenzeichen Σ, das du in der Symbolleiste findest.

3 Erstellen einer Abrechnung

Janina möchte für jeden eine eigene Kostenabrechnung erstellen. Dazu legt sie ein neues Tabellenblatt an, in das sie die Bestellungen und die Preise eingibt.

HINWEIS
Ein neues Tabellenblatt erhältst du über den Befehl: Menü: Einfügen → Tabellenblatt oder du wählst am unteren Rand des Fensters Tabelle 2 aus.

	A	B	C	D	E
1	Abrechnung für	Carina			
2					
3	Fleisch u. a.	Anzahl	Stückpreis in €	Preis in €	
4	Bratwurst	3	0,8	=B4*C4	
5	Steak	3	1,65		
6	Cola	2	0,75		
7	Limo	1	0,7		
8	Wasser	1	0,35		
9					
10			Gesamtkosten:		
11					

a) Lege das Tabellenblatt an und fülle es wie oben aus.
b) Gib in das Feld **D5** eine Formel ein, mit der man den Preis für die 3 Steaks berechnen kann.
c) Ergänze auch die Formeln für die Felder **D6**, **D7** und **D8**.
d) Mit welcher Formel lassen sich die Gesamtkosten in Zelle **D10** berechnen?
e) Erstelle nun eine Abrechnung für Claus (7 Bratwürste, 2 Steaks, 4 Cola), indem du Veränderungen in Spalte B vornimmst.

BEACHTE
Formeln müssen in der Eingabezeile mit einem „=“ beginnen.

4 Formatieren der Abrechnung

Wenn man die Abrechnung schöner gestalten möchte, kann man die einzelnen Zellen formatieren. Dazu markiert man eine oder mehrere Zellen. Nun kann man den Zellen eine bestimmte Schriftart, Schriftfarbe, eine Füllfarbe oder einen Rahmen zuweisen. Wenn man die Gitterlinien nicht sehen möchte, wählt man im Menüpunkt Rahmen die Einstellung „keine“.

HINWEIS
Menü: Format → Zelle

a) Verschönere die Abrechnung, indem du die Überschrift und einzelne Zellen farbig hinterlegst und die Schrift und die Schriftgröße änderst.
b) Markiere mit der linken Maustaste alle Zellen, die auf der Rechnung zu sehen sein sollen, und lege den Druckbereich fest (siehe Randspalte).
Unter Seitenansicht kann man die fertige Abrechnung vor dem Druck ansehen.

HINWEIS
Menü: Datei → Druckbereich → Druckbereich festlegen
Zu Seitenansicht gelangst du über den Button .

5 Veränderungen der Abrechnung

a) Wie muss die Formel in Zelle **D10** verändert werden, wenn neben den Getränken und dem Fleisch noch 2,50 € für Brot, Grillsoßen und Salate bezahlt werden müssen?
b) Was wird berechnet, wenn man die Formel „**=B4*C4+B5*C5**“ eingibt?
c) Was wird berechnet, wenn man die Formel „**=B6*C6+B7*C7+B8*C8**“ eingibt?
d) Eva hat diese Tabelle erstellt. Erläutere sie.

	A	B	C	D	E	F	G	H	I	J	K
1	Fleisch	Stückpreis	Carina	Natalie	Linda	Eva	Janina	Daniela	Christina	Jana	Anzahl gesamt
2	Bratwurst	0,80 €	3	2	5	0	2	3	4	0	19
3	Steak	1,65 €	3	2	1	4	3	3	1	3	20
4	Cola	0,75 €	2	1	4	0	1	0	3	1	12
5	Limo	0,70 €	1	1	2	3	1	2	2	0	12
6	Wasser	0,35 €	1	1	0	1	4	4	0	2	13
7		Preis gesamt:	9,90 €	6,70 €	10,05 €	9,05 €	9,40 €	10,15 €	8,50 €	6,40 €	70,15 €

13 Timo benutzt eine Tabellenkalkulation, um seine Aufgaben zur Volumen- und Oberflächenberechnung des Quaders zu erledigen.

	A	B	C	D	E
1	a	b	c	Volumen	Oberfläche
2	4	6	7		
3	2	3	4		
4	12	15	7		
5					

a) Welchen Term muss er in die Zelle **D2** eingeben?
b) Welchen Term schreibt er in Zelle **E2**?
c) Wie kann er vorgehen, um die anderen Zellen zu füllen?
d) Timo gibt folgende Formel ein: „**=4*A2+4*B2+4*C2**“. Was berechnet er damit?

14 Die Klasse 7 c erhält für ihre Klassenfete eine Rechnung vom Getränkehändler.

a) Welche Formel steht in Zelle **D4**?
b) Welcher Zahlenwert steht in Zelle **D4**?
c) Gib eine Formel zur Berechnung der Mehrwertsteuer in **D9** an und berechne damit den Betrag in €.
d) Gib zwei verschiedene Formeln zur Ermittlung des Gesamtpreises in Zelle **D10** an.

	A	B	C	D
1	**Artikel**	**Einzelpreis in €**	**Anzahl/Menge**	**Gesamtpreis in €**
2	Kiste Cola (12 Fl)	8,50	3	25,50
3	Fl. Apfelschorle	0,65	7	4,55
4	Kiste Wasser	2,98	4	
5	Fl. Limonade	0,55	9	4,95
6	Leihgebühr pro Tisch	1,50	5	7,50
7	Leihgebühr pro Bank	0,75	10	7,50
8			Summe:	61,92
9			+ 19 % MWST	
10			Gesamtpreis:	

15 Auf einem Bauernhof soll x die Anzahl der Hühner und y die Anzahl der Kühe angeben.

a) Welcher Term gibt an, wie viele Beine die Hühner und Kühe insgesamt haben?
① $x + y$ ② $2x + 4y$ ③ $4x + y$ ④ $4x + 2y$
b) Gib an, was man mit dem Term ① berechnen kann.
c) Auf dem Hof befinden sich 20 Beine. Wie viele Hühner und Kühe leben dort? Finde alle Möglichkeiten.
d) Auf einem anderen Hof befinden sich 30 Beine und insgesamt 12 Tiere. Wie viele Kühe und Hühner leben auf dem Hof? Erläutere deine Vorgehensweise.

16 Die folgenden Aufgaben beziehen sich auf die Abbildung rechts.

1. Stufe
2. Stufe
3. Stufe

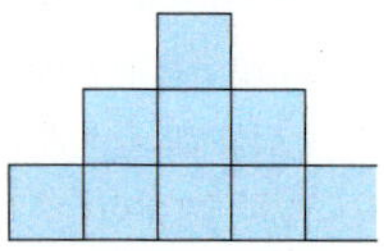

a) Finde einen Term, mit dem man berechnen kann, wie viele Quadrate man für die n-te Stufe des Turms benötigt. Berechne mit deinem Term die Anzahl der Quadrate in der 9. und 20. Stufe.
b) Gib an, wie viele Quadrate man insgesamt für die 1. (2., 3., 4. und 5.) Stufe benötigt.
c) Bestimme einen Term, der angibt, wie viele Quadrate man insgesamt bis einschließlich der n-ten Stufe braucht.
d) Welcher Zusammenhang besteht zwischen der Anordnung der Quadrate oben und der Anordnung rechts?

1. Stufe
2. Stufe
3. Stufe
4. Stufe

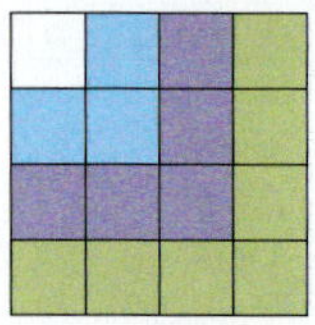

Termwerte berechnen und Terme vereinfachen

Erforschen und Entdecken

1 In einem dreistöckigen Haus wohnen im 1. Stockwerk doppelt so viele Leute wie im Erdgeschoss. Im 2. Stockwerk wohnen 2 Leute mehr als im Erdgeschoss.

a) Wie viele Leute wohnen in dem Haus, wenn im Erdgeschoss 8 Personen wohnen?

b) Kann es sein, dass 21 Leute in dem Haus wohnen?

c) Wie viele Leute könnten insgesamt in dem Haus wohnen? Gib verschiedene Lösungen an.

d) Gib einen allgemeinen Term an, mit dem man die Gesamtzahl der Bewohner des Hauses berechnen kann.

e) Schreibe eine ähnliche Hausgeschichte für die folgenden Terme:

① $2x + 4x + x$

② $0{,}5x + x + x - 5$

2 Die Firma Hell beginnt bereits im Mai mit der Herstellung von Weihnachtsbeleuchtungen. Das Modell Weihnachtsbaum (siehe rechts) ist aus einem Leuchtschlauch hergestellt und wird in verschiedenen Größen angeboten.

a) Beschreibe mit eigenen Worten, in welchem Größenverhältnis die anderen Längen zur „Dicke“ des Stamms x stehen.

b) Gib einen Term für die gesamte Länge des benötigten Leuchtschlauchs an.

c) Rechne mit deinem Term aus, wie lang der Leuchtschlauch insgesamt sein muss, wenn der Stamm x eine Dicke von 10 cm haben soll.

d) Welche Stammdicke muss der Baum haben, wenn man den Baum aus genau 4,55 m Leuchtschlauch herstellen möchte?

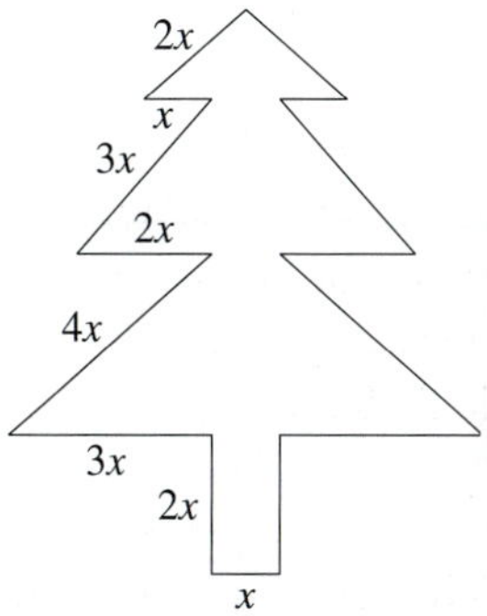

3 Übertrage die Tabelle in dein Heft.

a	b	$2 \cdot a + 3 \cdot b$	$5 \cdot a + 3$	$b + 2 \cdot a + 2 \cdot b$	$2 \cdot a + 3 + 3 \cdot a$	$7 \cdot b + 2 \cdot a - 4 \cdot b$
6	12					
−4	5					
$-\frac{3}{4}$	$-\frac{1}{2}$					
1,5	2,5					

a) Berechne jeweils den Wert der Terme, wenn du die in der Tabelle gegebenen Zahlen für a und b in den Term einsetzt.

b) Vergleiche mit deinem Nachbarn die Ergebnisse der Spalten. Was beobachtet ihr, wenn ihr die einzelnen Spalten vergleicht?

c) Vereinfache zusammen mit deinem Nachbarn die folgenden vier Terme und berechne ihre Werte für die gegebenen Zahlen. Setze die Zahlen auch in die ursprünglich gegebenen Terme ein und kontrolliere so, ob du die Terme richtig zusammengefasst hast.

① $7x + 13x - 12x + 17x - 5x$ für $x = 3$

② $15a + 3b - 7a + 10b - 3a - 12b$ für $a = 3$ und $b = 2$

③ $20m - 5n - 12n - 12{,}5m + 21n$ für $m = 4$ und $n = -2$

④ $26k - 5 + 3{,}5k - 3l - 8 - 4l$ für $k = 2$ und $l = 1{,}5$

d) Finde jeweils geeignete Zahlen für die Variablen in Teilaufgabe c), sodass der Wert des Terms 100 ergibt.

Lesen und Verstehen

Tessa und Max sollen mit einem Kantenmodell aus Draht ein Haus herstellen.
Mit welchen verschiedenen Termen können sie die Länge des benötigten Drahts berechnen?

HINWEIS
1x = x, deshalb ist 3x − x = 2x.

BEISPIEL

Die Kantenlänge kann so berechnet werden:

$\underbrace{a+a+a+a}_{\text{Boden}} + \underbrace{h+h+h+h}_{\text{Seiten}} + \underbrace{a+a+a+a}_{\text{Dachboden}} + \underbrace{a+a+a+a}_{\text{Dachschrägen}}$

Einfacher und kürzer kann man wie folgt rechnen:

$4a + 4h + 4a + 4a = 12a + 4h$

Man berechnet die Kantenlänge des Modells, indem man den Wert des Terms berechnet. Mit Seite $a = 15$ cm und Höhe $h = 8$ cm gilt:

$12 \cdot 15 + 4 \cdot 8 = 212$ Man benötigt 212 cm Draht.

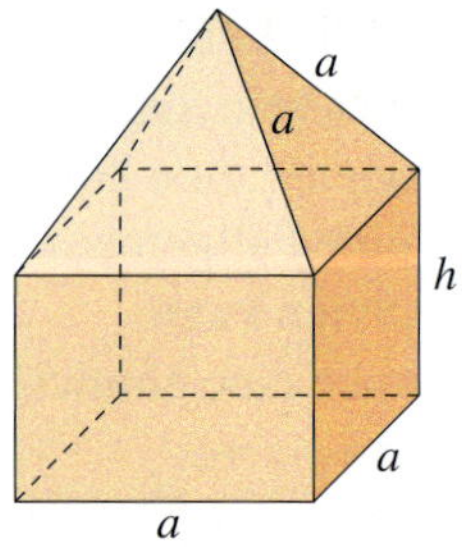

NACHGEDACHT
Finde heraus, woher das Wort Koeffizient kommt.

Den Malpunkt zwischen Koeffizient und Variable kann man weglassen.
$4 \cdot x + 7 \cdot y = 4x + 7y$
Man addiert (subtrahiert) gleichartige Glieder eines Terms, indem man die Koeffizienten addiert (subtrahiert).
z. B. $6x + 5x = 11x$ Die Koeffizienten 6 und 5 werden addiert.

Üben und Anwenden

1 Fasse zusammen.

a) $m + m + m + m + m + m + m$
b) $s + s + s + s + s + s + s + s + s + s$
c) $y + y + y + y - y - y$
d) $-a + a + a + a - a + a - a$
e) $b - b - b - b - b$

2 Ordne die Variablen. Fasse dann zusammen.

a) $a + b + b + a + a + b + b + a$
b) $x + y + y + x + y + y + x + x$
c) $c + d + c + c + d + d + -c + d$
d) $m + k + k + m - k - m + k$
e) $x + y + z + x + z + y + z + z + x$
f) $r + s + t + r + s + t + r - s - s$
g) $a + a + b + c - a - b - c - b + a$

3 Vereinfache die Terme. Setze dann für die Variable die Zahl 5 (0; −2) ein.

a) $6a + 13a + 12a$
b) $7b + 25b + 4b$
c) $23x - 16x + 2x$
d) $12x + 45x - 28x$
e) $15a + 7a - a$
f) $x + 19x + 27x - 50x$
g) $10y - 25y - 12y$
h) $3 + 4z - 8z + 1$

4 Vereinfache die Terme, falls möglich.

a) $3x + 4y + 2x + 19y + 13x$
b) $4x + 17x + 5 + 18x + 9$
c) $7a + 12b + 10{,}9a + 13b - 4{,}5b$
d) $17a + 19b + 26c + 4$
e) $225m - 45n - 190m - 55n + 7$

5 Berechne den Wert des Terms für $x = 13$.

a) $3x$
b) $2x + 5$
c) $7x - 3x - 12 + 14$
d) $5x + 4x + 6 + 12 + x$
e) $2{,}5x + \frac{1}{2}x - 5x + x$
f) $24x + 36x - 24x + 36$

6 Finde die Fehler und erkläre sie.

a) $13x + 18x = 21x$
b) $6y + 5 = 11y$
c) $9b - 7 = 2b$
d) $m + 7m + 5 = 7m + 5$
e) $20a + 20b = 20ab$
f) $-12x - 13x = 25x$
g) $30x + 6y = 36y$

7 Ergänze die Termmauern, indem du jeweils die zwei benachbarten Terme addierst.

a)

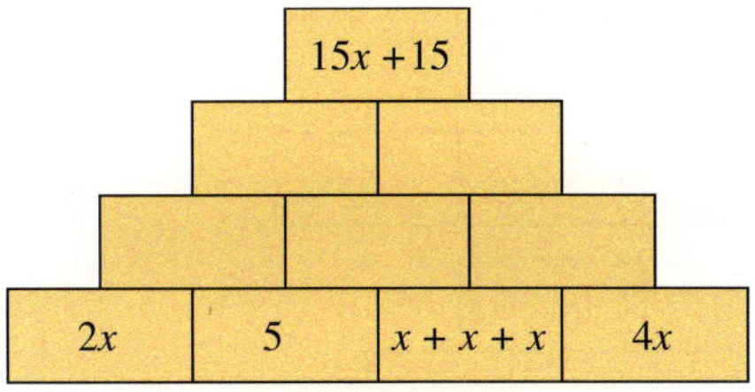

b)

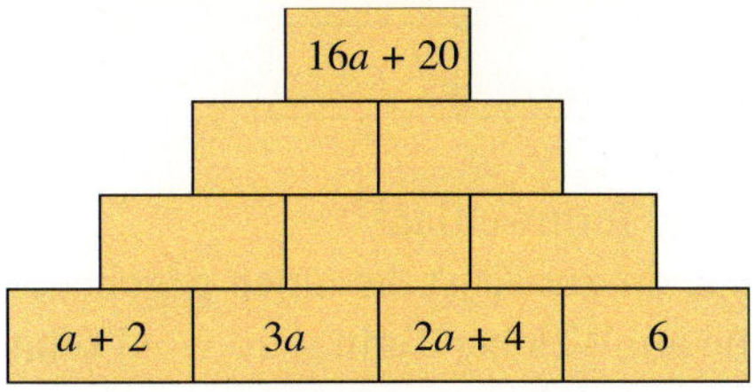

8 Ergänze die Termmauer durch Addition.

a)

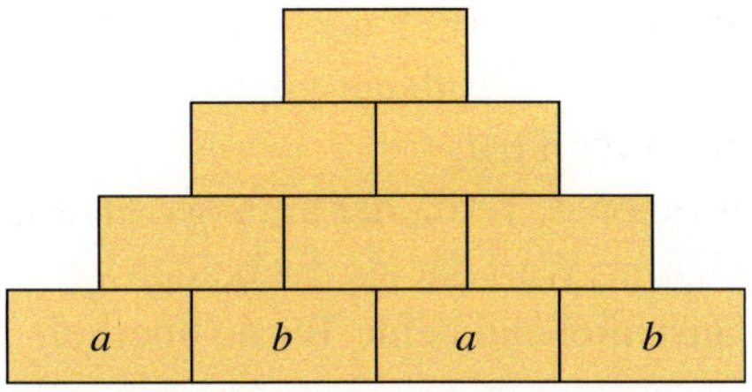

b) Welche Zahl ergibt sich an der Spitze, wenn man für $a = 5$ und $b = 7$ einsetzt?

c) Sebastian behauptet, dass die Zahl an der Spitze immer durch 4 teilbar ist. Überprüfe seine Behauptung.

9 Die folgenden Terme geben jeweils den Umfang einer der folgenden Figuren an.

$3x + 11$ $3x + 3$ $3x + 13$ $2x + 16$ $10x$

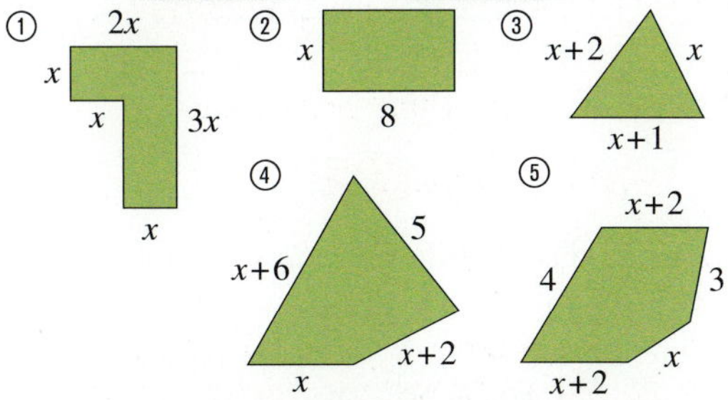

a) Welcher Term gehört zu welcher Figur?

b) Gib jeweils den Umfang der Figuren an, wenn $x = 5\,\text{cm}$ ist.

10 Gegeben ist der Körper.

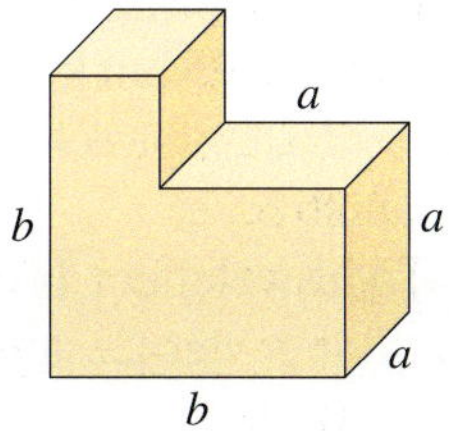

a) Gib alle Kantenlängen des Körpers als Term an.

b) Gib die Kantenlänge des Körpers an, wenn die Seite b doppelt so lang ist wie die Seite a ($b = 2a$).

c) Wo befinden sich bei dem Körper die Flächen, deren Flächeninhalt durch die folgenden Terme berechnet werden kann?
① $a \cdot b$, ② $a \cdot a$,
③ $(b - a) \cdot a$, ④ $a^2 + b \cdot (b - a)$

11 Welcher Term wurde benutzt, um die Tabelle zu erstellen? Ergänze die fehlenden Werte des Terms im Heft.

a)

x	3	5	9	12	15	20
?	10	16	28			

b)

x	1	2	3	10	50	100
?	2	6	10			

12 Erstellt in der Gruppe ein Plakat mit Wertetabellen wie in Nr. 11. Denkt euch dazu selbst Terme aus, berechnet ihre Werte und tragt diese in der zweiten Zeile der Tabelle ein. Anschließend müssen die anderen Gruppen raten, welcher Term für die Tabelle benutzt wurde.

13 Zahlenspielereien

Christina: „Ich denke mir eine Zahl x aus. Dann addiere ich zu dieser Zahl das Doppelte der Zahl und ziehe anschließend 5 ab."

Angela: „Ich ziehe vom Vierfachen meiner Zahl 15 ab und addiere dann die Zahl."

Dennis: „Ich addiere zum Fünffachen meiner Zahl x das Achtfache der Zahl. Anschließend subtrahiere ich 14."

a) Gib jeweils einen Term für die Rätsel an.

b) Welche Ergebnisse erhalten die Kinder, wenn sie 6 einsetzen?

c) Welche Zahlen haben sie sich jeweils ausgedacht, wenn sie als Ergebnis 25 erhalten?

BEACHTE
Auch eine einzelne Variable oder Zahl stellt einen Term dar.

14 Kevin ist ein begeisterter Triathlet. Beim Triathlon der Junioren ist die Schwimmstrecke 4,25 km kürzer als die Laufstrecke. Die Radfahrstrecke ist viermal so lang wie die Laufstrecke.

a) Mit welchem Term berechnet man die Länge der Gesamtstrecke, wenn die Laufstrecke mit x bezeichnet wird?

b) Wie lang ist die gesamte Strecke, die zurückgelegt werden muss, wenn Kevin 5 km laufen muss?

c) Bei der olympischen Distanz ist die Radfahrstrecke auch viermal so lang wie die Laufstrecke.
Die Länge der Schwimmstrecke beträgt $\frac{3}{20}$ der Laufstrecke. Wie lang sind die einzelnen Streckenabschnitte, wenn die Gesamtstrecke 51,5 km beträgt?

15 Bei magischen Quadraten ist die Summe in den Zeilen, Spalten und Diagonalen stets gleich. Wenn man ein magisches Quadrat mit Variablen erstellt, kann man durch Einsetzen verschiedener Zahlen beliebig viele magische Quadrate erhalten.

a) Überprüfe, ob es sich hier um magische Quadrate handelt.

b) Denke dir Zahlen für a, b und c aus und setze sie in ein magisches Quadrat ein. Lass deine Klassenkameraden raten, welche Zahlen du eingesetzt hast.

$a + b$	$a - b - c$	$a + c$
$a - b + c$	a	$a + b - c$
$a - c$	$a + b + c$	$a - b$

$c + a$	$c - 2 \cdot a$	$c + b + a$
$c + b$	c	$c - b$
$c - b - a$	$c + 2 \cdot b$	$c - a$

HINWEIS
Achtet darauf, dass der 1. Term auf der rechten Seite des ersten Steins steht und der gleichwertige Term auf der linken Seite des nächsten Steins.

16 Erstellt euch Dominosteine, indem ihr euch Paare von gleichwertigen Termen ausdenkt, z. B. $2x + 4$ und $7x - 2 - 5x + 6$. Beachtet den Hinweis links.
Anschließend spielt ihr nach den üblichen Regeln Domino.

17 Ergänze die Termmauern.

a)

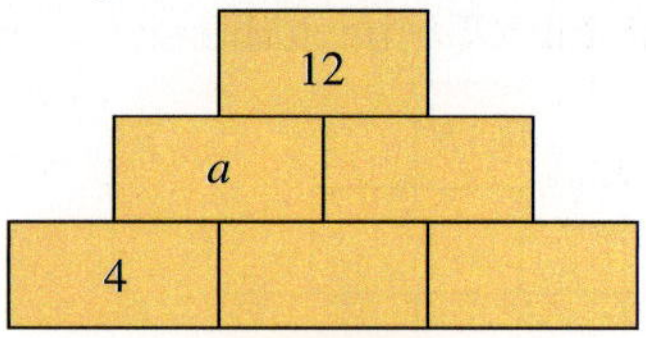

b)

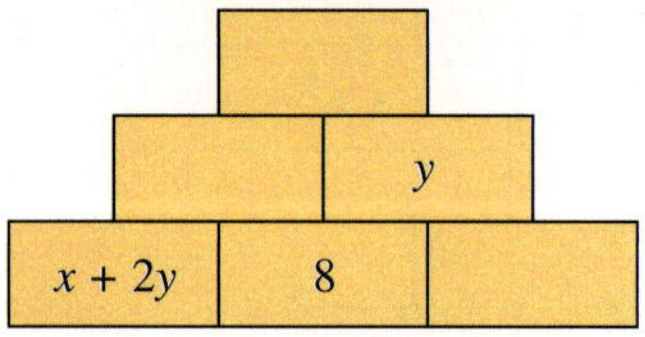

18 Der Termwettlauf

a) Schaue dir zunächst die unten gegebenen Terme an. Welcher Term wird wohl schneller wachsen? Begründe.

b) Berechne nun die Werte der Terme im Heft.

c) Wann holt der Term 2 den Term 1 ein?

d) Finde einen 3. Term, der von Anfang an den höchsten Wert hat.

e) Finde einen 4. Term, der anfangs einen niedrigeren Wert hat als die beiden Terme und anschließend beide Terme überholt.

x	1. Term $2x + 4$	2. Term $3x - 1$	3. Term	4. Term
1				
2				
3				
4				
5				
6				

19 Das Term-Mobile ist im Gleichgewicht, wenn an beiden Enden eines Balkens insgesamt wertgleiche Terme vorhanden sind.

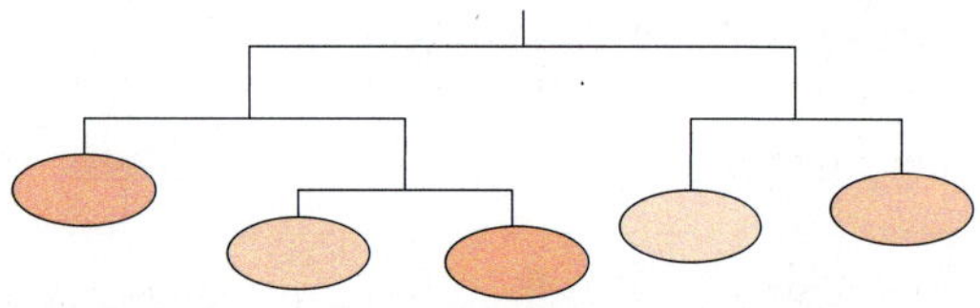

a) Bringe das Mobile mit den vorhandenen Termen ins Gleichgewicht.

$5x + 8 - x$ $\quad$ $4x + 16 + 10x - 6x$

$10x + 20 - 2x - 4$

$5x + 16 + 3x$ $\quad$ $2x + x + 8 + x$

b) Denkt euch selbst Terme aus, die das Mobile im Gleichgewicht halten.

Gleichungen aufstellen und lösen

Erforschen und Entdecken

1 Hölzchen-Schachtel-Spiel (Gruppenarbeit)
Es gelten folgende Regeln: Links und rechts vom Gleichheitszeichen liegen insgesamt gleich viele Hölzchen. In den Schachteln liegen immer gleich viele Hölzchen.

a) Findet heraus, wie viele Hölzer sich jeweils in den Schachteln befinden.
b) Überlegt euch selbst solche Knobelaufgaben. Zeichnet sie auf Karteikarten. Gebt auf der Rückseite die Lösung an.
c) Tauscht eure Karten mit den Karten von anderen Gruppen und löst die Aufgaben.
d) Man kann die Knobelaufgaben auch in Form einer Gleichung aufschreiben. Dafür schreibt man immer für die Anzahl der Hölzer in einer Schachtel x und gibt die Anzahl der frei liegenden Streichhölzer auf jeder Seite an, z. B. ergibt □□□ | | = □ | | | | den Term: $3x + 2 = x + 4$.
Ergänzt auf euren Karteikarten jeweils die Gleichung.

2 Gegeben sind eine Balkenwaage sowie mehrere gleiche Dosen und Gewichtsstücke.
a) Ein Gewichtsstück wiegt 1 kg. Heiner möchte herausfinden, wie viel in beiden Fällen eine Dose wiegt. Erkläre, wie er das macht.
b) Zeichne ein ähnliches Waagemodell für die folgende Situation. Rechts liegen 8 Gewichte. Links liegen 2 Dosen und 2 Gewichte. Zeichne die Lösungsschritte auf, mit denen man das Gewicht einer Dose herausfindet.

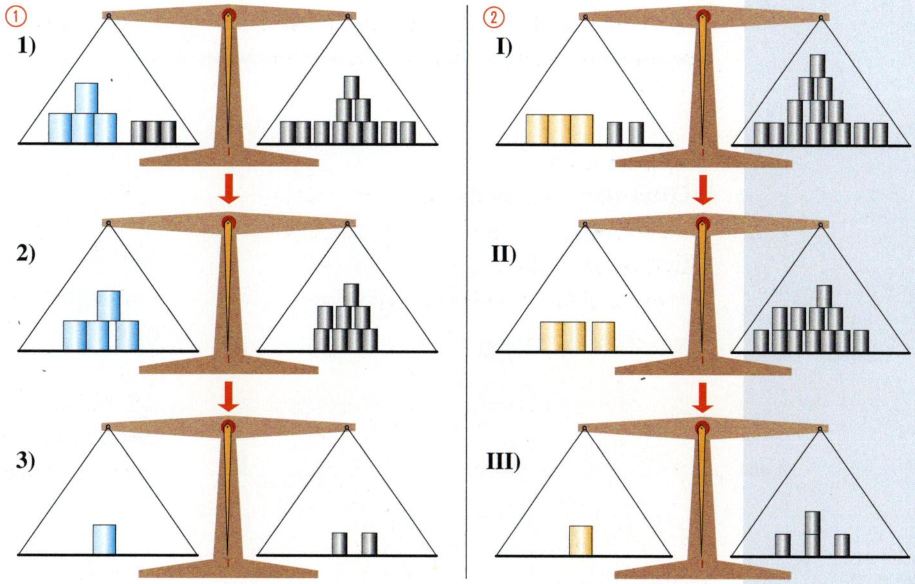

3 Die Klasse 7 b besuchte eine Theatervorstellung. Insgesamt wurden genau 500 € dafür ausgegeben. Der Bus kostete 214 €. Es nahmen 26 Schülerinnen und Schüler teil. An der Kasse steht, dass es Eintrittskarten für 8 €, 11 €, 13 € und 18 € gibt.
a) Welche Karten wurden gekauft? Erkläre deine Vorgehensweise und vergleiche im Klassenverband.
b) Die Parallelklasse besucht die gleiche Vorstellung. Die Klassenlehrerin hat Karten für 13 € gekauft und einen Bus für 250 € gemietet. Die Gesamtkosten betragen 614 €.
Für wie viele Personen wurden Eintrittskarten gekauft?

Lesen und Verstehen

Die Grundgebühr für ein Handy beträgt 5 €. Eine SMS kostet 0,25 €. Tina erhält eine Monatsabrechnung über 12,50 €. Sie hat nicht telefoniert. Wie viele SMS hat sie verschickt?

BEISPIEL

Ist x die Anzahl der gesendeten SMS, dann berechnet man die Kosten pro Monat mit dem Term $0{,}25 \cdot x + 5$. Da Tina 12,50 € ausgegeben hat, muss sie folgende Gleichung lösen:

$0{,}25x + 5 = 12{,}50 \quad | -5$ — Man subtrahiert auf beiden Seiten 5 € und erhält die Kosten für alle SMS. Die Umformung wird rechts neben der Gleichung hinter einem Strich notiert.

$0{,}25x = 7{,}50 \quad | : 0{,}25$ — Um die Anzahl zu erhalten, wird auf beiden Seiten durch 0,25 dividiert.

$x = 30$ — Probe: $0{,}25 \cdot 30 + 5 = 7{,}50 + 5 = 12{,}50$

Tina verschickte 30 SMS.

HINWEIS
Dein Ergebnis überprüfst du mit einer Probe. Dafür setzt du in die ursprüngliche Gleichung für x dein Ergebnis ein.

Beim Lösen einer Gleichung nimmt man schrittweise Umformungen vor. Die Lösung der Gleichung ändert sich bei folgenden Umformungen nicht:
1) Auf beiden Seiten wird dieselbe Zahl addiert oder subtrahiert.
2) Auf beiden Seiten wird mit derselben Zahl multipliziert oder durch dieselbe Zahl (außer Null) dividiert.

Die Umformungsschritte nennt man **Äquivalenzumformungen**.
Zwei Gleichungen sind **äquivalent**, wenn sie die gleiche Lösung haben.

Üben und Anwenden

1 Erkläre, was hier passiert.

a)
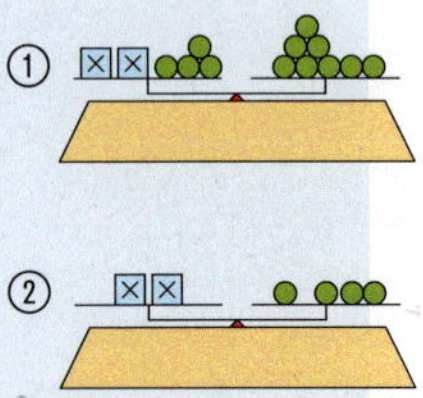

b)
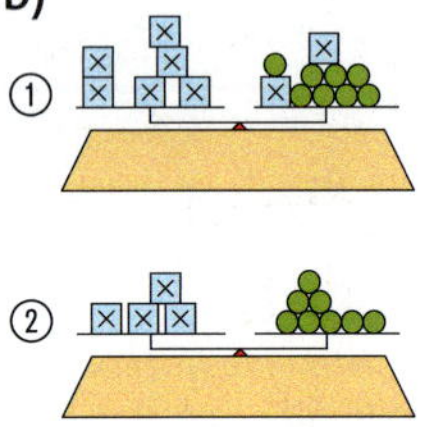

c)
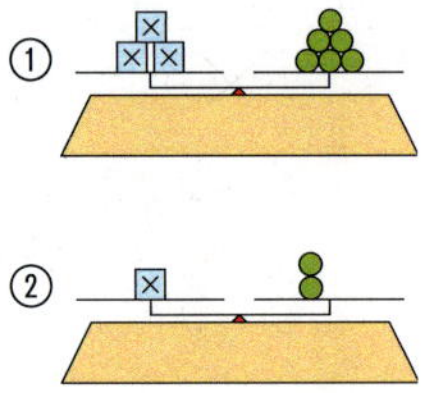

2 Welche Gleichungen werden durch die Waagemodelle dargestellt? Gib mögliche Lösungsschritte an (s. Seite 179).

a)
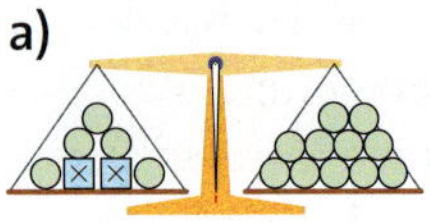

b)
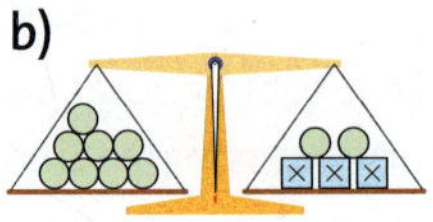

c)
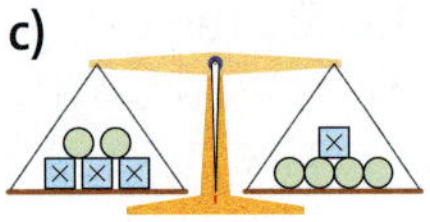

d)
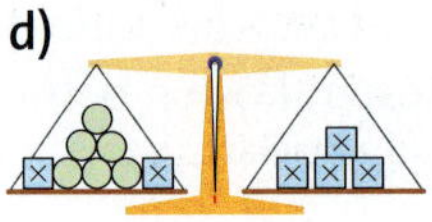

ZUM KNOBELN
Welche Gleichungen können nicht mit dem Waagemodell gelöst werden?

3 Löse die Gleichungen. Welche Äquivalenzumformung hast du vorgenommen?

a) $x + 9 = 17$ **b)** $x + 14 = 38$
c) $x + 19 = -44$ **d)** $x - 12 = 25$

4 Gib an, durch welche Äquivalenzumformung man die 2. Gleichung erhält.

a) $x + 5 = 17 \quad |$
$x = 12$

b) $2x - 4 = 12 \quad |$
$2x = 16$

c) $3x = 15 \quad |$
$x = 5$

d) $0{,}5x = 8 \quad |$
$x = 16$

e) $-7x + 5 = -30 \quad |$
$-7x = -35$

f) $13 = 3x + 7 \quad |$
$6 = 3x$

5 Finde zu jeder Gleichung die äquivalente Gleichung, aus der man die Lösung unmittelbar ablesen kann.

a) $4x = 24$ **b)** $5x = 75$ **c)** $-3x = 102$
d) $-6x = 84$ **e)** $8x = -136$ **f)** $13x = -39$

6 Löse die Gleichungen.

a) $x+6=-39$ b) $x+57=-45$
c) $x-15=91$ d) $x+0{,}01=2$
e) $x-27=-4$ f) $x-3{,}25=-1{,}8$
g) $-45=x+32$ h) $2{,}75=3{,}84+x$
i) $56=x-48$ j) $x+0{,}75=-4{,}25$
k) $x-38=-89$ l) $-9{,}3=61{,}3+x$

7 Für welche Zahl steht x?

a) $2x=0{,}8$ b) $4x=-48$
c) $1{,}8=3x$ d) $-112=7x$
e) $12x=7{,}2$ f) $-252=21x$
g) $0{,}7x=-42$ h) $17x=-221$
i) $-27=0{,}3x$ j) $35=14x$
k) $1{,}5x=12$ l) $6x=10{,}5$

8 Welche Äquivalenzumformung wurde vorgenommen?

a) $-4x=16$
$x=-4$

b) $-75=-5x$
$x=15$

9 Welche Zahl muss für x eingesetzt werden?

a) $36=-6x$ b) $-8x=72$
c) $112=-7x$ d) $-9x=-135$
e) $-11x=242$ f) $-156=-12x$

10 Welche der folgenden Gleichungen sind äquivalent zueinander? Gib die Lösungen der Gleichungen an.

$4x=12$ $4x-2=10$ $4x+2=10$ $4x+4=12$ $2x=4$ $8x=24$

11 Löse die Gleichungen.

a) $2x+5=7$ b) $3x+7=1$
c) $4x+2=14$ d) $7x+5=-16$
e) $26=5x+1$ f) $-7=8x+9$
g) $23=3x+2$ h) $4=6x+28$
i) $6x+8=56$ j) $9x+48=-6$

12 Löse. Überprüfe durch eine Probe.

a) $4x-5=11$ b) $3x-7=-13$
c) $24=6x-12$ d) $-43=5x-8$
e) $12x-8=28$ f) $-74=7x-11$
g) $25x-10=65$ h) $63=2x-7$
i) $-5+4x=55$ j) $105=-15+8x$

13 Welche Zahl steht für x?

a) $-2x-1=3$ b) $-10x-5=-25$
c) $-3x-3=-12$ d) $-7x-5=2$
e) $-7=-4x-3$ f) $2=-8x-2$
g) $8=-6x-4$ h) $-53=-12x-5$

14 David hat noch Probleme beim Umformen von Gleichungen mit negativen Zahlen. Welche Fehler hat er gemacht?

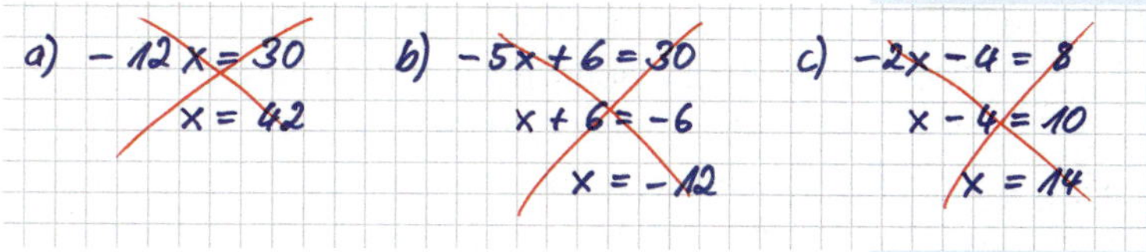

15 Lisa und Dana haben unterschiedlich gerechnet. Welchen Lösungsweg hältst du für einfacher? Begründe.

16 Bestimme x.

a) $25-3x=7$ b) $62-9x=17$
c) $5-2x=27$ d) $17-4x=-13$
e) $-32=13-5x$ f) $17=80-18x$
g) $9=25-8x$ h) $3=15-6x$

17 In jeder Schachtel sind gleich viele Hölzer. Übersetze die Knobelaufgaben in die Gleichungsschreibweise und löse sie.

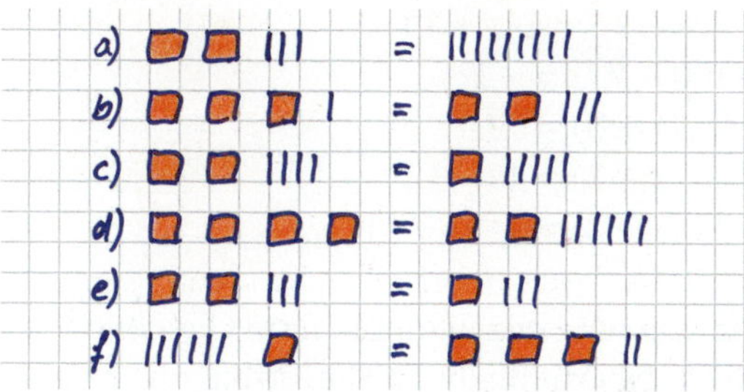

18 Löse. Die Ergebnisse stehen im Klee.

a) $7x+2=5x+20$ b) $9x+5=4x+20$
c) $6x+4=3x+25$ d) $4x+12=2x-16$
e) $-7x+5=-4x-28$ f) $-12x-7=-8x+29$
g) $9x+7=5x-65$ h) $-15x+12=-5x+72$
i) $-16x+5=-3x-34$ j) $20x-14=4x+82$

HINWEIS
Achte bei den Aufgaben besonders auf die Vorzeichen.

HINWEIS
■ = Symbol für eine Schachtel
I = Symbol für ein Hölzchen

19 Eva hat in ihr Lerntagebuch eine Regel für das Lösen von Gleichungen geschrieben.

1. Alle Zahlen ohne x auf eine Seite der Gleichung bringen.
2. Alle x auf die andere Seite der Gleichung bringen.
3. Wenn vor x eine Zahl steht, muss man durch diese Zahl teilen.

a) Muss man in dieser Reihenfolge vorgehen?
b) Welche Schritte kann man tauschen?
c) Finde Beispiele, wo man auf einen der Schritte verzichten kann.

BEACHTE
Überprüfe deine Lösungen durch eine Probe.

20 Löse die Gleichungen.
a) $3x + 5 = -6x + 32$
b) $5x + 9 = -3x + 65$
c) $4x + 7 = -2x - 17$
d) $2x - 13 = -4x - 14$
e) $9x - 2 = -5x - 23$
f) $7x - 3 = -8x + 9$

190-1

21 Löse nach y auf.
a) $-8y - 7 = 4y + 29$
b) $-5y - 16 = 9y + 12$
c) $-2y - 5 = 5y + 9$
d) $-3y + 5 = 2y + 4$
e) $-17y + 4 = 3y - 66$
f) $-6y + 35 = 7y + 41$

HINWEIS
*Erhält man beim Einsetzen einer Zahl in die Gleichung auf beiden Seiten denselben Wert, dann ist die Zahl Lösung der Gleichung. Man sagt, dass eine **wahre Aussage** vorliegt.*

22 Setze in die Gleichungen nacheinander die Zahlen 2, 3, 4, 5 ein.
Welche Zahl löst die Gleichung?
a) $52x - 18 = 44x + 14$
b) $100 - 72x = -22x$
c) $5 \cdot (x + 3) = 30$
d) $2 \cdot (x - 4) = 4x - 12$
e) $3 \cdot (x + 2) = 4 \cdot (x + 1)$

23 Kai hat einige komplizierte Gleichungen gelöst. Überprüfe durch Einsetzen, ob er richtig gerechnet hat. Korrigiere nötigenfalls.
a) $100x - 300 = 0{,}5x - 1{,}5$ $\quad x = 2$
b) $-45x - 15 = 45x - 60 - 15x$ $\quad x = \frac{3}{5}$
c) $\frac{1}{2} - \frac{3}{5}x = 2 - \frac{1}{2}x$ $\quad x = -15$
d) $\frac{1}{2}x - 4 = 3x + 1$ $\quad x = -4$
e) $\frac{2}{3}x - 2 = -\frac{5}{3}$ $\quad x = \frac{1}{2}$

24 Forme durch Multiplikation in eine äquivalente Gleichung um und gib die Lösung an.
a) $\frac{x}{4} = 5$ b) $\frac{x}{3} = 9$ c) $\frac{x}{7} = -1$
d) $\frac{x}{9} = 11$ e) $\frac{x}{7} = 5$ f) $\frac{x}{3} = 5$
g) $-\frac{x}{100} = -14$ h) $-\frac{x}{8} = 13$ i) $-\frac{x}{25} = -7$

25 Bestimme die Lösung.
a) $\frac{x}{2} + 4 = 12$ b) $\frac{x}{3} - 6 = 35$
c) $\frac{x}{4} + 2 = 4$ d) $\frac{x}{5} + 3 = -27$
e) $14 = \frac{x}{7} + 7$ f) $-2 = \frac{x}{9} + 14$
g) $-4 = \frac{x}{8} - 5$ h) $-31 = \frac{x}{13} - 31$
i) $\frac{x}{12} + 37 = 49$ j) $\frac{x}{18} - 27 = 2{,}5$

26 Bei der Lösung der Gleichung $\frac{4}{5}x = \frac{8}{3}$ gehen Laura, Fabian, Dennis und Anna unterschiedlich vor. Vervollständige jeweils die Lösungswege und vergleiche sie. Welcher ist am günstigsten?

Laura
$\frac{4}{5}x = \frac{8}{3} \quad | \cdot 5$
$4x = \frac{40}{3}$

Fabian
$\frac{4}{5}x = \frac{8}{3} \quad | : \frac{4}{5}$
$x = \frac{8}{3} : \frac{4}{5}$

Dennis
$\frac{4}{5}x = \frac{8}{3} \quad | \cdot \frac{5}{4}$
$x = \frac{8}{3} \cdot \frac{5}{4}$

Anna
$\frac{4}{5}x = \frac{8}{3} \quad | : 4$
$\frac{1}{5}x = \frac{2}{3}$

27 Löse die Gleichungen.
a) $\frac{2}{3}x = \frac{4}{9}$ b) $\frac{4}{5}x = 8$ c) $\frac{3}{5}x = \frac{9}{20}$
d) $\frac{6}{7}x = 42$ e) $\frac{1}{7}x = \frac{3}{5}$ f) $\frac{1}{3}x + 2 = 3$
g) $\frac{5}{6}x = \frac{15}{24}$ h) $\frac{4}{9}x = \frac{2}{9}$ i) $\frac{3}{4}x + \frac{3}{4} = 1$

28 Bestimme die Lösung der Gleichungen.
a) $\frac{x}{2} + 5 = 8$ b) $\frac{1}{3}x + \frac{1}{3} = 10$
c) $\frac{x}{3} - 2 = 13$ d) $-\frac{1}{4}x + \frac{1}{5} = 9$
e) $\frac{z}{9} + 7 = 11$ f) $\frac{a}{5} + \frac{1}{5} = 10$
g) $\frac{x}{45} + 7 = 12$ h) $-\frac{c}{9} - \frac{1}{9} = 11$
i) $6 - \frac{x}{3} = 33$ j) $24 - \frac{x}{95} = 5$

29 Gib drei verschiedene Gleichungen an, deren Lösung $\frac{3}{4}$ ist.

Methode: Lösen von Sachaufgaben mit Gleichungen

Manuel kauft 12 Flaschen Apfelsaft und 1 Flasche Orangensaft und zahlt dafür 9,80 €. Der Orangensaft ist 5 Cent teurer als der Apfelsaft. Bestimme die Preise für eine Flasche Apfelsaft und eine Flasche Orangensaft.

Diese Aufgabe kann im **6-Schritte-Verfahren** gelöst werden.

1. Variable festlegen	Preis für eine Flasche Apfelsaft in €:	x
2. Terme bilden	Preis für 12 Flaschen Apfelsaft:	$12x$
	Preis für eine Flasche Orangensaft:	$x + 0{,}05$
3. Gleichung aufstellen	$12x + x + 0{,}05 = 9{,}80$	
4. Gleichung lösen	$13x + 0{,}05 = 9{,}80 \quad \vert - 0{,}05$	
	$13x = 9{,}75 \quad \vert : 13$	
	$x = 0{,}75$	
5. Ergebnis überprüfen	Preis für eine Flasche Orangensaft:	0,75 € + 0,05 € = 0,80 €
	Preis für 12 Flaschen Apfelsaft:	12 · 0,75 € = 9,00 €
	Gesamtpreis:	9,80 €
6. Antwort formulieren	Der Apfelsaft kostet 0,75 € und der Orangensaft kostet 0,80 €.	

30 Beim letzten Basketballspiel hat Peter x Körbe geworfen. Marius hat doppelt so viele Körbe geworfen wie Peter. Andre erzielte 3 Körbe mehr als Peter. Zusammen warfen die drei Spieler 31 Körbe.
a) Wie viele Körbe erzielte Peter?
b) Wie viele Körbe erzielten Marius und Andre?

31 Faruk hat zwei Schwestern. Die eine Schwester ist 2 Jahre, die andere Schwester ist 5 Jahre jünger als er. Zusammen sind die drei Geschwister 80 Jahre alt. Wie alt ist Faruk?

32 Bestimme die Zahl.
a) Die Summe aus dem 6-Fachen einer Zahl und 13 ist −161.
b) Wenn du 15 zum Produkt aus einer Zahl und 4 addierst, erhältst du 363.
c) Die Differenz aus 12 und dem 5-Fachen einer Zahl ergibt −18.

33 Franziska hat zwei Brüder. Einer ist 2 Jahre jünger, der andere 4 Jahre älter als sie. Zusammen sind sie 98 Jahre alt.
Wie alt ist jedes der Geschwister?

34 Lisa denkt sich eine Zahl, multipliziert diese mit 3 und addiert 28. Das Ergebnis ist 409. Bestimme Lisas ausgedachte Zahl.

35 Multipliziere eine Zahl mit 5, subtrahiere 87. Das Ergebnis ist −12.
Wie heißt die Zahl?

36 Löse mit Hilfe einer Gleichung.
a) Subtrahiert man 17 vom Fünffachen einer Zahl, so erhält man 43.
b) Addiert man 5 zum Dreifachen einer Zahl, so erhält man das Doppelte der Zahl.
c) Subtrahiert man das Dreifache einer Zahl von 37, so ergibt sich 19.

37 Marisa hat eine Schwester, die doppelt so alt ist wie sie. Ihre Mutter ist 30 Jahre älter als Marisa. Zusammen sind Marisa, ihre Schwester und die Mutter 54 Jahre alt.
Wie alt ist Marisa?

38 Gib zu jeder Gleichung ein Zahlenrätsel an und bestimme die gesuchte Zahl.
a) $3x + 5 = -4$
b) $11 - 2x = 5$
c) $8x + 2 = 16$
d) $100 - 7x = 16$

HINWEIS
Löse die Aufgaben im 6-Schritte-Verfahren.

Vermischte Übungen

1 Die Familien Görtz und Möller bewohnen ein Zweifamilienhaus.
Die jährlichen Kosten für die Müllabfuhr in Höhe von 336 € sollen entsprechend der Personenzahl auf beide Familien verteilt werden. Im Haushalt der Familie Görtz leben 3 Personen, bei Familie Möller sind es 4 Personen.
a) Wie viel muss pro Person gezahlt werden?
b) Wie viel muss jede Familie zahlen?

2 In einem Schwimmbecken beträgt die Wasserhöhe am Morgen 60 cm. Wird die Wasserleitung voll aufgedreht, dann erhöht sich der Wasserstand um 8 cm pro Stunde.
Wie lange dauert es, bis die Wasserhöhe 1,80 m beträgt?

3 Eine Bohnenpflanze ist 15 cm hoch. Sie wächst jeden Tag um 2,5 cm. Wie lange dauert es, bis sie eine Höhe von 80 cm hat?

4 Frau Heine benutzt im Urlaub einen Mietwagen. Sie zahlt 55 € Miete pro Tag und pro gefahrenem Kilometer zusätzlich 0,25 €.
a) Als sie den Wagen nach einem Tag zurückgibt, zahlt sie 167 €.
Wie weit ist sie damit gefahren?
b) Eine Woche später leiht sie das Auto noch einmal für zwei Tage und muss 222,50 € zahlen. Wie weit ist sie diesmal gefahren?

5 ➡ Paul bezahlt für sein Handy eine monatliche Grundgebühr von 4,95 €. Die Gesprächseinheit kostet 0,25 €. Jede SMS kostet 0,15 €.
a) Für den Monat Mai erhält er eine Rechnung über 21,20 €.
Wie viele Einheiten hat er telefoniert, wenn er keine SMS verschickt hat?
b) Im Juni muss er 12,20 € zahlen. Wie viele SMS hat er verschickt, wenn er 20 Einheiten vertelefoniert hat?
c) Im Juli erhält er eine Rechnung über 18,88 €. Begründe, warum Paul sofort reklamiert.

6 Eine Kerze ist 30 cm hoch. Wenn sie brennt, wird sie jede Stunde 0,6 cm kürzer.
a) Wie lange dauert es, bis sie abgebrannt ist?
b) Nach welcher Zeit ist sie nur noch halb so lang wie vorher?

7 Sarah besitzt einige DVDs. Zum Geburtstag bekommt sie 6 DVDs geschenkt. Nun hat sie dreimal so viele DVDs wie vorher.
Wie viele DVDs hatte sie vorher?

8 Ein Geschicklichkeitsspiel wird in einem Beutel für 2,20 € verkauft. Das Spiel ist um 2 € teurer als der Beutel.
Was kostet das Spiel? Was kostet der Beutel?

9 Bei einem Dreieck ist der Winkel β doppelt so groß wie der Winkel α. Der Winkel γ ist dreimal so groß wie α.
Bestimme die Größen der drei Winkel.

10 In einem gleichschenkligen Dreieck ist die Basis um 5 cm kürzer als die beiden Schenkel. Wie lang sind die Schenkel, wenn der Umfang des Dreiecks 35 cm beträgt?

11 In einem Rechteck ist die Seite b doppelt so lang wie die Seite a. Der Umfang des Rechtecks beträgt 90 cm.
Wie lang sind die Seiten a und b?

12 In einem Viereck ist β doppelt so groß wie α. Der Winkel γ ist 50° größer als α und δ ist 20° kleiner als α.
Bestimme die Größe der Winkel.

13 ➡ Für die Herstellung des Kantenmodells des abgebildeten Quaders benötigt man 72 cm Draht.

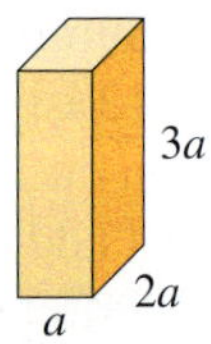

a) Bestimme die Kantenlängen des Quaders.
b) Berechne das Volumen des Quaders.
c) Was kann mit den Termen ① bis ③ berechnet werden?
① $a \cdot 2a$ ② $4 \cdot (2a \cdot 3a)$
③ $2 \cdot (a + 2a)$

Teste dich!

a

1 Bestimme den Wert der Terme.

a) $3x + 4y$ für $x = 4$ und $y = -2$
b) $120 - 3z + 4w$ für $z = 6$ und $w = 23$
c) $15a - 12 + 13b - 25$ für $a = 5$ und $b = -4$

2 Vereinfache die Terme.

a) $a + a + b + b + a + a + b$
b) $23b - b$
c) $45x - 26y - 32x - 24y$
d) $100 - 25a + 36b - 72b - 40a$

3 Die beiden Pakete sollen mit Paketschnur verschnürt werden.

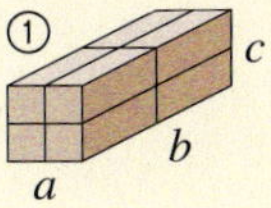

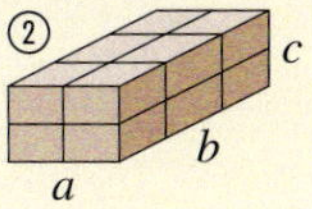

a) Gib für beide Pakete einen Term an, mit dem man die Länge der Paketschnur (ohne Knoten) berechnen kann.
b) Berechne die Länge der Schnur, wenn $a = 20\,\text{cm}$, $b = 40\,\text{cm}$ und $c = 15\,\text{cm}$ ist.

4 Löse die Gleichungen. Überprüfe deine Rechnung mit einer Probe.

a) $x + 18 = 49$
b) $x - 9 = -23$
c) $50 = 2x + 12$
d) $40 = -8x + 16$
e) $100 - 4x = 48$
f) $6x + 42 = 9x + 6$

5 In einem Personenzug befinden sich 280 Fahrgäste. In der 1. Klasse sind 3-mal so viele Personen wie im Speisewagen. In der 2. Klasse halten sich 70 Personen mehr auf als in der 1. Klasse.
Wie viele Personen sitzen in den verschiedenen Wagen?

6 Jannik spart für ein Rennrad, das 498 € kostet. Jeden Monat legt er 20 € zurück. Seine Eltern geben ihm den Rest von 178 € dazu. Wie viele Monate muss Jannik sparen, damit er sich mit Hilfe seiner Eltern das Fahrrad kaufen kann?

b

1

a) $10y - 3x$ für $x = -5$; $y = \frac{1}{2}$
b) $3a \cdot (5b - 7a + 4)$ für $a = 2$; $b = -5$
c) $(7x - 3y) \cdot (8y - 2x)$ für $x = -0{,}5$; $y = 0{,}25$

2 Ergänze die Platzhalter.

a) $15x + 27x + 39x = \square$
b) $27b - \square - 5b = 11b$
c) $23x - 26y - 45x - \square = -22x - 50y$
d) $98a - 27b - a + 59b - 4b = \square$

3

a) Mit welchem Term kann man die Länge der Paketschnur berechnen, wenn man für Schlaufen und Knoten insgesamt 30 cm Schnur benötigt?
b) Welche Abmessungen darf das Paket haben, wenn die Schnur mit Knoten und Schlaufen 2,30 m lang ist?

4

a) $27{,}5 + x = -12{,}5$
b) $3 - x = 5$
c) $50 = 4x + 8$
d) $-75 = 15 - 6x$
e) $\frac{1}{2}x + 5 = 12$
f) $\frac{3}{5} = \frac{2}{5}x - \frac{1}{3}$

5 Simone hat für eine Jeans, ein T-Shirt und eine Kappe zusammen 129,70 € ausgegeben. Dabei war das T-Shirt 60 € billiger als die Jeans und die Kappe 10 € teurer als das T-Shirt.
Wie viel € haben die Kleidungsstücke im Einzelnen gekostet?

6 Yasemin möchte einige Monate für ein Fahrrad sparen.
Sie kann das Rad kaufen, wenn sie jeden Monat 25 € spart und von ihren Eltern 50 € bekommt oder wenn sie jeden Monat 20 € spart und 140 € von ihren Eltern als Zuschuss erhält.

a) Wie lange muss sie sparen?
b) Was kostet das Fahrrad?

HINWEIS
Brauchst du noch Hilfe, so findest du auf den angegebenen Seiten ein Beispiel oder eine Anregung zum Lösen der Aufgaben.
Überprüfe deine Ergebnisse mit den Lösungen auf Seite 248.

Aufgabe	*Seite*
1	178
2	184
3	184
4	188
5	191
6	191

Zusammenfassung

→ Seite 178

Terme aufstellen

Terme sind Ausdrücke, in denen Variablen, Zahlen und deren Verbindungen durch Rechenzeichen vorkommen.

$2a + 2b$ $\quad -\frac{1}{2}$

$3x - 5$ $\quad 3\pi$

$3z + 4w + 7$ $\quad 6 = 3x$ ist kein Term!

Ersetzt man in einem Term die Variablen durch Zahlen, so erhält man den **Wert des Terms**.

Der Wert des Terms $2a + 2b$ für $a = 3$ und $b = 5$ ist $2 \cdot 3 + 2 \cdot 5 = 6 + 10 = 16$.

→ Seite 184

Termwerte berechnen und Terme vereinfachen

Vereinfachen von Termen
Man addiert (subtrahiert) gleichartige Glieder eines Terms, indem man die Koeffizienten addiert (subtrahiert).

$2b + 3b = 5b$
(2 und 3 sind die Koeffizienten)
$100y - 9y - 12y = 79y$

→ Seiten 188, 191

Gleichungen aufstellen und lösen

Eine **Gleichung** besteht aus zwei Termen, zwischen denen ein Gleichheitszeichen steht.

$2x + 5 = 7$

$3a + 4 = 2a - 7$

Lösen einer Gleichung

1. Möglichkeit
Man findet durch Probieren eine Zahl, die man für die Variable einsetzen kann, sodass eine wahre Aussage entsteht.

$3x + 9 = 99$

$x = 5$: $\quad 3 \cdot 5 + 9 = 24 \quad 24 < 99$

$x = 15$: $\quad 3 \cdot 15 + 9 = 54 \quad 54 < 99$

$\mathbf{x = 30}$: $\quad 3 \cdot 30 + 9 = 99$ (wahre Aussage)

2. Möglichkeit
Die Gleichung wird schrittweise durch Äquivalenzumformungen so umgeformt, dass die Lösung direkt ablesbar ist.
Man sagt, dass zwei Gleichungen **äquivalent** sind, wenn sie die gleiche Lösung haben.

$3x + 9 = 99 \quad | -9$

$3x = 90 \quad | :3$

$x = 30$

Alle drei Gleichungen sind äquivalent.

Äquivalenzumformungen
Man ändert die Lösung der Gleichung nicht, wenn man auf beiden Seiten dieselbe Zahl addiert oder subtrahiert bzw. mit derselben Zahl multipliziert oder durch dieselbe Zahl (außer Null) dividiert.

$4x - 25 = 95 \quad | +25$

$4x - 25 + 25 = 95 + 25$

$4x = 120 \quad | :4$

$4x : 4 = 120 : 4$

$x = 30$

Mit der **Probe** überprüft man seine Rechnung. Erhält man beim Einsetzen der ermittelten Lösung in die Gleichung eine wahre Aussage, so ist die Gleichung richtig gelöst.

$4 \cdot x - 25 = 95 \quad x = 30$

$4 \cdot 30 - 25 = 95$

$120 - 25 = 95$

$95 = 95$ (wahre Aussage)

Prismen und Zylinder

Das Dockland steht seit 2005 in Hamburg an der Elbe.
Das Gebäude ist ein Prisma
mit einem Parallelogramm als Grundfläche.

Noch fit?

ERINNERE DICH
• Vorderseite zeichnen
• nach hinten verlaufende Kanten z.B. mit $q = \frac{1}{2}$ und $\alpha = 45°$ antragen
• verdeckte Kanten stricheln

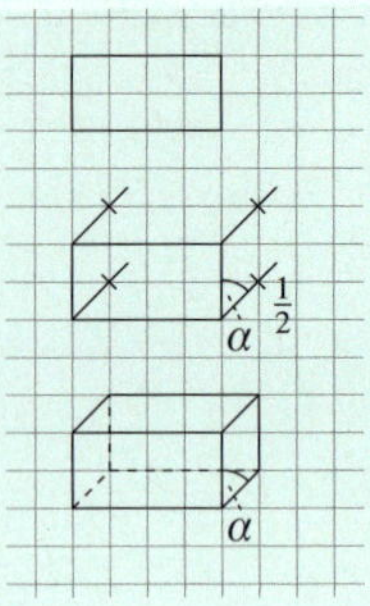

1 Übertrage ins Heft und vervollständige die angefangenen Zeichnungen zum Schrägbild eines Quaders. Gib die Kantenlängen des Quaders an.

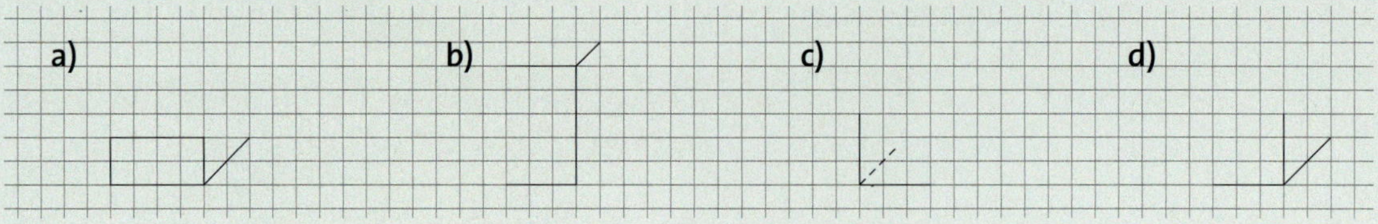

2 Zeichne das Schrägbild eines Würfels mit einer Kantenlänge von 4,2 cm. Berechne sein Volumen und seinen Oberflächeninhalt.

3 Zeichne Körpernetze. Nimm dir dazu einen Bleistift und ein Lineal.
a) Zeichne das Netz eines Quaders mit $a = 3$ cm, $b = 2$ cm und $c = 1{,}5$ cm.
b) Zeichne das Netz eines Würfels mit der Kantenlänge $a = 3$ cm

4 Gib in der in Klammern stehenden Einheit an.

a) 4 cm (mm)	**b)** 2 500 m (km)	**c)** 5 cm (dm)	**d)** 67 mm (cm)
e) 4 cm² (mm²)	**f)** 300 m² (dm²)	**g)** 5 cm² (dm²)	**h)** 67 mm² (cm²)
i) 4 cm³ (mm³)	**j)** 9 000 m³ (dm³)	**k)** 3 ℓ (cm³)	**l)** 67 mm³ (cm³)

5 Bestimme die Umfänge und Flächeninhalte der folgenden Flächen. Miss die notwendigen Maße der Figuren in der Zeichnung nach.

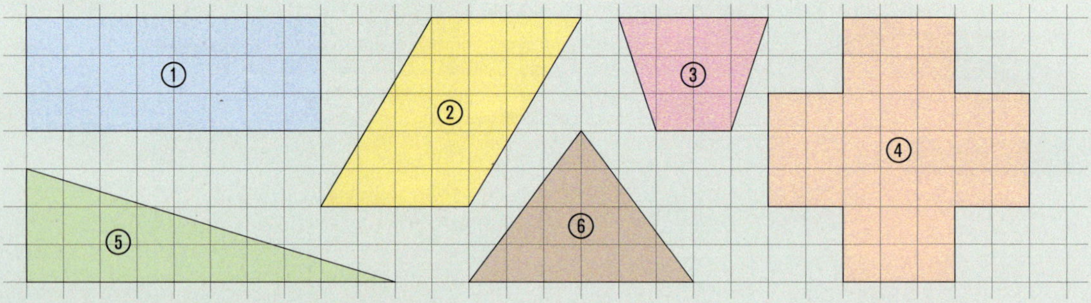

6 Überlege vorher genau! Zeichne …
a) ein Quadrat mit einem Flächeninhalt von 12,25 cm².
b) zwei unterschiedliche Rechtecke mit einem Flächeninhalt von 14 cm².
c) zwei unterschiedliche Dreiecke mit einem Flächeninhalt von 6 cm².
d) ein Parallelogramm mit einem Flächeninhalt von 12 cm².
e) ein rechtwinkliges Dreieck mit einem Flächeninhalt von 8 cm².
f) ein Trapez mit einem Flächeninhalt von 10 cm².

Kurz und knapp

1. Nenne Eigenschaften von Schrägbildern, die in der Kavalierperspektive gezeichnet wurden.
2. Nenne die Eigenschaften eines Parallelogramms.
3. Ist 0,24 : 0,6 = 24 : 6? Begründe.
4. Nenne zwei Formeln zur Berechnung des Flächeninhalts eines Trapezes.
5. Gib die Flächengrößen Hektar und Ar in m² und km² an.

Prismen erkennen und zeichnen

Erforschen und Entdecken

1 Betrachtet die folgenden Verpackungen.

a) Nennt Gemeinsamkeiten und Unterschiede der Verpackungen.

b) Saskia behauptet, dass die Verpackungen hauptsächlich aus Rechtecken bestehen. Kann das sein? Begründet und diskutiert darüber.

c) Nennt weitere Dinge aus eurer Umgebung (z. B. andere Verpackungen, Möbel oder Gebäude), die eine ähnliche Form besitzen.

ZUM WEITERARBEITEN
Überlege, warum die Hersteller solche Formen als Verpackungen verwendet haben.

2 Welcher Körper passt nicht in die Reihe? Begründet eure Auswahl.

a)

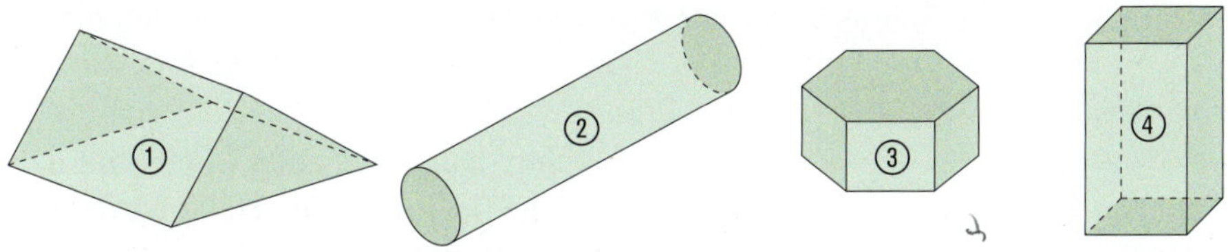

b)

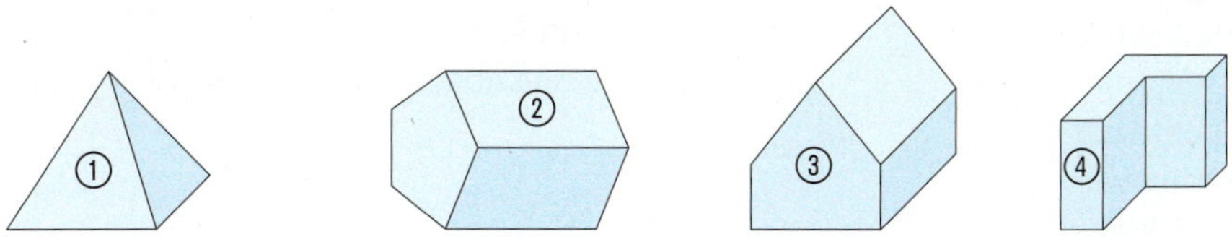

3 Mika möchte eine Dreiecksäule mit einem gleichseitigen Dreieck zeichnen. Er zeichnet die Säule in drei Perspektiven.

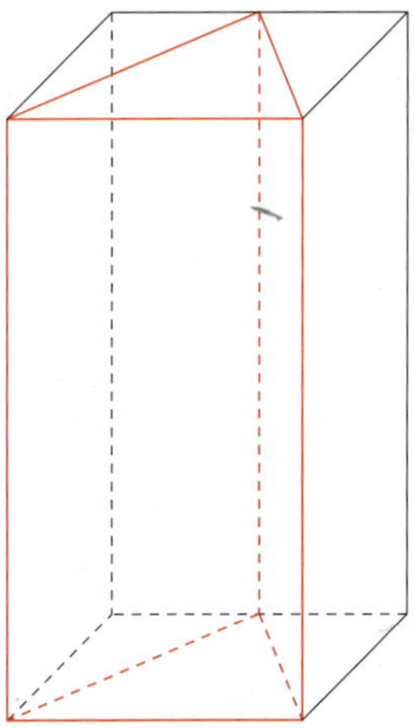

a) Erkläre jeweils, wie er vorgegangen sein könnte und zeichne die Säulen nach.

b) Worin unterscheiden sich die Zeichnungen?

c) Welche Kantenlängen haben die gezeichneten Körper in der Wirklichkeit?

d) Welche Vorgehensweise findest du am einfachsten?

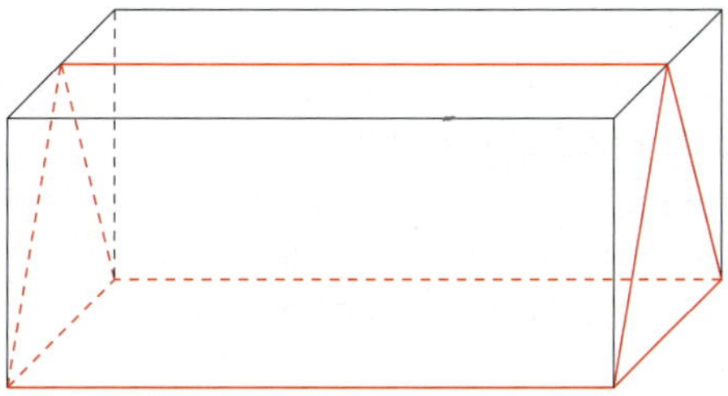

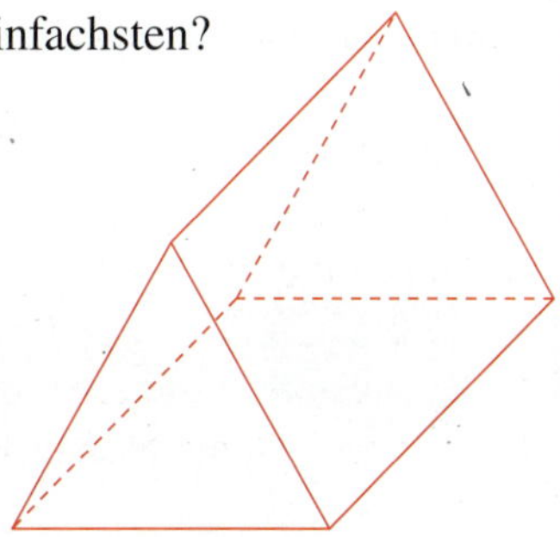

Lesen und Verstehen

BEACHTE
Stehen die Seitenflächen nicht senkrecht auf der Grund- und Deckfläche, so spricht man von einem „schiefen Prisma".

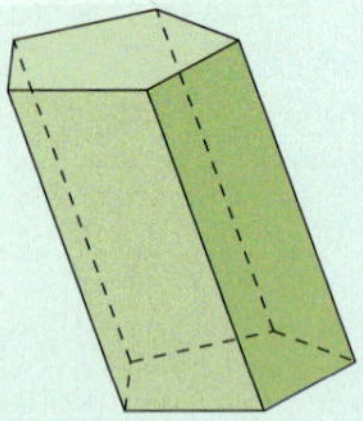

Um sich von quaderförmigen Verpackungen optisch abzusetzen und so einen hohen Wiedererkennungswert sowie ein besonderes Aussehen zu erlangen, nutzen insbesondere Hersteller von Süßigkeiten Prismen verschiedener Art, um ihre Produkte zu verpacken.

Ein **Prisma** ist ein geometrischer Körper,
- dessen Grundfläche A_G und Deckfläche Vielecke sind, die
  - deckungsgleich und
  - zueinander parallel sind,
- dessen Seitenflächen Rechtecke sind, die senkrecht auf der Grund- und der Deckfläche stehen.

BEISPIEL 1

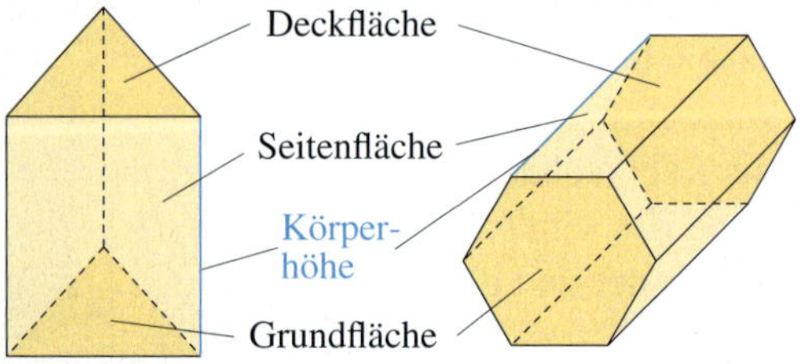

Die Seitenflächen bilden den **Mantel** A_M des Prismas. Der Abstand zwischen Grundfläche und Deckfläche heißt **Körperhöhe** h.

Schrägbilder von Prismen zeichnen – zwei Möglichkeiten

Es gibt mehrere Möglichkeiten, Schrägbilder von Prismen zu zeichnen. Zwei werden hier vorgestellt.

BEISPIEL 2

1) Jedes Prisma kann von einem Quader eingeschlossen werden. Den Quader zeichnet man in der Kavalierperspektive. Anschließend zeichnet man in den Quader das Prisma ein.

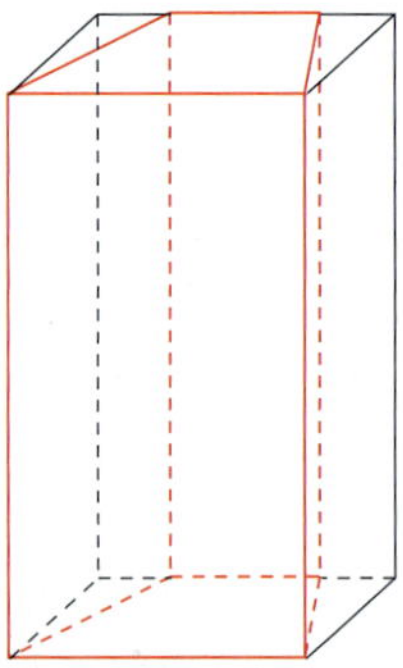

2) Alternativ kann man auch frontal mit der Grundfläche beginnen. Die Höhe wird dann von den Eckpunkten in einem Winkel von 45° und in halber Länge abgetragen.

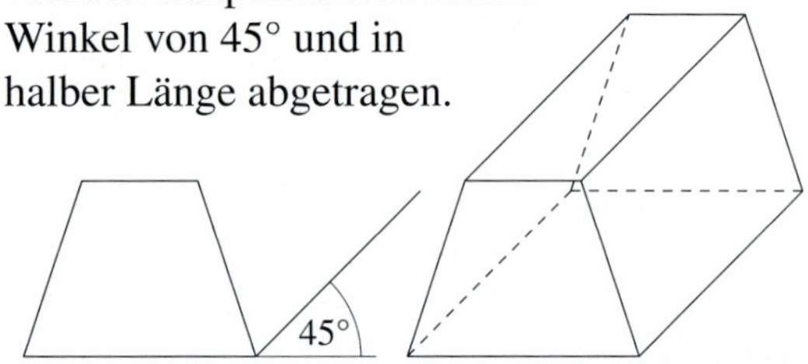

Üben und Anwenden

1 Welche der Körper sind Prismen? Stehen sie auf der Grundfläche oder liegen sie auf einer Seitenfläche? Begründe.

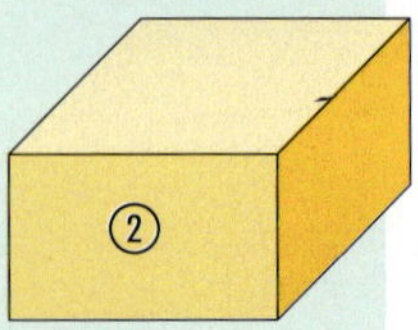

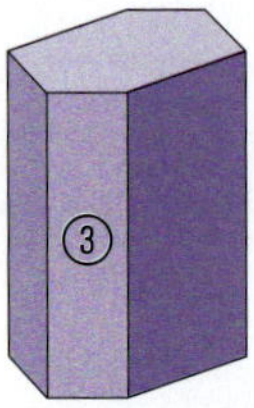

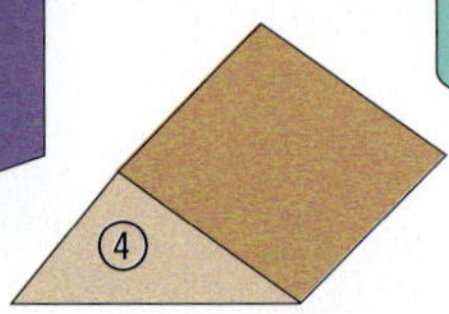

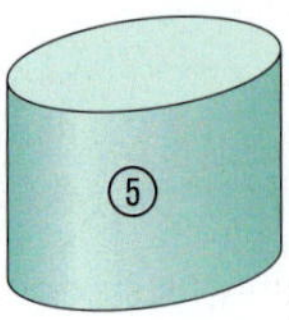

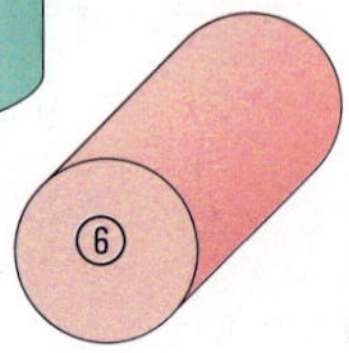

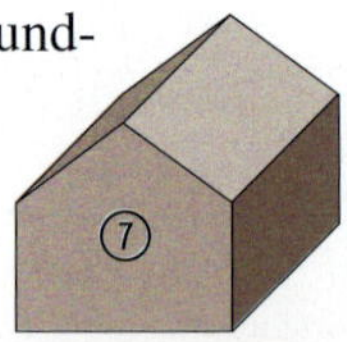

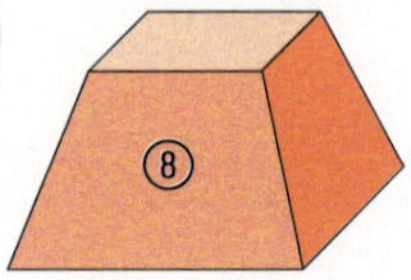

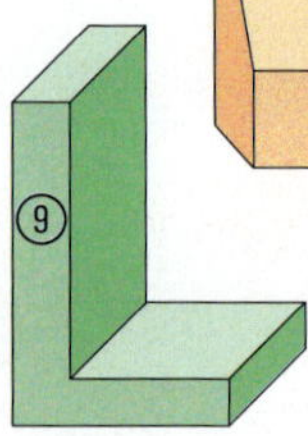

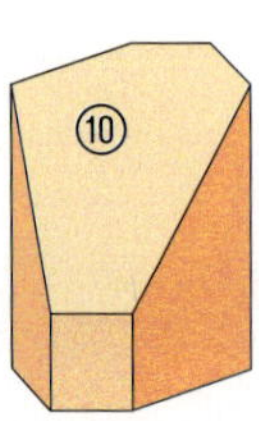

2 Martina behauptet, dass ein Quader eine besondere Form des Prismas ist. Überprüfe, ob Martinas Aussage richtig ist. Begründe deine Meinung.

3 Handelt es sich bei dem Schuttcontainer bzw. den Goldbarren um Prismen? Begründe deine Meinung.

4 Dachdecker unterscheiden die folgenden Dachformen. Mit welchen Dachformen handelt es sich bei den Häusern um Prismen? Begründe deine Meinung.

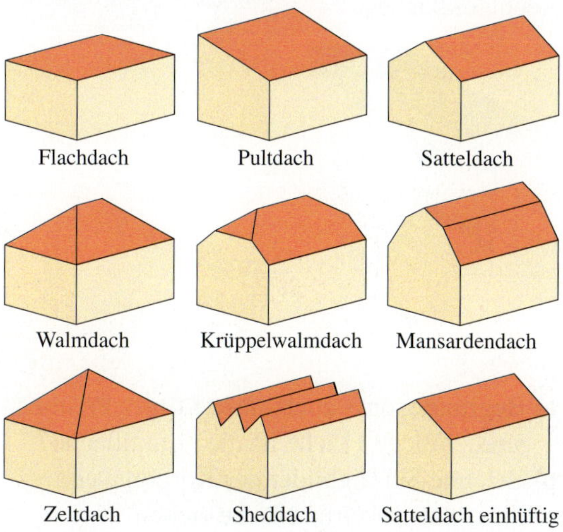

5 In dieser Abbildung eines Prismas mit dreieckiger Grundfläche sind die Ecken rot und die Kanten grün gefärbt.

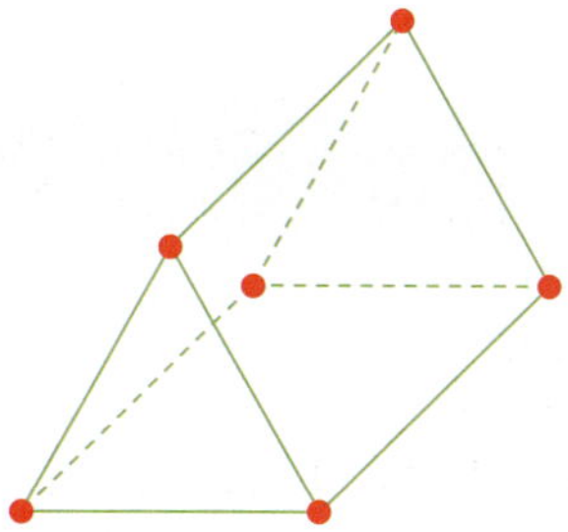

a) Wie viele Ecken, Kanten und Flächen hat das Prisma mit dreieckiger Grundfläche?

b) Wie verhält sich die Anzahl der Ecken, Kanten und Flächen bei Prismen mit anderen Grundflächen?
Übertrage die folgende Tabelle in dein Heft und vervollständige sie.

Grundfläche des Prismas	Anzahl am Prisma		
	Ecken (E)	Kanten (K)	Flächen (F)
Dreieck	6		
Viereck		12	
Fünfeck			7
Sechseck			
Siebeneck			
Achteck			
Neuneck			
Zehneck			

c) Wie viele Ecken (Kanten; Flächen) besitzt ein Prisma mit einem 17-Eck als Grundfläche? Begründe.

d) Gib für die Anzahl der Ecken, Kanten und Flächen in einem Prisma mit einem n-Eck als Grundfläche eine Formel an.
Vergleicht eure Formeln untereinander.

e) Gibt es ein Prisma mit 237 Ecken (351 Kanten; 4 Flächen)?

f) Beweise, dass für alle Prismen gilt:
$E + F - K = 2$,
wobei E die Anzahl der Ecken, F die Anzahl der Flächen und K die Anzahl der Kanten bezeichnet.

g) Überprüfe, ob die Formel $E + F - K = 2$ auch für die Körper aus Aufgabe 1 (Seite 198) gilt, die keine Prismen sind.

ZUM WEITERARBEITEN
Bei welchen Verpackungen auf dem Foto von Seite 197 handelt es sich um Prismen? Gib auch die Form ihrer Grundfläche an.

ZUM KNOBELN
Hier stimmt was nicht! Was ist es? Kannst du selbst so einen unwirklichen Körper zeichnen?

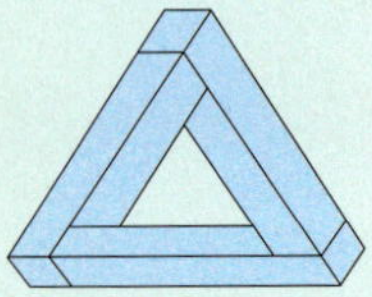

6 Übertrage das folgende Schrägbild eines Quaders dreimal in dein Heft.

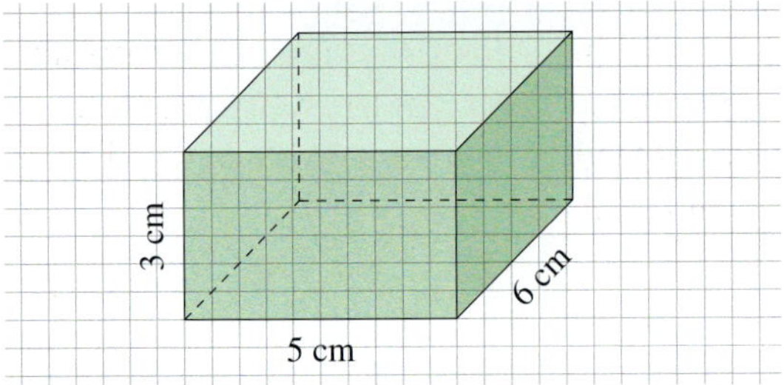

a) Zeichne in den ersten Quader ein Prisma mit einem rechtwinkligen Dreieck als Grundfläche.
b) Zeichne in den zweiten Quader ein Prisma mit einem gleichschenkligen Dreieck als Grundfläche.
c) Zeichne in den dritten Quader ein Prisma mit einem Trapez als Grundfläche.

7 Ergänze die folgenden Grundflächen von 10 cm hohen Prismen zu einem Schrägbild in deinem Heft.

8 Die Firma „Elektro-Trapp" möchte ihr Logo „ET" für einen Messeauftritt aus einem Styroporblock mit den Abmessungen 90 cm × 120 cm × 60 cm ausschneiden.
a) Zeichne ein Schrägbild des Styroporblocks im Maßstab 1 : 10.
b) Zeichne in das Quaderschrägbild das Logo der Firma „Elektro-Trapp". Vergleiche deine Lösung mit der eines Partners. Welchen Vorschlag haltet ihr für besonders gut geeignet?

9 Dieses Haus ist 11 m lang.

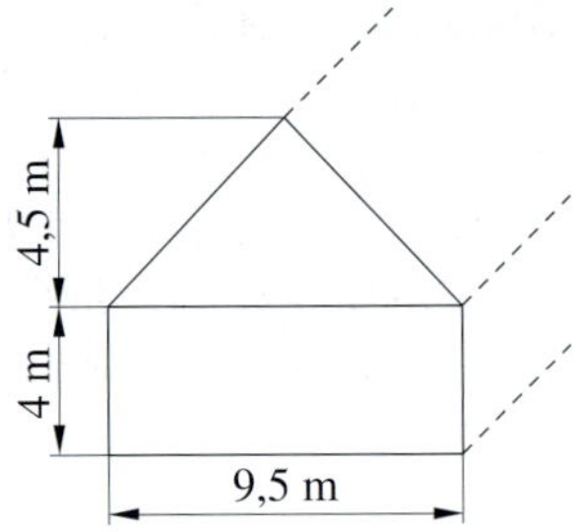

a) Zeichne ein Schrägbild des Hauses im Maßstab 1 : 100.
b) Ergänze in deiner Zeichnung Fenster und Türen. Denke an eine ausreichende Höhe und Breite von Fenstern und Türen.

10 Sind die folgenden Aussagen wahr?
a) Jedes Prisma hat mindestens drei Rechtecke.
b) In einem Prisma sind Deck- und Seitenflächen parallel.
c) In einem Prisma steht die Grundfläche senkrecht auf allen Seitenflächen.
d) Es gibt kein Prisma mit 10 Ecken.
e) Ein Prisma besitzt immer mehr Ecken als Kanten.
f) Bei einem Quader kann man nicht genau sagen, ob er auf der Grund- oder Seitenfläche steht.
g) Es gibt kein Prisma, das doppelt so viele Ecken wie Flächen besitzt.

11 Die abgebildeten Körper stehen auf einer Rechteckfläche.

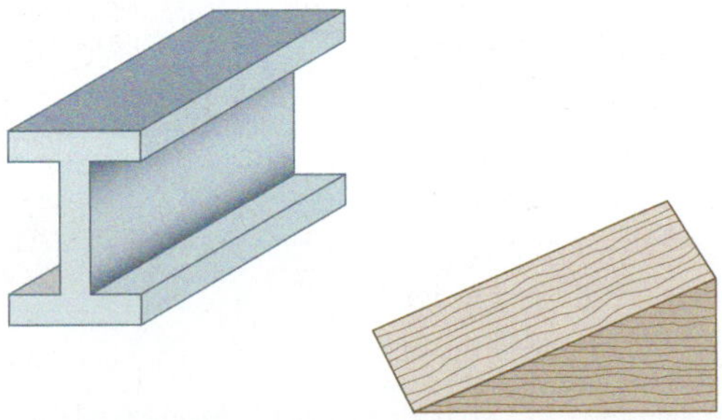

a) Begründe, dass auch diese Körper Prismen sind. Welche Fläche ist die Grundfläche?
b) Zeichne Schrägbilder der Körper, wenn diese auf der Grundfläche stehen.

Mantel- und Oberflächeninhalt von Prismen

Erforschen und Entdecken

1 Im Schrägbild eines 2 cm breiten, 3 cm tiefen und 6 cm hohen Quaders wurde ein Prisma mit einem rechtwinkligen Dreieck als Grundfläche eingezeichnet (siehe Randspalte).
Sophia ist der Meinung, dass der Oberflächeninhalt des Quaders doppelt so groß ist wie der des Prismas. Tom ist anderer Ansicht. Welcher Ansicht bist du?

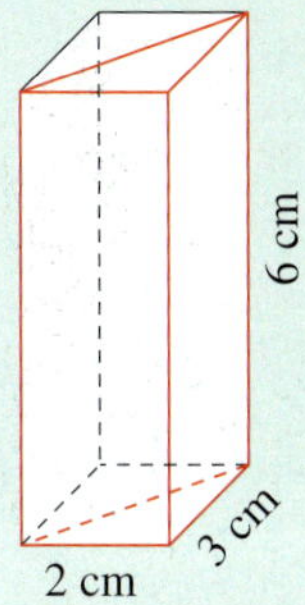

Um den Oberflächeninhalt zu vergleichen, haben Tom und Sophia Netze des Quaders und des Prismas gezeichnet.

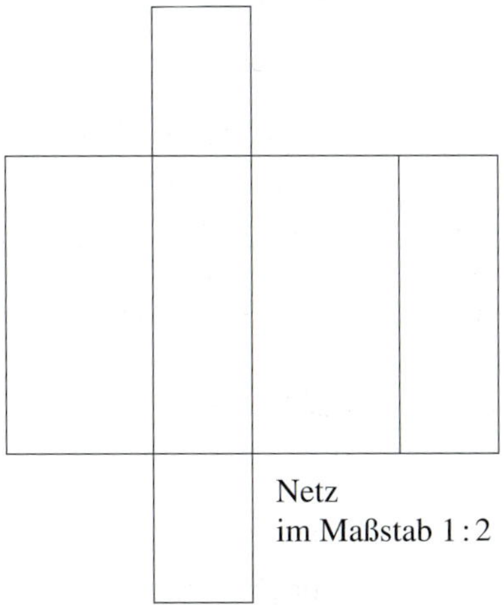

Netz
im Maßstab 1 : 2

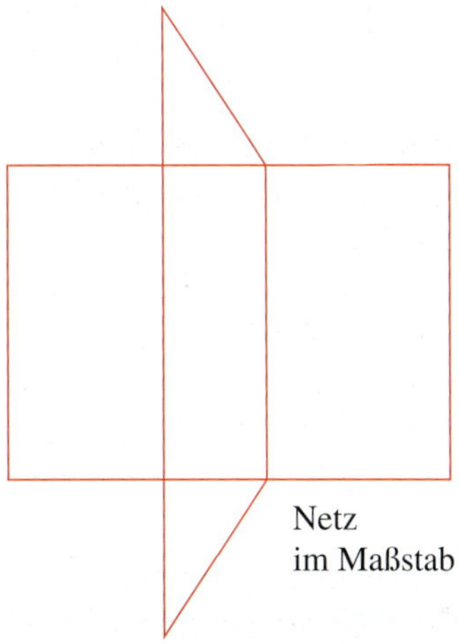

Netz
im Maßstab 1 : 2

a) Welches Netz gehört zum Dreiecksprisma, welches zum Quader? Begründe.
b) Zeichne die Netze mit den gegebenen Längen in dein Heft.
c) Markiere gleich große Flächen im Netz des Quaders und des Dreiecksprismas in den gleichen Farben.
d) Begründe mit Hilfe des entstandenen Netzes, warum Sophias Meinung falsch ist.
e) Berechne die Flächeninhalte der Dreiecke und Rechtecke in den Netzen.
f) Bestimme den Oberflächeninhalt des Quaders und den des Dreiecksprismas.

2 Dies ist die aufgeschnittene Schachtel einer auf Seite 197 abgebildeten Süßigkeit.

a) Um welche Verpackung handelt es sich? Begründe.
b) Bei welchen Flächen handelt es sich um Klebelaschen? Welche Flächen besitzen die gleichen Abmessungen?
c) Die Verpackung ist im Original 20,8 cm hoch und hat eine Seitenlänge von 3,5 cm.
Zeichne das Netz der Verpackung in einem geeigneten Maßstab in dein Heft. Klebelaschen müssen nicht mitgezeichnet werden.
d) Bestimme den Oberflächeninhalt der Verpackung (ohne Klebelaschen).
Vergleicht die Lösungen im Klassenverband.

Lesen und Verstehen

Herr Meyer ist Designer. Für einen Süßwarenhersteller soll er sich eine originelle Verpackung für Schokolinsen einfallen lassen. Er hat sich für ein Prisma mit dreieckiger Grundfläche entschieden. Der Süßwarenhersteller möchte aus Kostengründen wissen, wie viel Pappe für die reine Oberfläche der Verpackung mindestens benötigt wird. Dazu zeichnet Herr Meyer das Netz der Verpackung ohne Klebefalz.

Um den Mantel A_M oder den Oberflächeninhalt A_O eines Prismas zu bestimmen, muss der Flächeninhalt der einzelnen Flächen berechnet und summiert werden. Die Anzahl der Seitenflächen ist abhängig von der geometrischen Form der Grundfläche.

HINWEIS
Sind Flächen zueinander kongruent, so besitzen sie die gleiche Größe. Dann reicht es aus, eine Flächengröße zu berechnen und mit der Anzahl der kongruenten Flächen zu multiplizieren.

> Der **Mantel A_M** eines Prismas besteht aus allen rechteckigen Seitenflächen.
> $A_M = S_1 + S_2 + \ldots + S_n$

Der Mantel eines Prismas ist immer ein aus den Seitenflächen zusammengesetztes Rechteck. Seine eine Länge ist der Umfang der Grundfläche, die andere die Höhe des Prismas. Es gilt demnach auch:
$A_M = u_{A_G} \cdot h$

BEACHTE
Sind nicht alle benötigten Maße der Grundfläche gegeben, dann zeichne die Fläche und entnimm die Maße deiner Zeichnung.

> Der **Oberflächeninhalt A_O** eines Prismas besteht aus dem Mantel sowie der Grund- und der Deckfläche.
> $A_O = A_M + 2 \cdot A_G$
> $\quad = S_1 + S_2 + \ldots + S_n + 2 \cdot A_G$

BEISPIEL

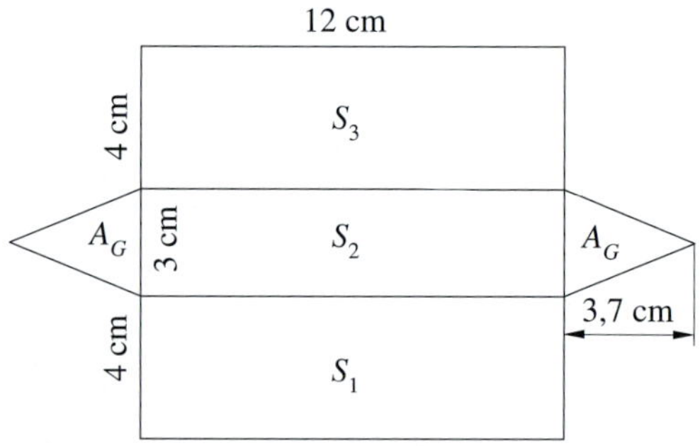

Teilflächenberechnung:
$S_1 = S_3 = 4\,\text{cm} \cdot 12\,\text{cm} = 48\,\text{cm}^2$
$S_2 = 3\,\text{cm} \cdot 12\,\text{cm} = 36\,\text{cm}^2$
$A_G = \frac{1}{2} \cdot 3\,\text{cm} \cdot 3{,}7\,\text{cm} = 5{,}55\,\text{cm}^2$
Mantel:
$A_M = 2 \cdot S_1 + S_2$
$A_M = 2 \cdot 48\,\text{cm}^2 + 36\,\text{cm}^2 = 132\,\text{cm}^2$
Oberflächeninhalt:
$A_O = A_M + 2 \cdot A_G$
$A_O = 132\,\text{cm}^2 + 2 \cdot 5{,}55\,\text{cm}^2 = 143{,}1\,\text{cm}^2$

Für die Verpackung werden mindestens $143{,}1\,\text{cm}^2$ Pappe benötigt.

Üben und Anwenden

1 Übertrage die Netze von Prismen ins Heft. Kennzeichne die Mantelfläche blau und die Grund- und Deckfläche rot.

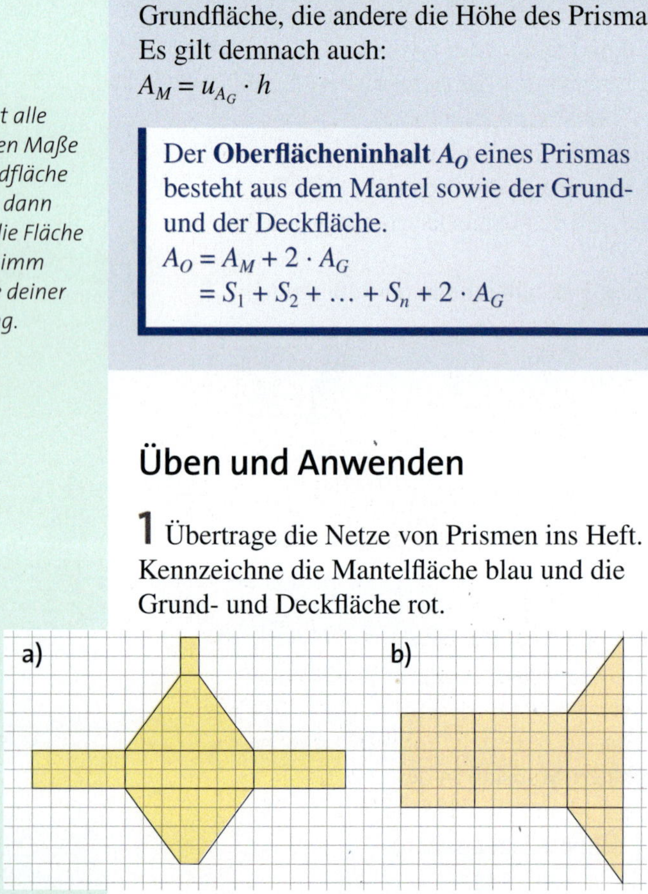

2 Zeichne mindestens je zwei verschiedene Netze der folgenden Prismen mit $h = 3\,\text{cm}$ und der gegebenen Grundfläche.

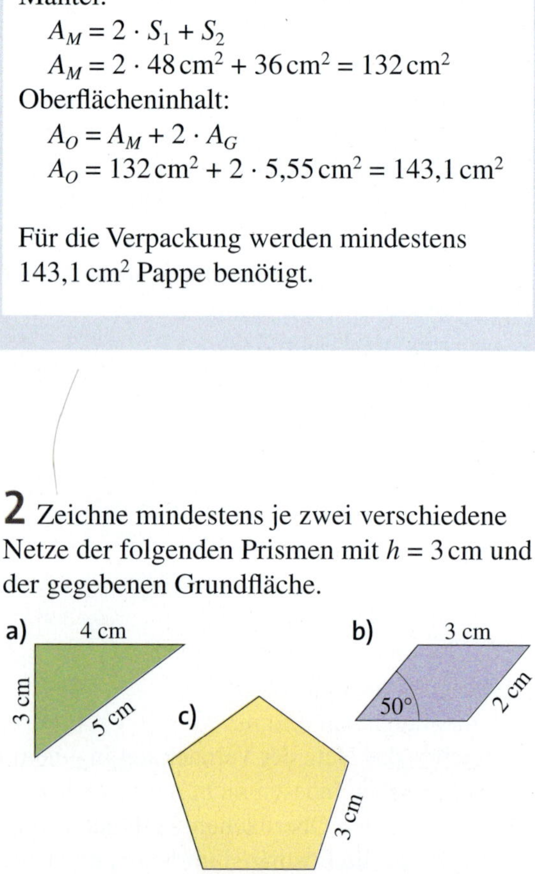

3 Zeichne das Schrägbild eines Prismas, zu dem das folgende Netz gehört:
- auf einer Grundfläche stehend
- auf einer Seitenfläche stehend.

Miss die Maße (in cm) in der Zeichnung nach.

a)

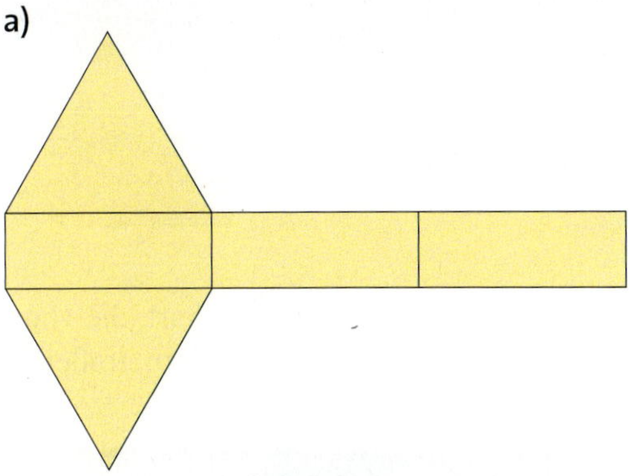

b)

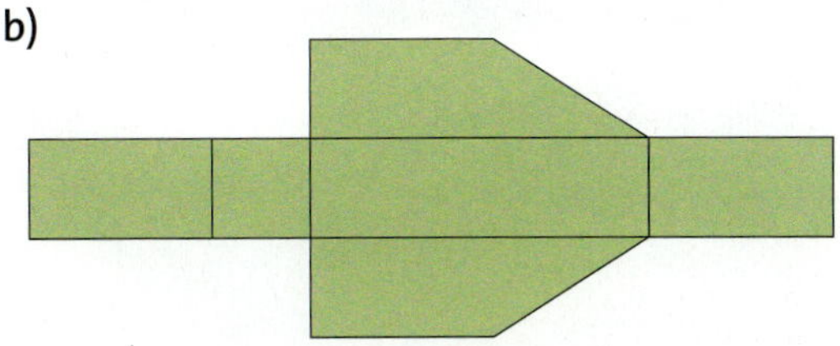

4 Berechne den Oberflächeninhalt und die Gesamtlänge aller Kanten (Maße in cm).

a)

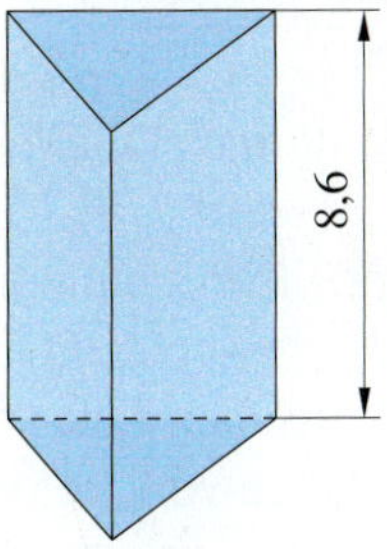

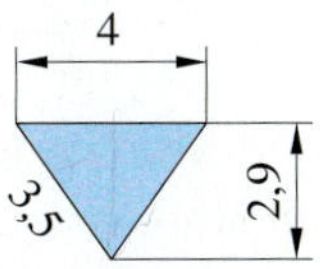

Grundfläche

b)

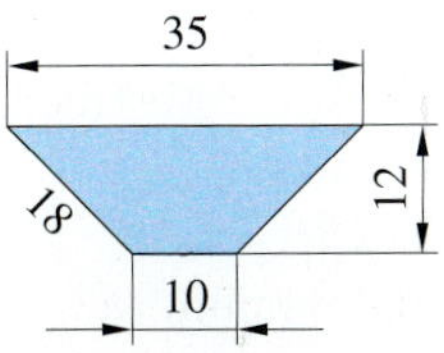

Grundfläche

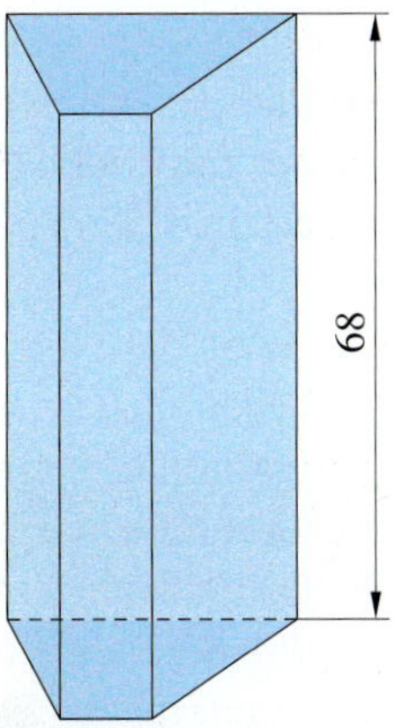

5 Zeichne und berechne den Oberflächeninhalt der folgenden Prismen. Entnimm fehlende Maße deiner Zeichnung.

a) Grundfläche: Dreieck, mit $a = 2{,}8\,\text{cm}$, $b = 3{,}5\,\text{cm}$ und $c = 4{,}5\,\text{cm}$;
Höhe: $h = 6\,\text{cm}$

b) Grundfläche: gleichseitiges Dreieck, mit $a = 3{,}8\,\text{cm}$;
Höhe: $h = 3{,}5\,\text{cm}$

c) Grundfläche: gleichschenkliges Dreieck, mit $a = b = 2{,}3\,\text{dm}$; $c = 2{,}1\,\text{dm}$;
Höhe: $h = 37\,\text{cm}$

d) Grundfläche: Drachenviereck, mit $a = 5\,\text{cm}$, $b = 35\,\text{mm}$ und $\alpha = 35°$;
Höhe: $h = 1\,\text{dm}$

e) Grundfläche: gleichschenkliges Trapez ($a \parallel c$), mit $a = 7\,\text{cm}$, $b = 4\,\text{cm}$ und $c = 3\,\text{cm}$;
Höhe: $h = 6{,}5\,\text{cm}$

6 Ein 10 cm hohes Prisma besitzt eine dreieckige Grundfläche mit einem Umfang von 15 cm.

a) Zeichne drei Dreiecke, die Grundflächen des Prismas sein könnten.

b) Begründe, warum die Mantelfläche der Prismen gleich groß sein muss.

c) Ist der Oberflächeninhalt der Prismen ebenfalls gleich groß? Begründe.

d) Was gilt für die Gesamtlänge aller Kanten?

7 Betrachte die beiden folgenden Parallelogramme.

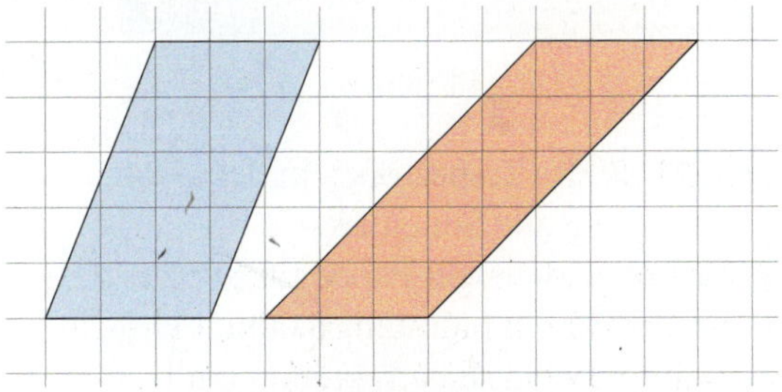

a) Zeige, dass die beiden Parallelogramme den gleichen Flächeninhalt besitzen.

b) Die Parallelogramme sind jeweils Grundfläche eines 10 cm hohen Prismas. Besitzen die Prismen den gleichen Oberflächeninhalt? Begründe deine Meinung.

ZUM WEITERARBEITEN

Bastle die Häuser aus Aufgabe 4 auf Seite 199 nach, die Prismen darstellen. Zeichne jeweils zuerst ein Netz mit Klebefalzen. Das Beispiel könnte ein Netz zum Flachdach darstellen.

NACHGEDACHT
Welche Würfel können nicht aus dem Körpernetz gebastelt werden?

8 Eine Firma verwendet zur sicheren Verpackung von Postern folgende Verpackungsboxen.

Diese Verpackungsboxen gibt es in unterschiedlichen Größen:

610 × 145/110 × 75 mm
430 × 145/110 × 75 mm
860 × 145/110 × 75 mm
705 × 145/110 × 75 mm
430 × 105/55 × 75 mm
705 × 105/55 × 75 mm
860 × 105/55 × 75 mm
610 × 105/55 × 75 mm

610 × 145/110 × 75 mm bedeutet, dass die Verpackungsbox 610 mm lang ist und das Trapez die folgenden Abmessungen hat:

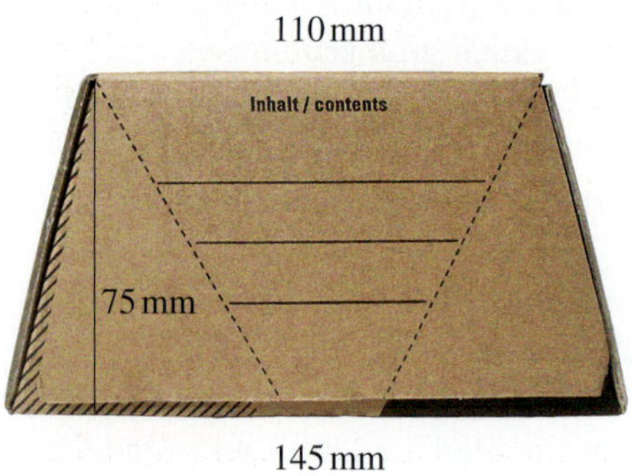

a) Zeichne das Trapez oben in dein Heft. Bestimme alle Seitenlängen.
b) Berechne, wie viel Pappe für je eine Verpackung mindestens benötigt wird.
c) Julius möchte seinem Freund ein 68 cm × 100 cm großes Poster schicken. Welche Box sollte er wählen? Begründe.
d) Paul muss drei zylinderförmige Kerzen mit einem Durchmesser von 40 mm und einer Länge von 40 cm verpacken. Kommt er mit einer Verpackungsbox aus? Begründe.
e) Welche prismenförmige Verpackung fällt dir noch ein, um Poster zu versenden?

9 Zeichne die Netze der Prismen. Berechne ihren Oberflächeninhalt und die Gesamtlänge ihrer Kanten (Maße in cm).

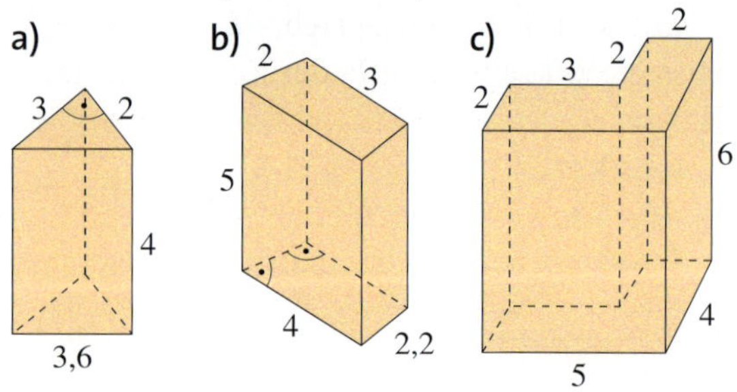

10 Der Gotthard ist eine Zeltart, die von Pfadfindern vor allem zum Biwak in großen Höhen verwendet wird.

Querschnitt (Maße in cm)

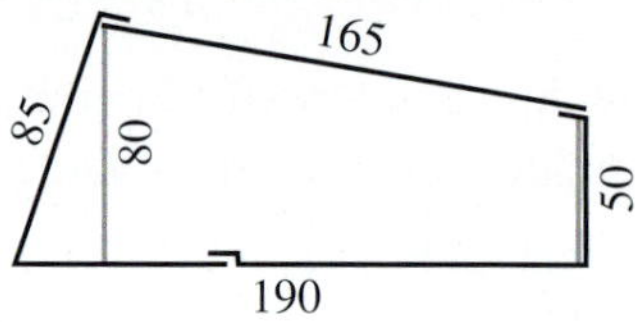

a) Übertrage den Querschnitt maßstäblich in dein Heft.
b) Handelt es sich bei der Zeltform um ein Prisma? Begründe.
c) Das Zelt wird aus quadratischen Zeltbahnen mit einer Seitenlänge von 1,65 m zusammengebaut. Wie viele Zeltbahnen benötigt man, wenn die Außenwände nicht verschlossen werden?
d) Erkundige dich, welche Zeltaufbauten es in der Art noch gibt. Sind darunter noch andere Prismen zu finden?

11 Zeichne das Netz eines Prismas mit einem Oberflächeninhalt von $80\,cm^2$, wenn…
a) die Grundfläche ein Dreieck ist.
b) die Grundfläche ein Parallelogramm ist.
c) die Grundfläche ein Trapez ist.
d) das Prisma 5 Seitenflächen hat.
e) die Mantelfläche $50\,cm^2$ einnimmt.

Volumen von Prismen

Erforschen und Entdecken

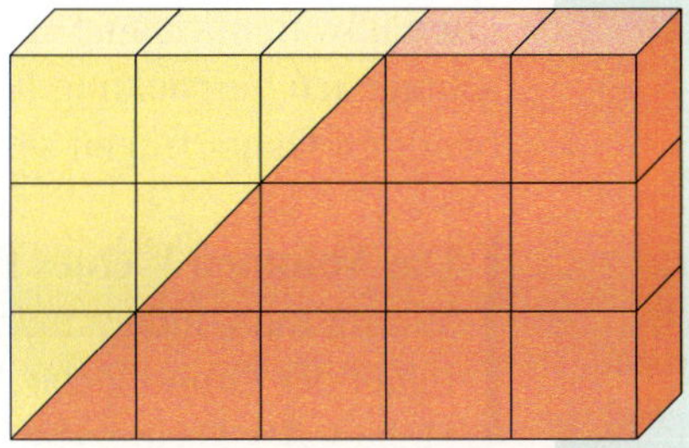

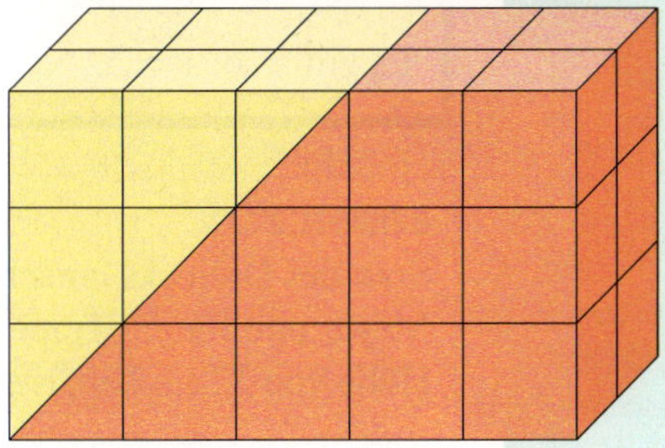

1 Die Kantenlänge der abgebildeten Würfel beträgt immer 1 cm.
a) Welche Körperform hat der gelb (rot) gefärbte Teil des Quaders?
b) Aus wie vielen Würfeln besteht der gelb (rot) gefärbte Teil des Quaders?
c) Aus wie vielen Würfeln besteht der gelb (rot) gefärbte Teil des Quaders, wenn zwei Schichten hintereinander stehen?
d) Übertrage die folgende Tabelle in dein Heft und vervollständige sie.

Anzahl Schichten	Anzahl gelbe Würfel	Anzahl rote Würfel
1	4,5	
2		
3		
4		
5		

2 Diese „Trapez-Plus-Verpackung“ wurde entwickelt, um die Portokosten gering zu halten. Sie ist 430 mm lang. Die anderen Maße lassen sich der Zeichnung entnehmen.

110 mm

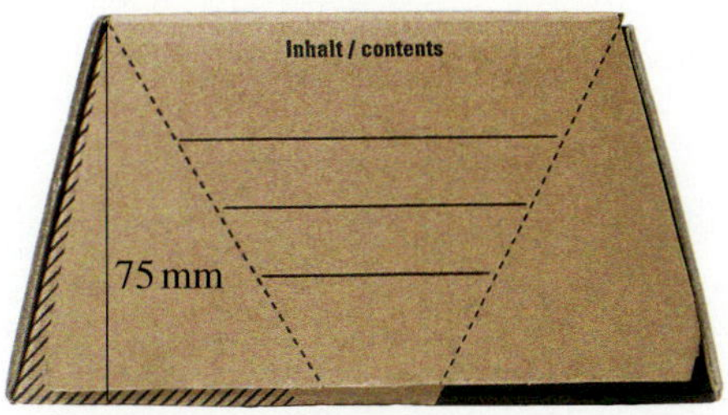

145 mm

a) Welcher der folgenden Quader besitzt das gleiche Volumen wie die „Trapez-Plus-Verpackung“? Begründe deine Meinung und bestimme den Rauminhalt des Quaders und der Trapezverpackung.
Quader 1: 110 mm × 75 mm × 610 mm
Quader 2: 145 mm × 110 mm × 75 mm
Quader 3: 127,5 mm × 75 mm × 610 mm
Quader 4: 127,5 mm × 75 mm × 430 mm
b) Die „Trapez-Plus-Verpackung“ gibt es – bei gleichen Trapezabmessungen – auch in einer Länge von 860 mm. Was muss für das Volumen der 430 mm und 860 mm langen Verpackungen gelten?
c) Für Poster gibt es auch die Tripac-Verpackungen. Die Grundfläche ist ein gleichseitiges Dreieck. Die Seitenlänge beträgt 139 mm, die Höhe 120 mm. Die Länge der Verpackung beträgt 610 mm.
Gib einen Quader an, der das gleiche Volumen wie die Tripac-Verpackung besitzt.
Erläutert in der Klasse, wie ihr dabei vorgegangen seid.
Gibt es verschiedene Lösungswege?

Lesen und Verstehen

Die Süßwarenfirma ist sich nicht sicher, ob die Schokolinsen in der von Herrn Meyer vorgeschlagenen Verpackung (vgl. S. 202) Platz finden. Es wird ein Volumen von mindestens $100\,cm^3$ benötigt. Daher fragen sie bei ihm das Volumen der Verpackung nach.

KURZ GESAGT
Volumen eines Prismas = Grundfläche mal Höhe

Das **Volumen V eines Prismas** bestimmt man, indem man den Flächeninhalt der Grundfläche A_G mit der Höhe h des Prismas multipliziert.

Es gilt also: $V = A_G \cdot h$

BEISPIEL 1
Die Grundfläche des vorgeschlagenen Prismas ist ein Dreieck mit
$A_G = \frac{1}{2} \cdot g \cdot h_g = \frac{1}{2} \cdot 3\,cm \cdot 3{,}7\,cm = 5{,}55\,cm^2$
$V = A_G \cdot h = 5{,}55\,cm^2 \cdot 12\,cm = 66{,}6\,cm^3$
Die vorgeschlagene Verpackung ist zu klein.

HINWEIS
Ein Quader ist ein Prisma, deshalb gilt die Volumenformel „Grundfläche mal Höhe“. Im Quader wird die Höhe h oft mit c bezeichnet.

BEISPIEL 2
Statt des Dreiecks entscheidet sich Herr Meyer nun für ein Trapez als Grundfläche. Die Höhe von 12 cm behält er bei.

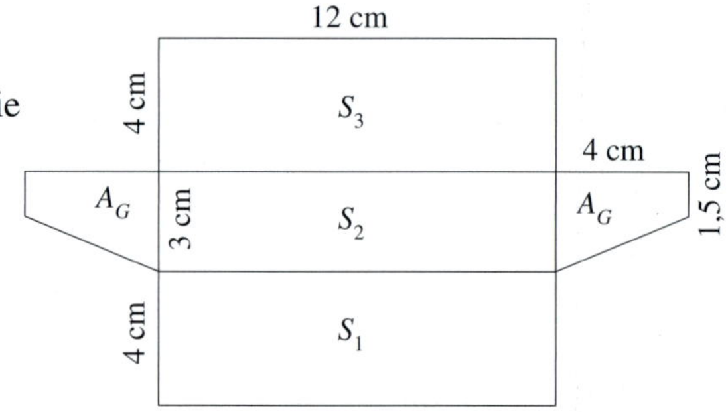

Berechnung der Grundfläche (Trapez):
$A_G = \frac{a + c}{2} \cdot h_a = \frac{3\,cm + 1{,}5\,cm}{2} \cdot 4\,cm$
$= 2{,}25\,cm \cdot 4\,cm = 9\,cm^2$
Für das Volumen des Prismas gilt:
$V = 9\,cm^2 \cdot 12\,cm = 108\,cm^3$
Die Verpackung ist mit $108\,cm^3$ nun groß genug.

Üben und Anwenden

1 Berechne das Volumen des Prismas.
a) $A_G = 25\,cm^2$; $h = 8\,cm$
b) $A_G = 12{,}5\,m^2$; $h = 10\,m$
c) $A_G = 49{,}5\,m^2$; $h = 12\,m$
d) $A_G = 17{,}25\,dm^2$; $h = 23\,cm$

2 Die Grundfläche eines Prismas beträgt $12\,cm^2$, die Höhe 4 cm. Gib das Volumen an.

3 Von diesem Prisma soll das Volumen berechnet werden.

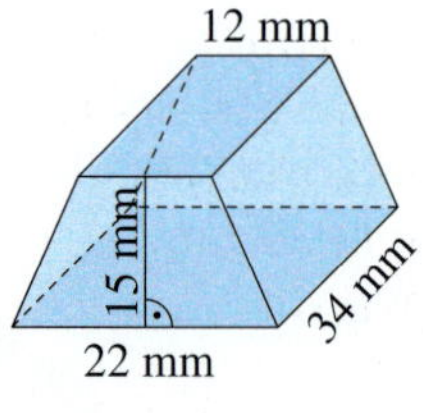

a) Berechne die Grundfläche A_G des Prismas.
b) Gib die Höhe h des Prismas an.
c) Berechne das Volumen des Prismas. Runde auf volle cm^3.

4 Gib das Volumen des Dreiecksprismas an.

	a)	b)	c)	d)
Grundseite	8 m	13 cm	3,5 dm	13,1 m
Dreieckshöhe	6 m	9 cm	2,4 dm	17,4 m
Körperhöhe	10 m	17 cm	67 cm	120 m

5 ➡ Ein Prisma hat ein Volumen von $V = 120\,cm^3$. Gib das Volumen eines Prismas mit gleicher Grundfläche und doppelter (dreifacher, anderthalbfacher) Höhe an.

6 ➡ Ein Prisma mit dreieckiger Grundfläche hat bei einer Höhe von 14 cm ein Volumen von $392\,cm^3$. Wie groß ist die Grundfläche? Welche Formen und Maße könnte die Grundfläche haben? Stellt eure Ergebnisse in der Klasse vor.

7 Berechne das Volumen des Prismas. Die Grundfläche ist ein Trapez. 1. und 2. Grundseite sind die zwei zueinander parallelen Seiten des Trapezes.

	a)	b)	c)
1. Grundseite	6 m	20 dm	4,5 cm
2. Grundseite	2 m	30 dm	1,5 cm
Trapezhöhe	5 m	8 dm	9 cm
Körperhöhe	10 m	40 dm	11 cm

8 Berechne das Volumen des Prismas.

a)

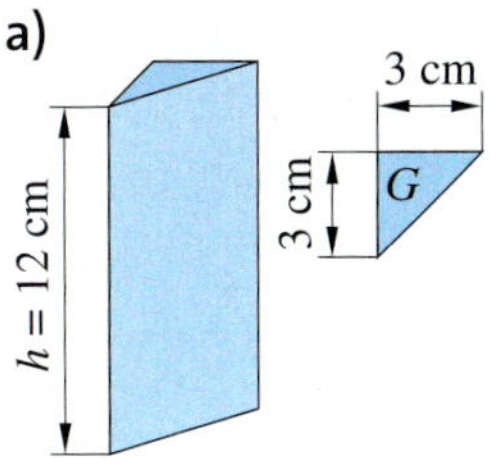

b)

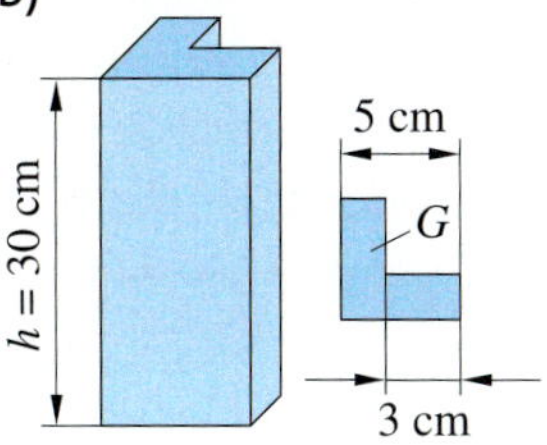

c)

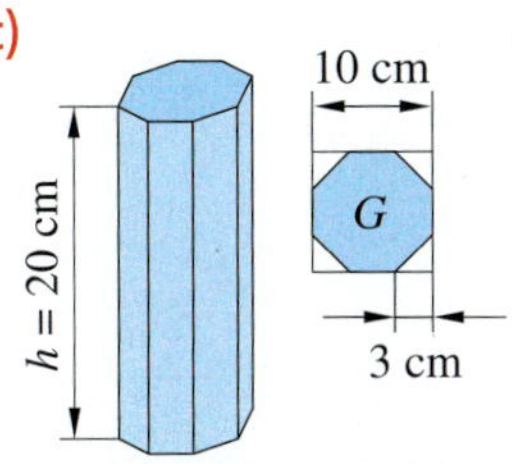

d)

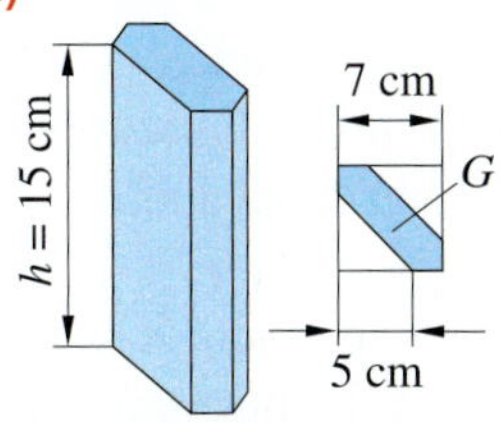

9 Ein Prisma hat ein Volumen von $216\,cm^3$ und eine Grundfläche von $12\,cm^2$. Wie hoch ist das Prisma?

10 Berechne das Volumen der Prismen.

a) Grundfläche: Dreieck mit $b = 4{,}5\,cm$; $h_b = 3{,}6\,cm$
Höhe: $h = 15\,cm$

b) Grundfläche: rechtwinkliges Dreieck ($\gamma = 90°$) mit $a = 4{,}2$ m; $b = 5{,}1$ m
Höhe: $h = 20$ m

c) Grundfläche: gleichschenkliges Dreieck mit Basis $c = 6{,}5\,dm$; $h_c = 5{,}2\,dm$
Höhe: $h = 9{,}4\,dm$

d) Grundfläche: Trapez mit $a = 7{,}8\,dm$; $c = 2{,}5\,dm$ $(a \| c)$; $h_a = 3\,dm$
Höhe: $h = 12\,dm$

e) Grundfläche: Parallelogramm mit $a = 7{,}8\,cm$; $h_a = 2{,}5\,cm$
Höhe: $h = 25\,cm$

11 Familie Jansen will das Dachgeschoss ihres Hauses ausbauen und mit einem Kaminofen beheizen. Für das Heizen mit einem Kaminofen müssen bei einem Kilowatt Heizleistung mindestens $4\,m^3$ Raum vorhanden sein.

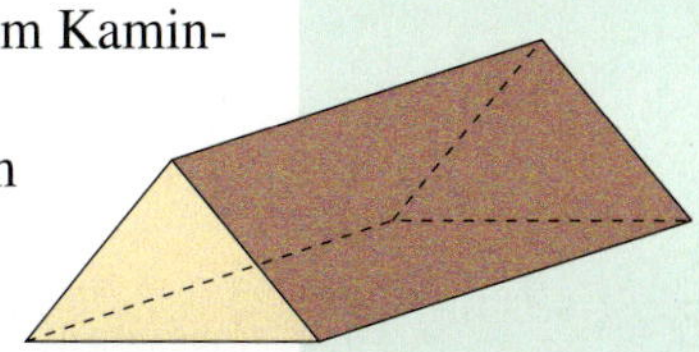

Das Dachgeschoss ist am Giebel 8 m breit und hat 12 m Länge. Der Giebel ist 4 m hoch.

a) Welches Volumen hat das Dachgeschoss?

b) Welche Leistung muss der Ofen mindestens haben?

12 Ein Prisma aus Kristallglas hat die in der Zeichnung gegebene Form und die angegebenen Maße.

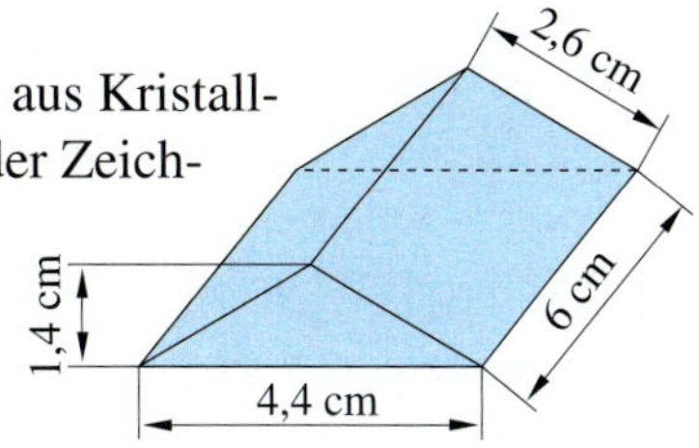

a) Berechne das Volumen.

b) Wie viel Gramm wiegt das Prisma? (Dichte von Kristallglas $2{,}9\,\frac{g}{cm^3}$)

13 Tilo, Mark, Ole und Hannes gehen zusammen zelten.

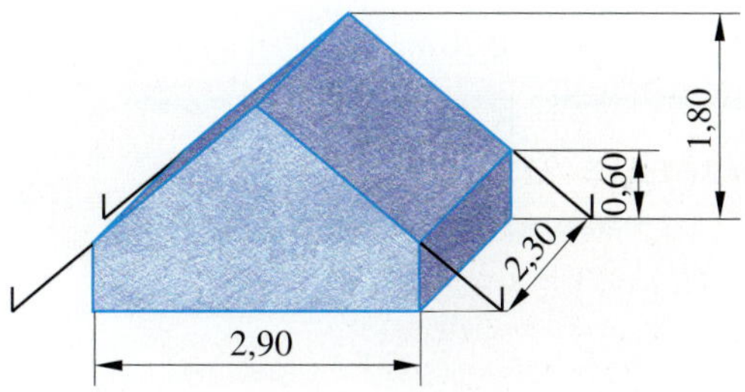

a) Wie viel m^3 Luft beinhaltet ihr Zelt?

b) Schätze ab, wie viel m^3 Luft noch im Zelt sind, wenn alle vier im Zelt liegen. Vergleicht eure Werte untereinander.

14 Ein Sandkasten hat die Form eines gleichseitigen sechseckigen Prismas (Maße siehe Randspalte). Er ist 40 cm tief. Wie viel wiegt der Sand, wenn er eine Dichte von $1\,300\,\frac{kg}{m^3}$ hat?

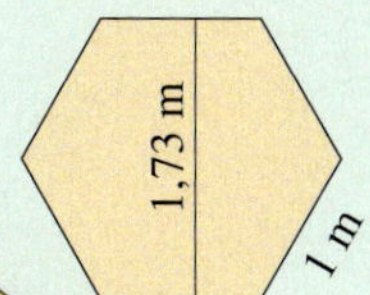

15 In einem Garten stehen Betonelemente, die als Sitzmöglichkeit oder auch als Stellmöglichkeit für Blumenschalen genutzt werden können.

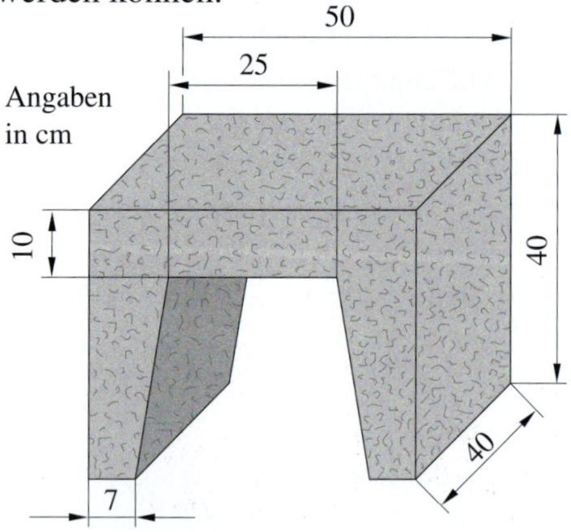

a) Wie viel m^3 Beton wurden für dieses Betonelement verarbeitet? Vergleicht eure Lösungswege.
b) Wie schwer ist das Betonelement, wenn $1\,m^3$ Beton 1200 kg wiegt?

16 In der Abbildung seht ihr einen Container von der Seite. Er ist 2 m breit und 0,90 m hoch.

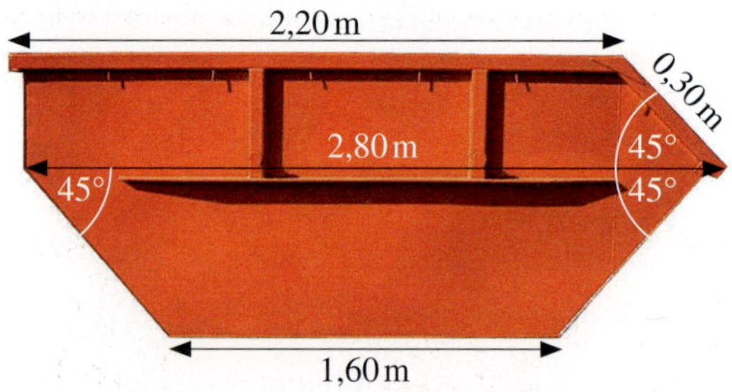

a) Zeichne ein Schrägbild des Containers im Maßstab 1 : 25.
b) Berechne das Fassungsvermögen des Containers.
c) Der Container ist bis zur halben Höhe mit Schutt gefüllt. Ist er jetzt auch „halb voll“?
d) Betrachte die Zuordnung *Schutthöhe → Volumen*. Ergänze die folgende Wertetabelle und stelle sie graphisch dar.

Schutthöhe (in cm)	0	15	30	45	60	75	90
Volumen (in m^3)	0						

17 Dies ist eine Zeichnung eines 25 m langen und 10 m breiten Schwimmbeckens.

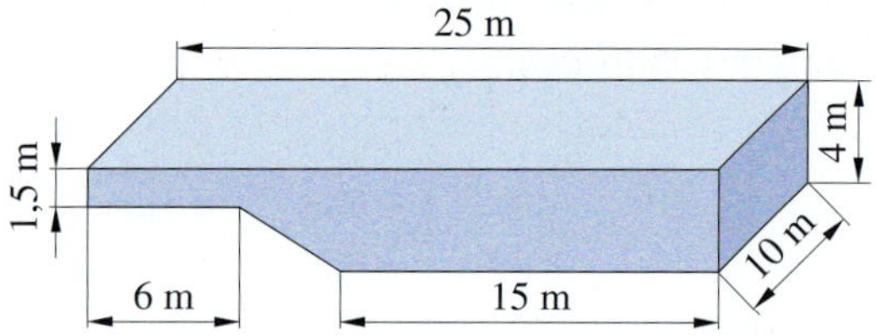

a) Zeichne den Querschnitt des Beckens in einem geeigneten Maßstab in dein Heft.
b) Der Boden und die Wandflächen des Beckens müssen neu gefliest werden. Wie viele m^2 Fliesen werden für die Fliesenarbeiten mindestens benötigt?
c) Wie viel m^3 (Liter) Wasser fasst das Schwimmbecken?

18 Zeichne die Grundfläche eines 10 cm hohen Prismas mit einem Volumen von $50\,cm^3$, wenn die Grundfläche
a) ein Dreieck,
b) ein Parallelogramm,
c) ein Trapez ist.

19 In einem Katalog findet Familie Berger das folgende Angebot für einen Sandkasten.

Maße: Durchmesser außen: 200 cm (von Ecke zu Ecke), Höhe: 31 cm
Material: Nadelholz, chromfrei kesseldruckimprägniert
Sandbedarf: Voll ca. 0,5 cbm, $\frac{2}{3}$ ca. 0,33 cbm

a) Bestimme ausgehend vom Sandbedarf die Größe der sechseckigen Grundfläche.
b) Vater Berger meint, dass die Seitenlänge des Sandkastens an der Außenseite ca. 1 m beträgt.
Überprüfe durch eine maßstabgerechte Zeichnung, ob Herr Berger Recht hat.
c) Zeige, dass die Sitzbretter ca. 20 cm breit sein müssen.

ZUM KNOBELN
Diese Sterne kann man selbst zusammenstecken. Sie bestehen aus 17 großen und 8 kleinen Zacken. Die großen Zacken bestehen aus 4, die kleinen aus 3 Dreiecken. Welche Oberfläche hat ein Stern, wenn $a = b = 2\,cm$, $h_a = 14\,cm$, $h_b = 9{,}6\,cm$ lang sind?

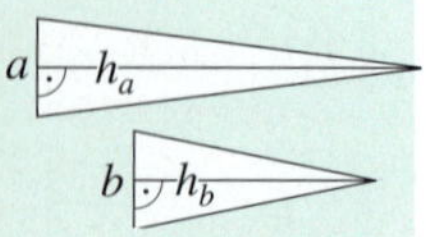

Netze und Oberflächen von Zylindern

Erforschen und Entdecken

1 Julian soll mit seiner kleinen Schwester eine Laterne für den Martinsumzug basteln. Im Internet findet er folgende Bastelanleitung.

Schneide aus Tonpapier einen 50 cm mal 25 cm großen Streifen für die Wand und zwei Kreise mit einem Durchmesser von 19 cm für Deckel und Boden. Schneide die Kreise rundherum regelmäßig ca. 2 cm weit ein und klappe die Streifen nach oben.

Nun wird das Rechteck für die Wand gestaltet:
Schneide mit einer kleinen Schere Motive in das Wandrechteck. Hinterklebe die Aussparungen mit buntem Transparentpapier. Schneide in den Deckel einen kleineren Kreis, durch den später die Kerze angezündet werden kann.

Forme das Rechteck zu einer Röhre, klebe es zusammen und befestige es am Rand des Bodens. Setze ein Teelicht auf den Boden der Laterne und klebe zuletzt den Deckel fest.

HINWEIS
Material für die Laterne:
- *Tonpapier*
- *Schere*
- *Klebe*
- *Transparentpapier*
- *Teelicht*

a) Welcher geometrische Körper entsteht beim Bau der Laterne?
Aus welchen Teilflächen besteht dieser Körper?

b) Julian hat Probleme, den Deckel in die fast fertige Laterne einzukleben. Nenne mögliche Ursachen.
Wann passen Deckel und Wand genau zusammen?

c) Bestimme die Größe des Durchmessers der Laterne und berechne die Größe der Bodenplatte. Berechne auch die Größe des Wandrechtecks (ohne Klebelasche!).

d) Julian findet ein 45 × 50 cm großes Reststück Pappe. Reicht dies aus, um die Laterne mit seiner Schwester basteln zu können?

e) Um sich die Bastelarbeiten zu erleichtern, besorgt Julian im Supermarkt eine Käseschachtel. Die Käseschachtel hat einen Durchmesser von 16 cm.
Wie breit muss das Wandrechteck mindestens sein, damit es vollständig um die Käseschachtel geklebt werden kann?

2 Zeichne auf ein DIN-A4-Blatt Papier eine möglichst große Bastelvorlage für eine Laterne. Achte darauf, dass Wandrechteck und Kreisringe zusammen passen.
Präsentiert eure Bastelvorlagen in der Klasse. Wer hat den geringsten Verschnitt?

Lesen und Verstehen

HINWEIS
Die hier behandelten Zylinder sind gerade Kreiszylinder, da ihre Achse senkrecht auf der Grundfläche steht. Es gibt auch schiefe Zylinder.

Lilli legt das Geburtstagsgeschenk für ihre Freundin in eine gereinigte Konservendose. Dann beklebt sie Deckel, Boden und Wandfläche mit Geschenkpapier. Wie groß müssen die Geschenkpapierstücke sein?

Zylinder sind Körper mit einem Kreis als Grund- und als Deckfläche. Grund- und Deckfläche sind zueinander deckungsgleich und parallel.
Die Mantelfläche ist ein Rechteck.
Die Länge des Rechtecks entspricht dem Umfang der Kreise.

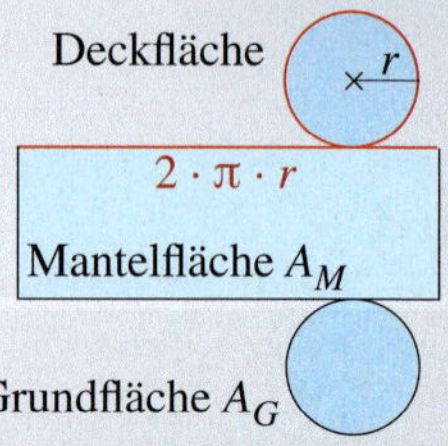

Der Flächeninhalt eines Rechtecks ist das Produkt der beiden Seitenlängen.
In der rechteckigen Mantelfläche des Zylinders ist die eine Seitenlänge $2 \cdot \pi \cdot r$ und die andere Seitenlänge h.

ERINNERE DICH
Auch bei Prismen gibt es eine Grund- und Deckfläche und eine Mantelfläche.
Der Oberflächeninhalt ist auch bei Prismen die Summe der Flächeninhalte der drei Teile Grundfläche, Deckfläche und Mantel.

Für den **Flächeninhalt der Mantelfläche A_M** des Zylinders gilt:

$A_M = 2 \cdot \pi \cdot r \cdot h$

BEISPIEL 1
$r = 2\,\text{cm},\ h = 3\,\text{cm}$
$A_M = 2 \cdot \pi \cdot 2\,\text{cm} \cdot 3\,\text{cm}$
$\approx 37{,}7\,\text{cm}^2$

Die Oberfläche des Zylinders setzt sich zusammen aus der Mantelfläche, der Grund- und der Deckfläche.

Für den **Inhalt der Oberfläche A_O** des Zylinders gilt:

$A_O = 2 \cdot A_G + A_M = 2 \cdot \pi \cdot r^2 + 2 \cdot \pi \cdot r \cdot h$
$= 2 \cdot \pi \cdot r \cdot (r + h)$

BEISPIEL 2
$r = 2\,\text{cm},\ h = 3\,\text{cm}$
$A_O = 2 \cdot \pi \cdot 2\,\text{cm} \cdot (2\,\text{cm} + 3\,\text{cm})$
$\approx 62{,}83\,\text{cm}^2$

Üben und Anwenden

1 Nenne Dinge aus deiner Umwelt, die die Form eines Zylinders haben oder zumindest zylinderähnlich aussehen.

2 Welche dieser Gegenstände sind näherungsweise Zylinder?

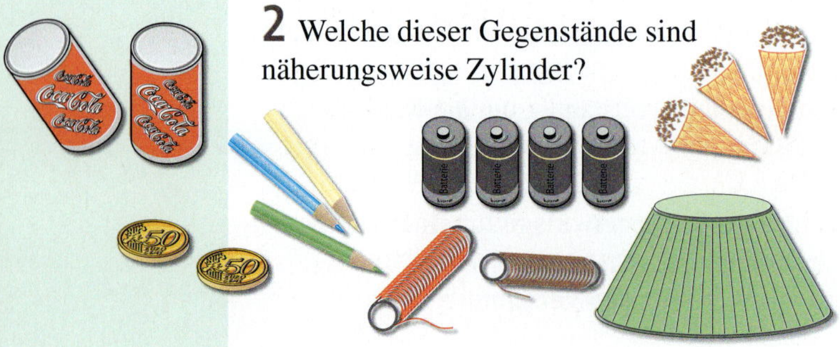

3 Welcher Kreis passt zu der angegebenen Mantelfläche? Diskutiere mit deinem Nachbarn.

a)
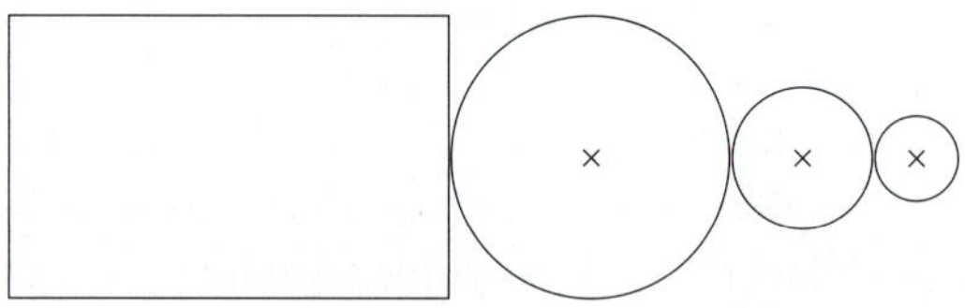

b)
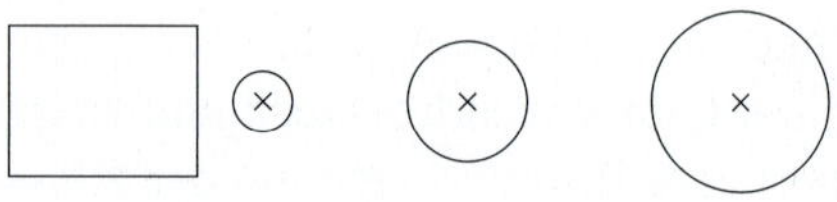

4 Konserven haben eine zylindrische Form. Das Etikett umhüllt die Mantelfläche des Zylinders und überlappt zum Verkleben 1,3 cm. Die Dose hat die Höhe h und den Radius r.
Wie groß ist die Fläche des Etiketts?

a) $h = 5\,\text{cm}$; $r = 2\,\text{cm}$
b) $h = 4\,\text{cm}$; $r = 3\,\text{cm}$
c) $h = 4\,\text{cm}$; $r = 4\,\text{cm}$
d) $h = 8\,\text{cm}$; $r = 2\,\text{cm}$
e) $h = 6\,\text{cm}$; $r = 1{,}5\,\text{cm}$
f) $h = 10{,}7\,\text{cm}$; $r = 4{,}2\,\text{cm}$
g) $h = 11{,}1\,\text{cm}$; $r = 5\,\text{cm}$
h) $h = 14\,\text{cm}$; $r = 2{,}9\,\text{cm}$

5 Berechne jeweils die Oberfläche des Zylinders.
a) $r = 4\,\text{cm}$; $h = 7\,\text{cm}$
b) $r = 6\,\text{cm}$; $h = 10\,\text{cm}$
c) $r = 2{,}5\,\text{dm}$; $h = 4{,}8\,\text{dm}$
d) $r = 1{,}2\,\text{m}$; $h = 3{,}4\,\text{m}$
e) $r = 49\,\text{mm}$; $h = 21\,\text{mm}$
f) $r = 25\,\text{mm}$; $h = 40\,\text{mm}$
g) $r = 3{,}2\,\text{cm}$; $h = 4\,\text{cm}$
h) $d = 9\,\text{cm}$; $h = 12\,\text{cm}$
i) $d = 7\,\text{cm}$; $h = 3\,\text{cm}$
j) $d = 6{,}7\,\text{dm}$; $h = 3{,}8\,\text{dm}$
k) $d = 0{,}5\,\text{m}$; $h = 43\,\text{cm}$

6 Zeichne die Netze der Konservendosen in einem sinnvollen Maßstab.

7 Zeichne ein Netz eines Zylinders.
a) $r = 2\,\text{cm}$; $h = 4\,\text{cm}$
b) $r = 1{,}5\,\text{cm}$; $h = 3\,\text{cm}$
c) $r = 1{,}5\,\text{cm}$; $h = 4{,}2\,\text{cm}$

8 Der zylinderförmige Behälter auf einem Kesselwagen der Bahn hat einen Durchmesser von 2,05 m und eine Länge von 6 m. Berechne seine Oberfläche.

9 Niklas hat in einem Buch andere Formeln zur Berechnung des Mantel- und des Oberflächeninhalts gefunden, nämlich
$A_M = d \cdot \pi \cdot h$ und $A_O = d \cdot \pi \cdot (\frac{d}{2} + h)$.
Sind diese Formeln richtig?

10 Für einen Kaminofen wird ein Ofenrohr von 1,80 m Länge und 13 cm Durchmesser benötigt. Wie viel m^2 Blech werden ungefähr zur Herstellung benötigt, wenn für die Falznaht 1,5 cm zugegeben werden müssen?

11 Berechne die fehlenden Größen eines Zylinders.

	r	d	h	A_M	A_O
a)	6 cm		7 cm		
b)		4,4 dm	3 dm		
c)	2,8 m		0,9 m		
d)		74 mm	33 mm		
e)	15,4 m		20,6 m		
f)		28 mm	50 mm		

12 Berechne die fehlenden Größen der Zylinder.

	r	d	h	A_M	A_O
a)			5,9 cm	66,73 cm^2	
b)		4,5 cm		184,73 cm^2	
c)	7 cm				527,79 cm^2
d)			2,8 dm	379,82 dm^2	

13 Schneide eine Papprolle, auf der Toilettenpapier aufgerollt war, der Länge nach auf.
a) Miss die Seitenlängen der Mantelfläche.
b) Wie groß muss der Radius der passenden Grundfläche sein? Überprüfe deine Rechnung durch Nachmessen.

14 Überprüfe die folgenden Aussagen.

a) Wenn sich der Radius eines Zylinders verdoppelt, verdoppelt sich auch seine Mantelfläche.

b) Wenn sich die Höhe eines Zylinders verdoppelt, verdoppelt sich auch seine Mantelfläche.

c) Wenn sich der Radius eines Zylinders verdoppelt, verdoppelt sich auch seine Oberfläche.

d) Wenn sich die Höhe eines Zylinders verdoppelt, verdoppelt sich auch seine Oberfläche.

e) Wenn ein Zylinder parallel zur Grundfläche halbiert wird, halbiert sich seine Oberfläche.

WUSSTEST DU SCHON?
Die Litfaßsäule wurde 1854 vom Berliner Drucker Ernst Litfaß erfunden.

15 Der äußere Durchmesser d einer Litfaßsäule und die Höhe h der Klebefläche haben die Maße $d = 1{,}2\,\text{m}$; $h = 3\,\text{m}$.

a) Wie viele Plakate des Formats DIN A1 kann man höchstens auf einer Säule anbringen? DIN-A1-Plakate sind 84,1 cm lang und 59,5 cm breit. Fertige eine Maßstabszeichnung der Klebefläche an und zeichne die Plakate ein.

b) Laut dem Zentralverband der deutschen Werbewirtschaft gibt es in Deutschland 17 055 Litfaßsäulen. Überschlage die gesamte Werbefläche auf Litfaßsäulen in Deutschland.

16 Schätze die Höhe und den Durchmesser der Erdnussdose. Zeichne ein Netz und berechne die Mantelfläche. Der tatsächliche Flächeninhalt der Mantelfläche steht in Aufgabe 12 b), Seite 211. Vergleiche.

17 Ist dies das Netz eines Zylinders? Begründe.

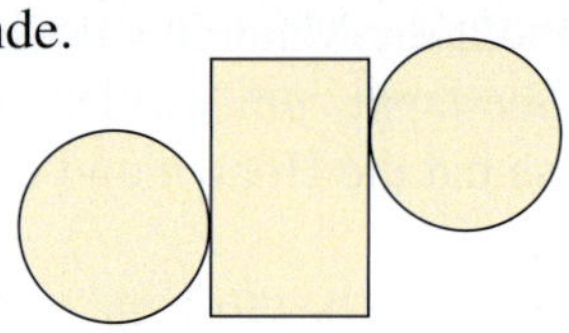

18 Ein Geräteschuppen hat die Form eines Halbzylinders. Die gewölbte Überdachung besteht aus Wellblech. Vorder- und Rückseite sind mit Holz verkleidet.

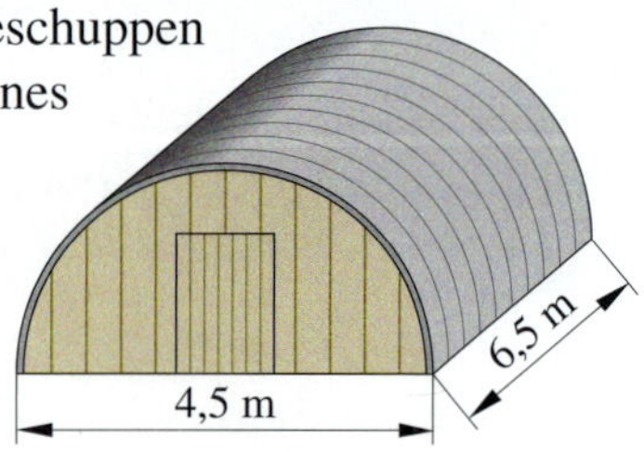

a) Wie viel m² Wellblech wurden beim Bau des Schuppens verarbeitet?

b) Vorder- und Rückwand erhalten einen Isolieranstrich. Wie viel m² müssen gestrichen werden?

19 Wie viel Blech benötigt man zur Herstellung einer zylinderförmigen Dose mit den angegebenen Maßen?
Für Verschnitt müssen 15 % mehr Blech berücksichtigt werden.

a) $d = 8\,\text{cm}$; $h = 8\,\text{cm}$

b) $d = 7{,}5\,\text{cm}$; $h = 10{,}8\,\text{cm}$

c) $d = 10\,\text{cm}$; $h = 12{,}5\,\text{cm}$

d) $d = 8{,}6\,\text{cm}$; $h = 14{,}7\,\text{cm}$

20 Berechne die Oberfläche des Werkstücks. (Maße in cm)
Zerlege das Stück dazu in Teilstücke, die du leichter berechnen kannst.

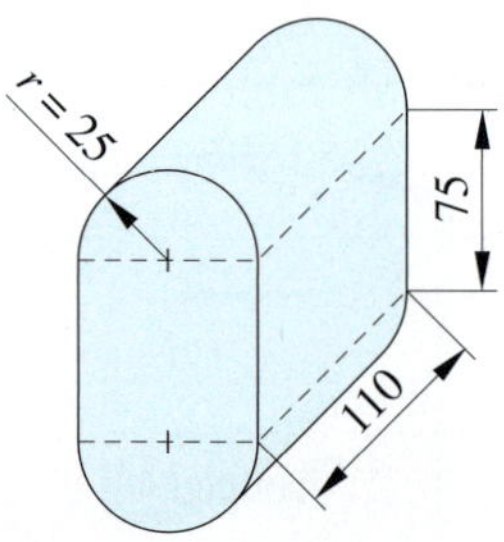

Wie würde sich die Oberfläche ändern, wenn der Radius nicht 25 cm, sondern 30 cm betragen würde? Berechne.

Schrägbilder und Volumen von Zylindern

Erforschen und Entdecken

1 Leni, Kevin und Sandra haben jeweils das Schrägbild eines Kreiszylinders gezeichnet.

Lenis Schrägbild

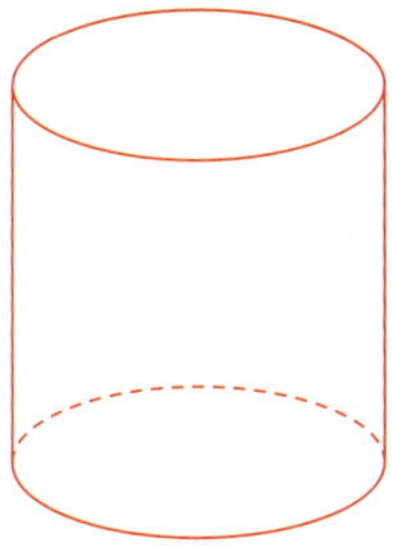

Kevins Schrägbild

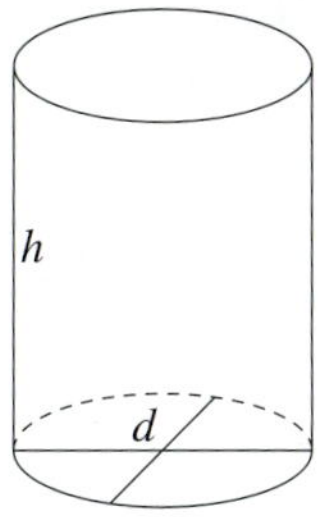

Sandras Schrägbild

Diskutiert Gemeinsamkeiten und Unterschiede der drei Schrägbilder.
Wessen Entwurf gefällt euch am besten? Begründet.

2 Besorgt möglichst viele Gefäße, die die Form eines Zylinders haben, zum Beispiel Gläser, Vasen, Dosen oder Füllzylinder aus dem Physiklabor. Messt zunächst den Durchmesser und die Höhe. Bestimmt dann das Volumen, indem ihr die Gefäße mit Wasser oder Sand füllt und den Inhalt anschließend in einen Messbecher schüttet. Übertragt die folgende Tabelle in euer Heft und füllt sie aus.

Gefäß	Durchmesser d	Radius r	Flächeninhalt des Kreises A_K	Höhe h	Volumen V
Glas					
Vase					
Dose					
…					

a) Prüfe, ob im Beispiel die Zuordnungen $d \rightarrow V$, $r \rightarrow V$, $A_K \rightarrow V$ und $h \rightarrow V$ proportional sind.
b) Kannst du einen Zusammenhang zwischen den Größen und dem Volumen erkennen?

3 Andreas: „Das Volumen eines Prismas berechnet sich doch mit der Formel $V = A_G \cdot h$."
Sebastian: „Das stimmt, aber was hat das mit dem Volumen eines Zylinders zu tun?"
Setze den Dialog fort.

4 Buchenholzstücke wurden gewogen.
Findest du Regelmäßigkeiten bei den Zuordnungen der Messwerte?
Gibt es einen Zusammenhang zwischen Masse und Volumen?

Durchmesser d	Höhe h	Masse m
2 cm	10 cm	21,35 g
2 cm	20 cm	42,7 g
2 cm	40 cm	85,4 g
1 cm	40 cm	21,35 g

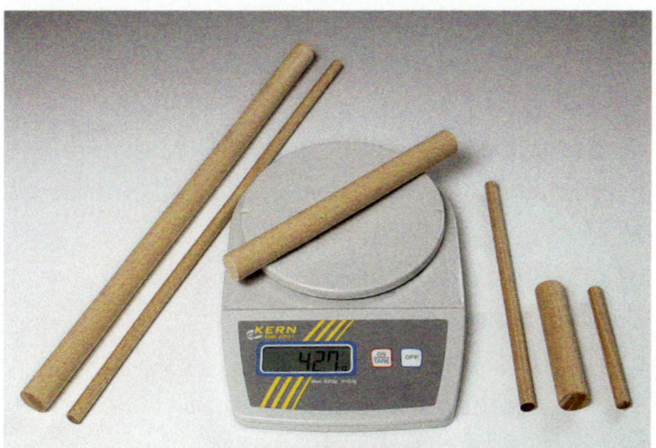

Lesen und Verstehen

BEACHTE
Das Volumen gibt man in der Regel auf zwei Nachkommastellen gerundet an.

ERINNERE DICH
Das Volumen von Prismen berechnet man ebenfalls aus dem Produkt der Grundfläche und der Höhe.

HINWEIS
Die den Zylinder begrenzenden Kreise erscheinen im Schrägbild wie Ellipsen.

Jan überlegt, welche der beiden Kerzen länger brennt.
Die linke Kerze ist 15 cm hoch und hat einen Radius von 4 cm.
Die rechte Kerze ist nur 10 cm hoch, hat aber einen Radius von 5 cm.

Das **Volumen V eines Zylinders** mit dem Radius r und der Höhe h lässt sich wie folgt berechnen:

$V = \pi \cdot r^2 \cdot h$

BEISPIEL 1
Welche Kerze brennt länger?
linke Kerze: $V = \pi \cdot (4\,\text{cm})^2 \cdot 15\,\text{cm} \approx 754\,\text{cm}^3$
rechte Kerze: $V = \pi \cdot (5\,\text{cm})^2 \cdot 10\,\text{cm} \approx 785{,}4\,\text{cm}^3$
Da die rechte Kerze mehr Wachs enthält, wird sie vermutlich länger brennen.

Ein **Schrägbild eines Zylinders** kann man so zeichnen:

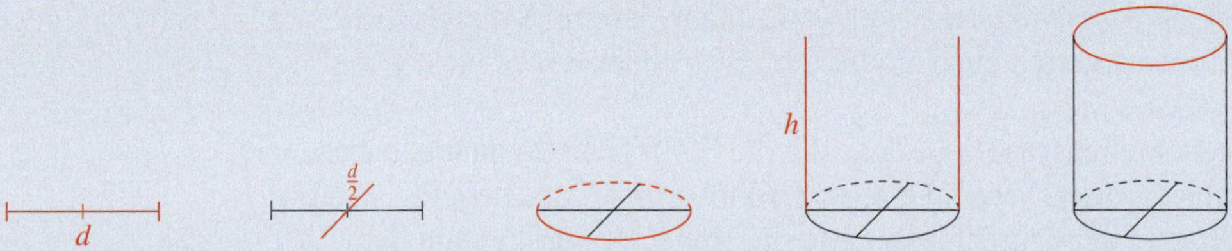

1. Zeichne den Durchmesser d und markiere den Mittelpunkt.
2. Zeichne durch den Mittelpunkt im 45°-Winkel eine Strecke, die halb so lang wie d ist.
3. Skizziere die ellipsenförmige Grundfläche.
4. Trage die Höhe des Zylinders links und rechts ab.
5. Skizziere die ellipsenförmige Deckfläche.

Üben und Anwenden

1 Betrachte den Zylinder.
a) Wie hoch ist der Zylinder?
b) Wie groß ist sein Durchmesser (Radius)?
c) Berechne das Volumen des Zylinders.

2 Berechne das Volumen eines Zylinders mit
a) $r = 2\,\text{cm}$ und $h = 4\,\text{cm}$.
b) $r = 4\,\text{cm}$ und $h = 2\,\text{cm}$.

3 Berechne das Volumen des Zylinders. Runde auf zwei Stellen nach dem Komma.
a) $r = 5\,\text{cm}$; $h = 7\,\text{cm}$
b) $r = 3\,\text{cm}$; $h = 8\,\text{cm}$
c) $r = 1{,}8\,\text{mm}$; $h = 5\,\text{mm}$
d) $r = 4\,\text{dm}$; $h = 59\,\text{cm}$
e) $r = 3{,}6\,\text{cm}$; $h = 0{,}2\,\text{dm}$
f) $r = 2\,\text{dm}$; $h = 670\,\text{mm}$

4 Ergänze die Tabelle im Heft.

	r	d	h	V
a)	7 cm		4 cm	
b)	3 cm		8 cm	
c)		8,4 cm	5 cm	
d)		6,2 cm	14 cm	
e)	5,4 cm		1,3 cm	
f)		13 cm	28 cm	
g)	1,1 cm		3,2 cm	
h)		7,2 cm	7,8 cm	

5 Eine 1-€-Münze hat einen Durchmesser von 23,25 mm und eine Höhe von 2,33 mm. Berechne ihr Volumen.
Miss die Größen weiterer Münzen und berechne ihr Volumen.

6 Zeichne jeweils ein Schrägbild des Zylinders.
a) $d = 4\,\text{cm}$; $h = 3\,\text{cm}$
b) $d = 5\,\text{cm}$; $h = 2{,}5\,\text{cm}$
c) $d = 3\,\text{cm}$; $h = 3{,}7\,\text{cm}$
d) $d = 4{,}4\,\text{cm}$; $h = 2{,}8\,\text{cm}$

7 Zeichne das Schrägbild eines Zylinders mit $d = 3\,\text{cm}$ und $h = 4\,\text{cm}$.
Berechne sein Volumen.

8 Eine Litfaßsäule hat einen Durchmesser von 1,10 m und eine Höhe von 2,80 m.
Zeichne das Schrägbild der Litfaßsäule im Maßstab 1 : 20.

9 Beide Gläser haben den gleichen Radius. Das rechte Glas ist doppelt so hoch wie das linke. Berechne jeweils das Volumen beider Gläser. Fällt dir eine Regelmäßigkeit auf?
a) $r = 8\,\text{cm}$, links $h = 6\,\text{cm}$, rechts $h = 12\,\text{cm}$
b) $r = 6\,\text{cm}$, links $h = 7\,\text{cm}$, rechts $h = 14\,\text{cm}$
c) $r = 7\,\text{cm}$, links $h = 7{,}5\,\text{cm}$, rechts $h = 15\,\text{cm}$
d) $r = 8{,}5\,\text{cm}$, links $h = 9\,\text{cm}$, rechts $h = 18\,\text{cm}$

10 Das Volumen eines Zylinders vervierfacht sich, wenn man den Radius verdoppelt.
a) Stimmt diese Aussage? Begründe.
b) Wie muss sich die Höhe verändern, damit sich das Volumen vervierfacht?
c) Wie verändert sich das Volumen, wenn sowohl die Höhe als auch der Radius verdoppelt wird?

11 Berechne die fehlenden Größen.

	r	h	A_M	A_O	V
a)	75 m	20 m			
b)	4,8 cm				$48\,\text{cm}^3$
c)		1,6 m	$16\,\text{m}^2$		
d)		9,8 dm			$6927{,}2\,\text{dm}^3$

12 Der Eurotunnel unter dem Ärmelkanal verbindet das französische Calais mit dem britischen Dover. Der Tunnel besteht aus drei Röhren, die etwa 40 m unter dem Meeresboden liegen und 50,5 km lang sind.
Große Tunnelbohrer arbeiteten sich durch das Gestein. Der Abraum wurde über ein Förderband wegtransportiert.

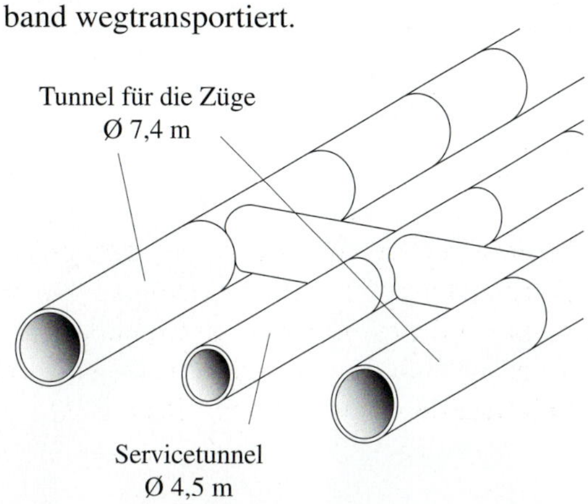

Wie viel Gestein wurde für den Bau des Servicetunnels und der Tunnel für die Züge mindestens abgebaut?

13 Viele Gläser haben Zylinderform.

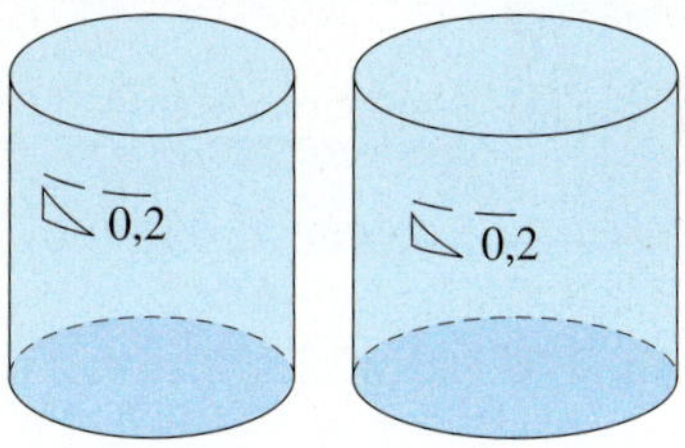

a) In welcher Höhe muss der Eichstrich für 0,2 l markiert werden, wenn das Glas einen inneren Durchmesser $d = 5{,}2\,\text{cm}$ ($d = 5{,}8\,\text{cm}$) hat?
b) Überprüfe an einigen Gläsern mit zylindrischer Form, ob der Eichstrich an der richtigen Stelle angebracht wurde. Erkläre und begründe deine Vorgehensweise.

WUSSTEST DU SCHON?
Schon im Jahr 1802 gab es einen ersten Entwurf für einen Tunnel zwischen Frankreich und Großbritannien. Damals war ein Tunnel geplant, der mit Kutschen befahren werden konnte. Der Eurotunnel wurde dann erst im Jahr 1994 eröffnet und ist nur mit dem Zug befahrbar.

www 215-1

Verpackungen für Schokolinsen

Die Firma „N&N" stellt Schokolinsen her. Zum 25-jährigen Jubiläum der Marke möchte die Firma die Schokolinsen in einer besonders schönen und kreativen Verpackung anbieten.
Die Firma schreibt einen Wettbewerb aus, an dem sich jeder mit einem Vorschlag für eine Verpackung beteiligen kann.
Voraussetzungen für die Verpackung sind, dass das Volumen möglichst genau 500 cm^3 (mindestens jedoch 450 cm^3 und höchstens 550 cm^3) beträgt und sie aus mehreren Teilen besteht.
Das Einhalten des Volumens ist wichtig, damit es keine „Mogelpackung" wird.
Dies ist der Vorschlag der Schülergruppe „Creativa":

HINWEIS
Mogelpackung nennt man eine Verpackung, die über die wirkliche Menge oder Beschaffenheit des Inhalts hinwegtäuscht.

Körperteil	geom. Körper	Maße	Volumen (in cm^3)	Anzahl	gesamt (in cm^3)
Fuß	Quader	$a = 5$ cm; $b = 3$ cm; $c = 2$ cm	30	2	60
Bein	Prisma	$g = 3$ cm; $h_g = 3$ cm; $h = 4$ cm	18	2	
Hand	Prisma	$g = 2$ cm; $h_g = 3$ cm; $h = 4$ cm		2	
Arm	Quader	$a = 3$ cm; $b = 3$ cm; $c = 5$ cm		2	
Schulter	Würfel	$a = 1$ cm		2	
Oberkörper	Quader	$a = 7$ cm; $b = 3$ cm; $c = 10$ cm		1	
Brust	Quader	$a = 1$ cm; $b = 4$ cm; $c = 7$ cm		1	
Kopf	Quader	$a = 2$ cm; $b = 4$ cm; $c = 5$ cm		1	
„Hut"	Quader	$a = 1$ cm; $b = 1$ cm; $c = 3$ cm		1	

1 Überprüfe, ob das Volumen der vorgeschlagenen Verpackung den Vorgaben der Firma „N & N“ entspricht.

2 Durch welche Veränderung(en) lässt sich ein Volumen von exakt $500\,cm^3$ erreichen? Findest du mehrere Möglichkeiten?

3 Erstellt in Kleingruppen einen alternativen Vorschlag. Die Verpackung muss aus mindestens drei unterschiedlichen Teilen bestehen, davon mindestens ein Prisma. Der Firma „N & N“ müssen folgende Unterlagen zur Prüfung des Vorschlags eingereicht werden:

- eine aus Pappe gefertigte Verpackung
- Berechnungsgrundlagen (ähnlich der Tabelle), um zu belegen, dass das Volumen ca. $500\,cm^3$ beträgt.
- Netze aller Teile mit Maßangaben und Klebelaschen
- Aufzeichnungen in Form eines Lerntagebuchs, aus dem hervorgeht, wie ihr vorgegangen seid, welche Probleme sich ergeben haben und wie ihr sie gelöst habt.

Präsentiert eure Ergebnisse und Aufzeichnungen der Klasse.

4 Aus Gründen des Verbraucherschutzes ist eine Verpackung nicht zulässig, wenn die Füllmenge einer undurchsichtigen Fertigverpackung von dem Fassungsvermögen des Behälters um mehr als 30 % abweicht. Man spricht also von einer Mogelpackung, wenn die Verpackung zu rund einem Drittel Luft enthält.
Stellt euch vor, ihr habt eine kleine Firma und verkauft als Unternehmen eure selbst gestaltete Verpackung mit Schokolinsen.

a) Legt einen angemessenen Preis für eure Verpackung mit Schokolinsen fest.
b) Überlegt euch Möglichkeiten, nach einem Jahr den Preis zu erhöhen, ohne den bei a) festgelegten Verkaufspreis zu verändern.
c) Schätzt, wie viel Gramm Schokolinsen bei einem Volumen von $500\,cm^3$ ungefähr in eure Verpackung passen. Um wie viel Gramm könnt Ihr den Inhalt reduzieren, damit es noch keine Mogelpackung ist?

Vermischte Übungen

1 Ist es möglich, aus allen Netzen Prismen zu falten? Begründe. Kannst du ansonsten die Netze im Heft zu Netzen von Prismen ergänzen?

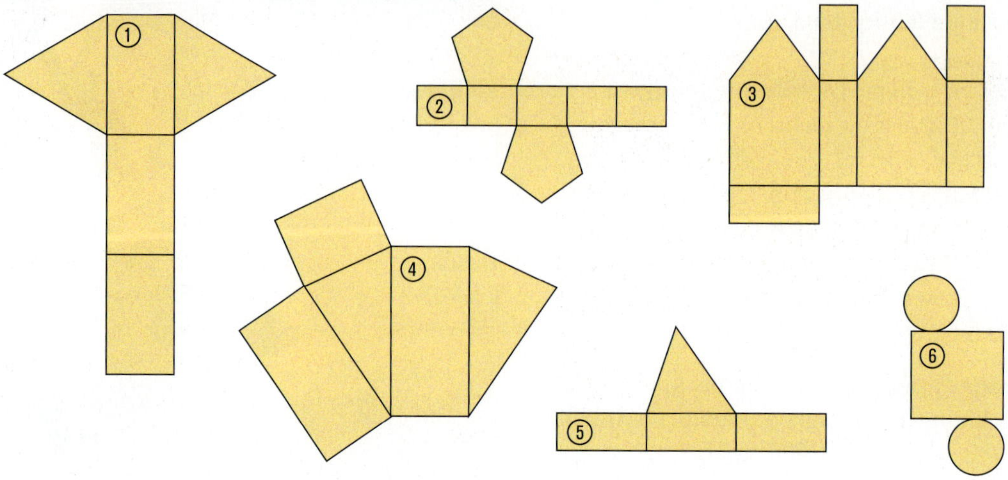

2 Die gegebene Fläche ist Grundfläche eines Prismas mit 6 cm Höhe.

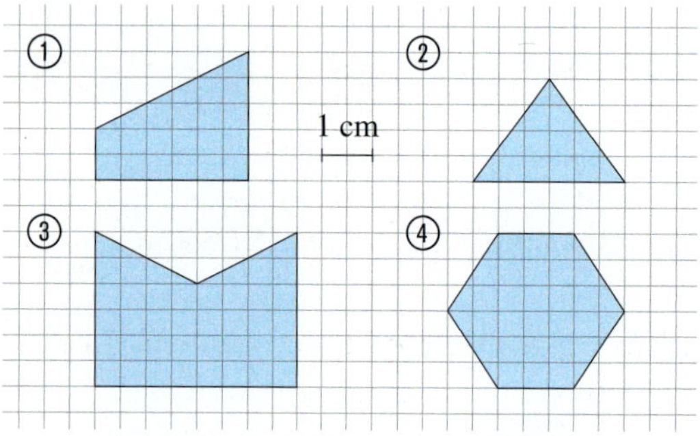

a) Berechne das Volumen des Prismas. Zeichne zunächst die Grundfläche ins Heft und berechne ihren Flächeninhalt.

b) Bestimme den Mantel- und den Oberflächeninhalt des Prismas.

3 Erkläre die folgende Abbildung.

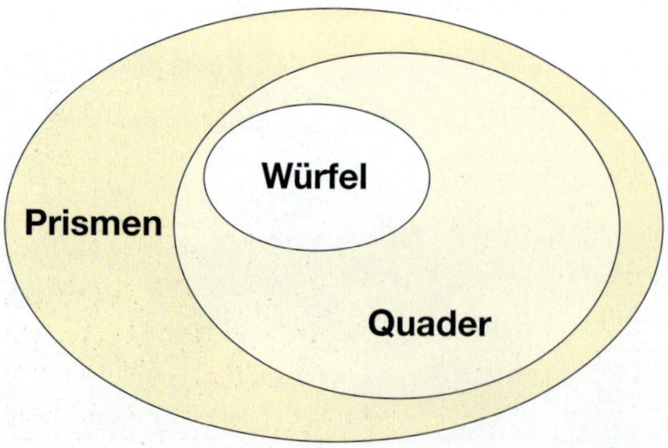

4 Berechne das Volumen und den Oberflächeninhalt der Prismen (Maße in cm).

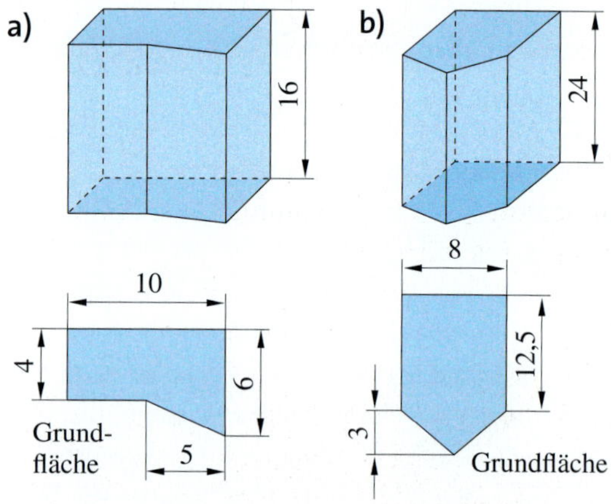

Berechne jeweils auch die Kantenlängen der Prismen.
Wie ändern sich die Kantenlängen, wenn sich die Höhe verdoppelt?

5 Welches Volumen hat die Metallschiene?

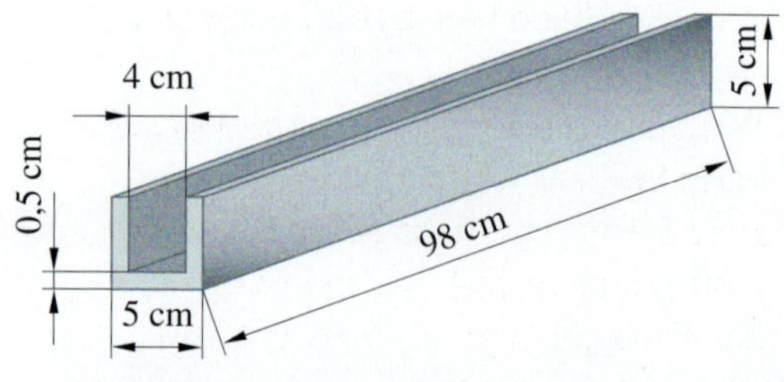

ZUM WEITERARBEITEN
Kannst du dir Körper vorstellen, bei denen die Mantelfläche die gleiche Größe hat wie die Oberfläche?

6 Das Bild zeigt einen Hausanbau, ein so genanntes Glashaus. Es ist 6 m breit und 3 m tief und hat vorne eine Höhe von 2,50 m und am Haus eine Höhe von 3 m.

a) Zeichne ein Schrägbild des Glashauses im Maßstab 1 : 100.
b) Gib den Rauminhalt des Glashauses an.
c) Zeichne ein maßstäbliches Netz der Glasflächen des Glashauses (also ohne Boden und Hauswand). Vernachlässige dabei die Balken.
d) Wie groß ist die Glasfläche?

7 Das Bild zeigt eine Schubkarre, die im Verkauf mit einem Volumen von 250 ℓ angepriesen wird.

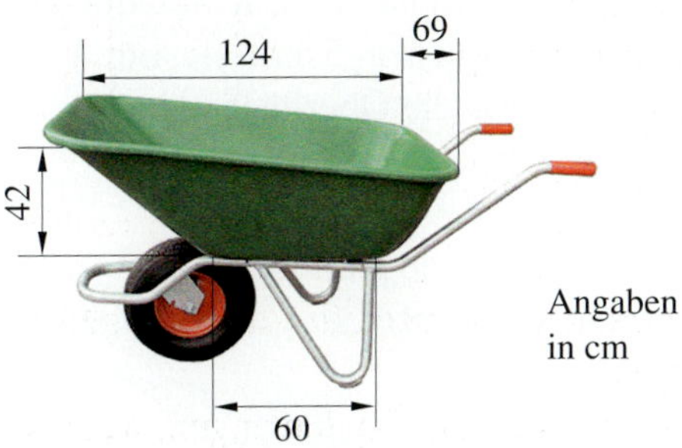

a) Überprüfe, ob das Volumen der Schubkarre tatsächlich 250 ℓ beträgt.
b) Wie viel Blech benötigt man zur Herstellung der Mulde?
c) Welche Maße könnte eine 160-ℓ-Schubkarre besitzen?
d) Herr Borne legt einen 2,20 m breiten, 3,60 m langen und 1,20 m tiefen Teich an. Die Erde entsorgt er 150 m entfernt. Wie viele Meter legt er zurück, wenn er die 250-ℓ-Schubkarre nimmt?

8 Die Klasse 7 a bastelt aus Strohhalmen Dreiecksprismen.
Die Seiten der Grundfläche bestehen jeweils aus einem Strohhalm, die Höhe des Prismas hat die Länge von zwei Strohhalmen.
Jede Gruppe hat Strohhalme in einer anderen Länge.

a) Die Strohhalme von Karla und Ella sind 15 cm lang. Die Höhe ihres Dreiecks beträgt 13 cm. Wie groß sind Volumen und Oberflächeninhalt des Prismas?
b) Gibt eine allgemeine Formel an, mit der jede Gruppe den Oberflächeninhalt und das Volumen ihres Prismas berechnen kann, indem sie nur ihre Strohhalmlänge einsetzen. Setze a für die Länge des Strohhalms. Nimm für die Höhe des Dreiecks den ungefähren Wert von $a \cdot 0{,}87$.

9 Ein Deich hat folgende Maße.

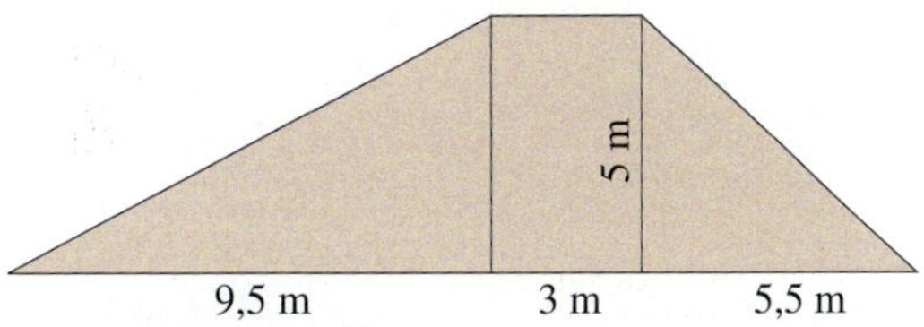

a) Wie viel m^3 Erde mussten für einen 5 km langen Deich aufgeschüttet werden?
b) Der Deich soll mit Gras bepflanzt werden. Empfohlen wird eine Menge von 20–25 g pro m^2. Wie viel kg Grassamen sind notwendig, um die Oberfläche des 5 km langen Deichs zu bepflanzen? Schätze, wie viele Grassamen das sind.

ZUR INFORMATION
Ein Deich ist ein künstlich aufgeschütteter Damm längs eines Fluss- oder Meerufers. Er schützt Land, das knapp über oder sogar unter dem Meeresspiegel liegt, vor Überschwemmungen.

10 Schätze das Volumen der Baggerschaufel. Vergleicht eure Werte.

ZUM WEITERARBEITEN
Bestimme zunächst das Volumen einer vollständigen Packung Toilettenpapier. Überlege dann, wie sich die Anzahl der Toilettenpapierblätter abschätzen lässt, ohne sie zu zählen.

11 Ergänze die Tabelle für Zylinder.

	r	*d*	*h*	A_M	A_O	*V*
a)	3,5 cm		7,9 cm			
b)	2,4 m		123 cm			
c)		1 m	8 km			
d)	3,1 dm		13 cm			
e)		0,75 m	8 dm			

12 Ein zylinderförmiger Papierkorb soll ein Volumen von genau 10 l besitzen. Gib drei verschiedene Kombinationen von Höhe und Länge an und zeichne die Papierkörbe maßstäblich.
Welcher der drei Papierkörbe hat die kleinste Oberfläche?

13 Berechne die fehlenden Größen der Zylinder in deinem Heft.

	r	*h*	*Mantel*	*Oberfläche*	*Volumen*
a)	2 cm	5 cm			
b)	3 cm	8 cm			
c)	5 cm		785 cm^2		
d)	16 cm		2112 cm^2		
e)	1,8 cm			54,7 cm^2	
f)		3 cm			62,81 cm^3
g)	5 cm			675, 1 cm^2	
h)	12,5 cm				24 531,25 cm^3
i)		10 cm	251,33 cm^2		

14 Zylinderförmige Stäbe aus massivem Stahl haben jeweils 4 cm Durchmesser und sind 1,5 m lang. 1 dm^3 Stahl wiegt 7,8 kg. Wie viele solcher Stäbe kann ein Lastwagen transportieren, dessen Höchstlast 3 t beträgt?

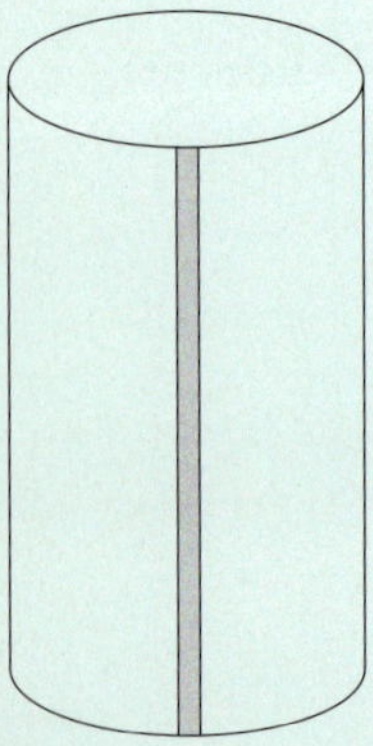

15 Ein DIN-A4-Blatt (21 cm breit und 29,7 cm lang) wird an den kurzen Seiten so zusammengeklebt, dass eine Rolle entsteht (siehe Skizze). Der Kleberand beträgt 1 cm.
a) Bestimme zunächst den Umfang, dann den Radius der entstandenen Papierrolle.
b) Bestimme das Volumen des entstandenen Zylinders.
c) Verändert sich das Volumen, wenn das Blatt nicht an den kurzen, sondern an den langen Seiten zusammengeklebt wird?

16 Stroh wird nach der Ernte zu Quadern oder zu Zylindern gepresst.

Quaderförmige Ballen haben eine Größe von 96 mal 38 mal 46 cm und wiegen 14 kg. Wie schwer ist ein zylinderförmiger Ballen mit $d = 1{,}8$ m und $h = 1{,}2$ m?

17 Nele hat mit ihrer Oma Plätzchen gebacken. Sie kann sich Plätzchen mitnehmen: entweder in einer Dose mit einem Durchmesser von 22 cm und einer Höhe von 10 cm oder in einer Dose mit einer Höhe von 12 cm und einem Durchmesser von 18 cm. Welche Dose sollte sie wählen, wenn sie möglichst viele Plätzchen haben möchte?

18 Ein Strohhalm ist 22,5 cm lang und hat einen Durchmesser von 5 mm. Bestimme das Volumen und die Oberfläche eines Strohhalms.

19 Betrachte die abgebildete Regenrinne aus Kupfer.

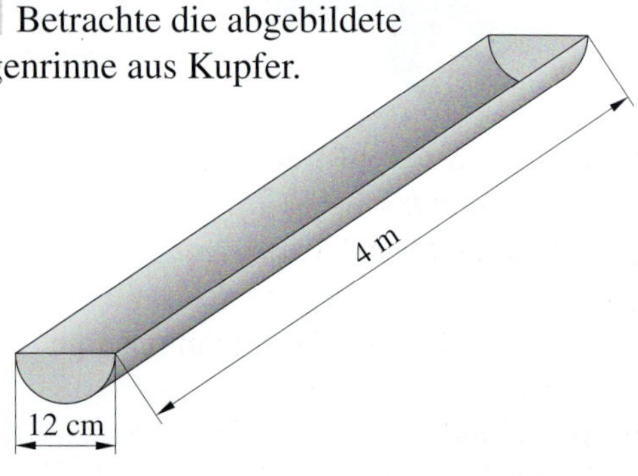

a) Wie viel l Wasser fasst diese Regenrinne maximal?
b) Wie viel cm^2 Kupfer benötigt man zur Herstellung der Rinne einschließlich der Halbkreise an den Enden der Regenrinne?

Teste dich!

a | b

1 Welche der abgebildeten Körper sind Prismen? Welche Form hat ihre Grundfläche?

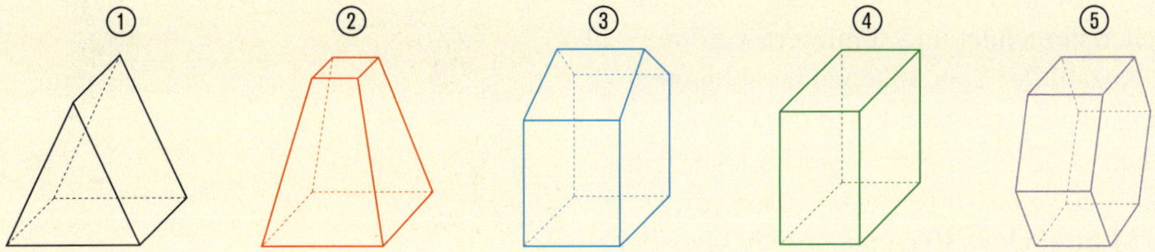

a)

2 Zeichne das Schrägbild eines 8 cm hohen Prismas mit der folgenden Grundfläche.

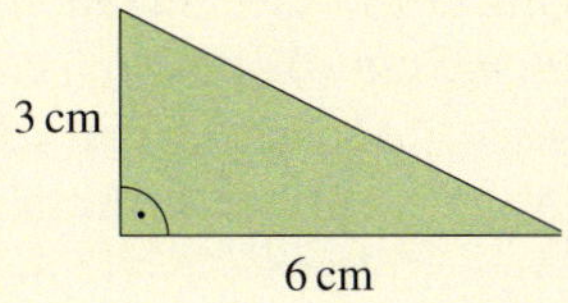

b)

2 Zeichne das Schrägbild eines 5,6 cm hohen Dreiecksprismas in zwei verschiedenen Perspektiven. Die Grundfläche ist ein rechtwinkliges Dreieck mit den Seitenlängen von $b = c = 3{,}8\,\text{cm}$.

3 Berechne das Volumen und den Oberflächeninhalt der folgenden Prismen. Entnimm fehlende Maße der maßstabsgetreuen Zeichnung (Angaben in cm).

a)

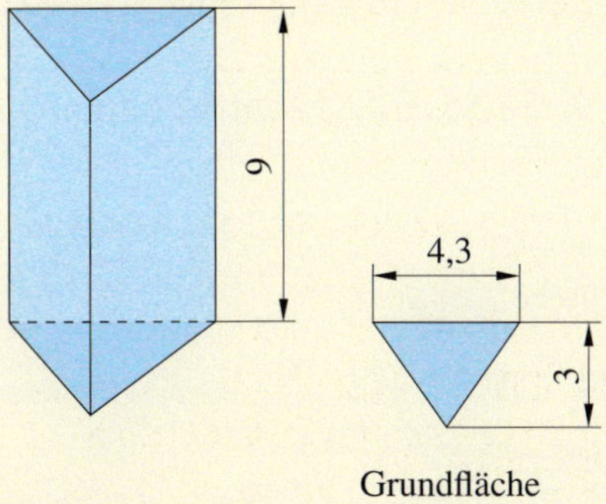

b)

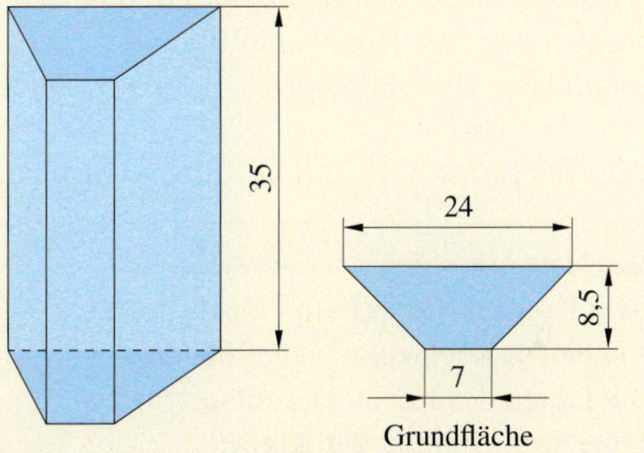

4 Zeichne ein Netz und ein Schrägbild eines Zylinders mit $r = 4\,\text{cm}$ und $h = 5\,\text{cm}$.

5 Berechne Mantelfläche und Oberfläche eines Zylinders mit

a) a) $r = 4\,\text{cm}$ und $h = 8\,\text{cm}$
b) $r = 1\,\text{dm}$ und $h = 2{,}4\,\text{dm}$

b) a) $r = 3{,}2\,\text{dm}$ und $h = 12\,\text{cm}$
b) $d = 35\,\text{dm}$ und $h = 40\,\text{dm}$

a)

6 Wie viel Blech benötigt man für eine Konservendose mit einem Durchmesser von 10 cm und einer Höhe von 12 cm mindestens?

b)

6 Eine Konservendose, die ein Volumen von einem Liter haben soll, hat einen Durchmesser von 12 cm. Wie viel Blech benötigt man zur Herstellung der Dose, wenn man mit einem Verschnitt von 15 % rechnen muss?

7 Berechne das Volumen eines Zylinders mit den angegebenen Maßen.

a) a) $r = 5\,\text{cm}$ und $h = 8\,\text{cm}$
b) $r = 0{,}4\,\text{m}$ und $h = 30\,\text{cm}$

b) a) $r = 16\,\text{cm}$ und $h = 1{,}4\,\text{dm}$
b) $d = 1{,}8\,\text{dm}$ und $h = 75\,\text{mm}$

HINWEIS

Brauchst du noch Hilfe, so findest du auf den angegebenen Seiten ein Beispiel oder eine Anregung zum Lösen der Aufgaben. Überprüfe deine Ergebnisse mit den Lösungen auf Seite 249.

Aufgabe	*Seite*
1	*198*
2	*198*
3	*202, 206*
4	*210, 214*
5	*210*
6	*210, 214*
7	*214*

Zusammenfassung

→ Seite 202, 206

Oberflächeninhalt und Volumen des Prismas

Um die Mantelfläche A_M oder den Oberflächeninhalt A_O eines Prismas zu bestimmen, muss der Flächeninhalt der einzelnen Flächen berechnet und summiert werden. Die Anzahl der Seitenflächen ist abhängig von der geometrischen Form der Grundfläche.

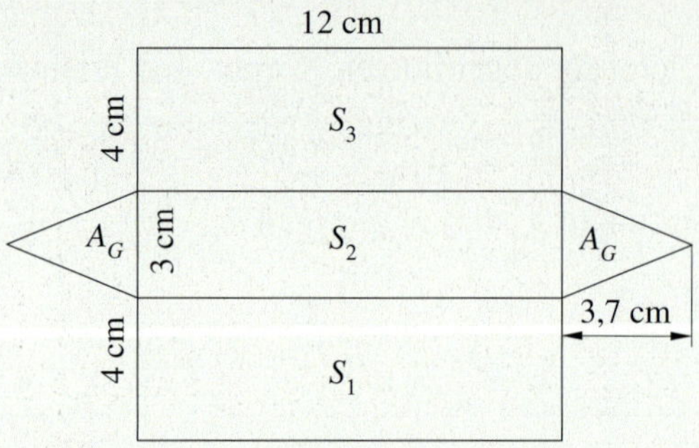

Der **Mantel eines Prismas** besteht aus allen rechteckigen Seitenflächen.
$A_M = S_1 + S_2 + \ldots + S_n$

Die **Oberfläche eines Prismas** besteht aus dem Mantel sowie der Grund- und der Deckfläche.
$A_O = A_M + 2 \cdot A_G = S_1 + S_2 + \ldots + S_n + 2 \cdot A_G$

$S_1 = S_3 = 4\,\text{cm} \cdot 12\,\text{cm} = 48\,\text{cm}^2$
$S_2 = 3\,\text{cm} \cdot 12\,\text{cm} = 36\,\text{cm}^2$
$A_G = \frac{1}{2} \cdot 3\,\text{cm} \cdot 3{,}7\,\text{cm} = 5{,}55\,\text{cm}^2$
$A_M = 2 \cdot 48\,\text{cm}^2 + 36\,\text{cm}^2 = 132\,\text{cm}^2$
$A_O = 132\,\text{cm}^2 + 2 \cdot 5{,}55\,\text{cm}^2 = 143{,}1\,\text{cm}^2$

Das **Volumen V eines Prismas** bestimmt man, indem man den Inhalt der Grundfläche A_G mit der Höhe h multipliziert.
Es gilt also: $V = A_G \cdot h$

Die Grundfläche ist ein Dreieck mit
$A_G = \frac{1}{2} \cdot 3\,\text{cm} \cdot 3{,}7\,\text{cm} = 5{,}55\,\text{cm}^2$

$V = A_G \cdot h = 5{,}55\,\text{cm}^2 \cdot 12\,\text{cm} = 66{,}6\,\text{cm}^3$

→ Seite 210, 214

Oberflächeninhalt und Volumen von Zylindern

Das Netz eines Zylinders besteht aus zwei Kreisen (Grund- und Deckfläche) und einem Rechteck (Mantelfläche). Die Länge des Rechtecks entspricht dabei dem Umfang der Kreise.

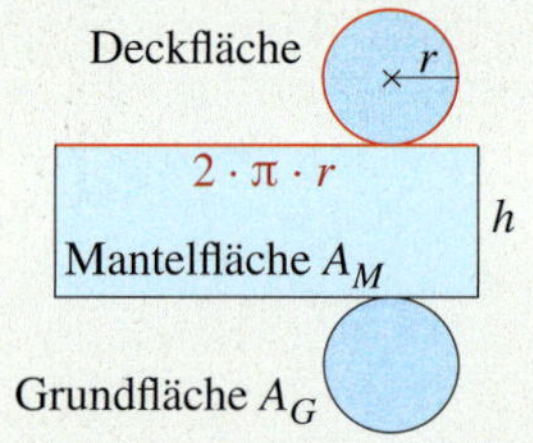

Mantelflächeninhalt des Zylinders
$A_M = 2 \cdot \pi \cdot r \cdot h$
Oberflächeninhalt des Zylinders
$A_O = 2 \cdot \pi \cdot r \cdot (r + h)$

Gegeben: $r = 5\,\text{cm}$, $h = 14\,\text{cm}$
$A_M = 2 \cdot \pi \cdot 5\,\text{cm} \cdot 14\,\text{cm} = 439{,}8\,\text{cm}^2$
$A_O = 2 \cdot \pi \cdot 5\,\text{cm} \cdot (5\,\text{cm} + 14\,\text{cm}) = 596{,}9\,\text{cm}^2$

Das **Volumen V eines Zylinders** mit Radius r und Höhe h berechnet sich als:
$V = \pi \cdot r^2 \cdot h$

$V = \pi \cdot (5\,\text{cm})^2 \cdot 14\,\text{cm} = 1\,099{,}6\,\text{cm}^3$

Um ein Schrägbild eines Zylinders zu zeichnen, kann man ausgehend von der Grundfläche die Höhe abtragen und die Deckfläche skizzieren. Verdeckte Kanten werden gestrichelt.

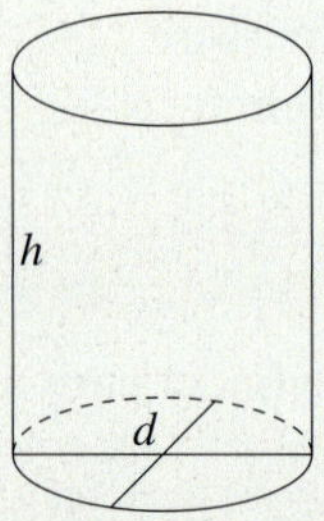

Anwendungen

Optische Täuschungen

Unterhaltungsmathematik und Rechenverfahren

In diesem Bild ist ein weiteres Bild verborgen.
Führe dein Gesicht ganz nah an das Bild heran und schaue in weite Ferne, wie durch das Bild hindurch.
Führe dabei das Bild immer weiter von deinem Gesicht weg bis etwa auf halbe Armlänge.
Entdeckst du das verborgene Bild?

Optische Täuschungen

Was ist hier abgebildet?

Eine Vase… oder zwei Köpfe?

Eine optische Täuschung ist eine Wahrnehmungstäuschung des Sehens.
Man wird durch Betrachten einer optischen Täuschung dazu gebracht, etwas zu sehen, das nicht vorhanden ist oder etwas Vorhandenes nicht richtig zu sehen.

Es gibt verschiedene Arten von optischen Täuschungen, einige werden auf diesen Seiten vorgestellt.

NACHGEDACHT
Ist eine Fata Morgana auch eine optische Täuschung?

Parallel oder nicht?

Beantworte erst die Fragen und lies dann den zugehörigen Text.

Was meinst du: Sind die waagerechten Linien zueinander parallel?

Wie man leicht mit einem Geodreieck herausfinden kann, sind die Linien tatsächlich parallel zueinander. Die optische Täuschung entsteht dadurch, dass die Dicke der weißen und schwarzen Blöcke zwischen den Linien sich verändert.

Sind die senkrechten Linien Geraden?

Obwohl es nicht so aussieht, sind die Linien tatsächlich nicht gekrümmt. Daran sieht man, dass der Eindruck von einem Bild von der Umgebung abhängt, in der man es wahrnimmt. Wären die gleichen Linien ohne Hintergrundlinien abgebildet, könnte man leichter erkennen, dass es sich um Geraden handelt.

Kleiner oder größer?

Welche der blauen Kugeln ist größer:
die linke oder die rechte?

Tatsächlich sind beide Kugeln gleich groß. Auch hier hängt es wieder von der Umgebung ab, was man wahrnimmt.
Das Auge liefert die Information an das Gehirn, dort wird die Information verarbeitet. Dabei wird jedoch nicht nur verarbeitet, was man gerade sieht, sondern auch die Umgebung, Erwartungen und Erfahrungen werden miteinbezogen.

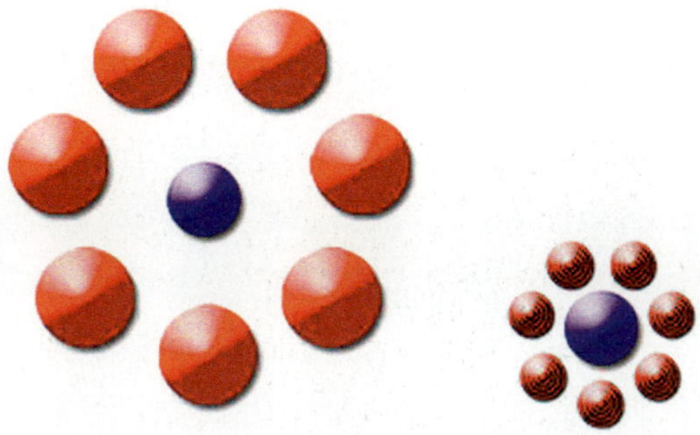

ZUM WEITERARBEITEN
Kannst du ähnliche Täuschungen mit Dreiecken zeichnen?

Länger oder kürzer?

Welcher der beiden Strecken ist länger:
die obere oder die untere?

Diese sehr bekannte optische Täuschung ist immer wieder verblüffend. Tatsächlich sind beide Strecken gleich lang, das ist mit einem Lineal leicht nachzumessen.

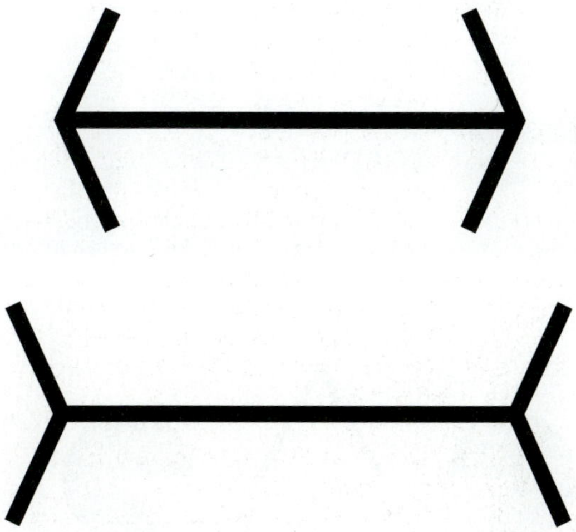

Aufgaben

1. Überprüfe die optischen Täuschungen. Sind die Strecken wirklich parallel, die Kreise wirklich gleich groß? Überprüfe durch Messen.
2. Erfinde selbst eine optische Täuschung. Zeichne zum Beispiel ebenfalls parallele Geraden und zeichne dann andere Linien ein, um den Eindruck von gekrümmten Linien zu erwecken. Oder zeichne zwei gleich große Gegenstände in unterschiedliche Umgebungen, in denen sie unterschiedlich groß erscheinen. Vielleicht hast du noch andere Ideen?
3. Kennst du andere optische Täuschungen? Bringe die Bilder mit in den Unterricht und erkläre, worin die Täuschung besteht und wie sie entsteht.

Manchmal wird man durch optische Täuschungen auch dazu gebracht, etwas zu sehen, was gar nicht vorhanden ist.

Wie viele schwarze Punkte sind auf diesem Bild?

„Hüpfen" die schwarzen Punkte? Das kommt daher, dass sie nur mit sogenanntem peripheren Sehen wahrgenommen werden, also mit dem Rand des Auges besser als mit der Mitte des Sehfeldes, auf die scharf gestellt wird.
Die Augen bewegen sich ständig, auch ohne dass man es merkt. Dadurch scheinen die schwarzen Punkte ständig ihre Position zu wechseln.

ZUM WEITERARBEITEN
Zeichne selbst optische Täuschungen, in denen man etwas erkennen kann, was gar nicht tatsächlich gezeichnet wurde.

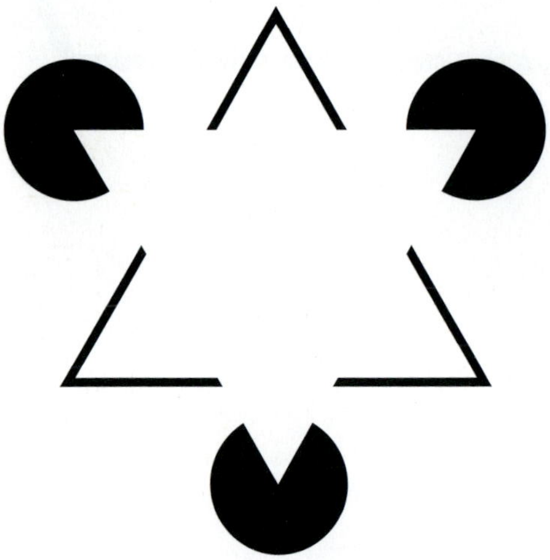

Hier ist *kein* weißes Dreieck abgebildet.

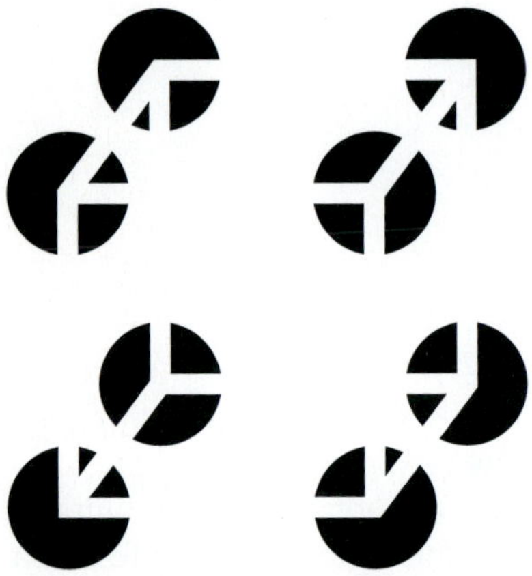

Dieses Bild zeigt nur durchbrochene Kreise, *keinen* Würfel.

Oder etwa doch?
Frage auch deine Eltern und Geschwister, was sie in diesen Bildern sehen.
Warum sehen wohl viele Menschen ein weißes Dreieck oder einen Würfel in den Bildern?

Wie kann das sein?
Die gleichen geometrischen Figuren haben, anders angeordnet, einen anderen Flächeninhalt.

Wie entsteht die Lücke im zweiten Dreieck?

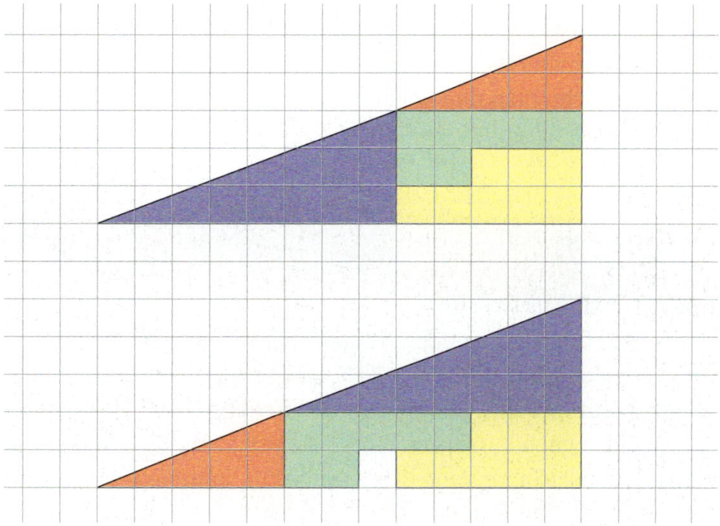

Schaue auf den schwarzen Mittelpunkt. Bewege den Kopf vor und zurück.
Was passiert mit dem Bild?

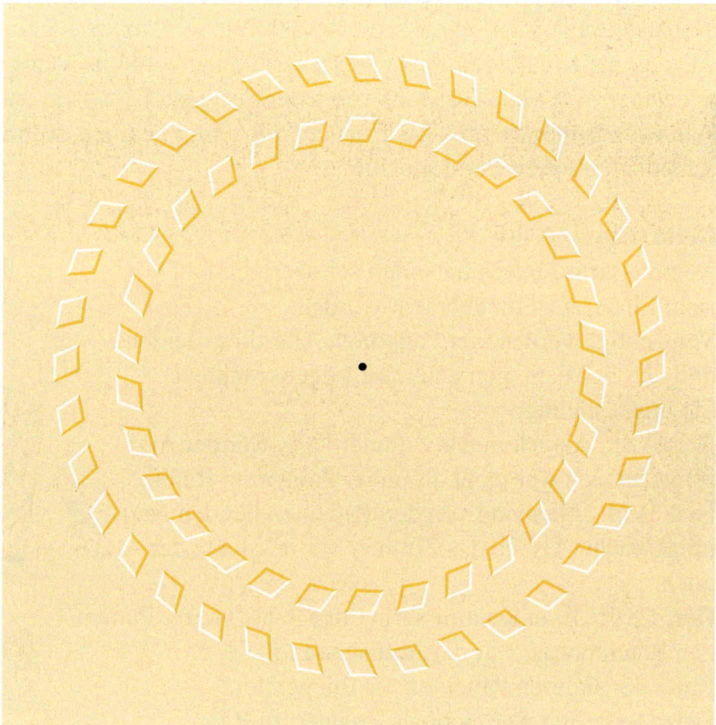

ZUM WEITERARBEITEN
Woran liegt es, dass sich das Bild zu bewegen scheint? Kannst du ein ähnliches Bild zeichnen, das sich ebenfalls zu bewegen scheint?

AUFGABEN

1. Beschäftige dich mit den optischen Täuschungen auf dieser Doppelseite. Kannst du erklären, weshalb sie funktionieren?
2. Erkunde die geometrische Illusion mit der Lücke im Dreieck. Übertrage die Dreiecksteile aus dem ersten Bild auf kariertes Papier und verschiebe sie dann wie in Bild 2. Kommst du dem Geheimnis auf die Spur?

Unterhaltungsmathematik und Rechenverfahren

In der Unterhaltungsmathematik gibt es eine Reihe von Scherz- und Knobelaufgaben, Spiele, Detektivgeschichten und sogar Zaubertricks. Auf den folgenden Seiten kannst du einige von ihnen kennen lernen.

Knobelaufgaben

HINWEIS
Manchmal muss man ein bisschen ausprobieren, eine ungefähr passende Zahl einsetzen und überprüfen, ob dann alle Angaben zutreffen. Durch geschicktes Probieren findet man dann eine Lösung.

Das Alter der Lehrerin
Die Klasse 7 b hat eine neue Mathematiklehrerin. Vier Schüler rätseln, wie alt die neue Lehrerin wohl sein könnte. „Sie ist 24“, meint einer, aber das halten die anderen für zu jung. Sie schätzen auf 27 Jahre und 31 Jahre, einer sogar auf 39 Jahre. Die Mathematiklehrerin meint: „Keiner von euch hat das richtige Alter erraten. Doch eine Schätzung war nur um ein Jahr, eine andere um drei Jahre, eine dritte um sechs Jahre und eine vierte um neun Jahre falsch.“
Wie alt ist die Lehrerin?

HINWEIS
Lisa hat mehr als 10, aber weniger als 20 Kräuterbonbons. Man könnte die Aufgabe durch Probieren oder mit Gleichungen lösen.

Lisas Bonbonschachtel
Lisa hat eine Schachtel mit 71 Bonbons. Die Bonbons sind in 4 unterschiedlichen Sorten vorhanden. Es sind doppelt so viele Zitronenbonbons wie Kräuterbonbons, ein Orangenbonbon weniger als Kräuterbonbons und sechs Traubenbonbons weniger als Zitronenbonbons in der Schachtel. Wie viele Bonbons von jeder Sorte hat Lisa?
Wie viele Bonbons muss Lisa aus der Schachtel nehmen, wenn sie mindestens zwei unterschiedliche Sorten essen möchte?

Detektivgeschichte
Kommissarin Jänisch hat einen schwierigen Fall vor sich: Ein Arzt ist umgebracht worden.
Verdächtigt werden vier Patienten. Allerdings leiden drei der vier Patienten unter der Lügenkrankheit.
Sie lügen ständig.
Herr Azi: „Als ich in das Zimmer kam, war der Arzt schon tot. Ich war nicht als erster Patient im Raum.“
Herr Bezi: „Niemand von den Patienten hat den Arzt umgebracht. Als ich das Zimmer verließ, lebte der Arzt noch.“
Herr Cezi: „Frau Kommissarin, als ich als vierter Patient den Raum betrat, war der Arzt schon tot.
Einer der anderen Patienten hat ihn getötet.“
Herr Dezi: „Ich war nicht als Zweiter im Raum.
Der Arzt war schon tot, als ich das Zimmer betrat.“
Wer ist der Mörder?

HINWEIS
Es gibt mehrere Lösungen. Eine Lösung gibt es für N = 8 und R = 1.

Das Wetter im April

$$\begin{array}{r} R\ E\ G\ E\ N \\ +\ S\ O\ N\ N\ E \\ \hline A\ P\ R\ I\ L \end{array}$$

Setze für jeden Buchstaben eine Zahl ein, sodass die Rechnung stimmt. Gleiche Buchstaben bedeuten gleiche Zahlen.

Maries Perlen

Marie besaß über hundert bunte Perlen. Sie hatte blaue, rote und grüne Perlen, von jeder Farbe gleich viele. Diese Perlen verteilte sie jeden Abend gleichmäßig auf acht Beutel, sodass in jedem Beutel gleich viele Perlen von jeder Farbe waren.
Eines Abends wollte Marie die Perlen nur noch in sieben Beutel legen. Sie legte in jeden der sieben Beutel gleich viele Perlen von jeder Farbe.
Am Abend darauf legte sie gleich viele Perlen von jeder Farbe in nur sechs Beutel.
Am nächsten Abend wollte Marie gleich viele Perlen in fünf Beutel legen, aber es gelang ihr nicht.
Wie viele Perlen hatte Marie mindestens?

Bus fahren

In einem Bus sitzen 38 Erwachsene und Kinder.
26 Personen sind erwachsen.
14 Personen sind weiblich.
8 Personen sind weiblich und erwachsen.
Wie viele Jungen fahren mit dem Bus?

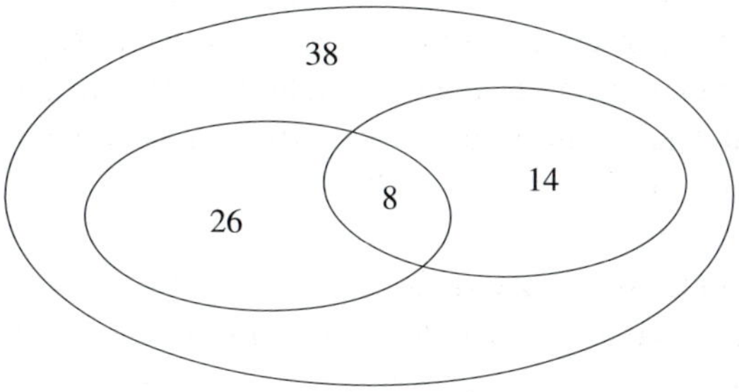

Handy

In der Klasse 7a sind 26 Schülerinnen und Schüler. 17 Personen besitzen ein Handy.
15 Personen sind Jungen. 8 Personen sind Jungen und besitzen ein Handy.
Wie viele Mädchen, die kein Handy besitzen, sind in der Klasse?

Außerirdische

100 Außerirdische treffen sich zu einer Konferenz. 64 von ihnen haben grüne Haut. 37 haben blaue Haare und 23 rote Nasen. 14 Außerirdische haben sowohl grüne Haut als auch blaue Haare. 9 Außerirdische haben blaue Haare und rote Nasen. 7 Außerirdische haben grüne Haut und rote Nasen. 3 Außerirdische haben grüne Haut, blaue Haare und rote Nasen.
Wie viele Außerirdische haben weder grüne Haut, noch blaue Haare, noch rote Nasen?

10 Stühle

Familie Diehl bereitet ein Fest vor. In ihrem rechteckigen Wohnzimmer sollen 10 Stühle so aufgestellt werden, dass an jeder Wand dieselbe Anzahl Stühle steht.
Wie können sie die Stühle stellen?

Aufgaben

1. Probiert allein, zu zweit oder zu dritt, die Aufgaben zu lösen.
   Es gibt unterschiedliche Vorgehensweisen (Strategien), um die Aufgaben zu lösen.
   Vergleicht eure Strategien.
2. Zu der Aufgabe „Bus fahren" gehört eine Zeichnung. Erkläre die Zeichnung.
   Wie kommt man mit Hilfe der Zeichnung zu einer Lösung?
   Erstelle ähnliche Zeichnungen für die Aufgaben „Handy" und „Außerirdische".
3. Überlege dir selbst eine Aufgabe, die so ähnlich ist wie die Aufgaben „Bus fahren", „Handy" und „Außerirdische".
4. Denke dir eine Aufgabe aus, die so ähnlich ist wie „Das Wetter im April".

HINWEIS

Die Mathematiklehrerin fragt: „Anton, ich gebe deinem Bruder 10 Bonbons. Er soll dir die Hälfte abgeben. Wie viele Bonbons hat dann jeder?" Anton meint: „Mein Bruder hat 3 und ich 7 Bonbons." „Kannst du nicht richtig dividieren?", mahnt die Lehrerin. Anton antwortet: „Ich schon, aber mein kleiner Bruder noch nicht."

HINWEIS

Der Lehrer fragt: „Jasmin, wie viel ist vier plus vier?" Jasmin: „Acht." „Richtig", meint der Lehrer, „zur Belohnung bekommst du acht Bonbons von mir." Jasmin entgegnet: „Wenn ich das gewusst hätte, hätte ich hundert gesagt!"

HINWEIS
Die Lösungen zu den Scherzfragen stehen in der Randspalte der nächsten Seite.

Scherzfragen

Hühner
Ein Bauer hat 17 Hühner. Alle außer 9 holt nachts der Fuchs. Wie viele Hühner bleiben übrig?

Ball
Dominik lässt aus 4 m Höhe einen Ball fallen. Der Ball hüpft vom Boden immer halb so hoch zurück, wie seine Fallhöhe war. (Zuerst also 2 m, dann 1 m usw.)
Wann bleibt der Ball auf dem Boden liegen?

Busfahrer
Stell dir vor, du bist Busfahrer. An der ersten Station steigen 19 Personen in den Bus ein. An der zweiten Station steigen 5 Personen aus und 14 Personen ein. An der dritten Station steigen 7 Personen aus und 20 Personen ein. Wie alt ist der Busfahrer?

Spatzen
Auf einer Mauer sitzen 7 Spatzen. Ein Jäger kommt vorbei und schießt einen herunter.
Wie viele Spatzen bleiben auf der Mauer sitzen?

Entfernung
Herr Müller fährt mit dem Auto mit 50 km/h von Ahstadt nach Behstadt.
Gleichzeitig fährt sein Sohn mit dem Fahrrad mit 20 km/h von Behstadt nach Ahstadt.
Wer ist, wenn sie sich treffen, weiter von Ahstadt entfernt, der Vater oder der Sohn?

Zaubertricks

Gedanken lesen
Die Hexe Runia kann Gedanken lesen.
Sie sagt zu Tim: „Denke dir eine beliebige Zahl.
Addiere diese Zahl und die nächsten beiden natürlichen Zahlen. Dividiere das Ergebnis durch 3.
Multipliziere das Ergebnis mit 10. Addiere 7.
Nenne mir deine Zahl."
Tim nennt die 147.
Hexe Runia sagt sofort:
„Du hast dir die 13 gedacht."

Wahrsagen
Hexe Runia kann auch wahrsagen.
Folge ihren Anweisungen.

„Denke dir eine dreistellige Zahl aus nicht gleichen Ziffern.	Hanna denkt sich die 571.
Bilde jetzt die Spiegelzahl, indem du die Ziffern von vorne nach hinten liest.	Die Spiegelzahl ist 175.
Bilde die Differenz aus der Zahl und der Spiegelzahl.	571 – 175 = 396.
Bilde die Spiegelzahl der Differenz.	Die Spiegelzahl ist 693.
Addiere die Differenz und ihre Spiegelzahl.	396 + 693 = 1 089
Das Ergebnis kann ich vorhersehen. Es ist die 1 089."	

Legespiele

Zeichne zwei beliebig große Quadrate nebeneinander. Trage die Seitenlänge des kleineren Quadrates auf der unteren Seite des größeren Quadrates ab. Es entsteht Punkt P. Verbinde P wie in der Zeichnung mit den oberen Eckpunkten der Quadrate. Schneide die Quadrate entlang der Linien in vier Teile.

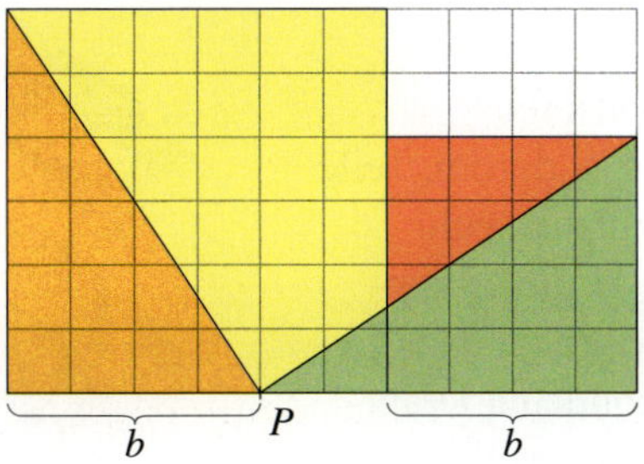

Versuche nun, die vier Teile zu einem Quadrat zusammenzufügen.

Zeichne ein regelmäßiges Kreuz.
Verbinde die Eckpunkte A und B.
Zeichne durch Punkt A die Senkrechte zu $\overline{AB}$.
Schneide das Kreuz entlang der Linien in vier Teile.

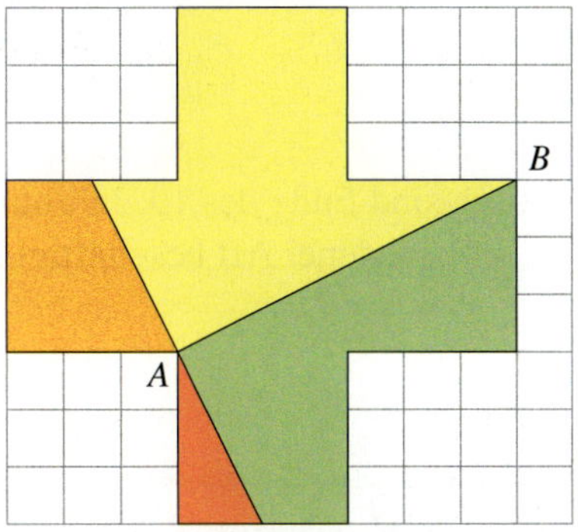

Kannst du die vier Teile zu einem Quadrat zusammenlegen?

HINWEIS
Diese Spiele könnte man zum Beispiel auch als Laubsägearbeiten anfertigen und verschenken.

Merkspiel

Welche Aufgaben haben das gleiche Ergebnis?
Ordne jeweils zwei Aufgaben einander zu, ohne schriftliche Notizen anzufertigen.

$35 + (26 - 5) \cdot 2 - 4 \cdot 7$	$31 + (19 \cdot 2 + 4) : 6 - 4$	$4 \cdot (7 + 9) + 48 : 6 - 15$
$108 : 9 \cdot 2 + 5 \cdot (9 - 7)$	$45 - 3 \cdot 8 + 102 : 3 + 2$	$7 \cdot 8 + 3 - (5 + 10 : 2)$

Aufgaben

1. Versuche, die Scherzfragen zu lösen. Stelle sie auch anderen Personen.
2. Überprüfe die Zaubertricks mit eigenen Zahlen.
   Kannst du angeben, wie die Zaubertricks funktionieren?
   Erfinde selbst einen Trick, mit dem das Gedanken lesen funktioniert.
3. Stelle die vorgestellten Legespiele aus Papier her und versuche, die Puzzleteile zu Quadraten zusammenzufügen.
4. Bastle selbst ein Merkspiel mit Aufgaben.

HINWEIS
Lösungen zu den Scherzfragen
Hühner: *9 bleiben übrig, schließlich holt der Fuchs alle außer 9.*
Ball: *Theoretisch wird der Ball nie auf dem Boden liegen, der Abstand wird nur immer winziger.*
Busfahrer: *Du bist doch der Busfahrer. Die Antwort ist also nicht so schwer, oder?*
Spatzen: *Kein Spatz bleibt sitzen. Beim Schuss sind sie alle davon geflogen.*
Entfernung: *Wenn sie sich treffen, sind sie natürlich beide gleich weit von Abstadt entfernt.*

Drahtvexiere

Ein Vexier ist ein mechanisches Geduldspiel.
Meistens geht es darum, Teile nach bestimmten Regeln zusammensetzen oder voneinander zu lösen.
Bei den abgebildeten Drahtvexieren sollen jeweils zwei ineinander verschobene Metalldrähte voneinander gelöst werden – natürlich ohne dass die Metalldrähte zerstört werden.

Die meisten Vexiere sind Ende des 19. Jahrhunderts erfunden worden, als sich viele Menschen mit Knobeleien verschiedener Art beschäftigt haben.

ZUM WEITERARBEITEN
Hast du Vexiere zu Hause? Bringe sie mit in den Unterricht und stelle sie deinen Mitschülerinnen und Mitschülern vor.

Nim-Spiele

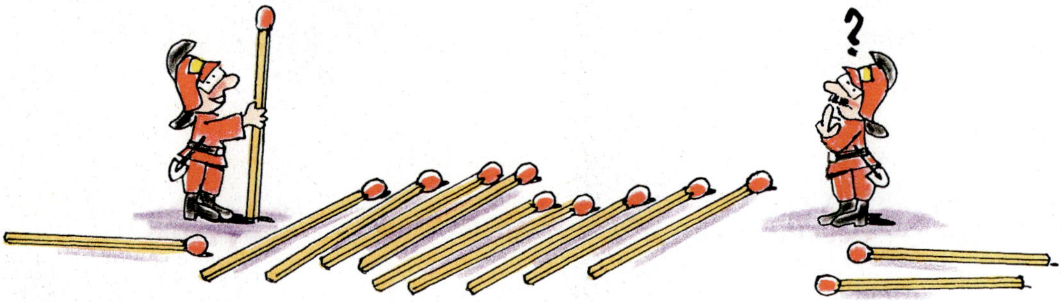

NACHGEDACHT
Funktioniert das Spiel auch mit anderen Anzahlen von Streichhölzern?

Nim-Spiel mit einem Stapel
Zwei Personen spielen gegeneinander.
13 Streichhölzer werden in einer Reihe ausgelegt. Nun nehmen die beiden Spieler abwechselnd Streichhölzer weg, und zwar 1, 2 oder 3 Streichhölzer.
Wer das letzte Streichholz wegnehmen kann, hat gewonnen.

NACHGEDACHT
– Wenn noch fünf Streichhölzer liegen und der andere Spieler dran ist, dann gewinnt man in jedem Fall. Stimmt das?
– Wie kann man das Spiel beeinflussen, damit nur noch fünf Streichhölzer vor der letzten Runde liegen?
– Ist es besser, anzufangen oder der zweite Spieler zu sein?

Aufgaben

1. Stelle selbst aus Metalldraht ein Drahtvexier her.
2. Überlege dir für das Nim-Spiel eine Strategie, mit der du immer gewinnst.
3. Funktioniert die Strategie für das Nim-Spiel auch bei anderen Streichholzanzahlen?
4. Denke dir selbst eine Variante des Nim-Spiels aus.
5. Auf diesen Seiten zum Thema Unterhaltungsmathematik und Rechenverfahren habt ihr eine Reihe verschiedener Spiele und Knobeleien kennen gelernt. Gestaltet einen Wettbewerb mit selbst erstellten Spielen und Aufgaben. Achtet in den Aufgaben auf einen Bezug zur Mathematik, zum Beispiel durch unterschiedliche Rechenmethoden.

Anhang

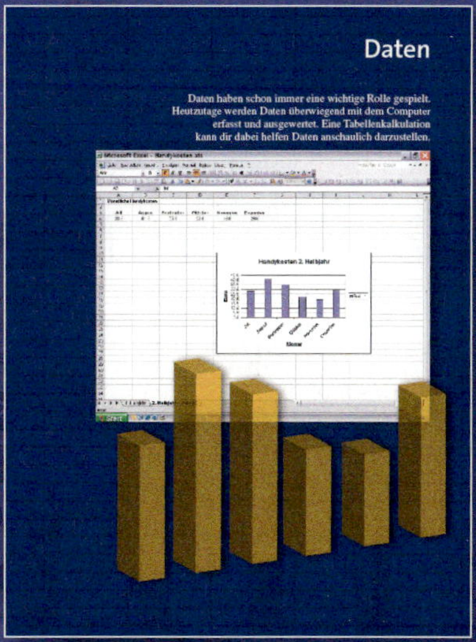
Daten
Daten haben schon immer eine wichtige Rolle gespielt. Heutzutage werden Daten überwiegend mit dem Computer erfasst und ausgewertet. Eine Tabellenkalkulation kann dir dabei helfen Daten anschaulich darzustellen.

4
3
2
1
E
-1
-2
Rationale Zahlen
In der Tiefgarage ist jemand in den Fahrstuhl eingestiegen. Er fährt dann bis in den fünften Stock. An wie vielen Stockwerke ist er dann insgesamt vorbei gefahren?

Ebene Figuren: Dreiecke, Vierecke
Der Cinesphere wurde 1971 eröffnet und ist ein Kino mit einer sechs Stockwerke hohen dreidimensionalen Leinwand. Seine Oberfläche ist ein Netz aus Dreiecken. Man kann aber auch Rauten, Parallelogramme und Trapeze erkennen. Der Cinesphere liegt im Freizeit- und Unterhaltungspark Ontario Place in Toronto in Kanada.

Zuordnungen
Eine Fabrik produziert in einer Stunde 1000 Flaschen. Nach einem Tag hat sie 24 · 1000 = 24000 Flaschen hergestellt. An einem Tag befüllt eine Maschine 2500 dieser Flaschen. In einer Woche werden von dieser Maschine demnach 7 · 2500 = 17500 Flaschen befüllt. Zwei Maschinen der gleichen Art füllen an einem Tag 5000 Flaschen, in der Woche 35000 Flaschen.

Prozentrechnung
Prozentangaben kennst du sicher aus vielen Bereichen. Beim Einkaufen beispielsweise wird häufig mit Prozentangaben geworben. Das Wort Prozent kommt vom italienischen „pro cento“ (von Hundert). „pro cento“ wurde später abgekürzt mit cto. Daraus entstand mit der Zeit die Schreibweise %.
EINZELNE ARTIKEL BIS ZU
30%
50%
70%
REDUZIERT

Ebene Figuren: Kreise
Die Gondeln von Riesenrädern bewegen sich auf Kreisbahnen. Je nach Durchmesser des Riesenrades legen sie bei einer Umdrehung unterschiedliche Streckenlängen zurück. Das derzeit größte Riesenrad ist das „London Eye“. Es steht am Südufer der Themse im Zentrum von London und ist 135,36 m hoch. Das Rad braucht für eine Umdrehung 30 min.

Terme und Gleichungen
Die Waage zeigt deutlich an, dass die kleine Katze schwerer ist als die zwei Gewichtsstücke zusammen. Was könnte man tun, um die Waage ins Gleichgewicht zu bringen?

Prismen und Zylinder
Das Dockland steht seit 2005 in Hamburg an der Elbe. Das Gebäude ist ein Prisma mit einem Parallelogramm als Grundfläche.

Training

Daten

1 Ersetze, wenn dies sinnvoll ist, die Zahlen in dem Zeitungsartikel durch gerundete Werte.

Warum Fußballschuhe, wenn es auch barfuß geht?
Das Fußballspiel Barfuß gegen Plattschuh verfolgten am gestrigen Sonntag 55 356 Zuschauer im Kickerstadion. Das Spiel endete 6 : 3 für Barfuß. Der für 2 567 345 € zu Saisonbeginn von Hintertupfing nach Barfuß gewechselte Gerd Gipsfuß erzielte in der 2. Halbzeit fünf Treffer. Sein monatliches Gehalt von 38 704 € scheint gut angelegt zu sein. Nach Spielende kündigte der 29-Jährige an, in den kommenden 28 Spieltagen noch mindestens 20 Tore erzielen zu wollen.

2 Ordne den „gelben“ Begriffen die richtigen Inhalte zu. Begründe deine Entscheidung.

Der Größenunterschied zwischen dem größten und dem kleinsten Schüler in der Klasse beträgt 32 cm.

Mittelwert

Minimum

Die durchschnittliche Schuhgröße ist 37.

Laura hat mit Abstand die kleinsten Füße.

Maximum

Spannweite

Maximilian ist der älteste in der Klasse.

Median

3 Ermittle Zentralwert und Mittelwert der Schuhgrößen in der Randspalte.

Schuhgröße
Maxim 38
Benny 38
Heike 36
Gordon 35
Nina 40
Kevin 36
Merlin 35
Katja 38
Nele 37

4 Im Bild siehst du die Ergebnisse einer großen Befragung von Kindern vom Februar 2007. Die Abbildung entstammt dem LBS-Kinderbarometer, das von der Bundesfamilienministerin in Auftrag gegeben wurde.

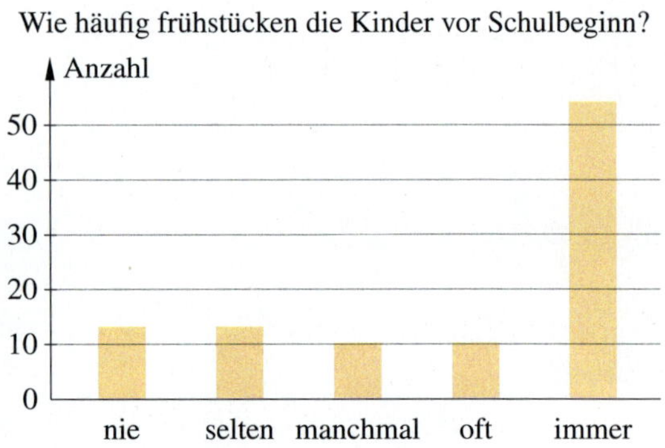

Im Diagramm sind die Antworten von jeweils 100 befragten Kindern dargestellt.

a) Beschreibe das Diagramm in deinen eigenen Worten.
b) In welche Gruppe gehörst du?
c) Warum wurden die Kinder nach ihrem Frühstück gefragt?

5 Bei einer Befragung für das LBS-Kinderbarometer zum Thema „Insgesamt fühle ich mich wohl in meiner Haut“ antworteten von 100 befragten Kindern 2 Kinder „stimmt nicht“, 5 sagten „stimmt wenig“, 12 antworteten „stimmt teils/teils“, 36 sagten „stimmt ziemlich“ und 45 antworteten „stimmt völlig“.
Erstelle zu dem Text ein Säulendiagramm.

6 Im Jahr 2007 wurden 100 Kinder befragt. Sie sollten unter anderem angeben, welche Rechte ihrer Meinung nach verletzt würden. Von jeweils 100 Kindern gaben 20 Kinder an, ihr Recht auf Spiel würde verletzt, 12 meinten, ihr Recht auf Kontakt zu beiden Eltern würde nicht eingehalten und 21 meinten, sie könnten nicht frei ihre Meinung äußern.
Erstelle aus diesen Daten ein Piktogramm.

Rationale Zahlen

1 Setze im Heft <, > oder = ein.
a) -5 ■ -7 b) $-\frac{3}{4}$ ■ $-0{,}75$ c) $1{,}3$ ■ $-1{,}35$
d) 0 ■ $-\frac{0}{8}$ e) $4{,}5$ ■ $4\frac{1}{2}$ f) $-\frac{2}{5}$ ■ $0{,}4$
g) $-2{,}4$ ■ $-\frac{12}{5}$ h) -302 ■ -301 i) $-5{,}8$ ■ $-5{,}81$

2 Fülle die Tabelle im Heft aus.

	alte Temperatur	Temperaturänderung	neue Temperatur
a)	5 °C	8 Grad kälter	
b)		7,5 Grad wärmer	8 °C
c)	−15 °C		−6 °C
d)		5 Grad kälter	−2,5 °C

3 Trage in ein Koordinatensystem mit x- und y-Werten von -5 bis 5 ein und verbinde.
a) $A(2; -1)$; $B(4; 1{,}5)$; $C(2; 2{,}5)$; $D(0; 1{,}5)$
b) $E(-4; -2)$; $F(-2{,}5; 0{,}5)$; $G(-1; 0{,}5)$; $H(-3; 2{,}5)$
c) $I(-1; -4)$; $J(1; -4)$; $K(2; -2)$; $L(0; -2)$; $M(-2; -1)$

4 Berechne.
a) $-4-11$ b) $-34+18$ c) $-19+22$
d) $7-8$ e) $5-18$ f) $-69+48$
g) $27+41-30$ h) $-84+76-18$
i) $-31-57+19$ j) $73-34-66$
k) $-17-86-14$ l) $39-50+11$

5 Beachte die Rechengesetze.
a) $-35+(-18)$ b) $7-(+18)$
c) $189+(-163)$ d) $-25-(-11)$
e) $-193-(+193)$ f) $22-(-19)$
g) $-3{,}2+0{,}9$ h) $-19{,}95-(+3{,}125)$
i) $7{,}3+(-4{,}4)$ j) $-3{,}8+(-1{,}8)$
k) $-18{,}3+(-20{,}7)$ l) $0{,}33-(-2{,}76)$
m) $2{,}3-(+3{,}5)$ n) $7\frac{1}{7}+\left(-7\frac{1}{7}\right)$
o) $-1\frac{2}{5}-\left(-10\frac{1}{2}\right)$ p) $-\frac{1}{3}-\left(+3\frac{3}{4}\right)$
q) $3\frac{1}{8}-\left(+6\frac{2}{3}\right)$ r) $-2\frac{2}{3}-\left(+1\frac{5}{6}\right)$

6 Rechne vorteilhaft.
a) $-17+(-15)+28+(-36)+(-33)$
b) $-55+(-34)+(-86)+17+91$
c) $112+(-81)+30+(-19)+(-136)$
d) $-231+186+(-57)+(-82)+(-314)$

7 Berechne.
a) $615+(-374)+(-235)$
b) $3{,}5+(-1{,}9)+0{,}5$
c) $-0{,}875+(-0{,}296)+(-0{,}225)$
d) $-6\frac{3}{4}+\left(-2\frac{4}{5}\right)+\left(-2\frac{3}{4}\right)$

8 Erfinde vierstufige Additionsmauern.
a) An der Spitze steht die Zahl -17.
b) Es gibt genau zwei positive Zahlen.

9 Berechne vorteilhaft, wenn möglich.
a) $6\cdot(-3)$ b) $3\cdot(-4)$
c) $-8\cdot(-9)\cdot 5$ d) $4\cdot(-11)\cdot(-25)$
e) $-12\cdot(-5)\cdot 7$ f) $25\cdot 12\cdot(-8)$

10 Berechne.
a) $-2{,}5:(-7{,}5)$ b) $-0{,}25:0{,}05$
c) $4{,}9:(-0{,}7)$ d) $-1{,}21:(-1{,}1)$
e) $-40{,}2:(-6{,}7)$ f) $-2{,}76:0{,}23$

11 Rechne vorteilhaft.
a) $16\cdot\left(-\frac{1}{16}+2\right)$ b) $-0{,}9\cdot 2+(-0{,}9)\cdot 5$
c) $-4\cdot 18+32$ d) $-\frac{1}{3}\cdot\left[4+\left(-\frac{2}{3}\right)\right]$
e) $104+(-2{,}1)\cdot 8$ f) $-\frac{1}{4}[24+(-64)]$

12 Ergänze die Rechenmauer in der Randspalte im Heft. Das Produkt zweier Zahlen nebeneinander ergibt die Zahl darüber.

13 Berechne. Achte auf die Klammern.
a) $-25\cdot[55-(-65)]$
b) $(561-874)\cdot(-346+416)$
c) $[(-36)+(-108)]:(-12)$
d) $3{,}5-5\cdot(0{,}5-1{,}5)$
e) $\frac{5}{8}+\left(-\frac{1}{4}\right)\cdot\left[\frac{5}{9}-\left(-\frac{3}{9}\right)\right]$
f) $\left[(-48):\left(-\frac{6}{7}\right)\right]\cdot(-0{,}9)$

14 Herr Ingenhag hat auf seinem Konto 368 € Guthaben. Er kauft mit der EC-Karte Schuhe für 59 € und einen Laptop für 799 €.
a) Berechne den neuen Kontostand.
b) Herr Ingenhag darf sein Konto maximal 1200 € überziehen. Kann er seiner Frau die Kette für 749 € kaufen?

Ebene Figuren: Dreiecke, Vierecke

1 Berechne jeweils den Umfang der Figuren.
a) Ein Quadrat mit der Seitenlänge $a = 3{,}5\,\text{cm}$.
b) Ein Dreieck mit $a = 5\,\text{cm}$, $b = 6\,\text{cm}$, $c = 9\,\text{cm}$.
c) Ein Parallelogramm mit den Seitenlängen $a = 5\,\text{cm}$, $b = 3{,}3\,\text{cm}$.
d) Ein gleichschenkliges Dreieck mit $a = b = 6\,\text{cm}$, $c = 8\,\text{cm}$.
e) Ein Trapez mit $a = 2{,}7\,\text{cm}$, $b = 4\,\text{cm}$, $c = 3{,}8\,\text{cm}$ und $d = 4{,}4\,\text{cm}$.
f) Eine Raute mit der Seitenlänge $a = 44\,\text{cm}$.
g) Ein Drachen mit den Seitenlängen $a = 0{,}8\,\text{dm}$, $b = 9{,}6\,\text{cm}$.

2 Ergänze die Tabelle zu Dreiecken.

	g	h_g	A
a)	8 cm	4,5 cm	
b)	5,5 cm	4 cm	
c)	9 cm	3,6 cm	
d)	4,2 dm	25 cm	
e)	0,83 m	30 cm	
f)	6 cm		$9\,\text{cm}^2$
g)		5 cm	$15\,\text{cm}^2$

ZUM KNOBELN
Überschlage den Umfang von Deutschland. Wie könntest du vorgehen? Wie genau kann man den Umfang bestimmen?

3 Gib Grundseite und Höhe von zwei verschiedenen Dreiecken mit dem Flächeninhalt $8\,\text{cm}^2$ an.

4 Berechne jeweils die fehlenden Seitenlängen und Höhen der Dreiecke.
a) $b = 4{,}2\,\text{cm}$, $c = 6\,\text{cm}$, $h_a = 3{,}2\,\text{cm}$, $h_c = 4\,\text{cm}$.
b) $a = 10{,}8\,\text{cm}$, $c = 6\,\text{cm}$, $h_a = 2{,}5\,\text{cm}$, $h_b = 2\,\text{cm}$.
c) $a = 4\,\text{cm}$, $b = 3{,}5\,\text{cm}$, $h_b = 5\,\text{cm}$ und $h_c = 3{,}8\,\text{cm}$.
d) $a = 5\,\text{cm}$, $c = 2{,}5\,\text{cm}$, $h_b = 2\,\text{cm}$, $h_c = 8\,\text{cm}$.

5 Benenne jeweils die Figur.

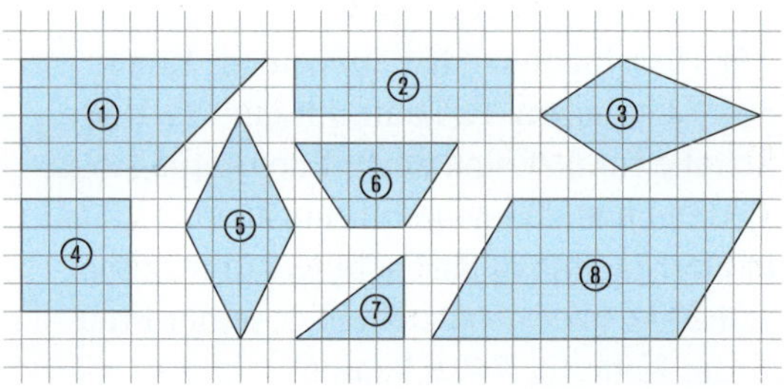

6 Welche Figur hat den größeren Flächeninhalt, ein Rechteck mit den Seitenlängen $a = 4\,\text{cm}$ und $b = 5\,\text{cm}$ oder ein Parallelogramm mit $a = 4\,\text{cm}$ und $h_a = 5\,\text{cm}$?

7 Berechne die Flächeninhalte der Vierecke.
a) Drachen: $e = 4\,\text{cm}$, $f = 7\,\text{cm}$
b) Trapez: $a = 3{,}8\,\text{m}$, $c = 4{,}2\,\text{m}$, $h = 8\,\text{m}$
c) Parallelogramm: $g = 40\,\text{cm}$, $h_g = 48\,\text{cm}$
d) Trapez: $a = 8{,}9\,\text{cm}$, $c = 5{,}7\,\text{cm}$, $h = 6\,\text{cm}$
e) Drachen: $e = 1\,\text{m}$, $f = 1{,}2\,\text{m}$
f) Trapez: $a = 4{,}1\,\text{dm}$, $c = 38\,\text{cm}$, $h = 2\,\text{dm}$
g) Parallelogramm: $g = 0{,}3\,\text{m}$, $h_g = 1{,}8\,\text{dm}$
h) Raute: $e = 4{,}2\,\text{cm}$, $f = 0{,}37\,\text{dm}$

8 Übertrage die Figuren in dein Heft und berechne ihre Flächeninhalte.

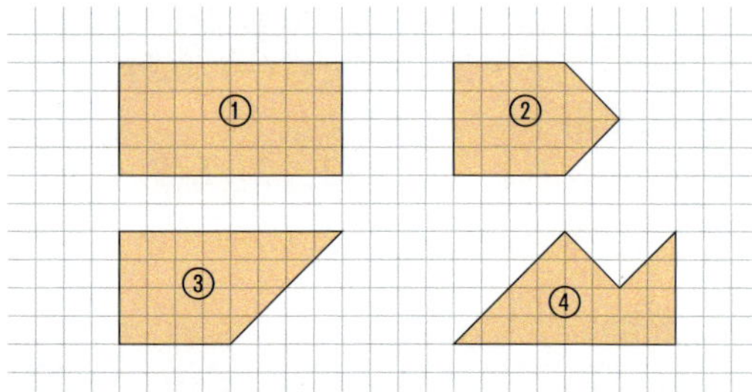

9 Sina hat ein Tütchen Blumensamen gekauft. Die Blumensamen sollen laut Packungsangabe für $6\,\text{m}^2$ reichen. Ihr Beet ist trapezförmig mit $a = 3{,}1\,\text{m}$, $c = 2{,}3\,\text{m}$ und $h = 2{,}05\,\text{m}$. Fertige eine Skizze an und schätze zuerst, ob das Tütchen reichen wird.
Rechne dann nach.

10 Jedes Viereck kann in zwei Dreiecke unterteilt werden. Gib die Vierecksart an, wenn sich das Viereck zusammensetzt aus zwei …
a) kongruenten Dreiecken.
b) gleichschenkligen Dreiecken.
c) gleichseitigen Dreiecken.

11 Welchen Flächeninhalt hat ein rechtwinkliges Trapez, dessen parallele Seiten 4,9 cm und 3,5 cm lang sind?
Der kürzere Schenkel ist 4 cm lang.
Skizziere zuerst und berechne dann.

Zuordnungen

1 Vervollständige den Satz richtig im Heft:
„Bei einer Zuordnung wird jedem Element oder Wert aus einem Bereich …“
Gib ein Beispiel für eine Zuordnung an.
Wie können Zuordnungen dargestellt werden?

2 Handelt es sich um proportionale, antiproportionale oder sonstige Zuordnungen? Begründe.

a) *Anzahl Brötchen → Preis*
b) *Anzahl Gärtner → Zeit Parkpflege*
c) *Geschwindigkeit → Benzinverbrauch*
d) *Geschwindigkeit → Zeit für 100 km*
e) *Grundstückgröße → Preis*

3 Vervollständige die Tabellen im Heft.

a) Proportionale Zuordnungen

①

Stofflänge (in m)	Preis (in €)
3	29,40
1	
4,5	

②

Zeit (in h)	Flugstrecke (in km)
$\frac{3}{4}$	720
1	
$1\frac{1}{2}$	

b) Antiproportionale Zuordnungen

①

Fliesengröße (in cm²)	Anzahl der Fliesen
36	145
1	
20	

②

Geschwindigkeit $\left(\text{in } \frac{km}{h}\right)$	Zeit (in h)
110	4
1	
80	

4 Timos Zimmer soll mit Teppichboden ausgelegt werden.
Wählt er Teppichboden von 2 m Breite, so braucht er dafür 6,3 m. Wie viel Meter braucht Timo, wenn der Teppich nur 1,5 m breit ist?

5 Tina kauft 5 Schulhefte für 3,20 €.
Daniel kauft zum gleichen Stückpreis 21 Hefte derselben Sorte. Wie viel € zahlt er?

6 Herr Deiners kauft 6 Mehrkornbrötchen für 2,58 €.
Wie viel kosten 8 Mehrkornbrötchen?

7 Entscheide in dieser Aufgabe erst über die Art der Zuordnung und rechne dann.

a) Herr Martin möchte auf dem Markt 7 kg Kartoffeln einkaufen. An den Ständen werden die Kartoffeln wahlweise lose oder in 5-kg-Beuteln verkauft.
1 kg kostet 1,50 €, ein 5-kg-Beutel 7 €.
b) An zwei gleich langen Straßen werden Bäume gepflanzt. Bei der einen Straße beträgt der Baumabstand 4,5 m und man benötigt 650 Stück. Bei der anderen soll der Abstand zwischen den Bäumen auf 6,5 m vergrößert werden.
c) Für die vier Teilnehmer einer Expedition steht ein Vorrat zur Verfügung, der 72 Tage reichen soll. Wie viele Teilnehmer könnten von dem Vorrat zehren, wenn die Expedition nur 12 Tage dauert?

8 Auf der Verpackung einer Fertigpizza steht, dass sie im Backofen bei 180 °C erwärmt werden muss. Auf wie viel Grad muss der Backofen eingestellt werden, wenn drei Pizzen erwärmt werden sollen?

9 Der Parkplatz einer Baufirma soll gepflastert werden. Der Meister des Unternehmens hat ausgerechnet, dass er dafür mit den eingeplanten 6 Arbeitskräften 18 Stunden benötigt. Wegen Krankheit fallen zwei Arbeiter aus. Mit wie viel Zeit muss der Unternehmer nun für die Arbeit rechnen?

10 Ein Schnellzug fuhr die Strecke von Bielefeld nach Hannover mit $100\,\frac{km}{h}$ in 66 Minuten. Wie schnell muss der Zug auf dieser Strecke fahren, um eine Verspätung von 6 Minuten aufzuholen?

Prozentrechnung

1 Sarah hat sich in einem Sportverein angemeldet.

a) Der Verein hat 280 Mitglieder, von denen 35 % Jugendliche sind. Wie viele jugendliche Mitglieder hat der Verein?

b) 15 % der Vereinsmitglieder spielen Fußball. Wie viele Mitglieder sind das?

2 Erhan fehlte im letzten Schuljahr von 238 Unterrichtstagen 27-mal. Berechne den Anteil als Bruch und in Prozent.

3 Eine Kaffeerösterei sollte 1 025 kg gerösteten Kaffee liefern. Wie viel Kilogramm Rohkaffee waren dazu nötig, wenn beim Rösten mit 18 % Gewichtsverlust zu rechnen ist?

4 Herr Crisopulli trat von einer gebuchten Reise zurück. Bei 18,5 % Rücktrittskosten musste er 207,94 € bezahlen.
Berechne den Preis der Reise.

5 Familie Mays erhält beim Kauf einer Küche einen Preisnachlass von 540 €, das sind 9 % des ursprünglichen Preises.

6 Die 25 Schülerinnen und Schüler der Klasse 7 a fahren mit ihrer Lehrerin Frau Bademeyer ins Freibad.

An einer Tafel vor dem Eingang stehen die Tarife angeschrieben:

Eintritt: 2,60 €
Unter 14 Jahre 25 % Rabatt
Gruppentarif für 15 Personen: 35 €

Welche Eintrittskarten oder welche Kombinationen davon sollten sie kaufen, wenn 12 Schüler jünger als 14 Jahre sind?

7 Wie viel Prozent betrug die Leistungssteigung gegenüber dem Vorjahr?

a) Tim warf bei den Bundesjugendspielen den Schlagball 44,1 m weit. Er verbesserte damit seine Leistung des Vorjahrs um 5,51 m.

b) Lena lief die 100-m-Strecke in 13,2 s. Damit verbesserte sie ihre Zeit aus dem Vorjahr um 0,4 s.

8 Sabrina hat seit fünf Jahren ein Konto.

a) Sabrina hat von ihrem Konto Geld abgehoben. Ihr Kontostand beträgt nun 1541 €, das sind 90,2 % ihres vorherigen Kontostandes.
Wie viel Geld hatte Sabrina vorher auf ihrem Konto?

b) Nach ihrer letzten Einzahlung hat Sabrina 2 717 € auf ihrem Sparbuch, das sind 104,5% ihres letzten Guthabens.
Wie viel Geld hatte Sabrina vorher auf ihrem Sparbuch?

9 Frau Seidel verdiente monatlich 2 000 €. Sie erhält eine Gehaltserhöhung von 4 %. Gib die Gehaltserhöhung in Euro an und berechne das neue Gehalt.

10 Von einer Klasse mit 29 Schülerinnen und Schülern sind 3 Nichtschwimmer und 6 haben das Schwimmabzeichen in Bronze. Berechne die Anteile in Prozent.

11 Ein Vertreter hat für 15 000 € Waren verkauft. Sein Gehalt beträgt 8 % des Verkaufspreises der verkauften Ware.
Berechne das Gehalt.

12 Der Unterschied zwischen $3\frac{1}{3}$ % und 3,3 % eines Geldbetrags beträgt 2,50 €.
Welche Höhe hat dieser Betrag?

13 Frau Tuner hat in ihren Bausparvertrag 28 200 € eingezahlt, das sind $35\frac{1}{4}$ % der Bausparsumme.
Wie hoch ist dieser Betrag?

Ebene Figuren: Kreise

1 Berechne den Umfang des Kreises.
a) $d = 8\,\text{cm}$ b) $d = 13\,\text{mm}$ c) $d = 3{,}9\,\text{dm}$
d) $r = 1\,\text{mm}$ e) $r = 5{,}2\,\text{m}$ f) $r = 6{,}7\,\text{dm}$

2 Berechne den Durchmesser und den Radius des Kreises.
a) $u = 12\,\text{cm}$ b) $u = 1\,\text{m}$ c) $u = 1{,}2\,\text{dm}$
d) $u = 0{,}3\,\text{km}$ e) $u = 0{,}015\,\text{km}$

3 Bestimme den Flächeninhalt des Kreises.
a) $r = 4{,}7\,\text{mm}$ b) $r = 2{,}5\,\text{m}$ c) $r = 6{,}3\,\text{mm}$
d) $d = 4\,\text{cm}$ e) $d = 3{,}2\,\text{dm}$ f) $d = 6{,}1\,\text{km}$

4 Berechne den Umfang der Figur.

a)

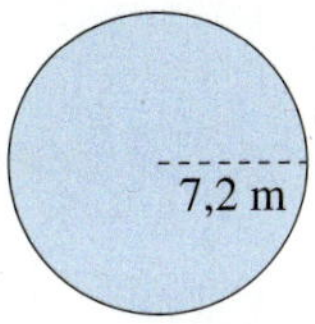

b)

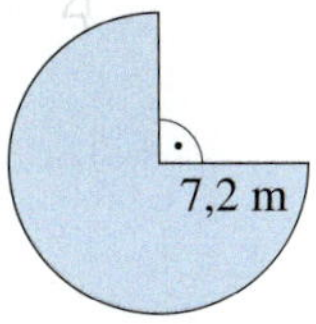

5 Welchen Radius hat der Kreis?
a) $A = 7{,}34\,\text{m}^2$ b) $A = 82\,\text{cm}^2$ c) $A = 7\,\text{ha}$
d) $A = 260{,}2\,\text{mm}^2$ e) $A = 0{,}38\,\text{m}^2$

6 Berechne die fehlenden Größen des Kreises.

	r	d	u	A
a)	8 cm			
b)		17 mm		
c)			2,3 dm	
d)				$5\,\text{km}^2$
e)				2 ha
f)			26,4 cm	

7 Ein Urlauber auf der Insel Farokolhu Fushi (Malediven) wundert sich, dass er in ungefähr 15 Minuten um die Insel herum gelaufen ist. Die Länge des fast kreisförmigen Wegs beträgt 1,57 km. Welche Fläche kann für die Insel ungefähr angegeben werden?

8 In Schulterhöhe ist bei einem Mammutbaum der fast zylinderförmige Stamm 9,2 m dick. Wie viele Menschen (Armspanne 1,8 m) sind nötig, um den Baum gemeinsam umfassen zu können?

9 Familie Sagorski möchte einen neuen runden Tisch anschaffen, an dem sechs Personen Platz haben sollen. Für jede Person rechnet man mit 70 cm Platzbedarf an der Tischkante. Welcchen Durchmesser muss der Tisch haben?

10 In einer Pizzeria gibt es verschiedene Pizzagrößen zu folgenden Preisen:
mini: Durchmesser 20 cm zu 3,95 €
maxi: Durchmesser 30 cm zu 5,95 €
Bei welcher Pizza erhält man verhältnismäßig mehr für den Preis?

11 Ein kreisförmiger Schlossplatz hat 44,8 m Durchmesser. In der Mitte befindet sich eine kreisförmige Teichanlage mit 10,6 m Durchmesser. Der Platz soll neu gepflastert werden. Mit welchen Materialkosten ist zu rechnen, wenn man von 135 € pro Quadratmeter und 15 % Verschnitt ausgeht?

12 Berechne den Inhalt der blauen Fläche. Die Kantenlänge des Quadrats beträgt 40 cm.

a)

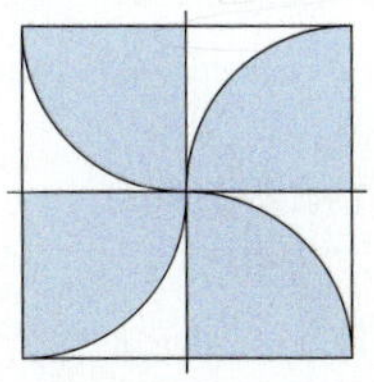

b)

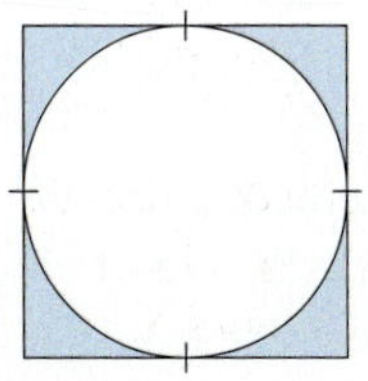

c)

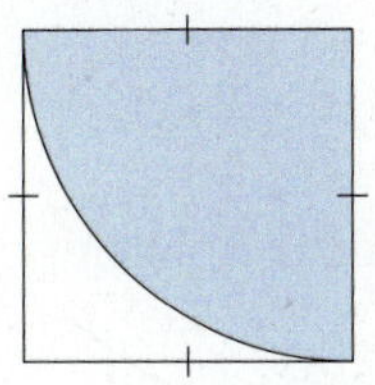

d)

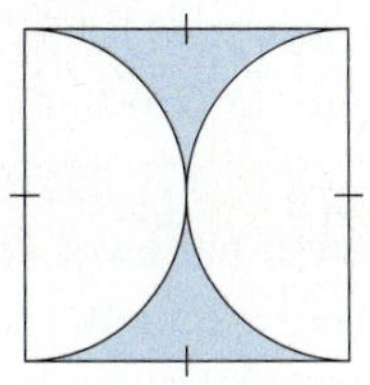

13 Berechne die fehlenden Größen eines Kreisausschnitts.

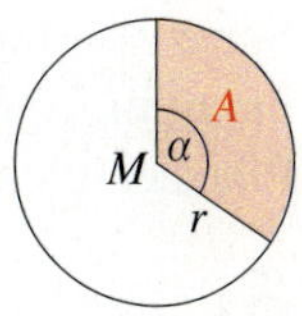

	a)	b)	c)	d)
d	9,5 cm			
α	65°		35°	
b		75 dm	90 dm	195 dm
A		$24\,\text{m}^2$		$68\,\text{m}^2$

Terme und Gleichungen

1 Fasse zusammen.

a) $x + x + x$ b) $n + n + n + n$
c) $x + 17x + 3x$ d) $3a - 5a - 7a$
e) $2n + 100n + n$ f) $5y - 8y - 12y + 7y$
g) $9r - r + 3r$ h) $12{,}5m - 7{,}5m + 4m$

2 Vereinfache die Terme.

a) $3a + 9b + 25a + 6b - 4a$
b) $11x - 2y - 3x - 9y - 15x$
c) $25ax - 13ax + 12a - 7ax - 5a$
d) $60 - 13m + 21a + 27m - 5$

3 Gib jeweils einen Term an, mit dem man den Umfang der Figuren berechnen kann. Vereinfache soweit wie möglich.

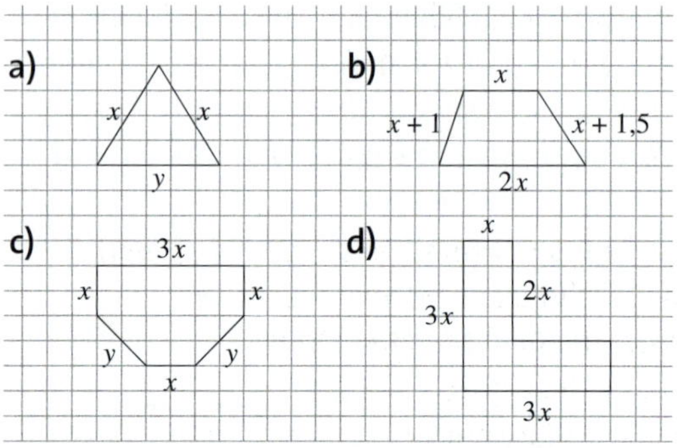

4 Berechne den Wert der Terme.

a) $3x + 7y - 5$ $x = 4$ $y = 5$
b) $4a - 3b - 2$ $a = 0{,}5$ $b = -2$
c) $10 - 6m + 3p$ $m = 2{,}5$ $p = -3$
d) $a \cdot b - 3a$ $a = -3$ $b = -2$
e) $x : y - y + 2x$ $x = 24$ $y = -3$

5 Daniel hat zwei verschiedene Bohnenpflanzen gepflanzt.
Die erste Sorte ist jetzt 20 cm hoch und wächst wöchentlich um 8 cm. Die zweite Sorte ist 40 cm hoch und wächst wöchentlich um 6 cm. Nach wie vielen Wochen sind beide Pflanzen gleich hoch?

6 Löse die Gleichungen.

a) $x + 46 = 95$ b) $x - 5 = 18$
c) $x + 6{,}4 = 13{,}5$ d) $x + 12{,}7 = -8{,}9$
e) $17 - x = 11$ f) $9{,}8 - x = 5{,}7$
g) $x + \frac{3}{4} = 1\frac{1}{2}$ h) $x - \frac{2}{5} = \frac{1}{3}$

7 Löse die Gleichungen.

a) $4x = 48$ b) $7{,}5 = 1{,}5x$
c) $800x = 0{,}2$ d) $2x = 0{,}6$
e) $\frac{x}{9} = 3$ f) $\frac{x}{5} = -4$
g) $\frac{1}{6} = \frac{2}{3}x$ h) $\frac{x}{10} = \frac{8}{15}$

8 Bestimme jeweils die Variable.

a) $2u - 5 = 11$ b) $3 + 5v = 18$
c) $5x - 2 = 8$ d) $26 = 7x - 2$
e) $-27 = -4y + 5$ f) $3a + 17 = -1$
g) $-50 = 4b + 6$ h) $8 - 6x = 14$
i) $-13 + 5x = 12$ j) $-110 = 10 + 6y$

9 Bestimme die Lösung der Gleichung.

a) $3x + 4{,}2 = 8{,}1$ b) $2x - 0{,}7 = 0{,}1$
c) $-2{,}5 = 5x + 5{,}5$ d) $37{,}9 = 21{,}1 - 6x$
e) $4y - \frac{11}{6} = \frac{5}{6}$ f) $5\frac{2}{3}y - \frac{10}{3} = \frac{1}{2}$
g) $\frac{13}{4} = 3 - 2y$ h) $\frac{51}{15} = \frac{4}{15} + 6z$

10 Löse die Gleichungen.

a) $5x + 11 = 3x + 17$
b) $9x - 23 = 25 - 3x$
c) $35x + 25 = 47x - 155$
d) $17x + 35 = 90 - 5x$
e) $4x - 3 + 2x = 33 + 3x$
f) $5x - 4 + 3x = 6x - 9$
f) $-4x + 17 - 7x = -37 + 9x$

11 Erfinde zu den Termen eine Rechengeschichte.

a) $4x + 2y$
b) $2x + 4$
c) $25x - 5y$

12 Melina hat eine Schwester, die doppelt so alt wie sie ist. Ihr Bruder ist 3 Jahre jünger. Zusammen sind die drei Geschwister 41 Jahre alt. Wie alt ist Melina?

13 In einem Bus sitzen Kinder und Erwachsene. Die Erwachsenen nehmen $\frac{2}{5}$ der Plätze ein. Die Kinder besetzen 5 Plätze mehr als die Erwachsenen. Es bleiben 6 Plätze leer.
Wie viele Sitzplätze hat der Bus?

Prismen und Zylinder

1 Ein Prisma mit der dargestellten Grundfläche ist 8 cm hoch. Miss fehlende Längen in der Zeichnung.
a) Zeichne ein Schrägbild.
b) Berechne den Oberflächeninhalt.
c) Berechne das Volumen des Prismas.

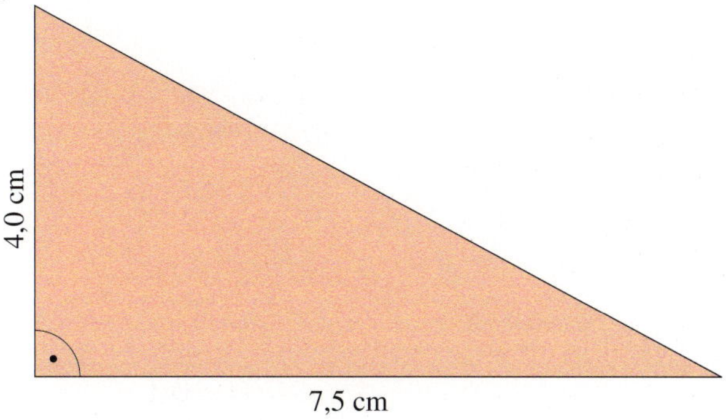

2 Ein Prisma mit einer Höhe von 14 cm hat als Grundfläche eine Raute mit der Seitenlänge 5 cm und $\alpha = 50°$.
a) Berechne den Oberflächeninhalt.
b) Verändert sich der Oberflächeninhalt des Prismas, wenn sich der Winkel α ändert?

3 Zeichne je ein Netz der folgenden Prismen.
a) Grundfläche: gleichseitiges Dreieck mit $a = 4\,\text{cm}$; Höhe des Prismas: 5 cm
b) Grundfläche: Parallelogramm mit $a = 4\,\text{cm}$; $b = 2\,\text{cm}$; $\alpha = 50°$; Höhe des Prismas: 3 cm

4 Berechne das Volumen und den Oberflächeninhalt eines Prismas mit
a) $A_G = 18\,\text{cm}^2$, $u_G = 24\,\text{cm}$, $h = 8\,\text{cm}$
b) $A_G = 2{,}5\,\text{m}^2$, $u_G = 10\,\text{m}$, $h = 4{,}3\,\text{m}$
c) $A_G = 60\,\text{cm}^2$, $u_G = 16\,\text{cm}$, $h = 0{,}7\,\text{m}$

5 Berechne das Volumen.
a)
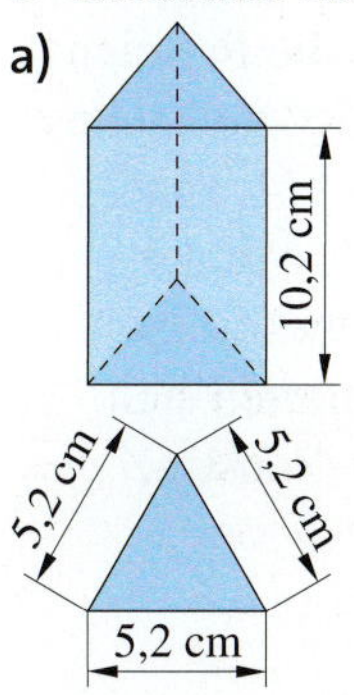

b)
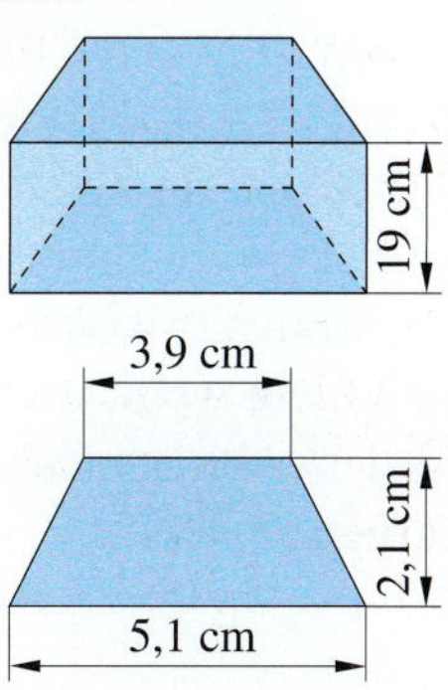

6 Nenne Objekte aus Natur, Technik und Architektur, die (annähernd) die Form eines Zylinders besitzen.

7 Zeichne das Netz und das Schrägbild eines Zylinders mit
a) $r = 2{,}5\,\text{cm}$ und $h = 5\,\text{cm}$.
b) $d = 4\,\text{cm}$ und $h = 3\,\text{cm}$.

8 Eine zylinderförmige Konservendose hat einen Radius von 8 cm und ist 16 cm hoch. Gib Maße und Flächeninhalt des Etiketts an.

9 Berechne Volumen, Oberflächen- und Mantelflächeninhalt eines Zylinders mit
a) $r = 5\,\text{cm}$ und $h = 7\,\text{cm}$.
b) $r = 2{,}5\,\text{m}$ und $h = 3{,}8\,\text{m}$.
c) $d = 15\,\text{cm}$ und $h = 7\,\text{dm}$.
d) $d = 15\,\text{cm}$ und $h = 3\,\text{m}$.

10 Von den fünf Größen r, h, M, O und V eines Zylinders sind zwei gegeben. Berechne die fehlenden Größen.
a) $M = 150{,}8\,\text{cm}^2$; $r = 8\,\text{cm}$
b) $O = 138{,}23\,\text{dm}^2$; $r = 2\,\text{dm}$
c) $V = 21{,}77\,\text{m}^3$; $h = 4{,}1\,\text{m}$
d) $V = 76080{,}58\,\text{mm}^3$; $r = 37{,}2\,\text{mm}$

11 Eine Wachskerze ist 10 cm hoch und hat einen Durchmesser von 4 cm.
a) Berechne das Volumen der Kerze.
b) Fünf dieser Kerzen werden eingeschmolzen und das Wachs zu einer neuen Kerze mit einem Durchmesser von 8 cm verarbeitet. Wie hoch wird die neue Kerze?

12 Nenne mindestens drei unterschiedliche Abmessungen (Radius und Höhe) für ein Glas, das exakt einen Liter Flüssigkeit beinhalten soll.

13 Eine runde Tischplatte hat einen Durchmesser von 1,5 m und ist 3 cm dick.
a) Berechne das Volumen der Tischplatte.
b) Die Tischplatte besteht aus Fichtenholz, das 500 g pro dm^3 wiegt.
Wie schwer ist die Platte?

Daten

a

1

a) Minimum: 41 kg, Maximum: 72 kg
b) Spannweite: 34 cm
c) Zentralwert: 12, arithmetischer Mittelwert: 12,5

2

Lieblingsfarbe	Strichliste	Häufigkeit
Rot	||||	4
Gelb	|	1
Blau	||	2
Grün	||	2
Lila	|	1

3

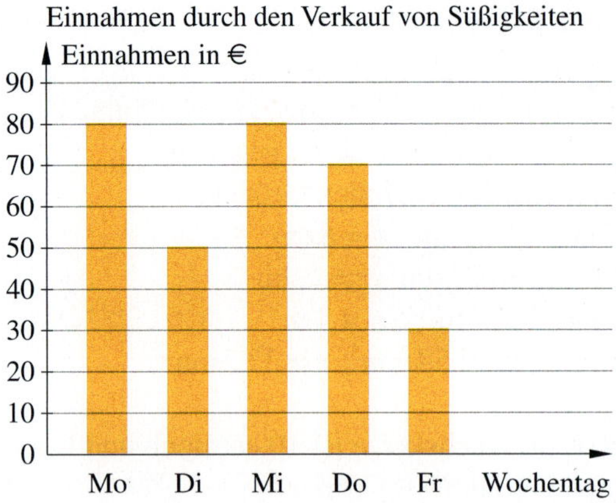

4

Das Diagramm zeigt die Notenverteilung bei einer Klassenarbeit in den Klassen 7 a und 7 b (jeweils 30 Schüler). In Klasse 7 a sind alle Noten vertreten, während in Klasse 7 b keiner eine 6 geschrieben hat. In der Klasse 7 a sind die Noten 3 und 4 mit jeweils 8 Schülern am häufigsten vertreten, in der Klasse 7 b ist es die Note 3 mit 9 Schülern. Die Noten bis 3 sind in der Klasse 7 b häufiger vertreten als in der 7 a. Die Noten 4 bis 6 sind in der Klasse 7 b weniger vertreten als in der Klasse 7 a. Insgesamt hat die Klasse 7 b besser abgeschnitten.

b

3

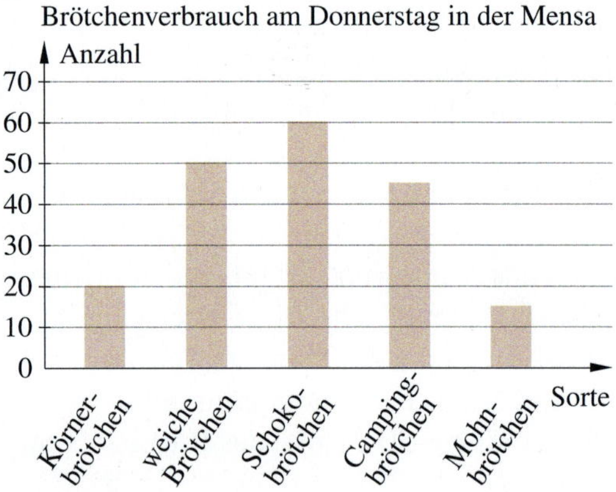

4

Bei der Bundestagswahl 2005 wurde die SPD mit 34,2 % der Stimmen am häufigsten gewählt. Mit 7,4 % erhielt die CSU die wenigsten Stimmen von den einzeln aufgeführten Parteien. Die Spannweite zwischen SPD und CSU beträgt 26,8 %.
Zwischen SPD und CSU liegen die Parteien CDU mit 27,8 %, FDP mit 9,8 %, Die Linke mit 8,7 % und die Grünen mit 8,1 %. Eine sonstige Partei wählten 3,9 % der Wähler. Der Zentralwert lässt sich nicht bestimmen, da man nicht weiß, wie viele Parteien sich mit welcher Prozentzahl hinter „Sonstige“ verbergen.

Rationale Zahlen

a

1

a)

alte Temperatur	Temperatur-änderung	neue Temperatur
4 °C	6 Grad kälter	−2 °C
−3 °C	9 Grad wärmer	6 °C
−6 °C	5 Grad kälter	−11 °C
6 °C	8 Grad kälter	−2 °C

2 Es entsteht ein rechtwinkliges Dreieck.

3

a) −16
b) 1
c) −12
d) 86
e) 0
f) 52
g) −12
h) 38
i) 300
j) −430
k) 590 000

4

a) −16
b) 29
c) 8
d) 44

5 Herr Sengebusch hat einen Kontostand von −98 €.

6

Kontoauszug		Sparkasse Kleckersdorf
Alter Kontostand:		−129,00 €
Datum	Vorgang	Betrag
11.04.	Kartenzahlung	−30,00 €
12.04.	Überweisung	−262,00 €
13.04.	Zahlungseingang	+50,00 €
14.04.	Zahlungseingang	+27,00 €
Kontostand am 15.04.		−344,00 €

b

1

b)

Kontostand alt	Kontostand neu	Bewegung
−17 €	36 €	+53 €
−156 €	−117 €	+39 €
23 €	44 €	+67 €
−73 €	−18 €	+55 €

2 Punkt D hat die Koordinaten (−1,5; 3).

3

a) −176
b) −9
c) $-\frac{3}{4}$
d) −7,3
e) $1{,}5 = 1\frac{1}{2}$
f) 7,7
g) 238
h) −12
i) $1\frac{1}{3}$
j) 1,8
k) $\frac{1}{2}$

4

a) −114
b) −46
c) −763
d) 13

6

Kontoauszug		Sparkasse Kleckersdorf
Alter Kontostand:		−129,86 €
Datum	Vorgang	Betrag
11.04.	Kartenzahlung	−47,60 €
12.04.	Überweisung	−249,95 €
13.04.	Zahlungseingang	+50,00 €
14.04.	Zahlungseingang	+32,64 €
Kontostand am 15.04.		−344,77 €

Ebene Figuren: Dreiecke, Vierecke

a | **b**

1

a) $u = 7{,}4\,\text{cm}$, $A = 2{,}47\,\text{cm}^2$

b) $u = 8{,}6\,\text{cm}$, $A = 2{,}78\,\text{cm}^2$

c) $u = 9{,}6\,\text{cm}$, $A = 3{,}8\,\text{cm}^2$

d) $u = 9\,\text{cm}$, $A = 3{,}9\,\text{cm}^2$

2

a) ① Parallelogramm, ② Trapez, ③ Raute, ④ allgemeines Viereck

b) Raute, Parallelogramm, Trapez, allgemeines Viereck

3

①

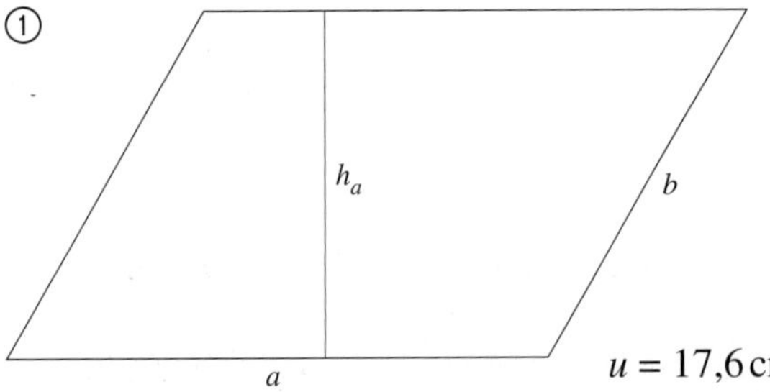

$u = 17{,}6\,\text{cm}$
$A = 16{,}32\,\text{cm}^2$

②

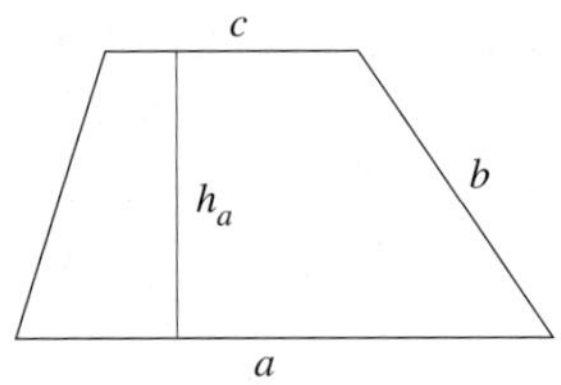

$u = 9{,}6\,\text{cm}$
$A = 5{,}035\,\text{cm}^2$

③

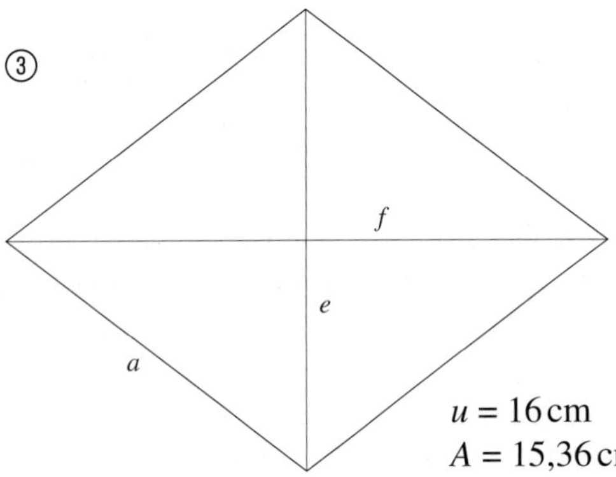

$u = 16\,\text{cm}$
$A = 15{,}36\,\text{cm}^2$

④

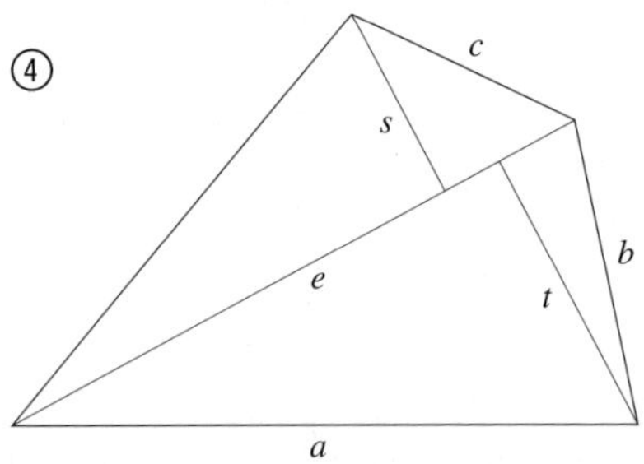

$u = 13{,}9\,\text{cm}$
$A = 10{,}4\,\text{cm}^2$

4

a) Falsch, da ein Rechteck nicht zwei Paar gleich langer Nachbarseiten hat.

b) Wahr, da eine Raute zwei zueinander parallele Seiten hat.

c) Wahr

d) Falsch, Quadrat und Raute haben vier gleich lange Seiten.

5

a) $A = 7{,}35\,\text{m}^2$

b) Es müssen 1 070,67 € für das Wärmedämmglas bezahlt werden.

4

a) Wahr, es kann auch zwei Paar zueinander paralleler Seiten haben, z. B. ein Quadrat.

b) Falsch, bei einem Parallelogramm halbieren sich die Diagonalen nicht.

c) Wahr, da eine Raute ein Drachen ist und auf diese die Aussage zutrifft.

5

a) $A = 5{,}13\,\text{m}^2$

b) Es müssen 747,29 € für das Wärmedämmglas bezahlt werden.

Zuordnungen

a

1

a)

x	1	2	3	4	5
y	1,40	2,80	4,20	5,60	7,00

b)

x	1	2	3	4	5
y	30	15	10	7,5	6

b

1

a)

x	1	2	3	5	7
y	1,5	3	$4\frac{1}{2}$	7,5	10,5

b)

x	1	2	4	6	10
y	48	24	12	8	4,8

2 steigende Zuordnung: ① und ②
fallende Zuordnung: ③ und ④
proportionale Zuordnung: ①
antiproportionale Zuordnung: ③

3 Familie Bohm hat 7,5 l pro 100 km gebraucht, Familie Berger sogar 8,75 l pro 100 km.

4 12 Eier kosten 1,68 €.

4 (b) 264 Taschenrechner kosten 2 874,96 €.

5

a)

Anzahl der Personen	1	2	4	5	8	10	25
Gummibärchen (in g)	5 000	2 500	1 250	1 000	625	500	200

b) Sie ist antiproportional.

6 13 Kühe kommen 12 Wochen mit dem Futter aus.

6 (b) 24 Kühe kommen 6,5 Wochen, 40 Kühe 3,9 Wochen (27 Tage) mit dem Futter aus.

7 Sie dürfen täglich 15 € ausgeben.

Prozentrechnung

a

1
a) $\frac{99}{100} = 0{,}99$ b) $\frac{17}{25} = 0{,}68$
c) $\frac{6}{25} = 0{,}24$ d) $\frac{1}{50} = 0{,}02$
e) $\frac{23}{100} = 23\,\%$ f) $\frac{86}{100} = 86\,\%$
g) $\frac{50}{100} = 50\,\%$ h) $\frac{25}{100} = 25\,\%$

2
a) $p\,\% = \frac{20}{120} = 0{,}25 = 25\,\%$
b) $p\,\% = \frac{735}{980} = 0{,}75 = 75\,\%$
c) $p\,\% = \frac{294}{420} = 0{,}7 = 70\,\%$
d) $p\,\% = \frac{35}{35} = 1 = 100\,\%$

3
a) $W = 24\,€$
b) $W = 63\,\text{m}$
c) $W = 126\,\text{l}$
d) $W = 7\,\text{s}$

4
a) $G = 600\,€$ b) $G = 1\,500\,\text{m}$
c) $G = 140\,\text{l}$ d) $G = 20\,\text{s}$

5
a) $W = 1{,}5\,\text{cm}$
b) $G \approx 1\,333{,}3\,\text{kg}$
c) $p\,\% = 37{,}5\,\%$

6
a) $p\,\% \approx 35\,\%$
b) $G \approx 3\,170\,€$

7
a) Verminderter Grundwert;
20 € entsprechen 80 %.
Die Hose kostete vorher 25 €.
b) Vermehrter Grundwert;
1100 Schüler entsprechen 125 %.
Bisher waren es 880 Schüler.

b

1
a) $\frac{1}{40} = 0{,}025$ b) $\frac{63}{1\,000} = 0{,}063$
c) $\frac{1}{125} = 0{,}008$ d) $\frac{13}{1\,000} = 0{,}013$
e) $\frac{3}{100} = 3\,\%$ f) $\frac{155}{100} = 155\,\%$
g) $\frac{20}{100} = 20\,\%$ h) $\frac{75}{100} = 75\,\%$

2
a) $p\,\% = \frac{1{,}5}{5} = 0{,}3 = 30\,\%$
b) $p\,\% = \frac{36{,}8}{320} = 0{,}115 = 11{,}5\,\%$
e) $p\,\% = \frac{1}{1\,000} = 0{,}001 = 0{,}1\,\%$
g) $p\,\% = \frac{35}{40{,}25} \approx 0{,}87 = 87\,\%$

3
a) $W = 1{,}212\,€ \approx 1{,}21\,€$
b) $W = 0{,}24\,\text{m}$
c) $W = 0{,}018\,\text{l}$
d) $W = 0{,}0099\,\text{s} \approx 0{,}01\,\text{s}$

4
a) $G = 625\,€$ b) $G = 80\,\text{m}$
c) $G = 40\,\text{l}$ d) $G \approx 217\,\text{s}$

5
a) $W = 2{,}04\,\text{cm}$
b) $G \approx 144\,\text{kg}$
c) $p\,\% = 36\,\%$

6
a) $W \approx 76{,}28\,\text{km}$
b) $G = 65\,\text{g}$

7
a) Verminderter Grundwert;
1,19 € entsprechen 98 %.
Ein Liter kostete vorher 1,21 €.
b) Vermehrter Grundwert;
$(x + 198)$ Schüler entsprechen 122,5 %.
Nun sind es 1 078 Schüler.

Ebene Figuren: Kreise

a

1

	r	d	u	A
a)	6 cm	**12 cm**	**37,7 cm**	**113,1 cm²**
b)	**3 dm**	6 dm	**18,85 dm**	**28,27 dm²**
c)	**111 m**	**222 m**	697,4 m	**38 708 m²**
d)	**22 m**	**44 m**	**138,23 m**	1 520,5 m²
e)	4,5 cm	**9 cm**	**28,27 cm**	**63,62 cm²**
f)	**3,25 dm**	6,5 dm	**20,42 dm**	**33,18 dm²**

2 $r = 2{,}39\,\text{m}$, $F = 17{,}95\,\text{m}^2$

3

a) $A \approx 6{,}16\,\text{cm}^2$; $u \approx 8{,}8\,\text{cm}$
b) $A \approx 21{,}50\,\text{m}^2$; $u \approx 19{,}03\,\text{cm}$

4

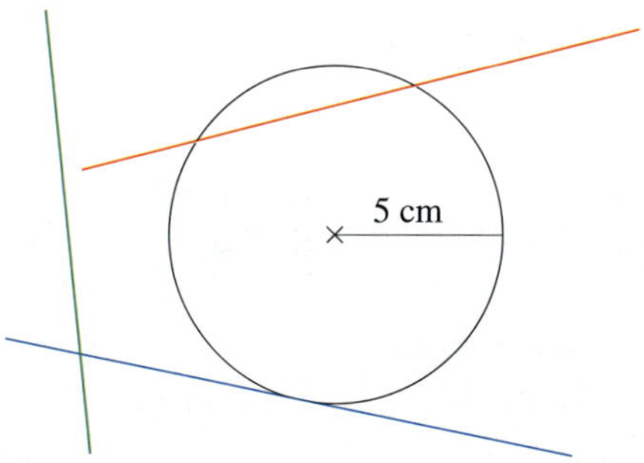

5

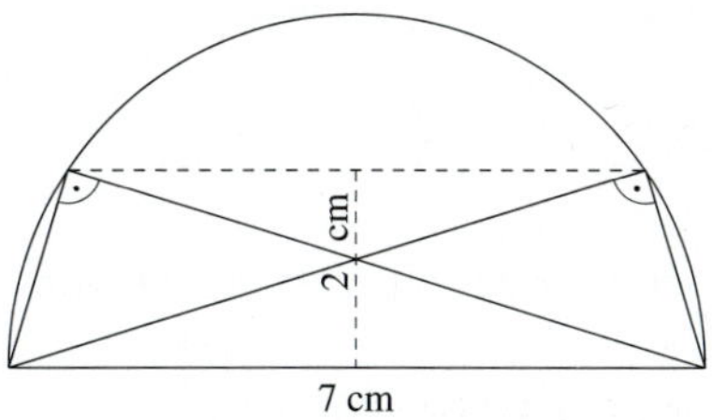

6 Mittelpunktswinkel $\alpha = 89°$ ist doppelt so groß wie jeder der beiden Peripheriewinkel $\beta = \gamma = 44{,}5°$.

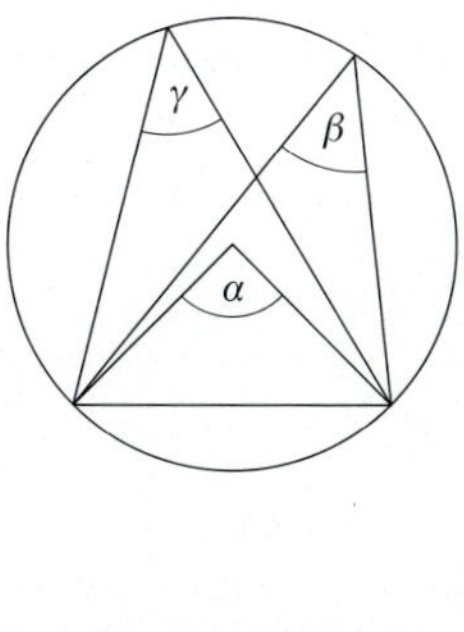

b

1

	r	d	u	A
a)	3,9 cm	**7,8 cm**	**24,5 cm**	**47,78 cm²**
b)	**1,05 dm**	2,1 dm	**6,6 dm**	**3,46 dm²**
c)	**0,16 cm**	**0,32 cm**	0,1 dm = **1 cm**	**0,08 cm²**
d)	**126,16 m**	**252,32 m**	**792,7 m**	5 ha = **50 000 m²**
e)	7,1 cm	**14,2 cm**	**44,61 cm**	**158,37 cm²**
f)	**15 mm**	30 mm	**94,25 mm**	**706,86 mm²**

2 $r = 50\,\text{km}$

3

a) $A = 28{,}56\,\text{m}^2 - 6{,}93\,\text{m}^2 = 21{,}63\,\text{m}^2$
$u = 2 \cdot 6{,}8 + 4{,}2 + 2{,}1 \cdot \pi \approx 24{,}4\,\text{m}$
b) $A = 1\,236{,}24 + 2\,884{,}26 = 4\,120{,}5\,\text{m}^2$
$u = 2 \cdot 20{,}4 + 2 \cdot \pi \cdot 30{,}3 \approx 231{,}2\,\text{m}$

5 Zeichne einen Kreis mit Radius 4,5 cm. Trage eine Kreissehne durch den Mittelpunkt ein.
Zeichne oberhalb und unterhalb der Sehne eine Parallele im Abstand von 3,4 cm.
Jede Parallele schneidet den Kreis zweimal, deshalb gibt es 4 Schnittpunkte und damit 4 rechtwinklige Dreiecke.

6 Die Kreissehne misst etwa 8 cm.
Jeder Peripheriewinkel über derselben Kreissehne misst 70°.

Terme und Gleichungen

a

1
a) 4
b) 194
c) -14

2
a) $4a + 3b$
b) $22b$
c) $13x - 50y$
d) $100 - 65a - 36b$

3
a) Paket 1: $4a + 4b + 4c$
Paket 2: $6a + 4b + 6c$
b) Für Paket 1 benötigt man 300 cm Schnur, für Paket 2 benötigt man 370 cm Schnur.

4
a) $x = 31$
b) $x = -14$
c) $x = 19$
d) $x = -3$
e) $x = 13$
f) $x = 12$

5
Anzahl der Personen im Speisewagen: x
Gleichung $x + 3x + (3x + 70) = 280$
$x = 30$
Im Speisewagen befinden sich 30 Personen, in der 1. Klasse 90 Personen und in der 2. Klasse 160 Personen.

6
Anzahl der Monate, die Jannik für das Rennrad sparen muss: x
Gleichung: $20x + 178 = 498$
$x = 16$
Er muss 16 Monate lang sparen.

b

1
a) $51\frac{1}{2} = 51{,}5$
b) -210
c) $-12{,}75$

2
a) $81x$
b) $11b$
c) $24y$
d) $97a + 28b$

3
a) Paket 1: $4a + 4b + 4c + 30$
Paket 2: $6a + 4b + 6c + 30$
b) Für Paket 1 muss $a + b + c = 50$ gelten.
Mögliche Abmessungen z. B.: $a = 10\,\text{cm}$, $b = 20\,\text{cm}$, $c = 20\,\text{cm}$

4
a) $x = -40$
b) $x = -2$
c) $x = 10{,}5$
d) $x = 15$
e) $x = 14$
f) $x = 2\frac{1}{3}$

5
Preis des T-Shirts: x
Gleichung: $x + (x + 60) + (x + 10) = 129{,}70$
$x = 19{,}90$
Das T-Shirt kostet 19,90 €, die Kappe kostet 29,90 € und die Jeans kostet 79,90 €.

6
a) Anzahl der Monate, die Yasemin sparen will: x
Gleichung: $25x + 50 = 20x + 140$
$x = 18$
Sie muss 18 Monate lang sparen.
b) Das Fahrrad kostet 500 €.

Prismen und Zylinder

a

1

Prisma	①	③	④	⑤
Grundfläche	Dreieck	Fünfeck	Viereck (Rechteck)	Sechseck

2

Maßstab 1 : 2

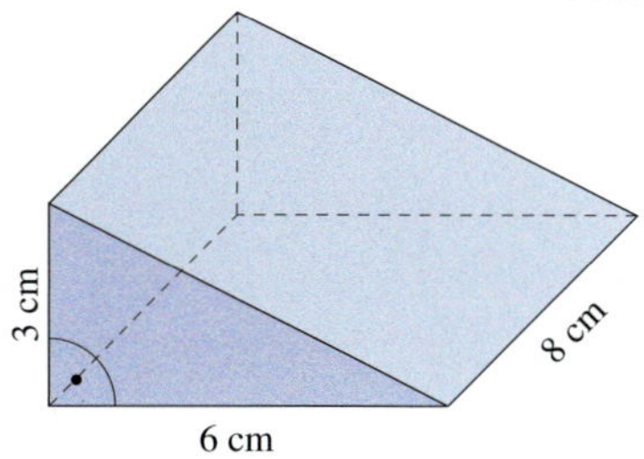

3

a) $c = 4{,}3\,\text{cm}$, $a = b \approx 3{,}7\,\text{cm}$
$A_G = 6{,}45\,\text{cm}^2$,
$V = 58{,}05\,\text{cm}^3$,
$A_O \approx 118{,}2\,\text{cm}^2$

4

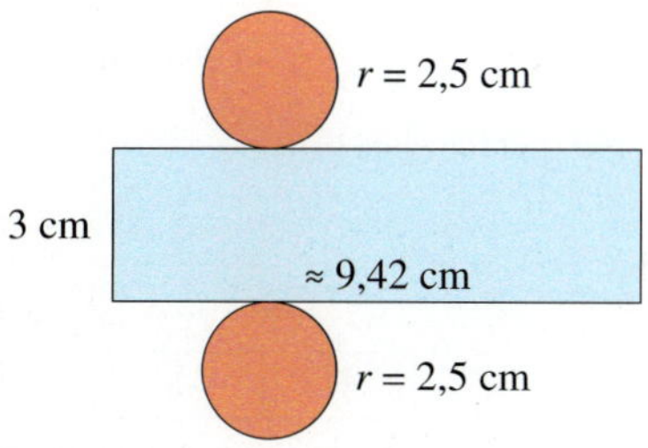

5

a) $A_M = 201{,}06\,\text{cm}^2$, $A_O = 301{,}59\,\text{cm}^2$
b) $A_M = 15{,}08\,\text{dm}^2$, $A_O = 21{,}36\,\text{dm}^2$

6

$d = 10\,\text{cm} \geq r = 5\,\text{cm}$, $h = 12\,\text{cm}$
$A_o = 2 \cdot \pi \cdot 5 \cdot (5 + 12) = 534{,}07\,\text{cm}^2$

7

a) $V = \pi \cdot 5^2 \cdot 8 = 628{,}32\,\text{cm}^2$
b) $V = \pi \cdot 40^2 \cdot 30 = 150\,796\,\text{cm}^2$

b

2

Maßstab 1 : 2

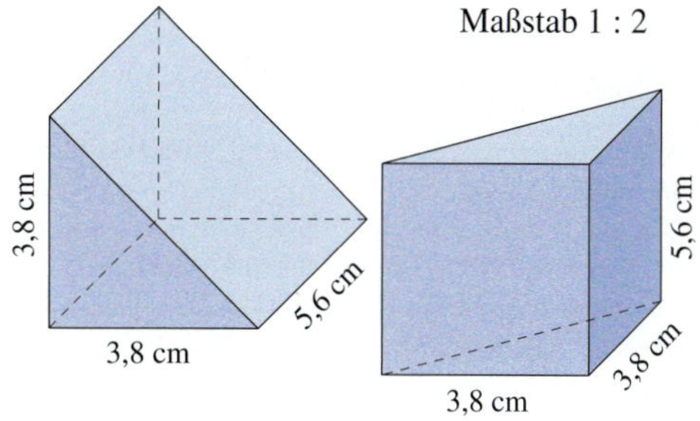

3

b) $a = 7\,\text{cm}$, $b = d = 12\,\text{cm}$, $c = 24\,\text{cm}$
$A_G = 131{,}75\,\text{cm}^2$,
$V = 4\,611{,}25\,\text{cm}^3$,
$A_O \approx 2\,188{,}5\,\text{cm}^2$

4

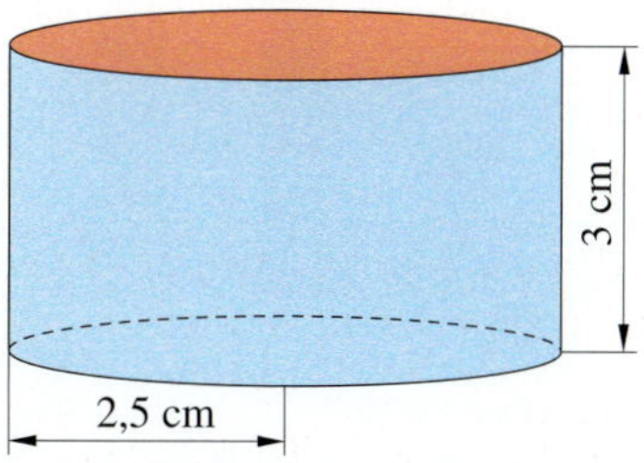

5

a) $A_M = 2\,412{,}74\,\text{cm}^2$, $A_O = 8\,846{,}73\,\text{cm}^2$
b) $A_M = 43{,}98\,\text{cm}^2$, $A_O = 63{,}22\,\text{cm}^2$

6

$A_O = 559{,}53\,\text{cm}^2$, 15 % von A_O sind $83{,}93\,\text{cm}^2$, also $643{,}46\,\text{cm}^2$ benötigt.

7

a) $V = \pi \cdot 16^2 \cdot 14 = 11\,259{,}47\,\text{cm}^3$
b) $V = \pi \cdot 9^2 \cdot 7{,}5 = 1\,908{,}52\,\text{cm}^3$

Lösungen zum Training

Seite 234 Daten

1 Zuschauer: 55 000
Geld für den Wechsel von Gerd Gipsfuß: 2,5 Mio. €
Monatliches Gehalt von Gerd Gipsfuß: 39 000 €.

2 Minimum: Laura hat mit Abstand die kleinsten Füße.
Maximum: Maximilian ist der älteste in der Klasse.
Spannweite: Der Größenunterschied zwischen dem größten und dem kleinsten Schüler in der Klasse beträgt 32 cm.
Mittelwert: Die durchschnittliche Schuhgröße ist 37.
Median kann nicht zugeordnet werden.

3 Zentralwert und Mittelwert: Schuhgröße 37

4 a) Antworten auf die Frage „Wie häufig frühstückt ihr vor der Schule?“:
Über die Hälfte der Kinder frühstücken immer oder oft. Von den 100 Kindern frühstücken 54 immer. Allerdings frühstücken 13 von 100 Kindern nie. Genauso viele Kinder frühstücken selten (13 von 100) und etwas weniger manchmal (10 von 100).
b) individuell verschieden
c) Frühstück ist wichtig für einen guten Start in den Tag, um auch Energie für alle Aktivitäten und für das Lernen zu erhalten.

5
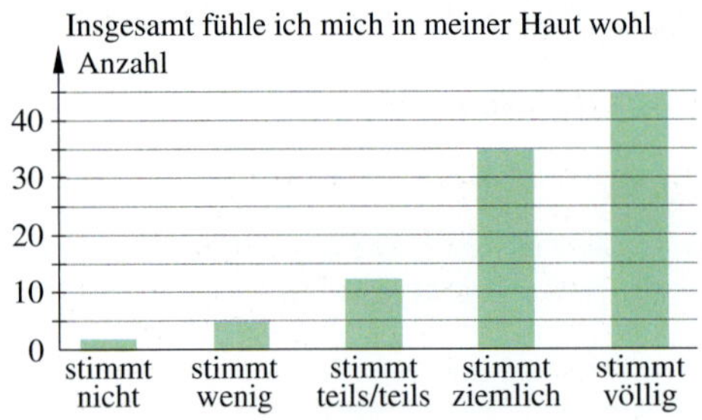

6 Verletzt wird mein Recht auf …
Spiel
Kontakt zu beiden Eltern
freie Meinungsäußerung
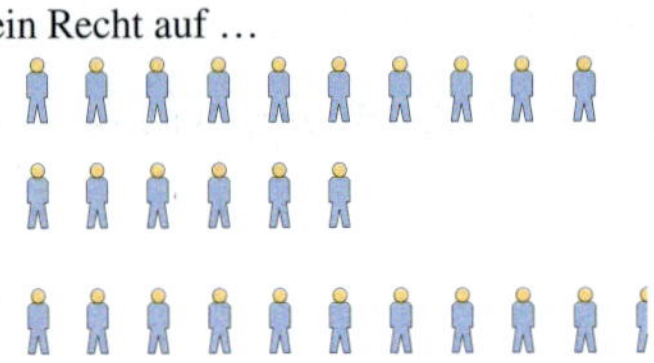
entspricht zwei Antworten

Seite 235 Rationale Zahlen

1 a) $-5 > -7$ b) $-\frac{3}{4} = -0{,}75$ c) $1{,}3 > -1{,}35$
d) $0 = -\frac{0}{8}$ e) $4{,}5 = 4\frac{1}{2}$ f) $-\frac{2}{5} < 0{,}4$
g) $-2{,}4 = -\frac{12}{5}$ h) $-302 < -301$ i) $-5{,}8 > -5{,}81$

2 a) −3 °C b) 0,5 °C
c) 9 Grad wärmer d) 2,5 °C

3
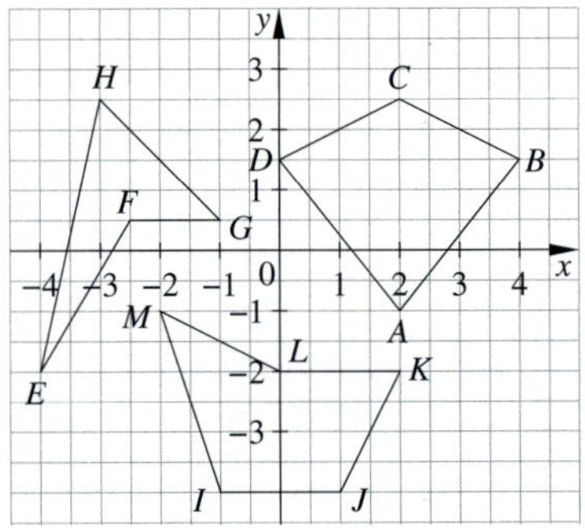

4 a) −15 b) −16 c) 3 d) −1 e) −13
f) −21 g) 38 h) −26 i) −69 j) −27
k) −117 l) 0

5 a) −53 b) −11 c) 26 d) −14 e) −386
f) 41 g) −2,3 h) −23,075 i) 2,9 j) −5,6
k) −39 l) 3,09 m) −1,2 n) 0 o) $9\frac{1}{10}$
p) $-4\frac{1}{12}$ q) $-3\frac{13}{24}$ r) $-4\frac{1}{2}$

6 a) −73 b) −67 c) −94 d) −498

7 a) 6 b) 2,1 c) −1,396 d) $-12\frac{3}{10}$

8 Beispiel (gilt für a und b):

−17
−1 | −16
5 | −6 | −10
6 | −1 | −5 | −5

9 a) −18 b) −12 c) 360 d) 1100 e) 420 f) −2400

10 a) $\frac{1}{3}$ b) −5 c) −7 d) 1,1 e) 6 f) −12

11 a) 31 b) −6,3 c) −40 d) $-1\frac{1}{9}$ e) 87,2 f) 10

12

−98 304
−1536 | 64
24 | **−64** | −1
$\frac{1}{8}$ | **192** | $-\frac{1}{3}$ | 3
8 | **24**
−2 | **−4** | **−6**
−1 | 2 | −2 | 3

13 a) −3000 b) −21 910 c) 12 d) 8,5 e) $\frac{29}{72}$ f) −50,4

14 a) neuer Kontostand: −490 €
b) Nein, sein Konto würde dann einen Schuldenstand von 1239 € aufweisen.

Seite 236 Ebene Figuren: Dreiecke, Vierecke

1 a) $u = 14\,cm$ b) $u = 20\,cm$
c) $u = 16{,}6\,cm$ d) $u = 20\,cm$
e) $u = 14{,}9\,cm$ f) $u = 176\,cm$
g) $u = 35{,}2\,cm$

2 a) $A = 18\,cm^2$ b) $A = 11\,cm^2$
c) $A = 16{,}2\,cm^2$ d) $A = 525\,cm^2$
e) $A = 1\,245\,cm^2$ f) $h_g = 3\,cm$
g) $g = 6\,cm$

3 Beispiel: 1. $g = 4\,cm$, $h_g = 4\,cm$,
2. $g = 8\,cm$, $h_g = 2\,cm$

4 a) $a = 7{,}5\,cm$, $h_b = 5{,}7\,cm$
b) $b = 13{,}5\,cm$, $h_c = 4{,}5\,cm$
c) $c \approx 4{,}6\,cm$, $h_a = 4{,}4\,cm$
d) $b = 10\,cm$, $h_a = 4\,cm$

5 ① rechtwinkliges Trapez ② Rechteck
③ Drachen ④ Quadrat
⑤ Raute ⑥ gleichschenkliges Trapez
⑦ rechtwinkliges Dreieck ⑧ Parallelogramm

6 Beide Figuren haben den gleichen Flächeninhalt $A = 20\,cm^2$.

7 a) $A = 14\,cm^2$ b) $A = 32\,m^2$
c) $A = 1920\,cm^2$ d) $A = 43{,}8\,cm^2$
e) $0{,}6\,m^2$ f) $A = 7{,}9\,dm^2$
g) $A = 5{,}4\,dm^2$ h) $A = 7{,}77\,dm^2$

8 ① $A = 8\,cm^2$ ② $A = 5\,cm^2$
③ $A = 6\,cm^2$ ④ $A = 5\,cm^2$

9 Das Tütchen reicht, da der Flächeninhalt nur $A = 5{,}535\,m^2$ beträgt.

10 a) Quadrat, Rechteck, Parallelogramm oder Raute
b) Quadrat, Parallelogramm oder Raute
c) Raute

11 Das Trapez hat einen Flächeninhalt von $A = 16{,}8\,cm^2$.

Seite 237 Zuordnungen

1 „Bei einer Zuordnung wird jedem Element oder Wert aus einem Bereich ein oder mehrere Elemente oder Werte aus einem anderen Bereich zugeordnet.“
mögliches Beispiel: Füllen einer Vase mit Wasser
Zuordnungen können durch Texte, Tabellen oder Diagramme dargestellt werden.

2 a) proportional
b) antiproportional
c) sonstige
d) antiproportional
e) proportional

3 a)

Stofflänge (in m)	Preis (in €)
3	29,40
1	9,80
4,5	44,10

Zeit (in h)	Flugstrecke (in km)
$\frac{3}{4}$	720
1	960
$1\frac{1}{2}$	1440

b)

Fliesengröße (in cm^2)	Anzahl der Fliesen
36	145
1	5220
20	261

Geschwindigkeit (in $\frac{km}{h}$)	Zeit (in h)
110	4
1	440
80	5,5

4 Er braucht 8,4 m.

5 Die 21 Hefte kosten 5,76 €.

6 Die 8 Mehrkornbrötchen kosten 3,44 €.

7 a) 1. Fall: proportional: 7 kg kosten 10,50 €.
2. Fall: nicht proportional: 5 kg und 2 kg kosten 10 €.
b) antiproportional: Man benötigt 450 Bäume.
c) antiproportional: Er reicht für 24 Teilnehmer.

8 180 °C (die Temperatur verändert sich nicht!)

9 Vier Arbeitskräfte benötigen 27 Stunden.

10 Mit $110\,\frac{km}{h}$ wird die Verspätung ausgeglichen.

Seite 238 Prozentrechnung

1 a) Im Verein sind 98 Jugendliche.
b) Es spielen 42 Mitglieder Fußball.

2 Erkan versäumte ca. $\frac{27}{238} \approx 11{,}3\,\%$ des Unterrichts.

3

	Anteil	Kaffee	
: 82	100 % – 18 % = 82 %	1025 kg	: 82
· 100	1 %	12,5 kg	· 100
	100 %	1250 kg	

Es werden 1 250 kg Kaffee benötigt.

4 Die Reise kostete 1124 €.

5 Die Küche kostete ursprünglich 6 000 €.

6 Der Gruppentarif lohnt sich mit 35 € + 26 € = 61 € nicht. Mit dem anderen Tarif zahlen sie 13 × 2,60 € = 33,80 € und 14 × 2,21 € = 23,40 €, also insgesamt 57,20 €.

7 a) 44,1 m – 5,51 m = 38,59 m; 38,59 m sind 100 %
5,51 m : 38,59 = 0,143 = 14,3 %
Er verbesserte seine Leistung um 14,3 %.
b) 13,2 s – 0,4 s = 12,8 s; 12,8 s sind 100 %
0,4 s : 12,8 s = 0,031 = 3,1 %
Sie verbesserte ihre Zeit um 3,1 %.

8 a) Sabrina hatte vorher 1 708,43 € auf dem Konto.
b) Sabrina hatte vorher 2 600 € auf dem Konto.

9 Die Gehaltserhöhung beträgt 80 €. Frau Seidel erhält nun monatlich 2 080 €.

10 In der Klasse sind 10,3 % Nichtschwimmer und 20,7 % haben das Schwimmabzeichen in Bronze.

11 Der Vertreter erhält 1 200 €.

12 Es sind 7 500 €.

13 Die Bausparsumme beträgt 80 000 €.

Seite 239 Ebene Figuren: Kreise

1 a) 25,13 cm b) 40,84 mm c) 12,25 dm
d) 6,28 mm e) 32,67 m f) 42,1 dm

2 a) $d = 3{,}82\,\text{cm}$; $r = 1{,}91\,\text{cm}$
b) $d = 0{,}32\,\text{m}$; $r = 0{,}16\,\text{m}$
c) $d = 0{,}38\,\text{dm}$; $r = 0{,}19\,\text{dm}$
d) $d = 0{,}1\,\text{km}$; $r = 0{,}05\,\text{km}$
e) $d = 0{,}0048\,\text{km} = 4{,}8\,\text{m}$; $r = 2{,}4\,\text{m}$

3 a) $A = 69{,}4\,\text{mm}^2$ b) $A = 19{,}63\,\text{m}^2$
c) $A = 124{,}69\,\text{mm}^2$ d) $A = 12{,}57\,\text{cm}^2$
e) $A = 8{,}04\,\text{dm}^2$ f) $A = 29{,}22\,\text{km}^2$

4 a) $u = 2 \cdot \pi \cdot 7{,}2\,\text{m} = 45{,}24\,\text{m}$
b) $u = \frac{3}{4} \cdot 2 \cdot \pi \cdot 7{,}2\,\text{m} + 2 \cdot 7{,}2\,\text{m}$
$= 33{,}93\,\text{m} + 14{,}4\,\text{m} = 48{,}33\,\text{m}$

5 a) $r = 1{,}53\,\text{m}$
b) $r = 5{,}11\,\text{cm}$
c) $7\,\text{ha} = 70000\,\text{m}^2$; $r = 149{,}27\,\text{m}$
d) $r = 9{,}1\,\text{mm}$
e) $r = 0{,}35\,\text{m}$

6

	r	d	u	A
a)	8 cm	16 cm	50,3 cm	201,1 cm²
b)	8,5 mm	17 mm	53,4 mm	227 mm²
c)	0,365 dm	0,73 dm	2,3 dm	0,42 dm²
d)	1,26 km	2,52 km	7,92 km	5 km²
e)	79,79 m	159,58 m	501,3 m	2 ha
f)	4,2 cm	8,4 cm	26,4 cm	55,4 cm²

7 $r = 250\,\text{m}$; $A = 196350\,\text{m}^2 = 19{,}635\,\text{ha}$

8 $u = 28{,}9\,\text{m}$ und $28{,}9\,\text{m} : 1{,}8\,\text{m} = 16{,}055\ldots$; es sind also 17 Personen nötig.

9 $u = 6 \cdot 70\,\text{cm} = 420\,\text{cm}$
$r = 66{,}85\,\text{cm}$; $d = 133{,}7\,\text{cm} = 1{,}337\,\text{m}$
Der Tisch muss mindestens einen Durchmesser von 1,34 m haben.

10 mini: $A = 314{,}16\,\text{cm}^2$
maxi: $A = 706{,}86\,\text{cm}^2$
Die Fläche der Maxipizza ist mehr als doppelt so groß wie die der Minipizza, während der Preis nur um ca. 51 % steigt. Also bekommt man bei der Maxipizza mehr für sein Geld.

11 $A = 1576{,}33\,\text{m}^2 - 88{,}25\,\text{m}^2 = 1488{,}08\,\text{m}^2$
Mit 15 % Verschnitt ergeben sich $1488{,}08\,\text{m}^2 \cdot 1{,}15 = 1711{,}3\,\text{m}^2$. Es entstehen Kosten in Höhe von $1711{,}3 \cdot 135\,€ = 231025{,}50\,€$.

12 a) Die vier Viertelkreise ergeben zusammen einen Kreis mit $r = 20\,\text{cm}$. $A = 1256{,}64\,\text{cm}^2$
b) $A_{\text{Quadrat}} - A_{\text{Kreis}} = 1600\,\text{cm}^2 - 1256{,}63\,\text{cm}^2 = 343{,}36\,\text{cm}^2$
c) $A_{\text{Viertelkreis}} = \frac{1}{4} \cdot \pi \cdot (40\,\text{cm})^2 = 1256{,}63\,\text{cm}^2$
d) $A_{\text{Quadrat}} - 2 \cdot A_{\text{Halbkreis}} = 1600\,\text{cm}^2 - 1256{,}63\,\text{cm}^2$
$= 343{,}36\,\text{cm}^2$

13 a) $b = 5{,}4$ cm; $A = 12{,}8\,\text{cm}^2$
b) $d = 128$ dm; $\alpha = 67{,}1°$
c) $d = 295$ dm; $A = 6631\,\text{dm}^2$
d) $d = 139$ dm; $\alpha = 160°$

Seite 240 Terme und Gleichungen

1 a) $3x$ b) $4n$ c) $21x$ d) $-9a$
e) $103n$ f) $-8y$ g) $11r$ h) $9m$

2 a) $24a + 15b$ b) $-7x - 11y$
c) $5ax + 7a$ d) $55 + 14m + 21a$

3 a) $2x + y$ b) $5x + 2,5$ c) $6x + 2y$ d) $12x$

4 a) 42 b) 6 c) -14 d) 15 e) 43

5 Anzahl der Wochen: x
$20 + 8x = 40 + 6x$; $x = 10$
Nach 10 Wochen sind die Pflanzen gleich hoch.

6 a) $x = 49$ b) $x = 23$ c) $x = 7,1$ d) $x = -21,6$
e) $x = 6$ f) $x = 4,1$ g) $x = \frac{3}{4}$ h) $x = \frac{11}{15}$

7 a) $x = 12$ b) $x = 5$ c) $x = 400$ d) $x = 0,3$
e) $x = 27$ f) $x = -20$ g) $x = \frac{1}{4}$ h) $x = 5\frac{1}{3}$

8 a) $u = 8$ b) $v = 3$ c) $x = 2$ d) $x = 4$ e) $y = 8$
f) $a = -6$ g) $b = -14$ h) $x = -1$ i) $x = 5$ j) $y = -20$

9 a) $x = 1,3$ b) $x = -1,6$ c) $y = \frac{2}{3}$ d) $y = -\frac{1}{8}$
e) $x = 0,4$ f) $x = -2,8$ g) $y = \frac{1}{2}$ h) $z = \frac{4}{5}$

10 a) $x = 3$ b) $x = 4$ c) $x = 15$ d) $x = 2,5$
e) $x = 12$ f) $x = -2,5$ g) $x = 0,75$ h) $x = 1,4$

11 individuell verschieden

12 Alter von Melina: x;
$x + 2x + x - 3 = 41$; $x = 11$
Melina ist 11, ihre Schwester ist 22 und der Bruder ist 8 Jahre alt.

13 Anzahl der Sitzplätze im Bus: x
$x = \frac{2}{5}x + \frac{2}{5}x + 5 + 6$; $x = 55$
Der Bus hat 55 Sitzplätze.

Seite 241 Prismen und Zylinder

1 a) Maßstab 1 : 2

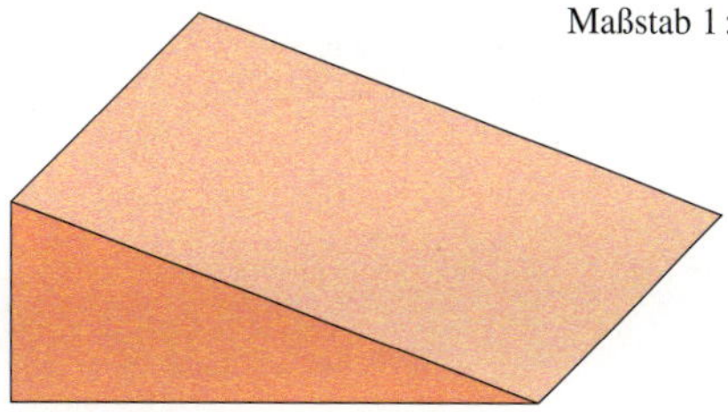

b) $A_O = 160\,\text{cm}^2$
c) $V = 120\,\text{cm}^3$

2 a) Parallelogramm zeichnen und fehlende Maße entnehmen: $h_a \approx 3,8\,\text{cm}$; $A_G \approx 19\,\text{cm}^2$; $A_O \approx 318\,\text{cm}^2$
b) Ja, da sich die Grundfläche und auch der Grundflächeninhalt verändern. Ist z. B. $\alpha = 90°$, so ist die Grundfläche ein Quadrat. Es hat einen größeren Flächeninhalt als eine Raute.

3 a)

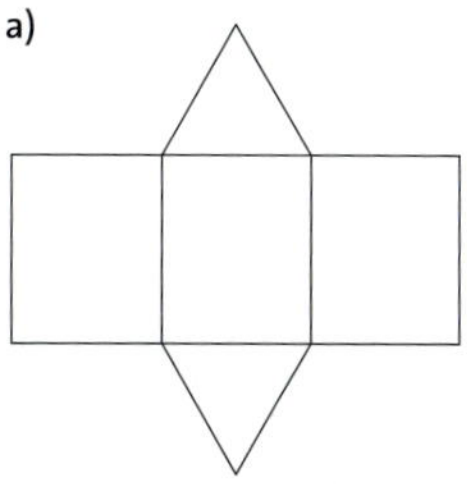

b)

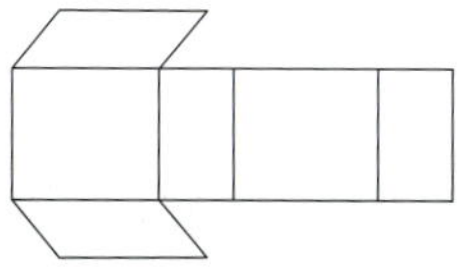

4 a) $A_O = u_G \cdot h + 2 \cdot A_G = 228\,\text{cm}^2$; $V = 144\,\text{cm}^3$
b) $A_O = 48\,\text{m}^2$; $V = 10,75\,\text{m}^3$
c) $A_O = 1\,240\,\text{cm}^2$; $V = 4\,200\,\text{cm}^3$

5 a) $V = 188,292\,\text{cm}^3$ b) $V = 774\,\text{cm}^3$

6 individuell verschieden
z. B. Litfaßsäule, Zigarette, Salzstange, …

7 a) Zeichnung b) Zeichnung

8 a) $M = 78,5\,\text{cm}^2$ b) $M = 37,7\,\text{cm}^2$

9 a) $V = 549,8\,\text{cm}^3$; $M = 219,9\,\text{cm}^2$; $O = 377\,\text{cm}^2$
b) $V = 74,6\,\text{m}^3$; $M = 59,7\,\text{m}^2$; $O = 99\,\text{m}^2$
c) $V = 12370\,\text{cm}^3$; $M = 3298,7\,\text{cm}^2$; $O = 3652,1\,\text{cm}^2$
d) $V = 53014,4\,\text{cm}^3$; $M = 14137,2\,\text{cm}^2$; $O = 14490,6\,\text{cm}^2$

10 a) $h = 3\,\text{cm}$; $V = 603,2\,\text{cm}^3$; $O = 552,9\,\text{cm}^2$
b) $h = 9\,\text{dm}$; $V = 113,1\,\text{dm}^3$; $M = 113,1\,\text{dm}^2$
c) $r = 1,3\,\text{m}$; $M = 33,5\,\text{m}^2$; $O = 44,1\,\text{m}^2$
d) $h = 17,5\,\text{mm}$; $M = 4090,4\,\text{mm}^2$; $O = 12785,3\,\text{mm}^2$

11 a) $V = 125,66\,\text{cm}^3$
b) Das Volumen von fünf Kerzen beträgt $628,3\,\text{cm}^3$. Die neue Kerze muss 12,5 cm hoch sein.

12 individuell verschieden
z. B. $r = 4\,\text{cm}$; $h = 19,9\,\text{cm}$ *oder* $r = 5\,\text{cm}$; $h = 12,7\,\text{cm}$ *oder* $r = 6\,\text{cm}$; $h = 8,8\,\text{cm}$

13 a) $V = 53,014\,\text{dm}^3$
b) Die Platte wiegt ca. 26,5 kg.

Stichwortverzeichnis

Bildverzeichnis

Titelbild Corbis/zefa/Herbert Spichtinger
10 Jugendfeuerwehr Iserlohn
11 Institut für Scientific Computing/Fakultät für Informatik Universität Wien, Prof. Hudec
16 Jens Schacht, Düsseldorf
18/1 Martina Verhoeven, Uedem
18/2 Corbis/zefa visual media
19/1 BildArt Volker Döring, Hohen Neuendorf
19/2-4 Martina Verhoeven, Uedem
23 Karl-Heinz Oster, Düsseldorf, Mettmann
26 Riviera Pool, Geeste-Dalum
28 IBM Deutschland GmbH, Stuttgart
29 Rotert, Osnabrück
30 Torsten Feltes, Berlin
33 Erwin Purucker
36 GNU/Wikipedia
41/1-2 Udo Wennekers, Goch
52/1 Corbis
52/2-3 Gerald Zörner, Berlin
56 Mathias Wosczyna, Rheinbreitbach
58 picture-alliance/dpa/epa/ANSA/Bazzi
61 Corbis/zefa
64 akg-images, Berlin
69 Helsinki Touristoffice/Marcela/Roletschek
71 Britta Volz
72 www.hansel.de
75 Cornelsen Verlagsarchiv
77 Aluminco GmbH, Krefeld, Stefan Radouniklis
82 Bildagentur-online
83 VISUM/The Image works/Francisco Ranfel
84 E. Nitschke, Berlin
85/1–2 J. Gebauer-Dieterle, Berlin
86/1 VISUM/Wolfgang Steche
86/2 Heino Detjen, Ahrensfelde
87/1 Alamy ViewPictures Ltd./Bier
87/2 Corbis/Chuck Choi
87/3 Corbis/Paul Hardy
87/4 Picture-alliance/BA Huber/Stadtler
88 Berger, Neumarkt
93 Bilderbox/EW, Thening/Erwin Wodicka
100 Udo Wennekers, Goch
101/1-2 Torsten Feltes, Berlin
103 Johnér/F1online
105 Jens Schacht, Düsseldorf
106 Torsten Feltes, Berlin
110 Berliner Flughafen GmbH, Flughafen Berlin-Tegel
111 ullstein bild/cw.fotodesign
114/1 ullstein bild/Meißner
114/2 ullstein bild/Springer picd.
115/1 Air Berlin/Presse
115/2 Corbis/Robert Pickett
117 Jens Schacht, Düsseldorf
121 Bilderbox/EW, Thening/Erwin Wodicka
129 JBS/WILDLIFE/Addo Elephant NP
130 Getty Images
133 Gerald Zörner, Berlin
135 Sabine Wilharm/Hörbuchverlag
140/1 Texas Instruments
140/2 SHARP Electronics (Europa) GmbH
143 Corbis
145 Cornelsen Verlagsarchiv
149 Bildagentur-online/Lescourret
151 Torsten Feltes, Berlin
153/1 GNU/Wikipedia/Gengiskanhg
153/2 Transglobe Agency, Hamburg/T. Krüger
157 GNU/Wikipedia
162 picture-alliance/dpa Frankfurt/J. P. Kaspar
163 bildarchiv preußischer kulturbesitz
164 Volker Döring, Hohen Neuendorf
168/9 (3) mpi/Jürgen Burkhardt
169/2 images.de/Schulten
170 Postbank/Pressebild
171 Transglobe Agency, Hamburg/J. Schilgen
174 Kensel, Hameln
175 Juniors Bildarchiv, Ruhpolding
177/1-7 Heike Dallmann, Berlin
183 Cornelsen Verlagsarchiv
189 Cornelsen Verlagsarchiv
192/1 Duales System Deutschland
192/2 Volker Döring, Hohen Neuendorf
195 Visum/Wolfgang Steche
197 Volker Döring, Hohen Neuendorf
199/1 Herrwerth GmbH
199/2 Cornelsen Verlagsarchiv
200 Cornelsen Verlagsarchiv/Heike Dallmann
204/1 Cornelsen Verlagsarchiv
204/2 Volker Döring, Hohen Neuendorf
204/3 Matthias Rufener, Aarberg (CH)
205/1-2 Volker Döring, Hohen Neuendorf
205/3 Cornelsen Verlagsarchiv/Peter Hartmann
208/1 U. v. Stipriaan
208/2 BOHEMIA Behältertechnik GmbH
208/3 Ernst Griesshaber GmbH, Ludwigsburg
210 Torsten Feltes, Berlin
211/1-2 Jens Schacht, Düsseldorf
212/1 Jens Schacht, Düsseldorf
212/2 Volker Döring, Hohen Neuendorf
213 Volker Döring, Hohen Neuendorf
214 Torsten Feltes, Berlin
215 Volker Döring, Hohen Neuendorf
216/1 Udo Wennekers, Goch
216/2 Torsten Feltes, Berlin
217/1 Flora Press
217/2 Torsten Feltes, Berlin
217/3 A1PIX/AGB
217/4 Torsten Feltes, Berlin
219/1 Solarlux Aluminium Systeme GmbH, Bissendorf
219/2 Cornelsen Verlagsarchiv
219/3 Roland Mösel, Gartenau b. Salzburg
220 GNU Wikipedia
223 Cornelsen Verlagsarchiv
232 A. Röver
237 K. Mittenzwei, Berlin

Trotz intensiver Bemühungen konnten möglicherweise nicht alle Rechteinhaber ausfindig gemacht werden. Bei begründeten Ansprüchen wenden sich Rechteinhaber bitte an den Verlag.

Taschenrechnern vertrauen oder misstrauen?

Nicht alle Taschenrechner funktionieren gleich!

Taschenrechner können nicht nur verschieden aussehen, sie rechnen manchmal auch unterschiedlich, da sie unterschiedlich programmiert sind.
Probiere aus, wie dein Taschenrechner rechnet.
Rechne im Kopf oder auf einem Blatt Papier nach.

Was rechnet der Rechner?

→ [3] [+] [5] [=] [=] [=]
Erhältst du als Ergebnis 8 oder 18?

→ [9] [÷] [3] [×] [2] [=]
Erhältst du als Ergebnis 6 oder 1,5?

→ [6] [0] [0] [×] [1] [2] [%] [=]
Erhältst du als Ergebnis 72 oder 0,12?

Überschlage alle Ergebnisse beim Rechnen mit dem Taschenrechner.